VHDL 기반의
디지털 회로설계

Digital Circuit Design

정 슬 지음

청문각

머리말

디지털 회로는 최근 IT 산업의 기본으로 모든 전자산업의 기초가 된다. 우리 주변의 생활에서 디지털회로가 안 쓰이는 곳은 없다. 디지털 카메라, 디지털 오디오, 디지털 TV, 전자계산기, 셀 폰 등은 우리 주변에서 흔히 볼 수 있는 디지털 제품이다. 특히, 매일 접하는 컴퓨터는 금세기 인류가 발명한 발명품 중 최고의 발명품이며 대표적인 디지털 회로의 조합을 나타낸다. 컴퓨터가 없이는 하루도 작업을 할 수 없음을 우리 모두 잘 알고 있다.

전자회로와 디지털회로와의 차이점은 전자회로에서는 주로 아날로그 신호를 다루는 반면 디지털 회로에서는 바이너리수를 다룬다는 것이다. 디지털 회로는 아날로그회로와는 달리 비교적 실험이 쉽고 결과가 간단하다. 이는 디지털이 갖고 있는 특성 때문이다. 디지털은 바이너리를 사용해서 조합함으로 원하는 출력뿐만 아니라 순차적인 응답도 조작할 수 있다. 입력이 주어질 경우, 어떻게 조합을 해야 원하는 출력을 얻을 수 있을까? 생각하고 설계하고 검증하는 것을 배우는 것이 이 책의 목적이라 할 수 있다.

예를 들어 신호등 제어기를 실제로 설계하여 구현한다고 하자. 다음과 같은 순서에 의해 구현할 것이다.

❶ 개념 설계 먼저 신호등의 켜지고 꺼지는 순서를 정해야 한다.
❷ 상태 다이아그램 다음에 이를 순차적으로 나타내기 위해 도식화하면 이해가 빠를 것이다.

❸ 상태 테이블 이 순서도를 통하여 입력에 대한 출력의 관계를 테이블로 나타낸다.
❹ 부울함수 입력과 출력의 관계를 나타낸다.
❺ K-Map 디지털 소자의 수를 줄이기 위해 부울함수를 최적화한다.
❻ MAX Plus II 프로그램 시뮬레이션을 통하여 검증한다.
❼ 실험 회로를 구성한다.

이 책은 위와 같은 내용을 실험할 수 있도록 구성되어 있다. 최근에는 PCB(Printed Circuit Board)위의 여러 개의 칩으로 이루어진 회로를 one chip 하여 공간을 줄이는 방향으로 가는 추세이다. PLD(Programmable Logic Device)는 system one chip화를 가능케 해 준다. 특히, 이 책에서는 MAX+Plus II라는 시뮬레이션 프로그램을 사용하여 VHDL(Very high speed integrated circuit Hardware Description Language)을 사용하여 회로를 프로그램하여 실제로 PLD에 다운로드하여 실험하도록 제시하므로 매우 실용적이라 하겠다. 따라서 독자는 이러한 개념을 염두에 두고 이 책을 공부하도록 당부하고 싶다.

끝으로, 항상 주변에서 남모르게 도와주시는 모든 분들께 감사드리며, 나의 가족과 현재 주어진 모든 것에 감사한다. 조언을 주신 교수님들이나 항상 도와주는 우리 실험실(지능 시스템 및 감성 공학) 학생들에게도 이 자리를 빌어 감사의 말을 전하고 싶다. 특히 책을 준비하는데 도움을 준 출판부 관계자들께 고맙다는 말을 전하고 싶다.

이 책으로 공부하는 모든 학생들이 디지털 회로에 대한 지식과 흥미를 얻을 수 있으면 필자의 작은 소망이요 보람이다.

백마산 기슭의 지능시스템 및 감성공학 실험실에서
저자 씀

차례

Chapter 3
Karnaugh Map

Chapter 4
수식 연산 및 덧셈기

Chapter 5
BCD 연산

Chapter 6

디코더/인코더

Chapter 7
클록

Chapter 8
래치와 플립플롭

Chapter 9
순차 회로

Chapter 10
레지스터

Chapter 11
비동기 카운터

Chapter 12
동기 카운터

Chapter 13

BCD 카운터 설계 및 응용

Chapter 14

커피 자판기 설계

Chapter 15

마우스 설계

Chapter 16

네 거리 신호등 설계

Chapter 17
엘리베이터 설계

Chapter 18
이동 로봇 제어

부록

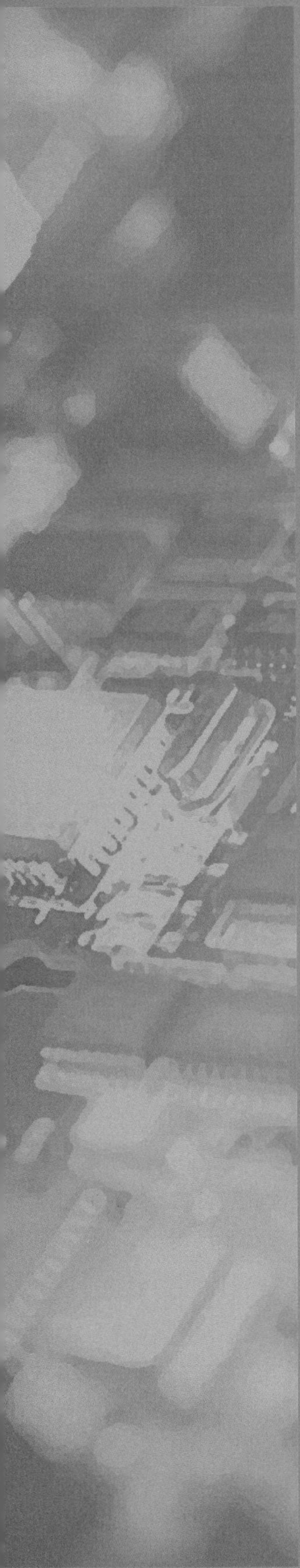

Chapter 1

디지털 개요

1.1 소개

우리는 전자회로에서 트랜지스터와 OPamp와 같은 아날로그 소자들을 배웠다. 이러한 아날로그 소자들로부터 출력을 디지털, 즉 0과 1의 바이너리의 조합으로 표현하여 사용할 수 있는데, 이를 디지털 회로라 한다. 예를 들어, AND, OR와 같은 논리 회로를 나타내는 디지털 회로는 간단히 다이오드나 트랜지스터로 구성됨을 알 수 있다. 그렇다면 아날로그 회로와 디지털 회로의 차이는 무엇일까? 디지털 회로를 사용하는 이유는 무엇일까?

디지털(digital) 회로란 digit으로 구성된 회로를 말한다. Digit이란 원래 손가락을 나타내는 말로 0~9까지의 아라비아 숫자를 나타낸다. 아날로그는 연속적인 값을 표현하여 소수까지 나타내며, 이는 디지털과 상반되는 의미로 사용되기도 한다. 아날로그 시스템이란 아날로그 형태인 물리량을 조작하는 장치를 말하고, 디지털 시스템이란 digit으로 표현된 논리 정보를 조작하기 위해 설계된 장치를 말한다. 오디오 증폭기나 센서류 같은 것은 아날로그 시스템의 대표적인 것들이고 디지털 시계나 전자 계산기, 컴퓨터 등은 디지털 시스템의 대표적인 예들이다.

그렇다면 아날로그 시스템과 비교하여 디지털 시스템의 장점은 무엇인가?

- **우선 설계가 쉽다.** 0과 1의 조합으로 이루어지므로 간단한 논리에 따라 설계가 매우 쉽다. 아날로그 회로는 정확한 수치를 얻기 어렵기 때문에 회로가 복잡하고 설계가 어렵다.
- **정보를 저장하기 쉽다.** 바이너리의 조합으로 이루어진 데이터는 처리가 쉬울 뿐만 아니라 저장도 간편하다.
- **정확도가 아날로그보다 좋다.** 노이즈에 덜 민감하므로 디지털에서는 비트 수를 늘리면 늘릴수록 정확도가 높아진다.
- **작동을 프로그램하는 것이 가능하다.** 아날로그는 프로그램하기가 어려우나 디지털 시스템은 프로그램이 가능하다.
- **노이즈 영향을 덜 탄다.** 바이너리 시스템에서는 정확한 전압값이 중요하지 않기 때문에 전압에서 발생하는 왜곡이 치명적이지 않다.
- **아날로그에 비해 상대적으로 복잡하지 않다.**

IC 칩에 더 많은 디지털 회로를 집적할 수 있으므로 상대적으로 공간적인 면에서 덜 복잡하게 된다.

그렇다면 단점은 무엇일까? 우리 주변 환경의 대부분이 아날로그라는 점이다. 따라서 입력으로 들어오는 아날로그 신호는 디지털 처리 과정을 거쳐 다시 아날로그 신호로 출력되는 것이 대부분이다.

그림 1.1은 이러한 하나의 시스템에서 아날로그 영역과 디지털 영역을 나타낸다.

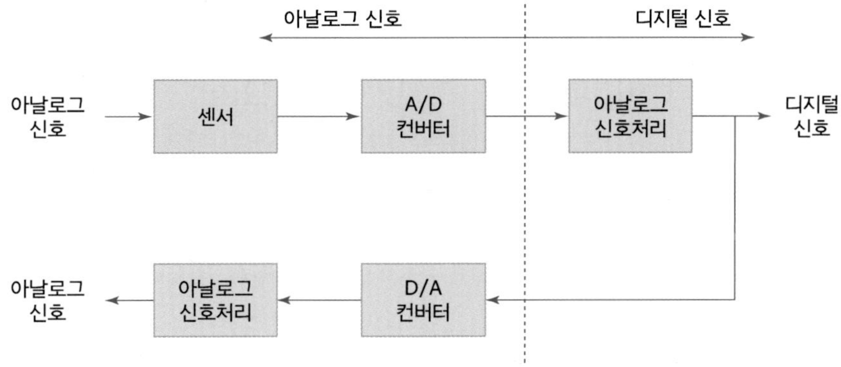

그림 1.1 아날로그와 디지털 시스템

아날로그 신호는 센서에 의해 감지되고 A/D 컨버터를 통해 디지털 신호로 바뀐다. 디지털 신호는 디지털 필터를 통과하므로 원하는 대로 변형되어 D/A 컨버터를 지나 다시 아날로그 신호로 바뀐다. 변환된 아날로그 신호는 증폭되어 출력된다.

1.2 디지털의 숫자 시스템

디지털의 숫자 시스템은 크게 4가지로 볼 수 있다. 우리에게 익숙한 십진수(decimal), 팔진수(octal), 이진수(binary) 그리고 16진수(hexadecimal) 등이 있다. 각 숫자 시스템은 밑(base)이 무엇인가에 의해 정의된다. 십진수의 경우 밑은 10, 팔진수는 8, 이진수는 2, 16진수는 16이다. 밑이 16인 Hexadecimal(줄여서 Hex)의 경우에 10에서 15까지의 수는 A에서 F로 표현한다.

Decimal(10) : 0 1 2 3 4 5 6 7 8 9

Octal (8) : 0 1 2 3 4 5 6 7

Binary(2) : 0 1

Hexadecimal(16) : 0 1 2 3 4 5 6 7 8 9 A B C D E F

여기서 8진수와 16진수는 이진수를 간단하게 표현하기 위한 다른 수의 표현이라 할 수 있다. 이진수를 표현하기 위해서 Octal은 3자리씩 나타낼 수 있고 Hex는 4자리씩 나타낼 수 있다. 따라서 6비트의 경우에는 Octal로 나타내면 2자리로 표현 가능함을 알 수 있다. 마찬가지로 8비트의 경우는 2자리의 Hex로 나타내면 쉽다.

하나의 숫자는 자리에 따라 값이 달라지게 된다. 예를 들어, 523.6의 십진수에서 5는 MSB(Most Significant Bit)로 100의 자리이고, 6은 LSB(Least Significant Bit)로 1/10의 자리가 된다. 자릿수를 표현하여 다음과 같이 쓸 수 있다.

$$(523.6)_{10} = 5\times10^2 + 2\times10^1 + 3\times10^0 + 6\times10^{-1}$$

하나의 숫자를 표현하기 위해서 밑을 알면 어떤 숫자 시스템으로도 변환이 가능하다. 예를 들어, 밑이 5인 숫자를 고려해보자. 이 숫자는 십진수로 바꾸면 얼마가 될까?

$$\begin{aligned}(312.4)_5 &= 3\times5^2 + 1\times5^1 + 2\times5^0 + 4\times5^{-1}\\ &= 75 + 5 + 2 + 0.8 = (82.8)_{10}\end{aligned}$$

밑이 2인 바이너리인 경우의 예는 다음과 같다.

$$\begin{aligned}(101.1)_2 &= 1\times2^2 + 0\times2^1 + 1\times2^0 + 1\times2^{-1}\\ &= 4 + 1 + 0.5 = (5.5)_{10}\end{aligned}$$

십진수를 다른 형태의 수로 표현하기 위해서는 다음과 같이 밑으로 나누어주면 된다. 예를 들어, 6의 바이너리 수는 다음과 같다.

$$\begin{array}{r|ll} 2 & 6 & \\ 2 & 3 & \cdots\ 0 \\ \hline & 1 & \cdots\ 1 \end{array}$$

결과적으로 바이너리 수는 $6_{10} = (110)_2$가 된다.

마찬가지로 십진수를 Hex로 바꿀 수 있고, Octal로도 바꿀 수 있다.

그 밖의 코드로는 BCD(Binary Coded Decimal)가 있다. BCD는 십진수를 나타내지만 바이너리로 표현한 것을 말한다. BCD는 양수의 값만 나타내고 0에서 9까지 표현하지 못하므로 덧셈을 할 경우에는 보정이 필요하다.

또 다른 형태의 코드로는 ASCII(American Standard Code for Information Interchange)가 있다. 이는 키보드상의 알파벳과 숫자 그리고 다양한 글자들을 나타내는 7비트 바이너리수이다. ASCII 코드가 7비트인 것은 나중에 parity bit를 하나 첨가하여 1바이트(8비트)로 만든 다음, 전송하기 위하거나 다른 특별 문자를 표현하기 위함이다. 여기서 parity 비트는 전송 시 발생되는 오류를 검출하는 목적이 있다. 숫자의 변환에 대해서는 나중에 자세히 알아보기로 하자.

▶ 점검문제 1.1 N비트의 unsigned 바이너리 수가 나타낼 수 있는 최대 양수값은 얼마인가?

ⓓ $2^N - 1$

▶ 점검문제 1.2 N비트의 signed 바이너리 수로 나타낼 수 있는 최대 양수와 최저 음수값은 얼마인가?

ⓓ -2^{N-1}, $2^{N-1} - 1$

1.3 바이너리의 정의

그렇다면 이러한 digit을 회로에서 어떻게 구현할까? 디지털 회로를 실제 회로에서 구현하기 위해서는 0과 1이라는 두 개의 digit, 즉 바이너리 수를 사용한다. 이러한 바이너리의 표현은 High, Low 또는 On, Off 등 다른 개념과도 상통한다. 실제적으로 바이너리를 회로로 구현하기 위해서는 아날로그인 전자 회로에서 배운 것처럼 트랜지스터나 다이오드로 구성할 수 있다. 출력전압이 5 V이면 High로, 0 V이면 Low로 간주하면 간단하게 바이너리를 나타낼 수 있다. 실제로 트랜지스터로 구성되어 있는 TTL(Transistor Transistor Logic)에서는 High를 나타내는 출력의 영역은 2.7 V에서 5 V까지이고, 0에서 0.5 V까지는 Low로 간주하고, 그 중간 영역 0.5 V에서 2.7 V까지는 사용하지 않는다. 사용하지 않는 중간 영역을 설정하는 이유는 온도와 노이즈에 대한 영향을 최소화하기 위해 High, Low, 즉 0과 1을 확실하게 구별하기 위함이다. CMOS(Complementary Metal Oxide Semiconductor)에서는 출력의 영역은 4.95 V에서 5 V까지이고, 0에서 0.05 V까지는 Low로 간주하며, 그 중간 영역은 사용하지 않는다. 그림 1.2에 각 소자의 디지털의 입력과 출력 전압을 나타내었다.

CMOS의 경우 TTL보다 더 정확하게 디지털 출력을 나타낼 수 있으며, 전력 소모면에서도 적게 소비되므로 많이 사용된다.

때때로 아날로그 소자의 회로는 온도에 민감하여 노이지를 출력하기도 하는데, 만약 High가 2 V에서 5 V, Low를 0에서 1.9 V로 구별한다면 0과 1이 잘 구별되지 않아 에러가 발생할 것이다. 그렇다면 우리가 익숙해 있는 십진법을 나타내기 위해서 0에서 9까지를 나타내는 10구간으로 나누면 더 좋지 않을까? 왜 그렇게 사용하지 않는 것일까? 이는 2구간으로 나누는 것이 10구간으로 나누는 것보다 쉽기 때문이다. 예를 들어, 5 V를 10구간으로 나눈다면 각 구간 사이에 사용하지 않는 구간까지 고려하면 19구간을 만들어야 한다. 각 구간 사이의 전압은 5 V/19=0.26 V 정도 된다. 이 전압을 정확하게 구별할 수 있도록 하드웨어로 구현하는 것은 매우 어렵다.

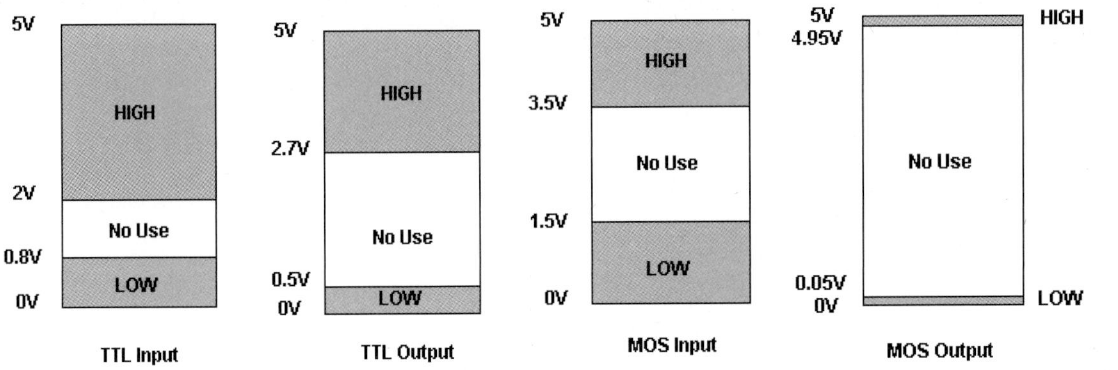

그림 1.2 각 소자의 바이너리 전압 영역

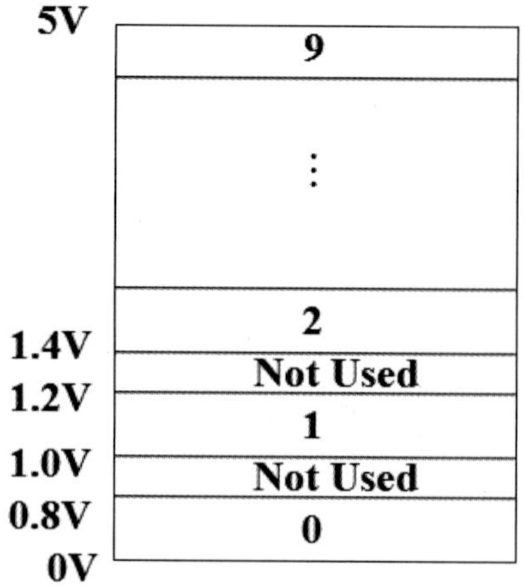

그림 1.3 10진수를 사용할 경우

그러므로 디지털 회로에 사용되는 아날로그 회로의 출력은 High와 Low 두 digit, 즉 바이너리로 나타낸다. 이러한 출력들을 조합해서 목적에 맞게 회로를 구성하게 되면 디지털 회로가 되는 것이다. 바이너리 입력들을 조합하면 출력 또한 바이너리가 되는데 출력 변수를 입력 변수로 나타내는 함수를 부울함수(Boolean function)라 한다. 디지털 회로는 바이너리를 사용하므로 입력을 조합해서 출력을 나타내는 조합논리 회로(Combinational logic circuit)와 입력과 귀환된 출력을 함께 입력으로 사용하여 조합하는 순차논리 회로(Sequential logic circuit)로 나뉜다. 조합논리 회로와 순차논리 회로의 구조적인 차이는 조합논리 회로에서는 입력이 조합을 통해 그대로 출력으로 나타나지만, 순차논리 회로는 클록(clock)을 사용하므로 시간에 따라 출력이 나타난다. 따라서 디지털 회로 설계를 크게 둘로 나누면 조합논리 회로와 순차논리 회로로 나뉜다. 조합논리 회로로는 반가산기, 전가산기, 디코더나 인코더, MUX, DEMUX 등이 있고, 순차논리 회로로는 레지스터, 비동기 카운터 회로, 동기 카운터 회로 등이 있다.

그러면 먼저 조합논리 회로를 구성하기 위해 관계를 나타내는 식이 논리관계와 대수관계이다. 특히 이 대수관계를 부울대수 관계라 한다. 또 바이너리 수를 십진수로 바꾸고 십진수를 바이너리수로 바꾸는 수의 변환 또한 필요하게 된다.

1.4 바이너리 논리관계

바이너리의 논리 회로를 구성하는 기본은 표 1.1과 같다.

표 1.1 논리 게이트 회로의 예

구분	기호	예	게이트 심벌	IC 번호
AND	•	$Z = A \cdot B$ 또는 $Z = AB$	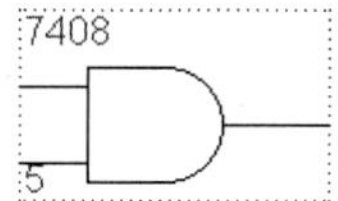	7408
OR	+	$Z = A + B$	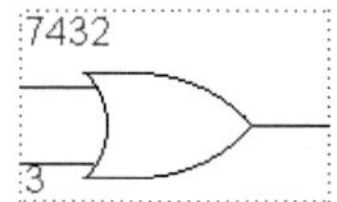	7432
NOT	−	$Z = \overline{A}$	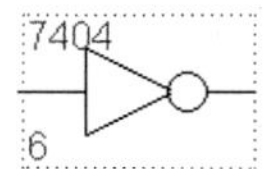	7404

1.5 디지털 IC Integrated Circuit

디지털 IC는 입력과 출력은 디지털 값이지만, 그 내부 구조는 아날로그 회로가 서로 연결되어 있다. 따라서 디지털 IC칩은 여러 개의 핀으로 구성되어 있는데, 각 핀 중에서 반드시 전압원인 Vcc와 접지인 Ground를 연결해야 작동한다. 일반적으로 여기에서는 5 V에서 동작하는 IC가 대부분이지만, 8 V, 12 V, 15 V 등 다양한 전압을 인가하도록 되어 있다.

또 IC칩은 입력을 연결하는 핀과 출력을 나타내는 핀으로 구성되어 있다. 핀이 여러 개이므로 각 핀에 번호를 정하는데, 그 순서는 IC칩 위에 ○과 같은 표시와 ◡ 반달형 모양의 표시가 있는 왼쪽부터 번호 1로 시작하며 8핀의 예는 다음과 같다.

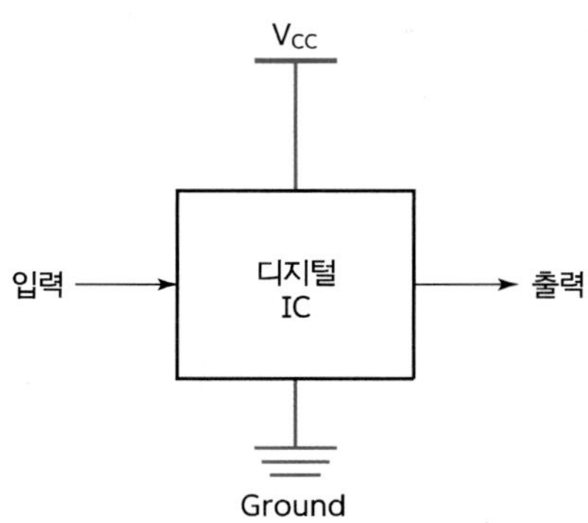

그림 1.4 디지털 IC의 구조

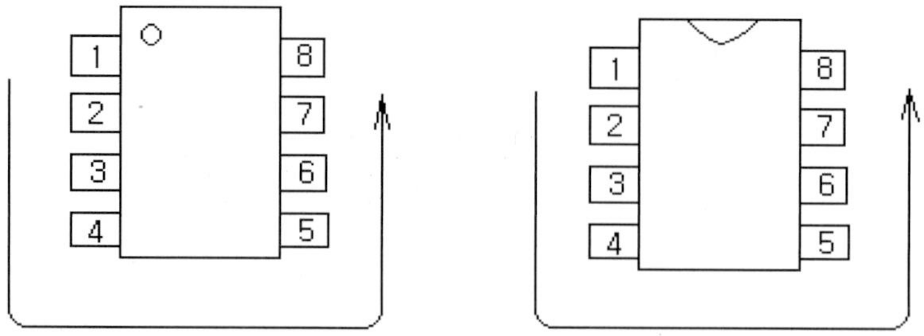

그림 1.5 IC 칩의 핀 구성

그렇다면 IC칩을 사용하기 위해서는 어떤 핀이 Vcc이고, 어떤 핀이 접지인가 그리고 입력핀인지 출력핀인지를 반드시 알아야 한다. 따라서 IC칩을 사용하려면 IC칩을 나타내는 고유의 번호를 알고 반드시 업체가 제공하는 IC 북을 통하여 핀다이어그램을 확인해야 한다. 일반적으로 왼쪽 맨 아래 핀은 GND를 나타내고, 오른쪽 맨 위의 핀은 Vcc를 나타낸다. 그림 1.5의 경우 GND는 4번 핀이고 Vcc는 8번 핀이 된다. 하지만 항상 그런 것은 아니므로 주의를 요한다.

디지털 IC의 package에는 다양한 종류가 있다. 가장 많이 접하는 DIP(Dual in-line package) 형태는 그대로 핀을 꽂아 사용할 수 있다. SOIC(Small Outline IC)는 핀이 바깥쪽으로 펼쳐져 있어 표면에 납땜하도록 되어 있고, PLCC(Plastic Leaded Chip Carrier) 형태는 소켓에 삽입하도록 되어 있다. 이 밖에 QFP(Quad Flat Pack)는 납작하게 생겨 표면에 납땜하도록 되어 있으며, BGA(Ball Grid Array) 형태는 핀이 둥근 구처럼 생겼다. 그림 1.6은 다양한 칩의 형태를 보여준다.

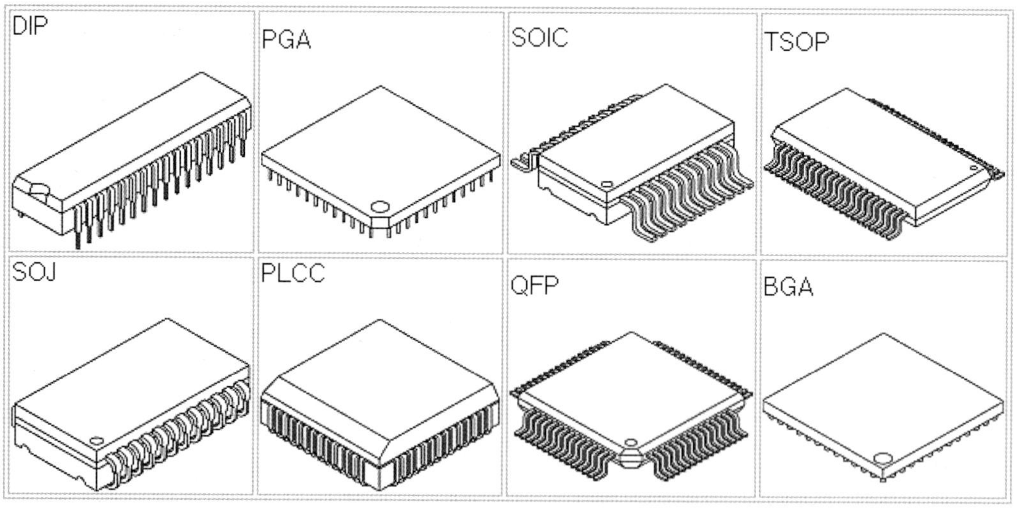

그림 1.6 다양한 종류의 IC 패키징

1.6 74xx 또는 74xxx 시리즈

우리가 배우는 디지털 회로에서는 74xx 또는 74xxx로 표현되는 IC칩을 주로 사용한다. TTL 책자을 참조하면 다양한 IC에 대한 설명이 나와 있는데, 74는 산업용을 54는 군용을 나타낸다. 또한 L은 low power dissipation, H는 high power dissipation, S는 Schottky 형태를, AS는 advanced Schottky, LS는 low power Schottky를 나타내는 약자들이다. Scottky 소자의 경우는 빠른 스위칭 특성을 가지며 전력 소모도 작다.

예를 들어, 74LS00은 low power Schottky 형태의 입력이 둘인 NAND 게이트를 나타낸다. 그 밖에 7402는 입력이 둘인 NOR 게이트, 7404는 NOT, 7408은 입력이 둘인 AND, 7410은 입력이 셋인 NAND, 7411은 입력이 셋인 AND, 7432는 입력이 둘인 OR 게이트 그리고 7486은 입력인 둘인 XOR을 나타낸다.

1. AND

(1) 심벌과 진리표

AND의 부울함수는 다음과 같다. 입력이 $x_1 x_2$이고 출력이 y이다.

$$y = x_1 \cdot x_2$$

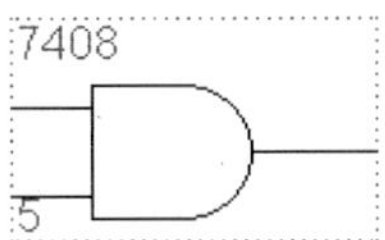

x1	x2	y
0	0	0
0	1	0
1	0	0
1	1	1

그림 1.7 AND의 심벌

그림 1.7에서 7408은 IC의 번호이고, 5는 게이트끼리 구별하기 위해 나타낸 MAX+Plus II에서 게이트의 번호를 나타내는 것이다. 5라는 것은 5번째 게이트라는 것이다.

(2) 7408의 핀다이어그램

그림 1.8은 7408 IC의 핀 그림을 나타낸다.

그림 1.8(a)는 실제 7408 AND 게이트의 IC를 나타낸다. 그림 1.8(b)는 MAX+Plus II에서 사용하는 심벌을 나타내는데 모두 4개의 게이트가 한 칩 안에 내장되어 있음을 알 수 있다. 1-2, 4-5, 9-10, 12-13은 입력 쌍을 나타내고 3, 6, 8, 11은 그에 상응하는 출력을 나타낸다.

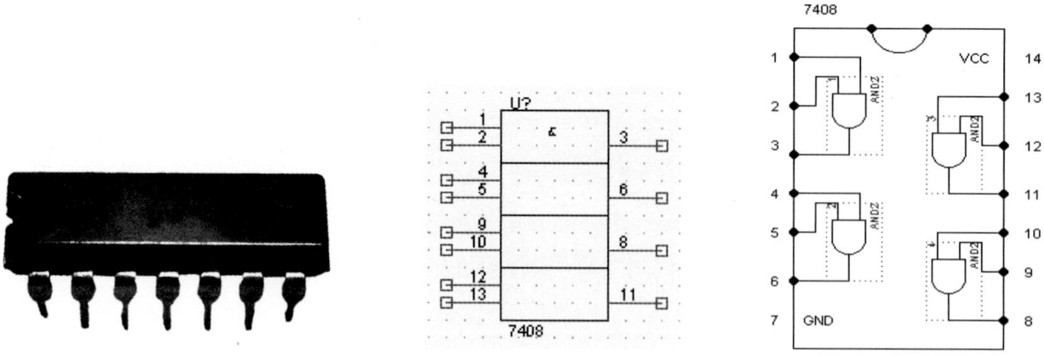

(a) (b) (c)

그림 1.8 AND의 핀 그림

그림 1.8(c)는 (b)에 나타난 게이트의 입력과 출력과의 실제 핀 연결을 자세히 보여준다. 그러므로 핀 번호를 잘 못 알아 출력에 입력 신호를 연결하면 아무 의미 없음을 알 수 있다.

2. OR

(1) 심벌과 진리표

OR의 부울함수는 다음과 같이 더하기로 표현한다.

$$y = x_1 + x_2$$

x1	x2	y
0	0	0
0	1	1
1	0	1
1	1	1

그림 1.9 7432 IC와 OR 게이트의 심벌

(2) 7432 핀다이어그램

핀 연결은 7408과 같으므로 입력은 1-2, 4-5, 9-10, 12-13이고 출력은 3, 6, 8, 11이다.

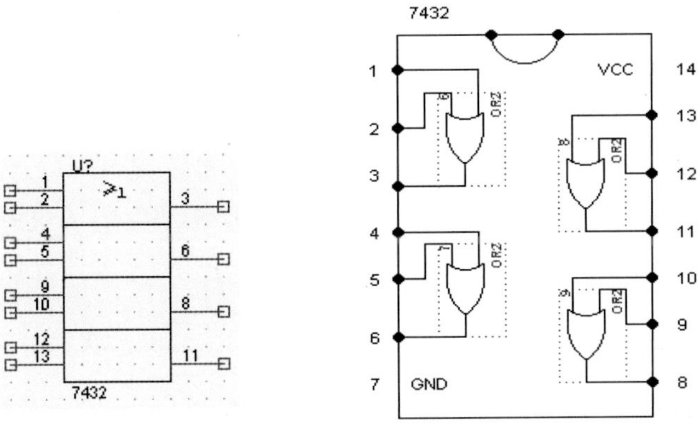

(a) (b)

그림 1.10 OR의 핀 그림

3. NOT

(1) 심벌

입력 변수에 NOT를 취한 것으로 NOT는 bar로 나타낸다.

$$y = \overline{x}$$

NOT 게이트의 경우는 단지 신호 inverter이기 때문에 아날로그 신호의 왜곡을 깨끗한 디지털 파형으로 만들 경우에도 사용하곤 한다.

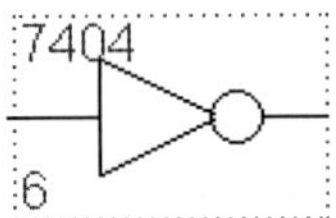

x	y
0	1
1	0

그림 1.11 7404 IC와 NOT의 심벌

(2) 7404 핀다이어그램

Universal 게이트 다음 번호인 NOT 소자는 7404이다. 7404에는 모두 6개의 게이트가 있는데, 입력은 1, 3, 5, 9, 11, 13의 홀수이고, 출력은 2, 4, 6, 8, 10, 12이다. 7번과 14는 각각 GND와 Vcc이다.

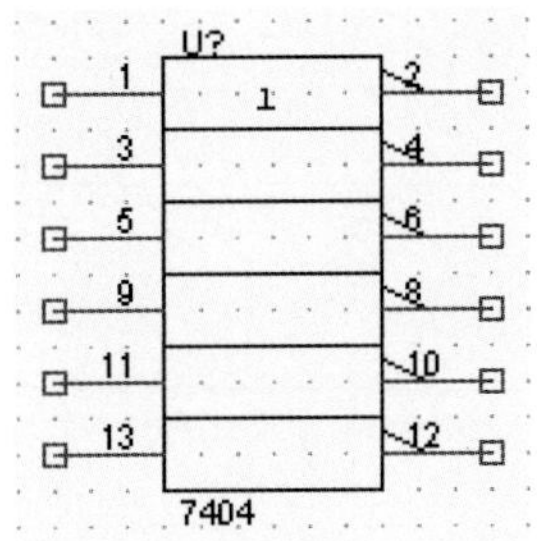

그림 1.12 NOT의 핀 그림

4. NAND

(1) 심벌과 진리표

NAND 게이트는 번호가 7400으로 74xx 시리즈의 맨 처음 번호이다. 이는 NAND 게이트가 universal 게이트로 사용되기 때문이다. NAND 게이트는 입력 변수를 AND한 다음에 NOT을 취한 것으로 다음과 같은 수식으로 나타난다.

$$y = \overline{x_1 \cdot x_2}$$

x1	x2	y
0	0	1
0	1	1
1	0	1
1	1	0

그림 1.13 NAND의 심벌

(2) 7400 핀다이어그램

7400에는 모두 4개의 NAND 게이트가 있다. 입력은 1 – 2, 4 – 5, 9 – 10, 12 – 13이고, 출력은 3, 6, 8, 11이다.

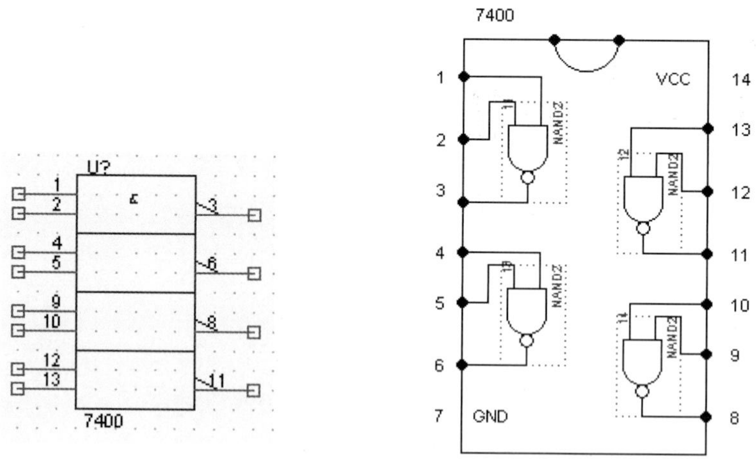

(a) (b)

그림 1.14 NAND의 핀 그림

5. NOR

(1) 심벌과 진리표

NOR 게이트의 수식은 입력 변수를 OR 한 다음에 NOT를 취한 것으로 다음과 같다.

$$y = \overline{x_1 + x_2}$$

x1	x2	y
0	0	1
0	1	0
1	0	0
1	1	0

그림 1.15 NOR의 심벌

(2) 7402 핀다이어그램

7402 NOR도 마찬가지로 4개의 게이트가 한 칩에 내장되어 있다. NOR의 번호가 NAND 다음으로 7402인 것은 NOR 게이트도 마찬가지로 universal 게이트로 사용될 수 있기 때문이다. NOR 게이트의 경우에 앞의 소자들과 핀의 구성이 다르다. 그림 1.16에서 보면 2 - 3, 5 - 6, 8 - 9, 11 - 12가 입력쌍이고, 1, 4, 10, 13이 출력임을 알 수 있다. 따라서 핀 연결에 주의한다.

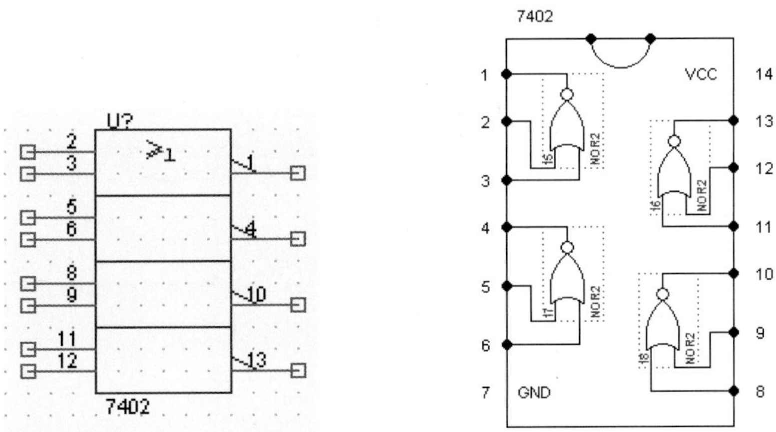

(a) (b)

그림 1.16 NOR의 핀 그림

6. XOR

(1) 심벌과 진리표

XOR는 수식 표현은 다음과 같다.

$$y = x_1 \bigoplus x_2 = \overline{x}_1 x_2 + x_1 \overline{x}_2$$

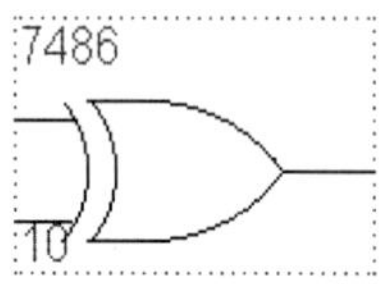

x1	x2	y
0	0	0
0	1	1
1	0	1
1	1	0

그림 1.17 XOR의 심벌

(2) 7486 핀다이어그램

7486에는 모두 4개의 XOR게이트가 있다. 입력은 1-2, 4-5, 9-10, 12-13이고 출력은 3, 6, 8, 11이다.

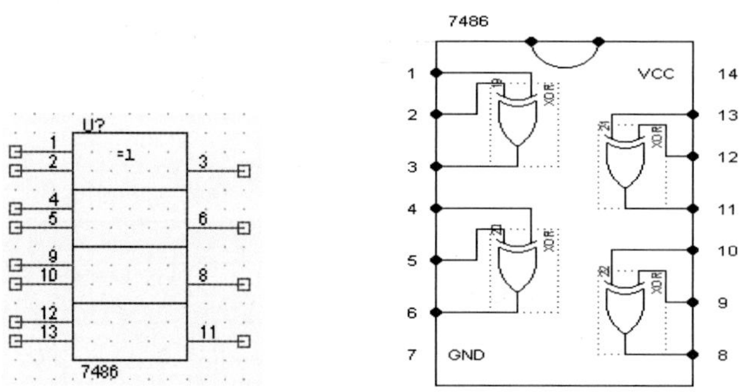

(a) (b)

그림 1.18 XOR의 핀 그림

1.7 소자의 출력의 표현

각 소자들의 출력을 실제로 알아보기 위해서 많이 사용되는 소자가 LED(Light Emitting Diode)이다. LED는 전류가 흐르면 불이 들어오도록 되어 있는 다이오드의 일종이다. 논리소자의 출력을 보기 위한 방법은 active low와 active high 두 가지 방식이 있다. 그림 1.19와 그림 1.20은 두 방식의 차이를 잘 나타낸다. Active high 방식은 디지털 회로의 출력이 high일 때 LED에 불이 켜지는 경우를 말한다. LED는 일종의 다이오드이므로 한 방향으로만 전류를 흐르게 하는 다이오드의 특성을 이용하여 LED의 cathode가 접지에 연결되어 있으므로 회로의 출력이 high일 때 점등된다. 470Ω 의 저항을 사용한 이유는 LED에 과전류가 흐르는 것을 방지하기 위해서이다. 전류가 많이 흐르면 LED는 밝아지지만 너무 많이 흐르면 타버리기 때문이다.

Active low 방식은 디지털 회로의 출력이 low일 때 LED가 점등되는 경우를 말한다. 그림 1.20에서 보면 LED의 anode가 전원 Vcc에 연결되어 있고, cathode는 출력에 연결되어 있어 출력이 low일 때 점등되도록 되어 있다.

디지털 소자의 출력은 open collector 방식으로 표현되는 경우가 많다. 이 경우에 출력 부분에 pull up 저항을 달아주어야만 정확한 출력값을 얻게 된다. Pull up이란 이름은 출력을 Vcc에 가깝게 끌어올리는 저항이란 의미가 있다. 그림 1.21에서 트랜지스터가 off일 때는

$$V_o = V_{cc} - IR_p$$

로 출력전압은 거의 $V_o \approx V_{cc}$가 된다.

트랜지스터가 on일 경우에 출력 전류는 다음과 같다.

$$I_c = I + I_o = \frac{V_{cc} - V_o}{R_p} + I_o$$

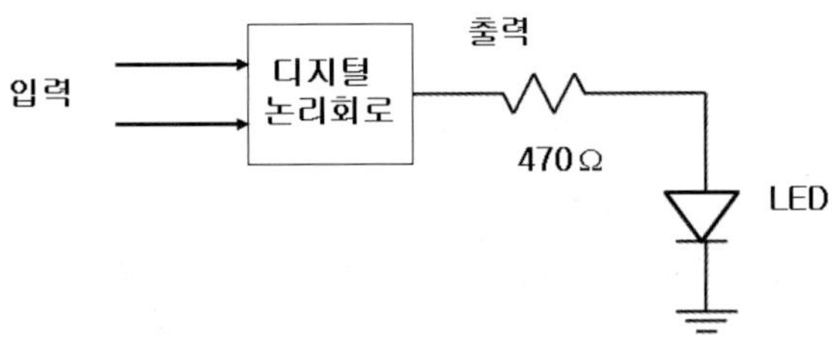

그림 1.19 Active High 방식

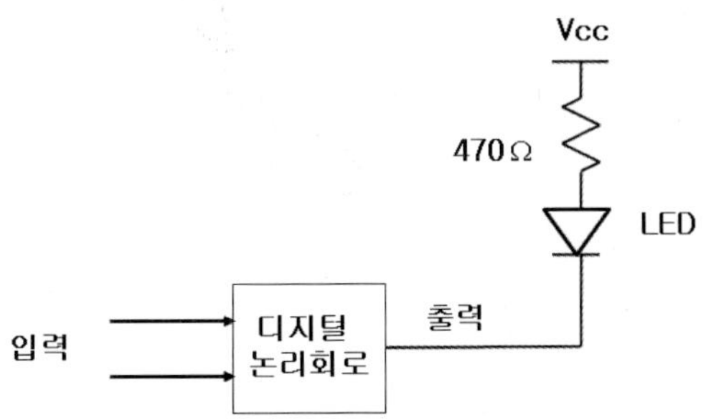

그림 1.20 Active Low 방식

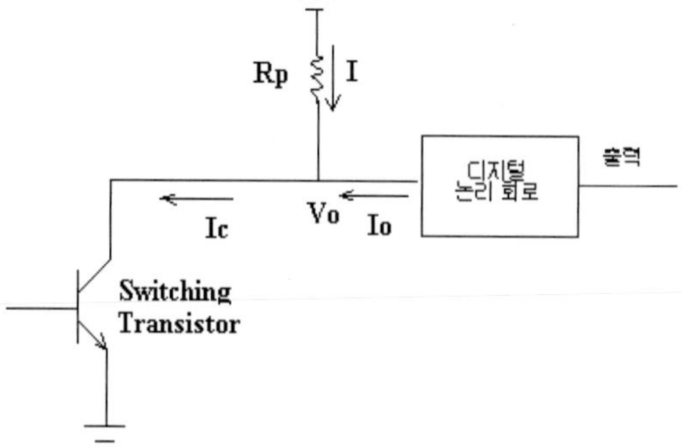

그림 1.21 Pull up 저항

$$\frac{V_{ce}}{R_o} = \frac{V_{cc} - V_o}{R_p} + I_o$$

이 식으로부터 pull up 저항의 값이 결정된다. Pull up 저항 R_p의 값은 대략 1 kΩ 에서 10 kΩ 사이의 값을 사용한다.

1.8 각 소자의 그래픽 시뮬레이션

입력으로 $x_1 x_2$가 주어졌을 경우 각 소자의 출력을 MAX+Plus II를 사용하여 시뮬레이션해 보자. Graphic Editor를 연 후에 각 소자들을 라이브러리에서 가져오고 입력과 출력을 연결시킨 후에 실행한다. 시뮬레이션 실행 방법은 부록 1, 2를 참고하기 바란다.

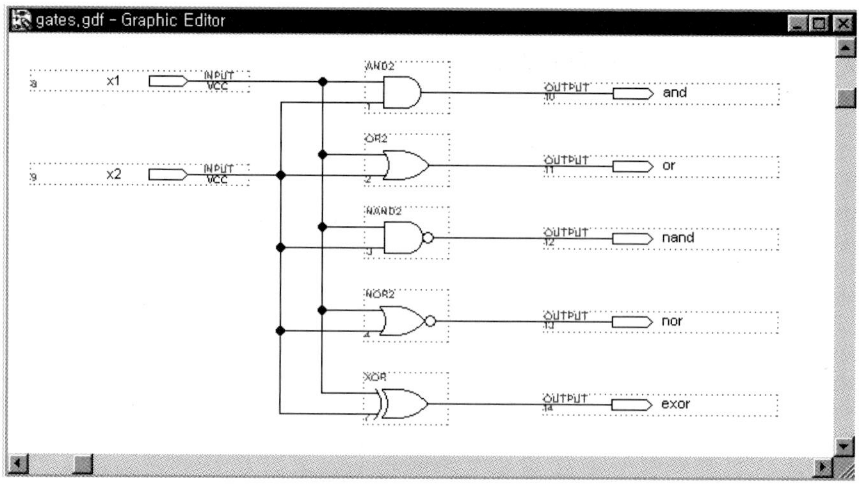

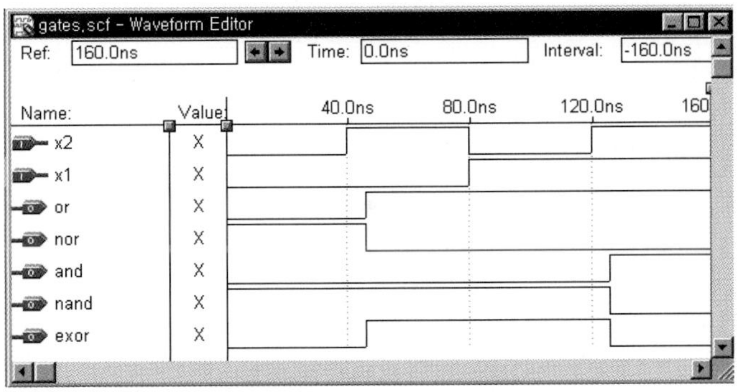

그림 1.22 각 소자의 출력

그림 1.22에서 각 소자의 응답이 대략 15 ns의 시간지연을 나타내는 것을 볼 수 있다. 이는 실제 소자에서 나타나는 시간지연을 그대로 반영한 것이다.

1.9 각 소자의 VHDL

1. NOT

디지털 시뮬레이션의 또 다른 실행 방법은 VHDL이란 언어를 사용하여 프로그램하는 방법이다. 이 방법은 추후에 디지털 회로를 설계하는 데 있어서 편리함을 제공한다. 자세한 내용은 부록을 참고하기 바란다.

NOT의 함수를 나타내기 위한 VHDL은 다음과 같이 표현할 수 있다.

A라는 변수는 비트로 설정되었으므로 A가 '0'이면 '1'로 바꾸고 A가 '1'이면 '0'으로 바꾸는 것을 나타낸다.

y <= '1' when (A = '0') else '0';

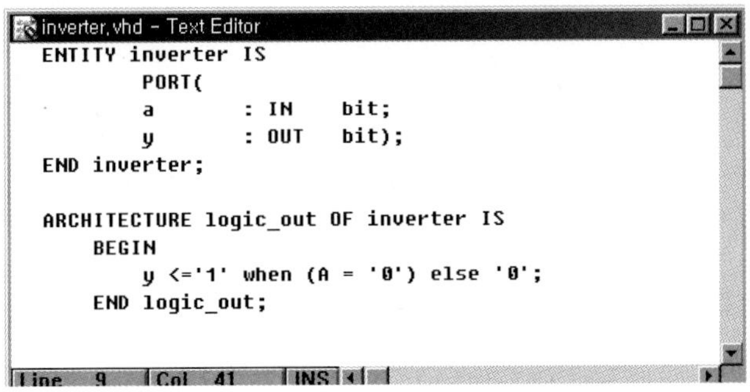

```
ENTITY inverter IS
        PORT(
        a       : IN    bit;
        y       : OUT   bit);
END inverter;

ARCHITECTURE logic_out OF inverter IS
    BEGIN
        y <='1' when (A = '0') else '0';
    END logic_out;
```


그림 1.23 NOT 소자의 프로그램

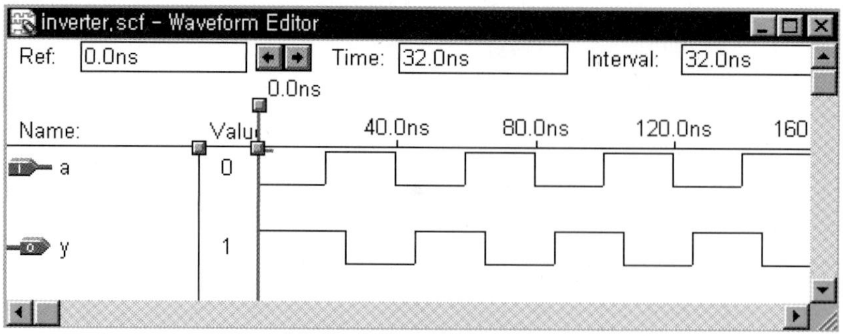

그림 1.24 NOT 소자의 출력

또는 간단히

y <= not A;

자세한 프로그램의 실행은 부록을 참조하기 바란다.

2. AND

AND의 VHDL은 다음과 같이 표현할 수 있다.

y <= '1' when (a='1') and (b='1') else '0';

또는 간단히

y <= a and b;

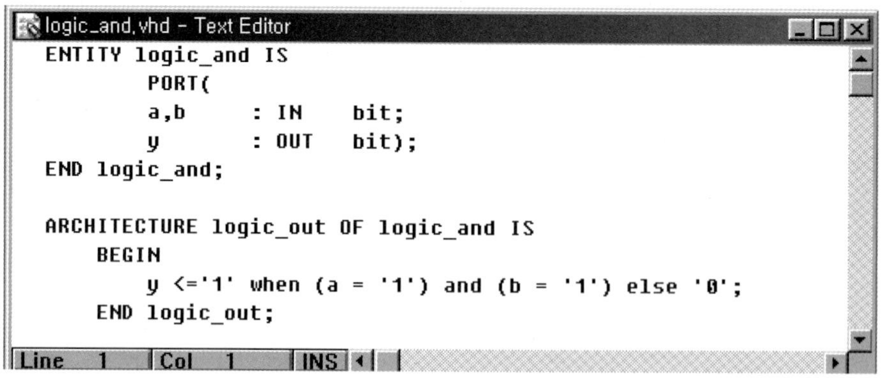

```
logic_and.vhd - Text Editor
ENTITY logic_and IS
        PORT(
        a,b      : IN    bit;
        y        : OUT   bit);
END logic_and;

ARCHITECTURE logic_out OF logic_and IS
    BEGIN
        y <='1' when (a = '1') and (b = '1') else '0';
    END logic_out;
Line 1  Col 1  INS
```

그림 1.25 AND 소자의 VHDL

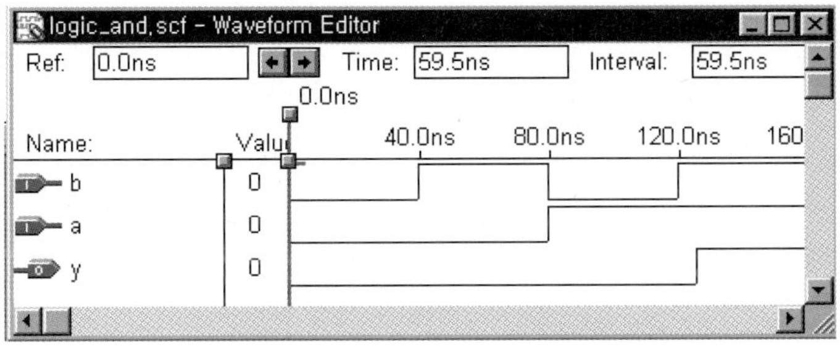

그림 1.26 AND 소자의 출력

3. OR

OR의 표현은 다음과 같다.

y <= '1' when (a='1') or (b='1') else '0';

또는 간단히

y <= a or b;

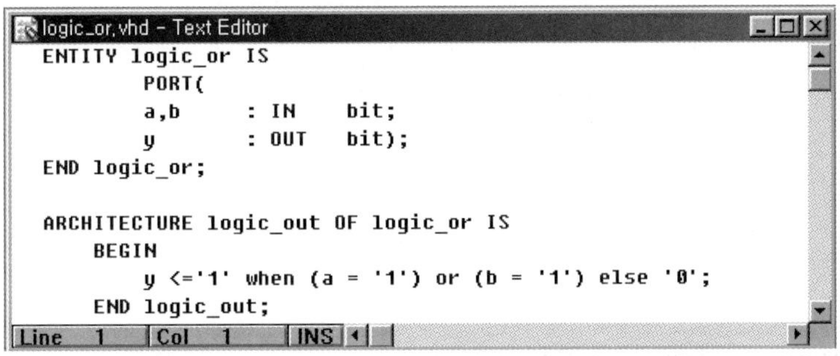

```
logic_or.vhd - Text Editor
ENTITY logic_or IS
        PORT(
        a,b     : IN    bit;
        y       : OUT   bit);
END logic_or;

ARCHITECTURE logic_out OF logic_or IS
    BEGIN
        y <='1' when (a = '1') or (b = '1') else '0';
    END logic_out;
Line 1  Col 1  INS
```

그림 1.27 OR 소자의 VHDL

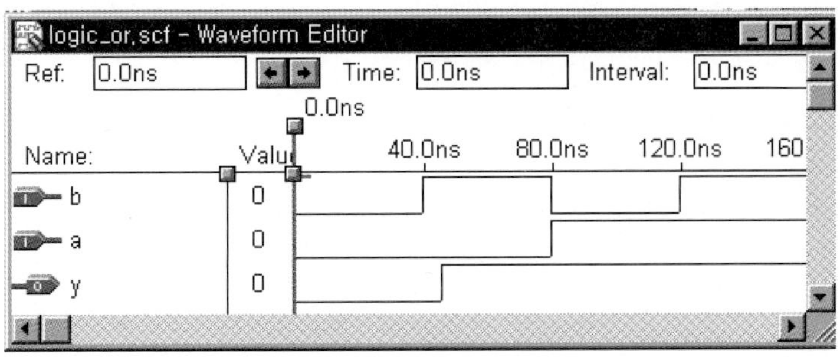

그림 1.28 OR 소자의 출력

점검문제 1.3 NAND와 NOR 게이트에 대해서 VHDL을 적어보고 실행하시오.

(답) NOR : y <= '1' when (a='0') and (b='0') else '0';

NAND : y <= '1' when (a='0') or (b='0') else '0';

열심문제 1.1 XOR의 VHDL을 적어보고 실행하시오.

1.10 각 소자 관련 IC

아래 그림은 NOR, NAND 소자의 IC의 블록 다이어그램을 나타낸다. 여기서 QUAD는 4개를 말한다. 따라서 7437은 4개의 2 입력 NAND 게이트가 있고, 7440은 2개의 4 입력 NAND 게이트가 있다. 74386은 4개의 2 입력 XOR 게이트가 있다.

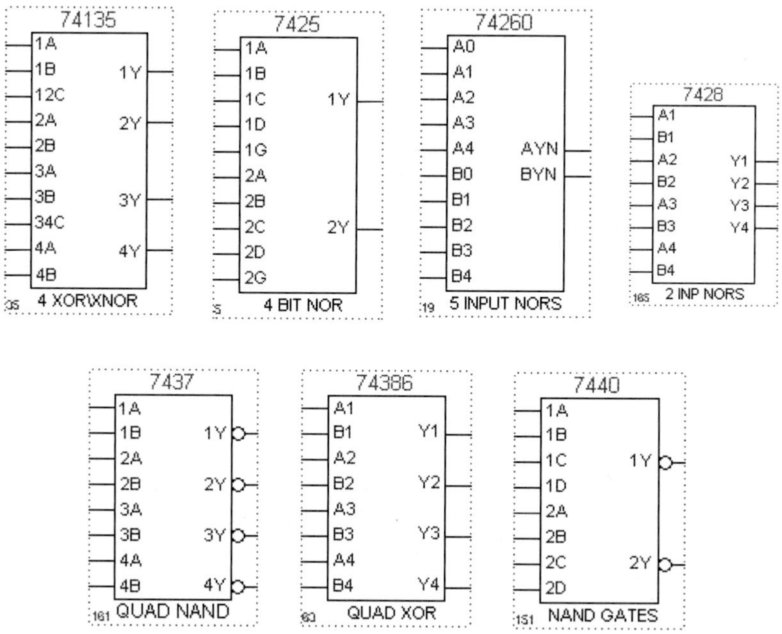

점검문제 1.4 각 IC의 내부를 게이트로 그려보시오.

실험 01 각 소자의 특성

예비 실험

01 | Graphic Editor를 사용하여 AND와 OR, NAND, NOR 그리고 XOR 소자의 출력을 Max+Plus II로 나타내시오. 입력 파형의 주기는 100 ns으로 하고 400 ns까지의 출력을 그려보시오.

02 | 아래 각 소자의 IC 회로를 결선하여 출력 전압(V)을 확인하시오. 또 LED를 연결하여 점등을 확인하시오.

X1(V)	X2(V)	Y(V)

AND

X1(V)	X2(V)	Y(V)

OR

X1(V)	X2(V)	Y(V)

XOR

03 | 마찬가지로 NAND와 NOR 소자의 출력을 나타내보시오. LED를 연결하여 점등을 확인하시오.

X1(V)	X2(V)	Y(V)

NAND

X1(V)	X2(V)	Y(V)

NOR

04 | 토론 사항

(1) 각 IC의 내부 구조, 즉 트랜지스터가 어떻게 연결되어 있는지 조사하여 어떻게 작동하는지 설명하시오.
(2) 그림 1.20에서 pull up 저항이 없이 직접 Vcc에 연결이 되어 있으면 어떻게 되는지 설명하시오.

실험 시 주의사항

❶ IC 소자를 사용할 경우에는 Vcc = 5 V와 GND를 연결해야 한다. 위의 소자들의 경우 7번 핀은 GND이고, 14번 핀은 Vcc이다.

❷ IC 소자의 핀 배열은 항상 데이터 북을 참조한다.

❸ 앞에서 NOR 소자인 7402는 다른 소자(AND, OR, NAND, XOR)와 달리 1번이 출력이고, 2번과 3번이 입력이다. 다른 소자(7400, 7486, 7408, 7436)에서는 1과 2는 입력이고 3은 출력이다.
Data sheet를 찾아 확인해 보자.

❹ 전원 공급기를 사용할 경우 전원선과 접지 모두를 전원공급기에서 나오는 단자를 사용해야 한다. 예를 들어, 전원선은 전원공급기를 사용하고 접지는 디지털 유닛에 있는 접지를 사용하면 작동하지 않는다. 이는 공통된 접지를 사용하지 않으므로 인해 기준점이 달라지는 것과 같다. 디지털 유닛 실험 장비의 5 V를 사용하면 접지도 유닛의 접지를 사용해야 한다.

날 짜	
검 인	

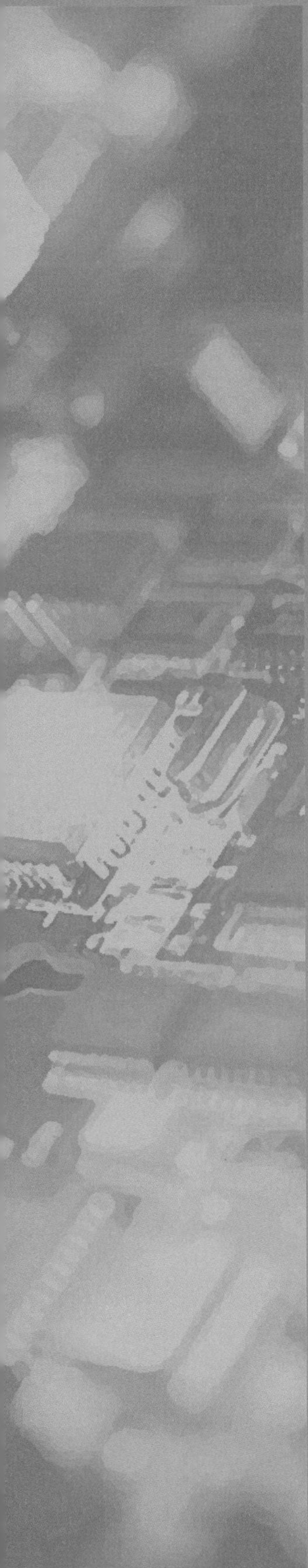

Chapter 2

부울대수와 조합논리 회로

2.1 소개

부울 논리(Boolean Logic)는 수학자 Boole의 이름을 따서 붙은 이름이다. 부울 논리는 부울 논리의 기본이 되는 다음 두 부울 상수 0과 1을 조합하여 이루는 논리를 말한다. 부울 상수 0과 1은 다음과 같은 의미로 해석될 수 있다.

표 2.1 바이너리의 다른 의미

Logic 0	Logic 1
False	True
Off	On
Low	High
No	Yes
Open	Close

위의 기본적인 논리 회로 0과 1을 조합하여 만든 회로를 조합논리 회로(combinational logic circuit)라 한다. 또 이 회로를 입력 변수와 출력 변수 간의 관계를 나타내는 식 또는 함수로 나타낸 것을 부울함수라 한다. 부울함수를 나타내기 위해서는 각 입력과 출력의 바이너리를 알파벳으로 나타내는데, 일반적으로 입력이 3 digit일 경우에 입력은 A, B, C 또는 x_3, x_2, x_1 등의 알파벳으로 나타내고, 출력은 F 또는 y로 나타낸다. 예를 들어,

$$y = x_3 \cdot x_2 \cdot x_1 + \overline{x_3} \cdot \overline{x_2} \tag{2.1}$$

여기서 y는 출력이고, x는 입력 그리고 ¯는 not를 나타내고, ・은 and 관계를 나타내고 +는 or 관계를 나타낸다.

n개의 바이너리로 나타낼 수 있는 모든 입력의 종류는 2^n개다. 예를 들어 $n=3$일 때 입력의 종류는 모두 $2^3=8$개이다. 입력이 A, B, C의 3개의 바이너리로 되어 있으면 각 입력은 0과 1의 값을 가질 수 있으므로 다음과 같은 8개의 입력 조합을 가지는데 이를 minterm이라 한다.

$$\overline{A} \cdot \overline{B} \cdot \overline{C},\ \overline{A} \cdot \overline{B} \cdot C,\ \overline{A} \cdot B \cdot \overline{C},\ \overline{A} \cdot B \cdot C,\ A \cdot \overline{B} \cdot \overline{C},\ A \cdot \overline{B} \cdot C,$$
$$A \cdot B \cdot \overline{C},\ A \cdot B \cdot C$$

반대되는 개념으로 maxterm이 있는데, 이는 각 minterm에 not을 취한 것과 같다.

$$(A+B+C),\ (A+B+\overline{C}),\ (A+\overline{B}+C),\ (A+\overline{B}+\overline{C}),\ (\overline{A}+B+C),$$
$$(\overline{A}+B+\overline{C}),\ (\overline{A}+\overline{B}+C),\ (\overline{A}+\overline{B}+\overline{C})$$

2.2 진리표 Truth Table

진리표는 한 부울함수의 입력과 출력의 관계를 나타내는 바이너리 변수들 간의 조합을 나타낸 표로, 모든 입력에 대한 출력을 표로 나타낸 것이다. 식 (2.1)의 부울함수의 진리표를 나타내면 표 2.2와 같다.

표 2.2 진리표

입력							출력
x_3	x_2	x_1	$\overline{x}_2$	$\overline{x}_3$	$\overline{x}_3 \cdot \overline{x}_2$	$x_3 \cdot x_2 \cdot x_1$	y
0	0	0	1	1	1	0	1
0	0	1	1	1	1	0	1
0	1	0	0	1	0	0	0
0	1	1	0	1	0	0	0
1	0	0	1	0	0	0	0
1	0	1	1	0	0	0	0
1	1	0	0	0	0	0	0
1	1	1	0	0	0	1	1

이 진리표가 나타내는 것은 한 입력이 $x_3 = x_2 = x_1 = 0$일 때는 출력이 $y = 1$이라는 것이다. 이는 식 (2.1)에 입력을 모두 0으로 대입하면 출력이 1인 것을 알 수 있다. 다른 경우의 입력도 그에 상응하는 출력이 나타난다. 주의할 것은 $x_3x_2x_1$와 $x_1x_2x_3$는 다르다는 것이다. 각 digit의 위치는 십진수로 변환할 경우 2의 배수를 나타낸다. 바이너리 수 $x_3x_2x_1$에서 x_1은 일의 자리(LSB)인 2^0를 나타내고, x_2는 2^1 그리고 x_3는 가장 큰 자릿수(MSB) 2^2를 나타낸다. $x_3x_2x_1 = 111$일 경우 십진수로 계산하면 $1 \times 2^2 + 1 \times 2^1 + 1 \times 2^0 = 4 + 2 + 1 = 7$이 된다. 따라서 각 바이너리의 자리는 상응되는 십진수가 있으므로 위치에 주의해야 한다. 바이너리 수를 십진수로 변환하는 것은 나중에 자세하게 살펴보기로 하자.

2.3 부울함수

입력이 A, B 그리고 C인 3개의 입력으로 조합된 논리 회로(Combinational Logic circuit)의 출력 F가 다음과 같이 표현된다고 하자.

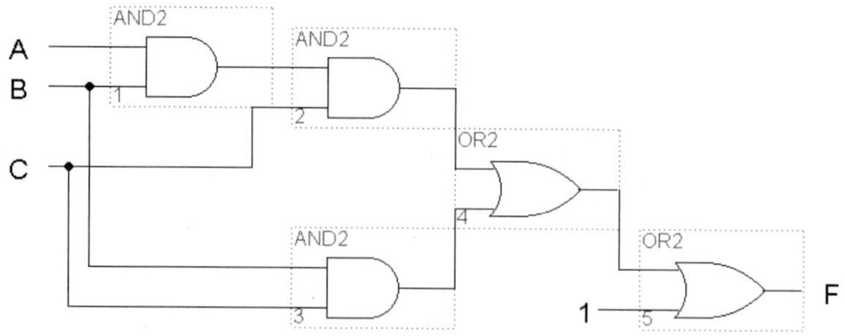

그림 2.1 한 부울함수의 표현

$$F = A \cdot B \cdot C + B \cdot C + 1 \tag{2.2}$$

이때 입력과 출력의 관계를 수식적으로 나타내는 함수를 부울함수라 한다. 부울함수는 and를 나타내는 ·, or를 나타내는 +로 표현하지만, · 의 경우에는 편의상 다음과 같이 일반적으로 생략하기도 한다.

$$F = ABC + BC + 1 \tag{2.3}$$

위의 부울함수에서 F는 A 앤드 B 앤드 C 앤드 or B 앤드 C 앤드 or 1로 읽는다.

그림 2.1처럼 입력단자가 2인 소자로 출력회로를 설계하려면 and 게이트가 3개 or 게이트가 2개 필요하게 된다. 물론 입력이 3인 and 게이트를 사용할 경우 전체 게이트수를 4개로 줄일 수 있다.

2.4 부울대수

위 식 (2.2)의 부울함수의 출력을 구해보면 1인 것을 알 수 있다.

$$F = ABC + BC + 1 = 1 \tag{2.4}$$

어떻게 알 수 있을까? 다음의 부울대수 공식을 적용하면 쉽게 알 수 있다.

부울대수는 입력 변수가 두 개의 상태(0, 1)만을 갖는 바이너리일 경우에 함수의 값을 구하는 공식이다. 0은 신호의 low를 나타내고 1은 신호의 high를 나타낸다. x는 다른 바이너리 입력 변수를 나타낸다.

① $x + 0 = x$: 0과 or

② $x \cdot 1 = x$: 1과 and

③ $x + 1 = 1$: 1과 or

④ $x \cdot 0 = 0$: 0과 and

⑤ $x + x = x$: 자신과 or

⑥ $x \cdot x = x$: 자신과 and

⑦ $x + \overline{x} = 1$: 자신과 보수의 or

⑧ $x \cdot \overline{x} = 0$: 자신과 보수의 and

⑨ $\overline{\overline{x}} = x$: 자신의 not의 반복은 자신

⑩ $x+y = y+x$, $xy = yx$: 교환 법칙

⑪ $x+(y+z) = (x+y)+z$, $x(yz) = (xy)z$: 결합 법칙

⑫ $x(y+z) = xy+xz$, $x+yz = (x+y)(x+z)$: 배분 법칙

⑬ $x+xy = x$

⑭ $x+\overline{x}y = x+y$

⑮ $(x+y)(x+z) = x+yz$

⑯ $\overline{x+y} = \overline{x} \cdot \overline{y}$: 드모르간의 법칙

⑰ $\overline{x \cdot y} = \overline{x}+\overline{y}$: 드모르간의 법칙

식 ③을 보면 어떤 입력일지라도 1과 함께 OR되면 출력은 항상 1임을 알 수 있다.

2.1 예 제

다음 부울함수에 드모르간의 법칙을 적용해 보자.

$$\overline{A\overline{B}+C} = \overline{A\overline{B}} \cdot \overline{C} = (\overline{A}+B) \cdot \overline{C} = \overline{A}\ \overline{C}+B\overline{C}$$

2.2 예 제

다음 부울함수에 드모르간의 법칙을 적용해 보자.

$$\overline{(\overline{A}+C) \cdot (B+\overline{D})} = \overline{(\overline{A}+C)}+\overline{(B+\overline{D})} = A \cdot \overline{C}+\overline{B} \cdot D$$

2.3 예 제

다음 부울함수를 최소화해 보자.

$$x\overline{y}+x = x(\overline{y}+1) = x$$

2.4 예 제

⑮를 증명해 보자.

$$\begin{aligned}(x+y)(x+z) &= xx+xz+xy+yz \\ &= (x+xy)+xz+yz \\ &= (x+xz)+yz \\ &= x+yz\end{aligned}$$

▶ 점검문제 2.1 부울대수에서 ⑬을 증명하시오.

㉰ $x+xy=x(1+y)=x\cdot 1=x$

▶ 점검문제 2.2 부울 대수에서 ⑭를 증명하시오.

㉰ ⑮에서 $(x+y)(x+z)=x+yz$이므로 z 대신에 $\overline{x}$를 넣으면

$(x+\overline{x})(x+y)=x+y(x+\overline{x})=x+y$, 왜냐하면 $x+\overline{x}=1$이기 때문이다.

2.5 부울함수의 간략화

부울대수를 적절히 사용하면 회로를 간략화할 수 있다. 회로를 간략화한다는 것은 소자에 드는 비용을 절감할 수 있고 공간을 효율적으로 사용할 수 있다.

예를 들어, 다음 부울함수를 고려해 보자.

$$\begin{aligned}Z &= ABC+A\overline{B}\cdot\overline{\overline{A}\cdot\overline{C}} && \Leftarrow ⑯ \\ &= ABC+A\overline{B}\cdot(A+C) && \Leftarrow ⑫ \\ &= ABC+A\overline{B}A+A\overline{B}C && \Leftarrow ⑫ \\ &= AC(B+\overline{B})+A\overline{B} && \Leftarrow ⑦ \\ &= AC+A\overline{B} && \Leftarrow ⑫ \\ &= A(C+\overline{B})\end{aligned}$$

2개의 게이트로 줄어듦을 알 수 있다.

2.5 예 제

다음을 간략화하시오.

$$F=ABC+AB\overline{C}+A\overline{B}C$$

먼저 같은 변수를 더해도 출력에는 영향을 미치지 않으므로 ABC를 F에 더한 뒤에 공통된 변수를 묶는다.

$$F = ABC + AB\overline{C} + A\overline{B}C + ABC$$
$$= AB(C + \overline{C}) + AC(\overline{B} + B) = A(B + C)$$

2.6 예 제

다음 부울함수를 간략화하시오. 아래 부울함수에서는 $(x+\overline{x})=1$이므로 곱하면 아무런 변화가 없다.

$$\begin{aligned} z &= xy + \overline{x}z + yz \\ &= xy + \overline{x}z + yz(x + \overline{x}) \\ &= xy + xyz + \overline{x}z + \overline{x}yz \\ &= xy(1+z) + \overline{x}z(1+y) \\ &= xy + \overline{x}z \end{aligned}$$

2.7 예 제

다음 부울함수를 최적화하시오.

$$\begin{aligned} F &= (\overline{A} + B)(A + B + D)\overline{D} \\ &= (\overline{A} + B)(A\overline{D} + B\overline{D} + D\overline{D}) \\ &= \overline{A}A\overline{D} + \overline{A}B\overline{D} + BA\overline{D} + BB\overline{D} \\ &= B\overline{D}(\overline{A} + A + 1) = B\overline{D} \end{aligned}$$

2.8 예 제

다음과 같이 진리표가 주어졌을 경우 출력을 최적화하시오.

입 력			출 력
A	B	C	F
0	0	0	0
0	0	1	0
0	1	0	0
0	1	1	1
1	0	0	0
1	0	1	1
1	1	0	1
1	1	1	1

진리표에서 출력을 간략화하는 경우에는 출력이 1인 경우의 입력을 모두 OR처리하여 부울 식으로 나타낸다.

$$\begin{aligned} F &= \overline{A}BC + A\overline{B}C + AB\overline{C} + ABC \\ &= \overline{A}BC + ABC + A\overline{B}C + ABC + AB\overline{C} + ABC \\ &= BC(\overline{A} + A) + AC(\overline{B} + B) + AB(\overline{C} + C) \\ &= BC + AC + AB \\ &= C(B + A) + AB \end{aligned}$$

점검문제 2.3 다음을 간략화하시오.

$$F = (A + B)(A + CD)$$

답 $F = A + BCD$

점검문제 2.4 다음을 간략화하시오.

$$F = (\overline{A} + B)(A + B)$$

답 $F = B$

점검문제 2.5 다음을 간략화하시오.

$$F = \overline{X}YZ + \overline{X}Y\overline{Z} + XZ$$

답 $F = \overline{X}Y + XZ$

점검문제 2.6 다음 진리표의 출력을 최소화하시오.

입력			출력
P	Q	R	S
0	0	0	1
0	0	1	1
0	1	0	1
0	1	1	1
1	0	0	0
1	0	1	0
1	1	0	0
1	1	1	1

답 $S = \overline{P} + QR$

2.6 유니버셜 NAND와 NOR

NAND 소자와 NOR 소자는 유니버셜 게이트라 하는데, 그 이유는 이 소자를 가지고 다른 소자들 AND, OR, NOT 게이트들을 표현할 수 있기 때문이다.

먼저 NAND를 살펴보면 다음과 같다.

1. NAND 게이트

(1) NOT의 표현

하나의 NAND 게이트를 사용하여 표현한다.

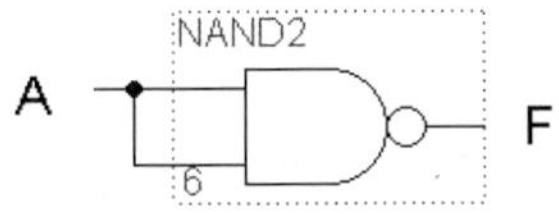

$$F=\overline{A\cdot A}=\overline{A}$$

그림 2.2 NOT의 표현

A	$A\cdot A$	F
0	0	1
1	1	0

(2) AND의 표현

두 개의 NAND 게이트를 직렬로 연결한다.

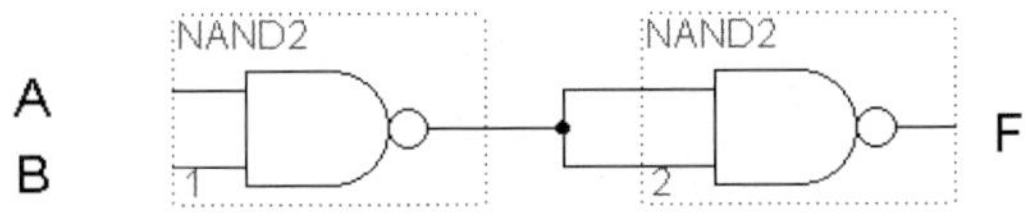

$$F=\overline{\overline{A\cdot B}}=A\cdot B$$

그림 2.3 AND의 표현

A	B	$\overline{A\cdot B}$	F
0	0	1	0
0	1	1	0
1	0	1	0
1	1	0	1

(3) OR의 표현

두 개의 NAND 게이트를 병렬로 연결하고, 그 출력을 NAND의 입력으로 취한다.

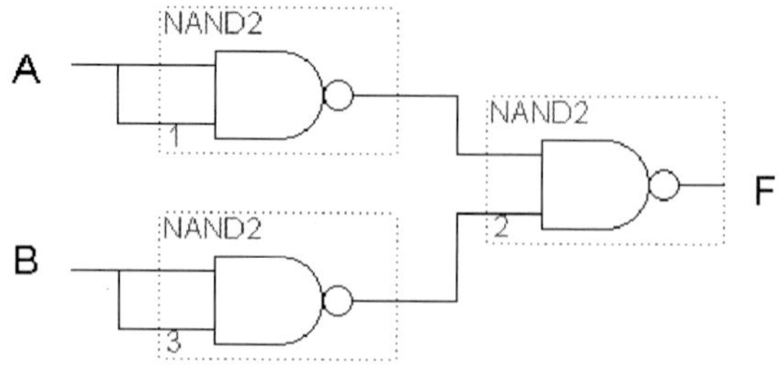

$$F=\overline{\overline{A}\cdot\overline{B}}=A+B$$

그림 2.4 OR의 표현

A	B	$\overline{A}$	$\overline{B}$	$\overline{A}\cdot\overline{B}$	F
0	0	1	1	1	0
0	1	1	0	0	1
1	0	0	1	0	1
1	1	0	0	0	1

2. NOR 게이트

(1) NOT의 표현

한 개의 NOR 게이트로 나타낸다.

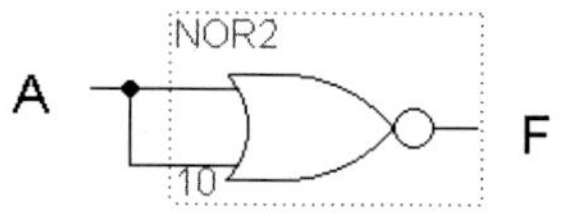

$$F=\overline{A+A}=\overline{A}$$

그림 2.5 NOT의 표현

A	$A+A$	F
0	0	1
1	1	0

(2) AND의 표현

두 개의 NOT 게이트를 병렬로 연결하여 또 다른 NOR에 입력이 된다.

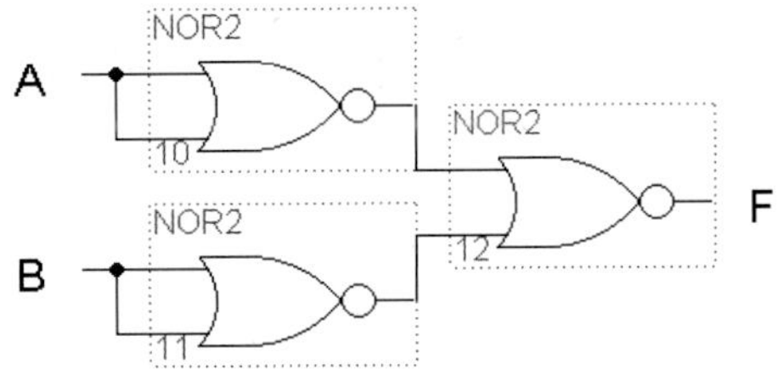

$$F = \overline{\overline{A} + \overline{B}} = A \cdot B$$

그림 2.6 AND의 표현

A	B	$\overline{A}$	$\overline{B}$	$\overline{A}+\overline{B}$	F
0	0	1	1	1	0
0	1	1	0	1	0
1	0	0	1	1	0
1	1	0	0	0	1

(3) OR의 표현

두 개의 NOR 게이트를 직렬로 연결한다.

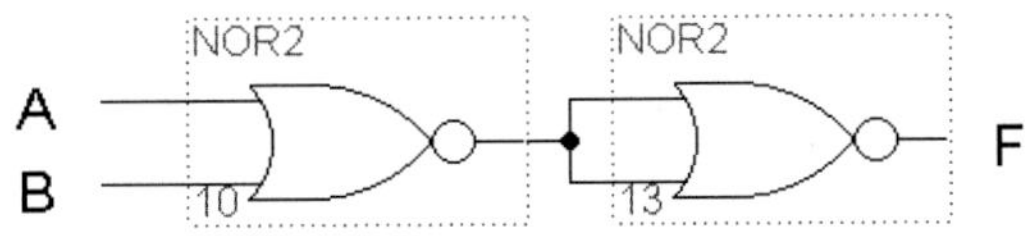

$$F = \overline{\overline{A + B}} = A + B$$

그림 2.7 OR의 표현

A	B	$\overline{A+B}$	F
0	0	1	0
0	1	0	1
1	0	0	1
1	1	0	1

2.9 예 제

다음 부울함수를 NAND 게이트로 바꾸어 보자.

$$F = AB + CD$$

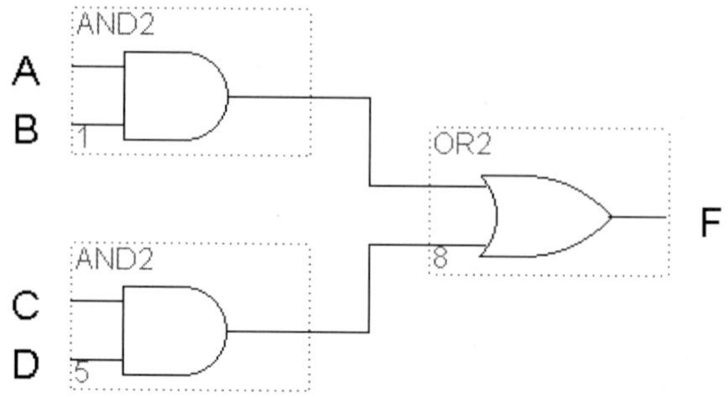

그림 2.8 게이트로 표현한 회로

각 부분을 NAND 게이트로 대체하면 다음과 같다.

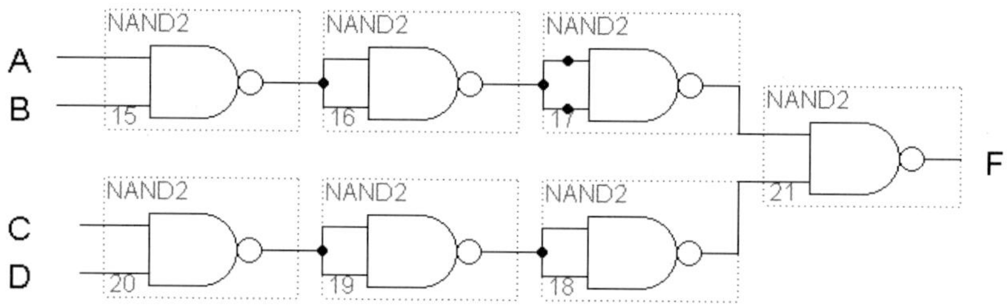

그림 2.9 NAND 게이트로 대체한 회로

그림 2.9의 회로에서 16과 17 그리고 19번과 18번 게이트는 NOT와 NOT를 반복하므로 생략되어 다시 그림 2.10과 같이 간략화할 수 있다.

그림 2.8과 그림 2.10을 비교해보면 게이트수가 3개로 같음을 알 수 있다. 그렇다면 NAND 게이트를 사용하는 이유는 무엇일까? 그 이유는 회로를 구성하는 공간과 관계가 있다. 그림 2.8의 회로를 구성하려면 AND 게이트와 OR 게이트 소자를 사용해야 하지만, 그림 2.10의 회로는 NAND 게이트만 사용하면 된다. AND 게이트와 OR 게이트는 각각 다른 IC이므로 하나의 게이트만 사용할지라도 IC를 사용해야만 한다. 하지만 NAND의 경우 한 IC에 여러 개의 NAND 게이트가 있으므로 하나의 IC로 해결할 수 있게 된다.

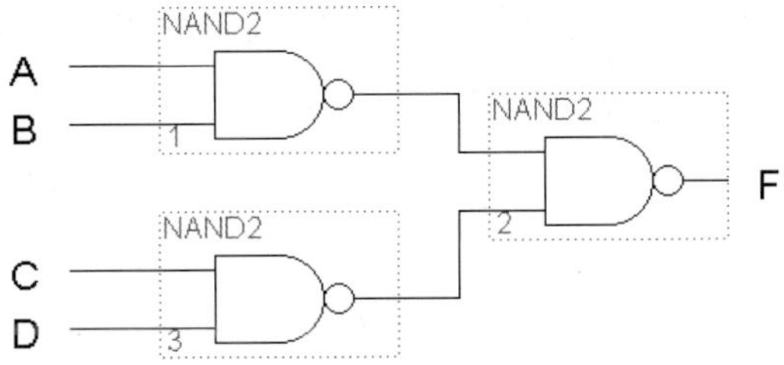

그림 2.10 NAND 게이트로 최적화 회로

점검문제 2.7 그림 2.8의 회로를 NOR로 다시 설계하시오. NAND의 경우와 같이 게이트수를 줄일 수 있는가?

2.7 논리소자의 다른 표현

기본적인 논리소자를 표현하는 방법은 NAND나 NOR 게이트로 표현하는 방법 외에 다음과 같은 방법이 있다. 다음 그림에서 버블(o)는 inverter를 나타낸다.

- **AND의 표현**

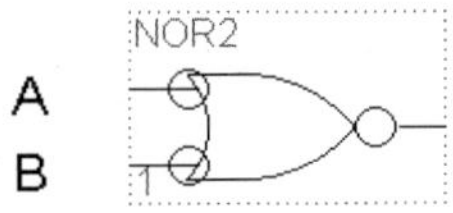

$$\overline{\bar{A}+\bar{B}} = AB$$

- **OR의 표현**

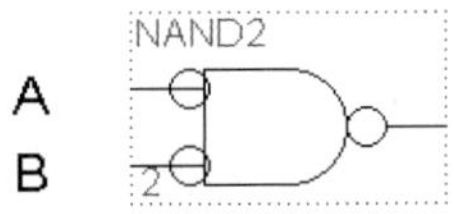

$$\overline{\bar{A}\ \bar{B}} = A+B$$

- **NAND의 표현**

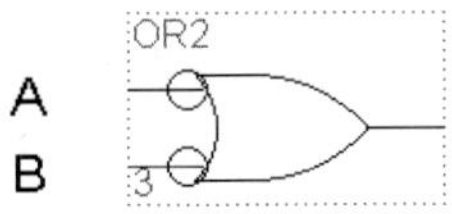

$$\bar{A} + \bar{B} = \overline{AB}$$

- **NOR의 표현**

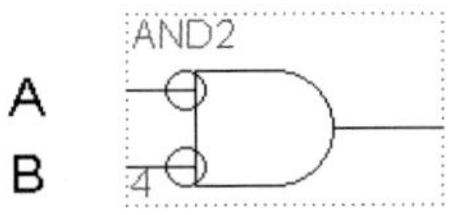

$$\bar{A}\ \bar{B} = \overline{A+B}$$

2.10 예 제

앞의 예제 2.8에서 회로를 다른 방법으로 구성해 보자.

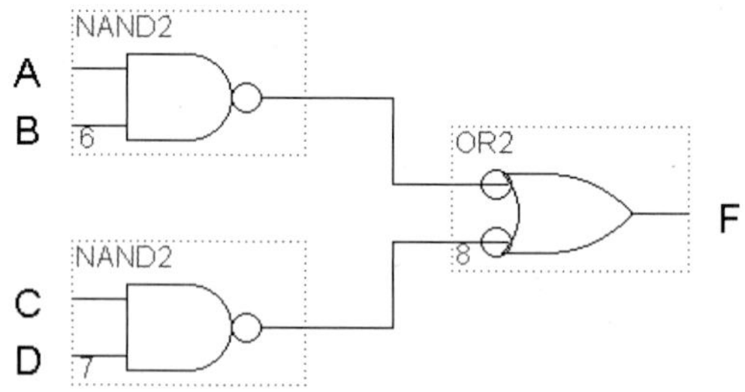

NAND의 표현으로 대체하면 다음과 같다.

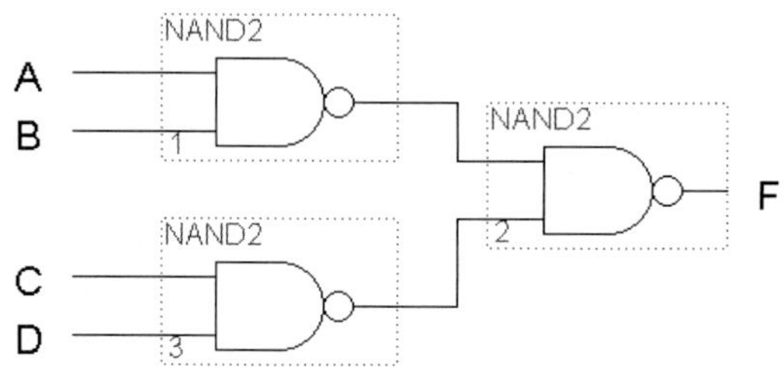

2.8 Parity 발생회로

1. Parity generation

우리가 한 곳에서 다른 곳으로 데이터를 전송하는 경우를 보자. ASCII(American Standard Code for Information Interchange)는 7비트로 되어있어 모두 $2^7=128$개의 문자를 나타낼 수 있다. ASCII 데이터를 전송할 때 전송 중에 전기적인 잡음에 의해 데이터가 왜곡되는 경우가 발생한다.

데이터 송수신 경로가 주로 전자기장에 노출되어 있는 경우, 예를 들면 모터나 전자석 등과 같은 전자기장을 발생하는 장치에서 데이터 선이 가까이 있으면 데이터가 왜곡되기 쉽다. 이러한 경우에 데이터의 왜곡으로 인해 발생하는 문제점을 미리 보완하기 위해서, 수신하는 쪽에서 데이터가 제대로 전송되었는지 확인하는 방법이 parity 비트를 사용하는 방법이다. Parity 비트란 데이터를 전송할 때 데이터에 비트를 첨가하여 데이터가 제대로 전송되었는지 쉽게 확인할 수 있도록 해주는 비트를 말한다. ASCII가 7비트로 되어있는 이유는 parity 비트를 첨가하여 8비트, 즉 1 byte를 만들어 전송할 수 있도록 하는 것이다. 따라서 parity 회로를 많이 사용하는 곳은 통신 시스템이나 데이터를 주고

받는 메모리에서 많이 사용한다.

데이터를 전송하기 전에 parity 비트를 첨가하는 것을 parity generation이라 하고, 데이터를 받은 후에 데이터가 맞는지 확인하는 회로를 parity checking 회로라 한다. 예를 들어, 알파벳 A의 ASCII 코드는 7비트로 1000001이다. 여기에 0 또는 1을 첨가하여 01000001 또는 11000001을 만드는 과정이 parity generation이다. 패리티 비트를 첨가하는 위치는 MSB 왼쪽일 수도 있고, LSB 오른쪽일 수도 있지만 보통 MSB 왼쪽인 경우가 많다.

그림 2.11은 데이터 전송과정에서 parity 비트의 처리를 나타낸다.

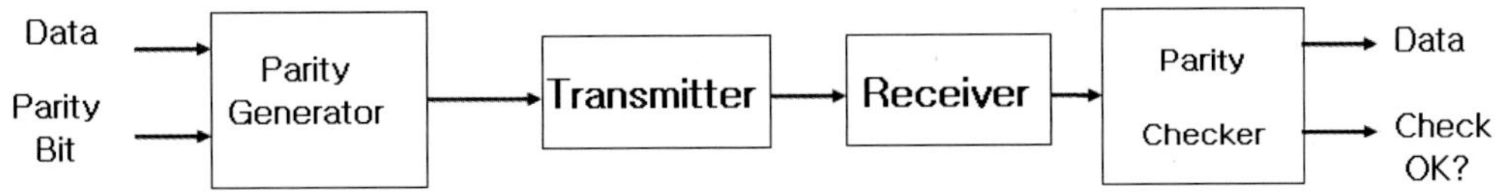

그림 2.11 데이터 전송 및 parity 회로

Parity generation 회로에는 추가로 첨부된 비트의 수를 포함하여 1의 비트의 수가 홀수이면 odd parity, 짝수이면 even parity 두 종류가 있다. 다음과 같은 4비트 데이터를 고려해 보자. 여기서 P는 parity 비트를 나타낸다.

P	D_3	D_2	D_1	D_0

P	0	1	1	0

Even parity의 경우에 1의 수는 2로 짝수이므로 $P=0$이 된다. 반대로 odd parity의 경우에는 1의 수가 짝수이므로 $P=1$로 되어 전체적인 1의 수를 홀수로 만든다.

Even parity 방식의 경우에는 1의 수가 짝수이면 패러티 비트는 0을 출력해야 한다. 그렇다면 이런 회로를 어떻게 구성할 수 있을까? 이처럼 parity 비트를 만드는 회로는 XOR 소자를 사용하여 구성한다. Even parity 방식일 경우 parity 비트는 다음과 같다.

$$P = D_0 \oplus D_1 \oplus D_2 \oplus D_3$$

XOR 소자의 특성은 1의 수가 짝수일 경우에 0을 출력하므로 패러티 비트 P는 0이 된다.

Odd parity 방식일 경우에는 even parity 방식의 반대가 되므로 다음과 같다.

$$P = \overline{D_0 \oplus D_1 \oplus D_2 \oplus D_3}$$

2. Parity checking

Parity 비트를 첨가한 데이터가 전송되어 왔을 때 그 데이터가 맞는지 확인하기 위해서는 parity checking을 해야 한다. Parity checking이란 전송 시 보낸 방식이 even 방식인지 odd 방식인지를 먼저 정한 다음에, 데이터를 수신하는 쪽에서 에러가 발생했는지 확인하는 회로이다.

그림 2.12 parity 점검

Parity checking 회로도 XOR 소자를 사용하여 구성한다. 다음은 even parity 방식의 checker를 나타낸다.

$$E = P \bigoplus (D_0 \bigoplus D_1 \bigoplus D_2 \bigoplus D_3)$$

위의 경우 데이터가 0110이었는데 even parity의 경우 P가 0이었으므로 $E=0$이면 OK이고, $E=1$이면 데이터 비트가 홀수로 되어 에러가 발생한 것이다.

Odd 방식일 경우에는 checker 회로가 다음과 같다.

$$E = P \bigoplus \overline{(D_0 \bigoplus D_1 \bigoplus D_2 \bigoplus D_3)}$$

Even과 odd parity 방식 모두의 경우에 패러티 체킹 회로의 출력은 항상 0이 되어야 올바르게 전송된 것이다.

다음은 3비트를 전송할 때 발생하는 parity 비트를 예로 나타낸 진리표이다.

입력				Even Parity	Odd Parity
A	B	C	$A \bigoplus B \bigoplus C$	P even	P odd
0	0	0	0	0	1
0	0	1	1	1	0
0	1	0	1	1	0
0	1	1	0	0	1
1	0	0	1	1	0
1	0	1	0	0	1
1	1	0	0	0	1
1	1	1	1	1	0

▶ 점검문제 2.8 4비트 데이터를 전송 시 발생\하는 even parity와 odd parity의 진리표를 만드시오.

▶ 점검문제 2.9 4비트 데이터를 전송 시 발생하는 even parity와 odd parity의 parity 발생 회로를 그리시오.

▶ 점검문제 2.10 4비트 데이터를 전송 시 발생하는 even parity와 odd parity의 parity 점검 회로를 그리시오.

▶ 점검문제 2.11 다음과 같은 데이터를 even parity 방식으로 전송하는 경우를 보자. 01000001. 만약 데이터 전송 시 노이즈에 의해 두 개의 비트가 다음과 같이 동시에 바뀌었다.

00000011

Parity checker에서 에러가 검출되는가? 아니면 방법은 무엇인가?

2.9 Parity 관련 IC

다음 그림은 parity generation과 parity checking IC를 나타낸다.

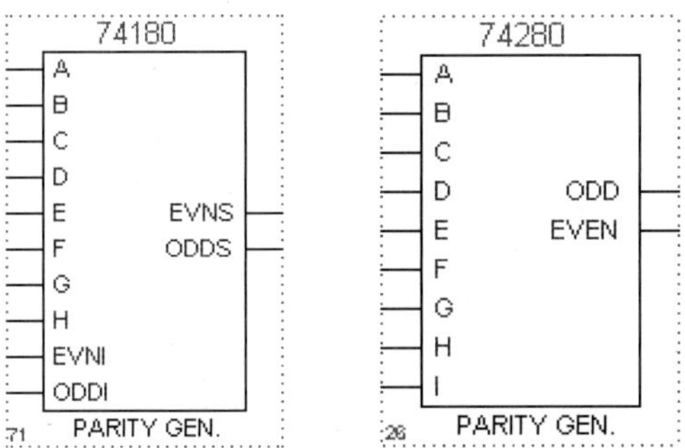

실험 02 부울대수 및 조합논리 회로

예비 실험

01 | 다음 부울대수를 Max+Plus II로 나타내시오. 입력 파형은 40 ns으로 하고 160 ns까지의 출력을 그려보시오. 간략화하고 진리표를 그리고 회로를 연결하여 파형을 그리시오.

$$F = (\overline{A} + B)(A + B)$$

02 | 출력 F에 대한 진리표를 그리고 간략화하시오. F를 간략화했을 경우와 안 했을 경우 회로를 연결하여 출력을 확인하시오.

A(V)	B(V)	F(V)

03 | 위의 부울 식을 NAND 게이트로 설계하고 MAX+Plus II로 시뮬레이션하시오. 설계한 회로를 연결하고 출력을 확인하시오.

A(V)	B(V)	F(V)

04 | NOR 게이트로 설계하고 MAX+Plus II로 시뮬레이션하시오. 선을 연결하여 출력을 확인하시오.

A(V)	B(V)	F(V)

05 | 전송할 데이터가 다음과 같다.

P	0	1	1	0

(1) 4비트 even parity 회로를 설계하고 진리표를 그린 후 출력을 확인해 보자.
(2) 4비트 odd parity 회로를 설계하고 진리표를 그린 후 출력을 확인해 보자.
(3) 예비실험 : MAX+Plus II로 IC 74180과 74280을 사용하여 (1)과 (2)를 실행하시오.

06 | Parity 회로가 실제 사용된 예를 조사해 정리하시오.

07 | Data sheet 찾아보기 : IC 74180를 찾아보시오.

날짜	
검인	

Chapter 3

Karnaugh Map

3.1 소개

n개의 바이너리 입력이 있으면 2^n개의 경우의 수가 있음을 알 수 있다. 입력이 ABC 3개일 경우에는 $2^3=8$가지의 경우의 수가 있다. 모든 경우의 수가 입력으로 주어지고 각 경우에 대한 출력의 상태를 나타내는 표를 진리표(truth table)라 한다. 진리표는 입력과 출력의 관계를 나타낼 뿐만 아니라 회로를 설계하는 방법에 대한 기본이 되므로 매우 중요하다.

진리표로부터 얻은 출력을 입력에 대한 함수로 표현할 수 있는데, 이를 부울함수라 하였다. 부울함수로부터 부울대수를 적용하여 게이트의 수를 최소화해야 한다. 앞장에서 부울대수를 잘 사용하면 게이트 수를 현저하게 줄일 수 있다는 것을 살펴보았다. 하지만 입력 변수가 많아짐에 따라 식이 복잡하여 부울대수를 적용하기 곤란하게 된다. 또 때에 따라서는 눈에 쉽게 보이지 않아 최적화된 회로를 찾기 힘든 경우도 있다. 이러한 단점을 보완한 것이 Karnaugh-map(K-map)이다. K-map은 입력과 출력의 관계를 쉽게 그래픽으로 나타내어 게이트 수를 최적화할 수 있도록 하는 체계적인 도구이다.

3.2 Minterm과 Maxterm

1. Minterm과 Maxterm의 표현

입력의 조합을 표현하는 방법은 크게 minterm과 maxterm 두 가지로 나뉜다. Minterm은 각 입력 변수의 and의 형태로 나타나는 조합을 말하고, maxterm은 or의 형태로 표현된 조합을 말한다. 예를 들어, xyz는 minterm의 일종이고, $x+y+z$는 maxterm의 일종이다. 입력의 모든 경우의 표현을 minterm과 maxterm으로 나타내는 이유는 출력을 설계하는 데 있어서 두 가지 방식, 즉 minterm을 사용하는 active high 방식과 maxterm을 사용하는 active low 방식으로 설계할 수 있기 때문이다.

표 3.1의 진리표를 고려해 보자. 입력이 A, B, C인 3개의 입력으로 조합된 논리 회로가 나타나 있다.

Minterm은 m_n으로 표현하며 입력의 곱(and)으로 나타내고 maxterm은 M_n으로 나타내고 합(or)으로 표현한다. 결과적으로 $M_n = \overline{m}_n$인 것을 알 수 있다.

부울함수를 minterm 또는 maxterm으로 표현할 때는 다음과 같다.

먼저 minterm으로 표현된 sum of product(SOP)는 다음과 같이 minterm의 합으로 표현한 것과 같다.

표 3.1 Minterm과 Maxterm

십진수	A	B	C	Minterm	Maxterm
0	0	0	0	$m_0 = \overline{A} \cdot \overline{B} \cdot \overline{C}$	$M_0 = A+B+C = \overline{m}_0$
1	0	0	1	$m_1 = \overline{A} \cdot \overline{B} \cdot C$	$M_1 = A+B+\overline{C} = \overline{m}_1$
2	0	1	0	$m_2 = \overline{A} \cdot B \cdot \overline{C}$	$M_2 = A+\overline{B}+C = \overline{m}_2$
3	0	1	1	$m_3 = \overline{A} \cdot B \cdot C$	$M_3 = A+\overline{B}+\overline{C} = \overline{m}_3$
4	1	0	0	$m_4 = A \cdot \overline{B} \cdot \overline{C}$	$M_4 = \overline{A}+B+C = \overline{m}_4$
5	1	0	1	$m_5 = A \cdot \overline{B} \cdot C$	$M_5 = \overline{A}+B+\overline{C} = \overline{m}_5$
6	1	1	0	$m_6 = A \cdot B \cdot \overline{C}$	$M_6 = \overline{A}+\overline{B}+C = \overline{m}_6$
7	1	1	1	$m_7 = A \cdot B \cdot C$	$M_7 = \overline{A}+\overline{B}+\overline{C} = \overline{m}_7$

$$\begin{aligned} F(A, B, C) &= \overline{A} \cdot \overline{B} \cdot \overline{C} + \overline{A} \cdot \overline{B} \cdot C + \cdots + ABC \\ &= \Sigma(m_0, m_1, \cdots, m_7) \\ &= \Sigma m(0, 1, \cdots, 7) \end{aligned} \tag{3.1}$$

그림 3.1의 SOP의 출력은 모든 minterm의 합이므로 1이 된다.

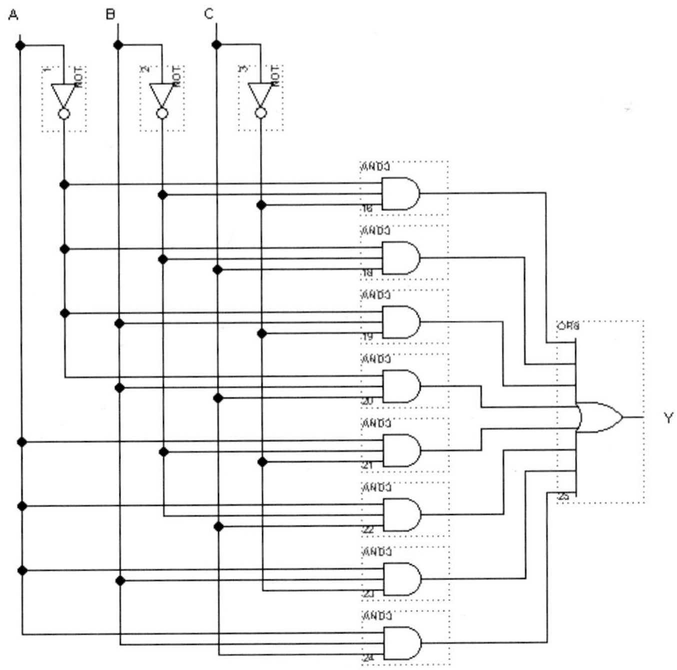

그림 3.1 SOP

입력의 순서 ABC와 CBA는 서로 다르므로 주의할 것은 $F(A,B,C) \neq F(C,B,A)$라는 것이다.

Maxterm으로 표현된 product of sum(POS)은 다음과 같이 maxterm을 곱한 것으로 표현한 것과 같다.

$$
\begin{aligned}
F(A,\ B,\ C) &= (A+B+C)(A+B+\overline{C}) \cdots (\overline{A}+\overline{B}+\overline{C}) \\
&= \Pi\,(M_0,\ M_1,\ \cdots,\ M_7) \\
&= \Pi\,(0,\ 1,\ \cdots,\ 7)
\end{aligned} \tag{3.2}
$$

그림 3.2의 POS의 출력은 0이 된다. 따라서 SOP나 POS와 같이 서로 다른 방법으로 회로를 구성하여 같은 출력을 얻을 수 있다.

예를 들어, 다음 표 3.2의 진리표에 나타난 출력 F를 minterm과 maxterm으로 표현해 보자.

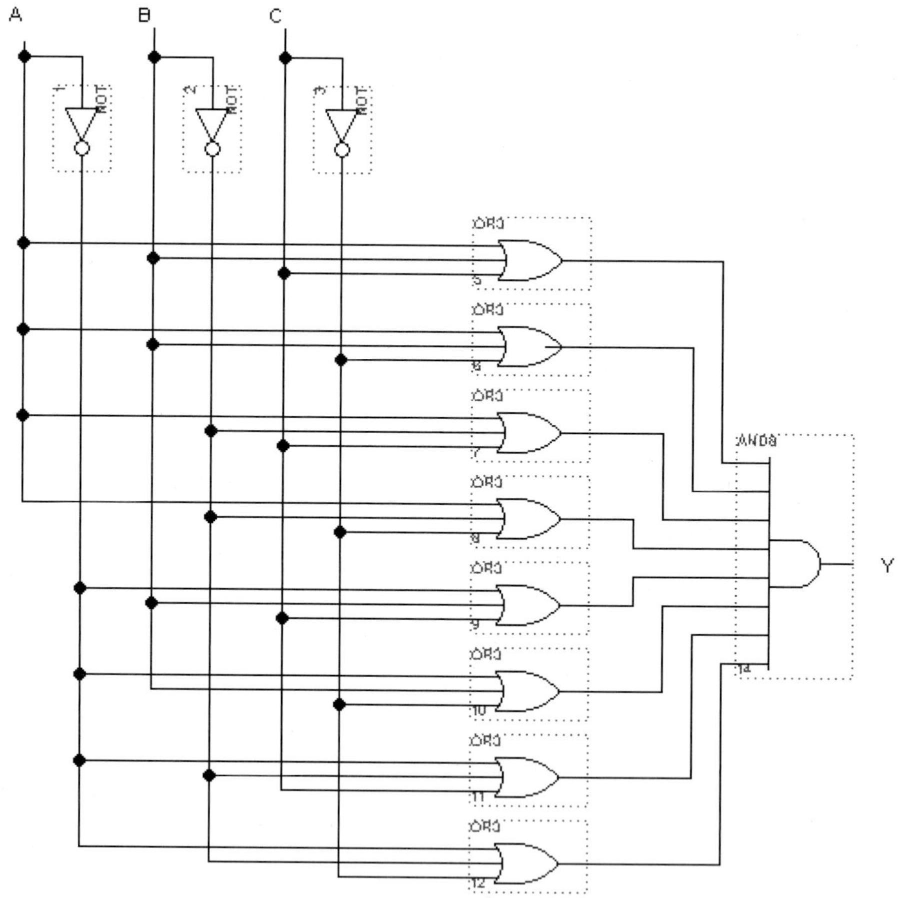

그림 3.2 POS

표 3.2 진리표의 예

입력			출력
A	B	C	F
0	0	0	1
0	0	1	1
0	1	0	1
0	1	1	1
1	0	0	0
1	0	1	0
1	1	0	0
1	1	1	1

Minterm으로의 표현은 출력이 1인 경우의 minterm을 SOP로 나타내어 다음과 같다.

$$\begin{aligned} F(A,\ B,C) &= \overline{A}\cdot\overline{B}\cdot\overline{C}+\overline{A}\cdot\overline{B}\cdot C+\overline{A}\cdot B\cdot\overline{C}+\overline{A}\cdot B\cdot C+ABC \\ &= \Sigma(m_0,\ m_1,\ m_2,\ m_3,\ m_7) \\ &= \Sigma m(0,\ 1,\ 2,\ 3,\ 7) \end{aligned} \tag{3.3}$$

Maxterm으로의 표현은 출력이 영인 경우의 maxterm을 POS로 다음과 같이 나타낸다.

$$\begin{aligned} F(A,\ B,\ C) &= (\overline{A}+B+C)(\overline{A}+B+\overline{C})(\overline{A}+\overline{B}+C) \\ &= \Pi(M_4,\ M_5,\ M_6) \\ &= \Pi(4,\ 5,\ 6) \end{aligned} \tag{3.4}$$

그렇다면 위의 minterm과 maxterm의 표현이 같다는 것을 증명해 보자.

먼저 진리표로부터 출력이 영인 minterm을 취하면 다음과 같다. 이는 active low 방식으로 출력이 1인 것에 not를 취한 것이므로 다음과 같이 표현 할 수 있다.

$$\overline{F} = A\overline{B}\,\overline{C}+A\overline{B}C+AB\overline{C} \tag{3.5}$$

이는 식 3.4에 not을 취한 것과 같다.

$$\begin{aligned} \overline{F}(A,\ B,\ C) &= \overline{(\overline{A}+B+C)(\overline{A}+B+\overline{C})(\overline{A}+\overline{B}+C)} \\ &= A\overline{B}\,\overline{C}+A\overline{B}C+AB\overline{C} \end{aligned} \tag{3.6}$$

식 3.5에 다시 not를 취하면 F와 같으므로 결과는 다음과 같이 위의 POS와 같음을 알 수 있다.

$$F = \overline{\overline{F}} = \overline{A\overline{B}\,\overline{C} + A\overline{B}C + AB\overline{C}} \tag{3.7}$$
$$= \overline{A\overline{B}\,\overline{C}} \cdot \overline{A\overline{B}C} \cdot \overline{AB\overline{C}}$$
$$= (\overline{A} + B + C) \cdot (\overline{A} + B + \overline{C}) \cdot (\overline{A} + \overline{B} + C)$$

결론적으로 말하면 출력으로 1의 조합으로 나타내는 SOP 방식이나 0의 조합으로 나타내는 POS 방식은 결국 같다는 것이다.

▶ 점검문제 3.1 다음과 같이 진리표가 주어졌을 경우 출력 F를 minterm과 maxterm의 형태로 구하고, 결과가 같다는 것을 보이시오.

입력			출력
x_1	x_2	x_3	F
0	0	0	0
0	0	1	1
0	1	0	1
0	1	1	0
1	0	0	1
1	0	1	0
1	1	0	0
1	1	1	1

㉺ $F = \overline{x_1} \cdot \overline{x_2} \cdot x_3 + \overline{x_1} \cdot x_2 \cdot \overline{x_3} + x_1 \cdot \overline{x_2} \cdot \overline{x_3} + x_1 \cdot x_2 \cdot x_3$

$F = (x_1 + x_2 + x_3) \cdot (x_1 + \overline{x_2} + \overline{x_3}) \cdot (\overline{x_1} + x_2 + \overline{x_3}) \cdot (\overline{x_1} + \overline{x_2} + x_3)$

2. 부울함수의 간략화의 문제점

다음 부울함수를 부울 대수를 사용하여 간략화해 보자.

$$z = abc + a\overline{b} \cdot \overline{(\overline{a}\,\overline{c})}$$
$$= abc + a\overline{b} \cdot (a + c)$$
$$= abc + a\overline{b}a + a\overline{b}c$$
$$= ac(b + \overline{b}) + a\overline{b}$$
$$= a(\overline{b} + c)$$

진리표를 만들어 보자.

입력			출력
a	b	c	z
0	0	0	0
0	0	1	0
0	1	0	0
0	1	1	0
1	0	0	1
1	0	1	1
1	1	0	0
1	1	1	1

이번에는 출력을 minterm의 합으로 표현하여 간략화해 보자.

$$\begin{aligned} z &= \sum(m_4,\ m_5,\ m_7) \\ &= a\bar{b}\,\bar{c}+a\bar{b}c+abc \\ &= a(\bar{b}\,\bar{c}+c) \end{aligned}$$

부울대수법칙 $x+\bar{x}y=x+y$를 적용하면 더 간략화할 수 있게 된다.

$$z=a(\bar{b}+c)$$

하지만 위의 부울대수법칙을 모르면 간략화하기 어려워진다.

또 다른 예를 들어보자. 아래 부울함수는 같은데 이를 증명해 보자.

$$xy+\bar{x}\,z+yz=xy+\bar{x}\,z$$

아무리 생각을 해 보아도 잘 떠오르지 않는다. 이러한 경우에는 결과에 전혀 영향을 미치지 않는 함수를 더하거나 곱해서 줄여본다. $x+\bar{x}=1$이므로 전혀 영향을 미치지 않기 때문에 첨가하여 간략화해 보면

$$\begin{aligned} xy+\bar{x}\,z+yz &= xy+\bar{x}\,z+yz(x+\bar{x}) \\ &= xy+\bar{x}\,z+xyz+\bar{x}yz \\ &= xy(1+z)+\bar{x}z(1+y) \\ &= xy+\bar{x}z \end{aligned}$$

이처럼 부울대수를 사용할 경우에는 어려운 점들이 있다. 똑같은 minterm을 더해도 결과에는 영향을 미치지 않으므로 minterm을 더해서 간략화하는 방법도 있다. 하지만 이런 경우도 오랜 경

험을 요구하기 때문에 쉽게 해결할 수 없다. 이를 좀 더 체계적으로 하기 위한 방법으로 K-map을 사용한다.

3.3 Karnaugh Map

1. 소개

표 3.2의 진리표에 나타난 출력을 부울대수를 사용하여 게이트를 최적화해 보자.

$$
\begin{aligned}
F &= \overline{A}\,\overline{B}\,\overline{C} + \overline{A}\,\overline{B}\,C + \overline{A}\,B\,\overline{C} + \overline{A}\,BC + ABC \\
&= \overline{A}\,\overline{B}\,(\overline{C} + C) + \overline{A}\,B(\overline{C} + C) + ABC \\
&= \overline{A}\,\overline{B} + \overline{A}\,B + ABC \\
&= \overline{A}\,(\overline{B} + B) + ABC \\
&= \overline{A} + ABC \\
&= \overline{A} + BC
\end{aligned}
$$

부울대수의 다양한 법칙을 적용해야 최소화할 수 있다. 이처럼 부울대수를 사용하면 시간이 오래 걸리고 복잡한 경우에는 최적화하기 힘든 경우가 있다. 이러한 점을 보완해 간단하면서 효과적인 방법으로 최소화하는 방법이 바로 Karnaugh-map을 사용한 방법이다. K-map은 기본적으로 map 안에 나타나 있는 1 또는 0으로 된 출력값들을 그룹으로 만드는데 될 수 있으면 크게 만들어 최소화하는 방법이다.

2. K-map의 표현

각 minterm의 번호로 나타난 곳에 출력을 0과 1로 입력한다. 아래는 입력이 A와 B로 2개일 경우의 K-map을 나타낸다. K-map의 좌측과 위는 입력 변수의 조합으로 나타낸다. 각각의 입력의 조합으로 나타나는 minterm의 결과를 써서 넣으면 된다. 표 3.3의 경우 $AB=00$이면 m_0가 되고, $AB=01$이면 m_1, $AB=10$ m_2 그리고 $AB=11$이면 m_3를 나타낸다.

표 3.3 입력이 2일 경우 K-map

A \ B	0	1
0	m_0	m_1
1	m_2	m_3

표 3.4는 입력이 ABC로 3개일 경우의 K-map을 나타낸다. 좌측은 입력 변수 A에 대한 것이고, 우측은 입력 변수 B와 C에 대한 것이다. 주의할 점은 입력 변수 BC를 나타내는 바이너리의 순서이다. 순서대로 하면 00 – 01 – 10 – 11로 나타내어야 하지만 표 3.4에서 보듯이 00 – 01 – 11 – 10의 순서로 되어 있는 것을 알 수 있다. 그에 따른 minterm의 순서도 바뀌었음에 주의해야 한다. m_1 다음에 m_3임에 주의하자. 이렇게 묶는 이유는 그룹으로 묶을 경우에 더 편리하고 쉽게 하나의 그룹으로 묶을 수 있고, 묶여진 그룹을 쉽게 알아볼 수 있기 때문이다.

표 3.4 입력 3일 경우 K-map

A \ BC	00	01	11	10
0	m_0	m_1	m_3	m_2
1	m_4	m_5	m_7	m_6

입력이 $ABCD$로 4개일 경우의 K-map을 나타낸다. 마찬가지로 좌측과 위쪽에 각각 두 개의 입력 변수를 설정하였으므로 minterm의 순서가 바뀌었다. Minterm m_8과 m_{12}의 위치에 주의한다.

표 3.5 입력 4일 경우 K-map

AB \ CD	00	01	11	10
00	m_0	m_1	m_3	m_2
01	m_4	m_5	m_7	m_6
11	m_{12}	m_{13}	m_{15}	m_{14}
10	m_8	m_9	m_{11}	m_{10}

K-map 구성 시 주의할 것은 입력 변수의 순서이다. 진리표의 입력이 $ABCD$로 되어 있으면 높은 자리(AB)를 K-map의 왼쪽에 설정한다. 만약 입력의 순서가 $DCBA$로 되어 있으면 DC를 K-map의 왼편에 설정한다. $ABCD$와 $DCBA$는 완전히 다르므로 주의한다.

점검문제 3.2 만약 입력 변수가 5개일 경우에는 K-map을 어떻게 구성해야 할까?

3. 그룹핑 방법

K-map에서 그급핑하는 방법은 다음과 같다.

(1) 1과 이웃한 1을 모두 하나의 그룹으로 하되 그룹은 위아래, 좌우에 인접한 1을 그룹으로 할 수 있다. 대각선에 있는 이웃은 그룹핑하지 않는다.

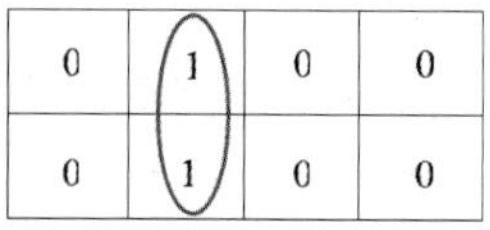

(맞음)

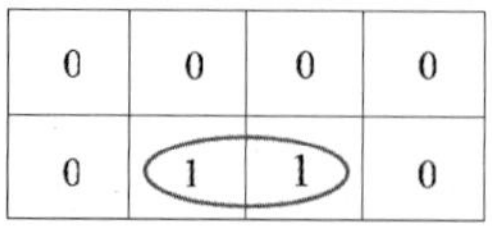

(맞음)

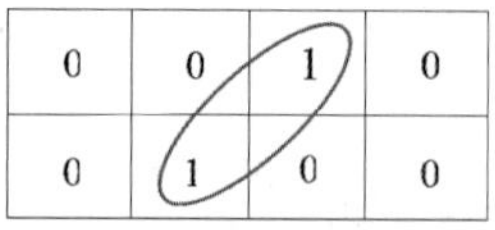

(틀림)

(2) 이웃한 그룹은 될 수 있으면 크게 하되 그룹의 크기는 2의 제곱의 수로 한다. 예를 들면, 2, 4, 8, 16, … 등

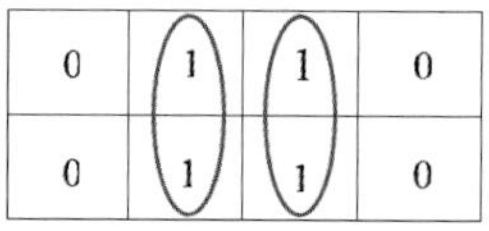

(틀림)

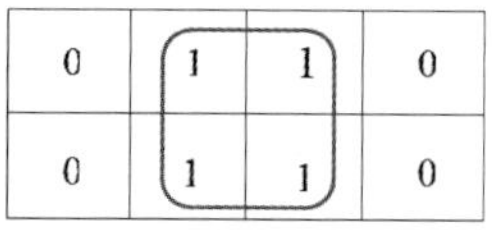

(맞음)

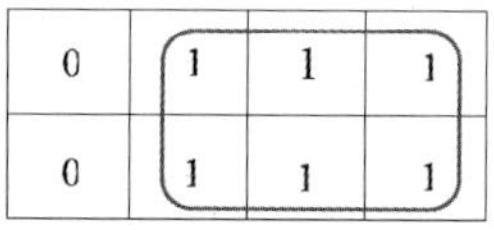

(틀림)

(3) 더 크게 그룹을 만들기 위해 중복해서 그룹된 1을 포함할 수 있다.

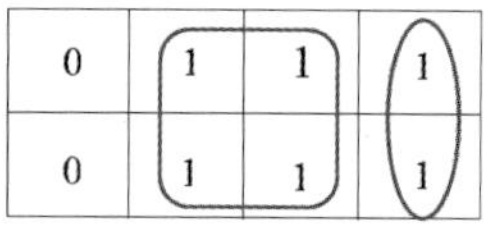

(틀림)

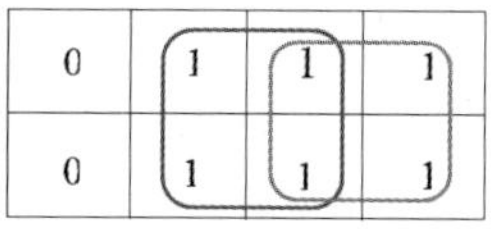

(맞음)

(4) 각 코너에 있는 1끼리 묶을 수 있다. 하지만 대각선의 1은 묶지 않는다.

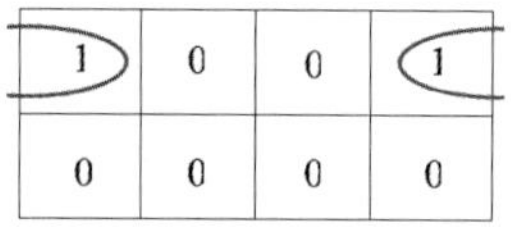

(맞음)

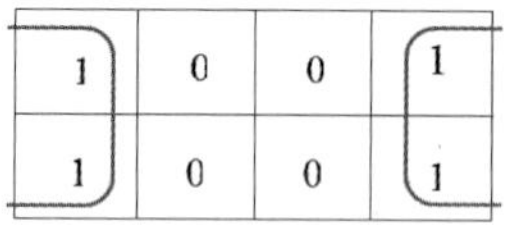

(맞음)

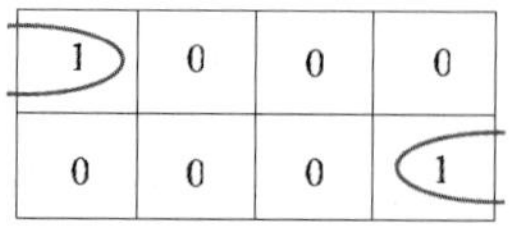

(틀림)

(5) 빠짐없이 모든 1을 포함한다.

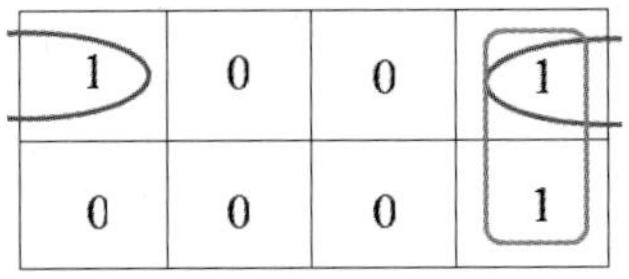
(맞음)

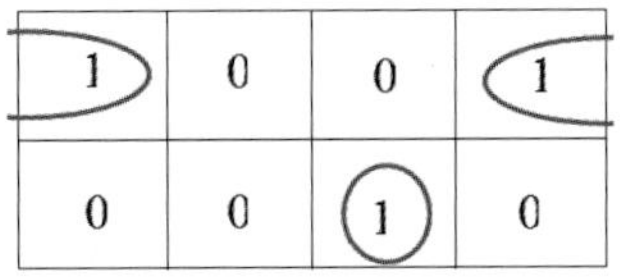
(맞음)

3.4 Minterm을 최소화하는 K-map의 예

1. 변수가 둘일 경우

그룹핑이 끝난 경우 출력을 입력으로 표현하는 최적화된 부울함수를 구해야 한다. 한 그룹은 하나의 조합을 나타낸다. 그룹을 부울함수로 표현하는 것은 그 그룹에 속해 있는 모든 minterm들이 공통으로 포함하는 입력 변수를 and로 조합하면 된다.

(a)에서 각 그룹은 각 minterm이므로 첫 번째 그룹은 $\overline{A}\,\overline{B}$이고, 두 번째 그룹은 AB가 된다. (b)에서는 $\overline{B}$이 공통임을 알 수 있다. (c)에서 한 그룹은 $\overline{B}$이고 다른 그룹은 A이다. (d)에서는 모두 한 그룹이므로 1이 된다. 반대로 출력이 모두 0이라 그룹이 없으면 0이 된다.

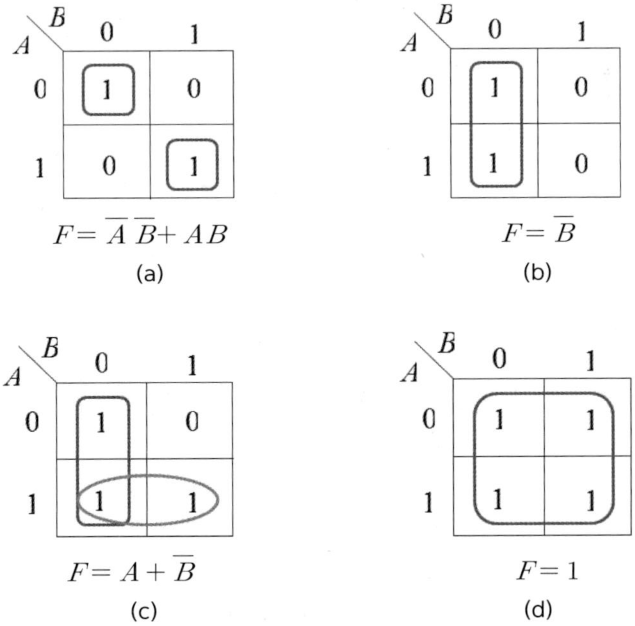
$F = \overline{A}\,\overline{B} + AB$ (a) $F = \overline{B}$ (b) $F = A + \overline{B}$ (c) $F = 1$ (d)

그림 3.3 변수가 둘인 경우의 그룹핑

▶ 점검문제 3.3 진리표가 다음과 같을 때 출력 F를 부울대수와 K-map을 사용해서 구하시오.

x	y	F
0	0	1
0	1	1
1	0	0
1	1	0

㉰ $F=\overline{x}$

2. 변수가 셋일 경우

다음은 입력 변수가 셋일 경우의 K-map의 여러 종류를 나타낸다.

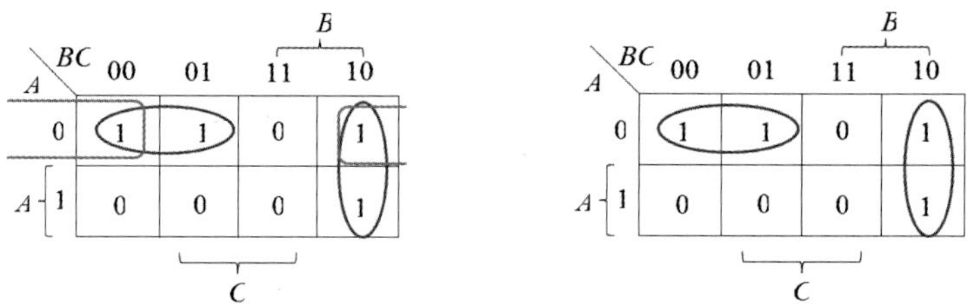

(틀림) (맞음)

$F=\overline{A}\,\overline{B}+B\overline{C}$

(a)

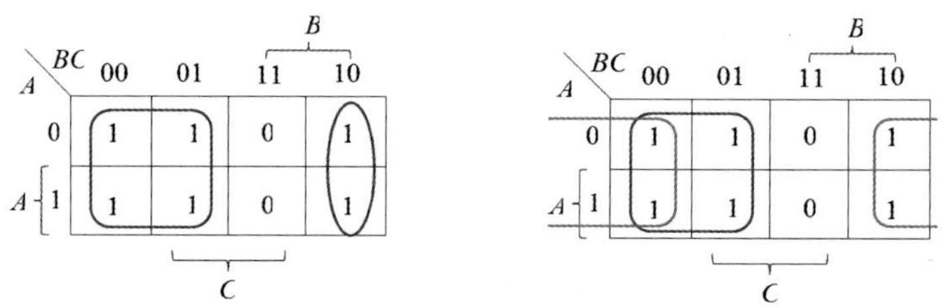

(틀림) (맞음)

$F=\overline{B}+\overline{C}$

(b)

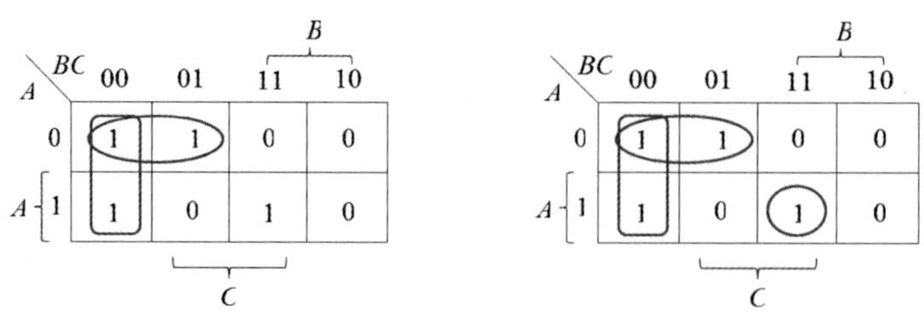

(틀림) (맞음)

$F=\overline{B}\,\overline{C}+\overline{A}\,\overline{B}+ABC$

(c)

(계속)

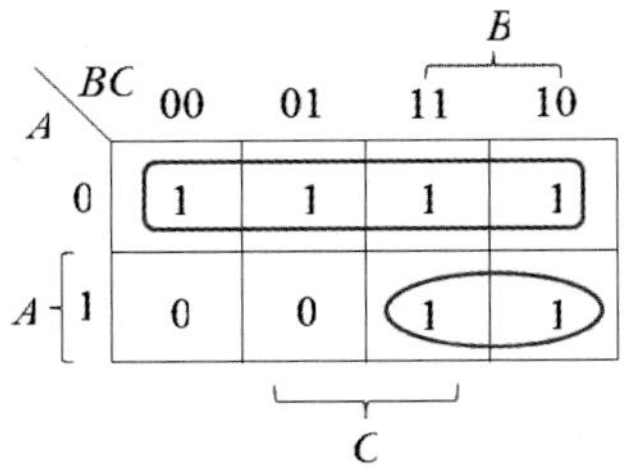

(틀림)

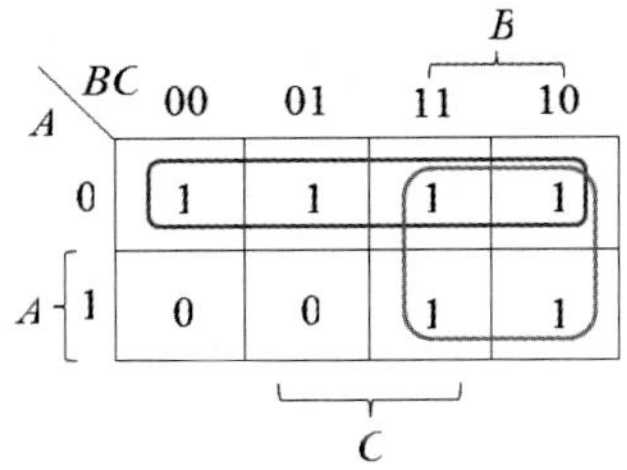

(맞음)

$F = \overline{A} + B$

(d)

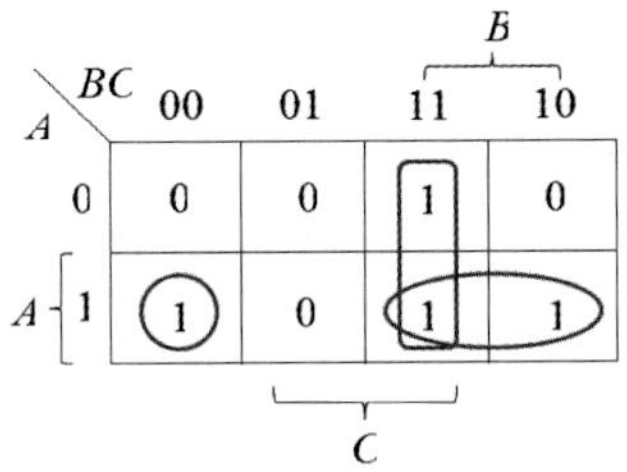

(틀림)

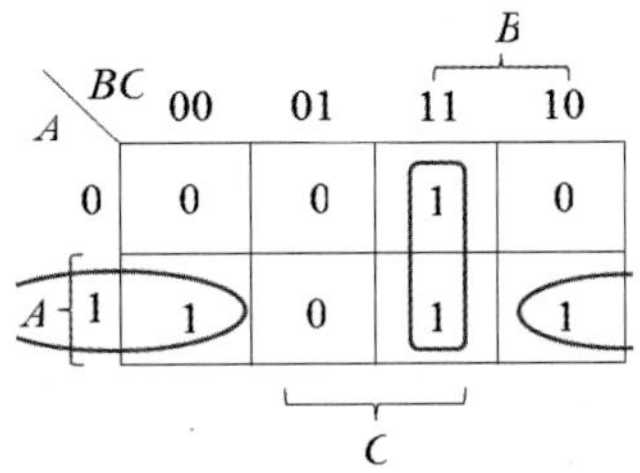

(맞음)

$F = A\overline{C} + BC$

(e)

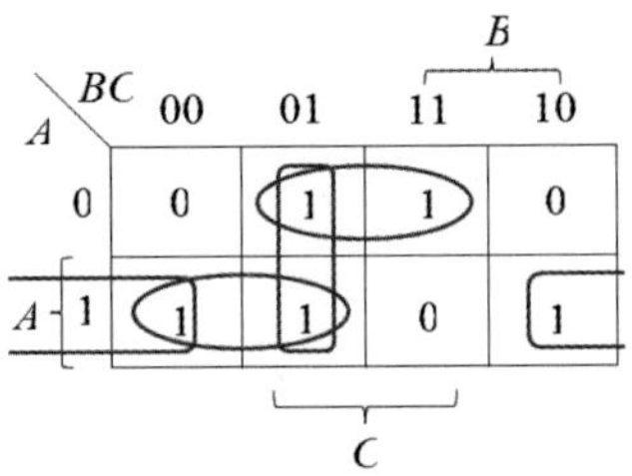

(틀림)

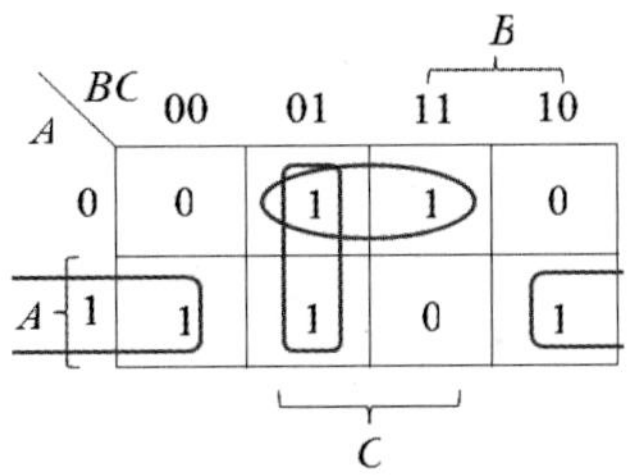

(맞음)

$F = A\overline{C} + \overline{B}C + \overline{A}C$

(f)

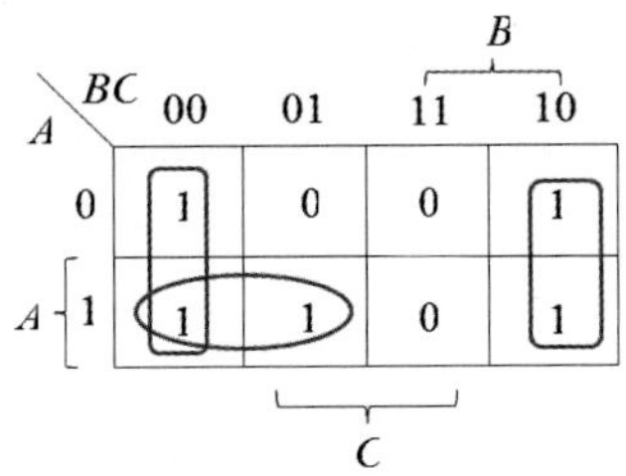

(틀림)

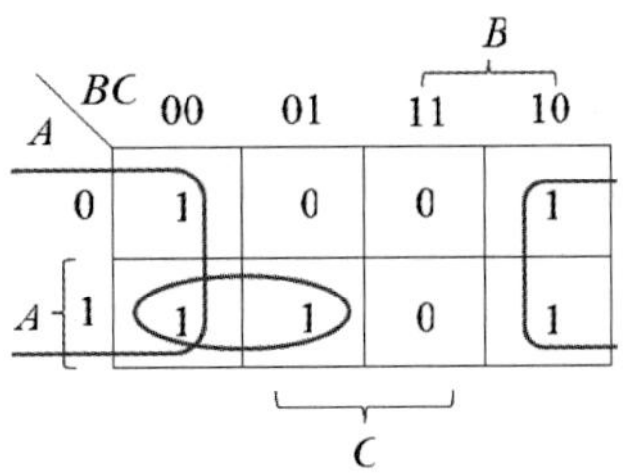

(맞음)

$F = \overline{C} + A\overline{B}$

(g)

(계속)

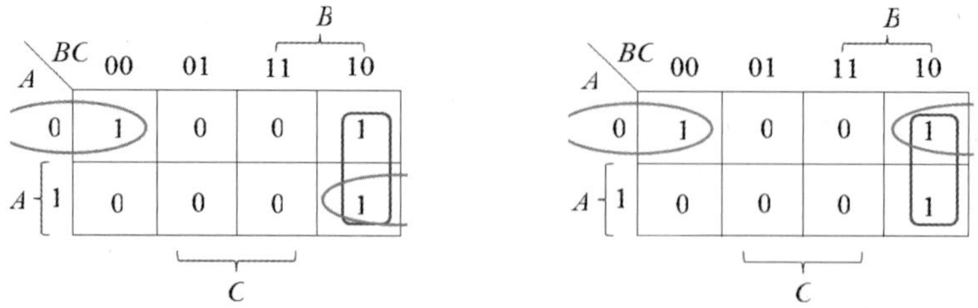

(틀림) (맞음)

$$F = B\overline{C} + \overline{A}\,\overline{C}$$

(h)

그림 3.4 변수가 3일 경우의 그룹핑

(a)의 경우는 그룹핑을 필요 이상으로 한 경우이다.
(b)의 경우는 1을 중복해서 크게 그룹핑할 수 있음에도 하지 않은 경우이다.
(c)의 경우는 모든 1을 고려해야 하는데 1이 빠진 경우이다.
(d)의 경우는 (b)와 같다.
(e)의 경우는 그룹의 중복을 피하고 크게 묶을 수도 있는데 그렇게 하지 않은 경우이다.
(f)의 경우는 (e)와 같다.
(g)의 경우는 (b)와 같다.
(h)의 경우는 대각선을 묶은 경우이다.

3.1 예 제

아래 표의 출력을 K-map에 나타내어 그룹핑해 보자.

입력			출력
A	B	C	F
0	0	0	1
0	0	1	1
0	1	0	1
0	1	1	1
1	0	0	0
1	0	1	0
1	1	0	0
1	1	1	1

A \ BC	00	01	11	10
0	1	1	1	1
1	0	0	1	0

두 개의 그룹으로 나뉘게 되는 것을 볼 수 있다. 따라서 출력은 다음과 같다.

$$F = \overline{A} + BC$$

부울대수를 적용하여 구한 결과와 일치하는 것을 알 수 있다.

3.2 예 제

다음 부울함수를 K-map을 사용하여 간략화해 보시오.

$$f = xy + \overline{x}z + yz$$

먼저 K-map에 1의 값을 나타내는 minterm을 고려하기 위해 다음과 같이 모든 경우를 고려한다. 따라서 다음과 같이 된다.

$$\begin{aligned} f &= xy\overline{z} + xyz + \overline{x}\,\overline{y}z + \overline{x}yz + \overline{x}yz + xyz \\ &= xy(\overline{z} + z) + \overline{x}z(\overline{y} + y) + yz(\overline{x} + x) \\ &= xy + \overline{x}z + yz \end{aligned}$$

K-map을 사용해 보자. 쉽게 간략화됨을 알 수 있다.

x \ yz	00	01	11	10
0	0	1	1	0
1	0	0	1	1

그룹을 표현하면 다음과 같다.

$$f = xy + \overline{x}z$$

▶ 점검문제 3.4 다음 부울함수를 간단화하시오.

$$F(A,\ B,\ C) = \Sigma m(0,\ 2,\ 4,\ 5,\ 6)$$

㉢ $F = A\overline{B} + \overline{C}$

▶ 점검문제 3.5 다음 부울함수를 간단화하시오.

$$F(x,\ y,\ z) = \Sigma m(0,\ 1,\ 4,\ 5,\ 6)$$

㉢ $F = x\overline{z} + \overline{y}$

3. 변수가 넷일 경우

변수가 넷일 경우의 K-map을 고려해 보자. 그룹을 만들 경우에 양쪽으로 그룹이 되는 경우는 나중에 그룹으로 하고, 한 그룹으로만 되는 그룹을 먼저 그룹핑한다.

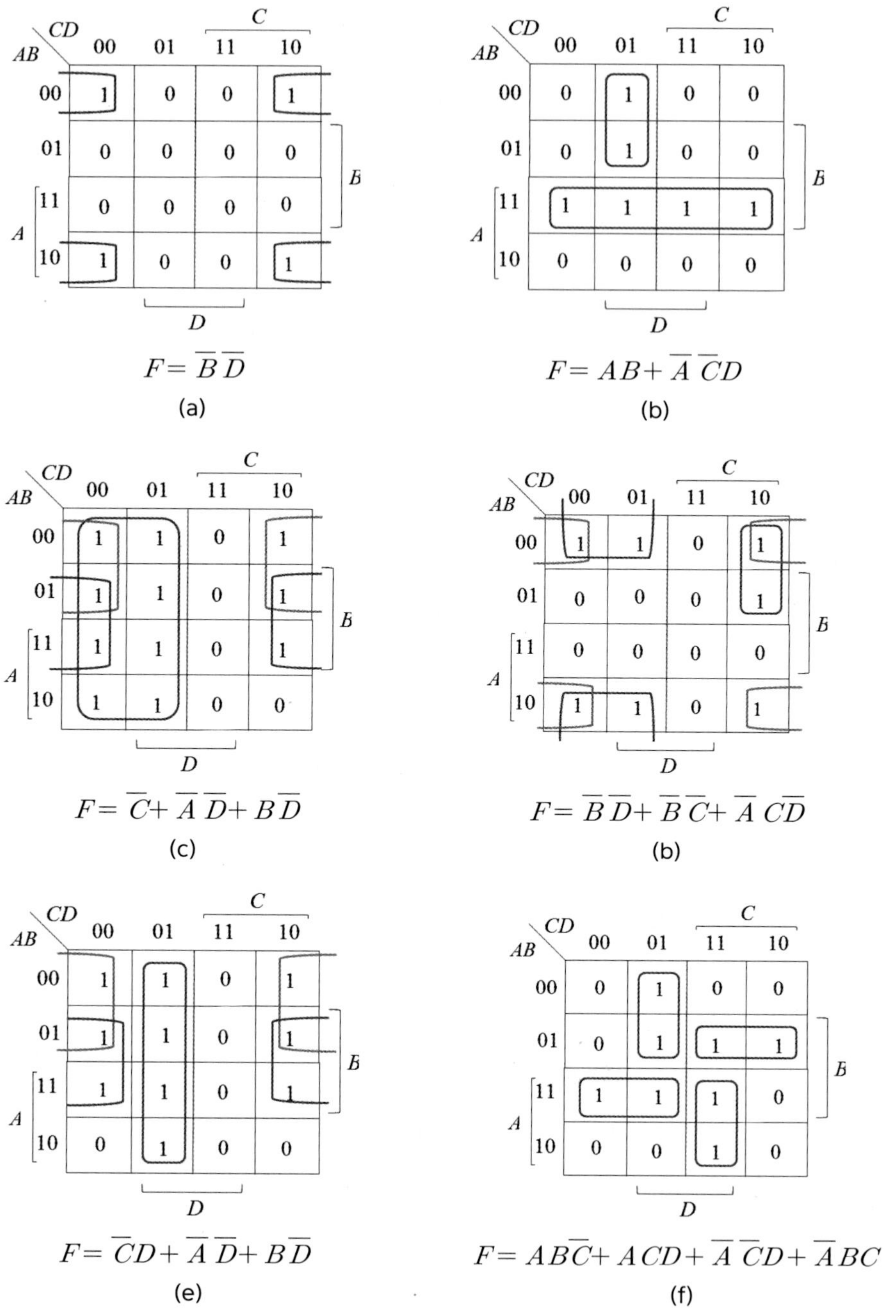

그림 3.5 변수 4일 경우의 그룹핑

(a) 모서리의 1을 그룹핑할 수 있다.

(b) 4개의 1을 먼저 그룹핑하고 나머지 두 개의 1을 그룹핑했다.

(c) 8개의 1을 먼저 그룹핑하고 나머지를 그룹핑했다.

(d) 모서리를 먼저 그룹핑했다.

(e) 그룹이 여러 개로 될 수 있는 것 말고 선택이 없는 1을 먼저 크게 그룹핑한 후에 나머지 1을 그룹핑한다. 그렇지 않으면 Overlapping이 생긴다.

(f) 가운데 4개의 1을 한 그룹으로 만들 수 있지만 주변의 1들을 고려하면 가운데 4개의 그룹은 필요 없게 된다. Overlapping을 피한다.

3.3 예 제

다음 minterm으로 표현한 부울함수를 최소화하시오.

$$F(A, B, C, D) = \Sigma m(0, 1, 2, 4, 5, 10, 11, 13, 15)$$

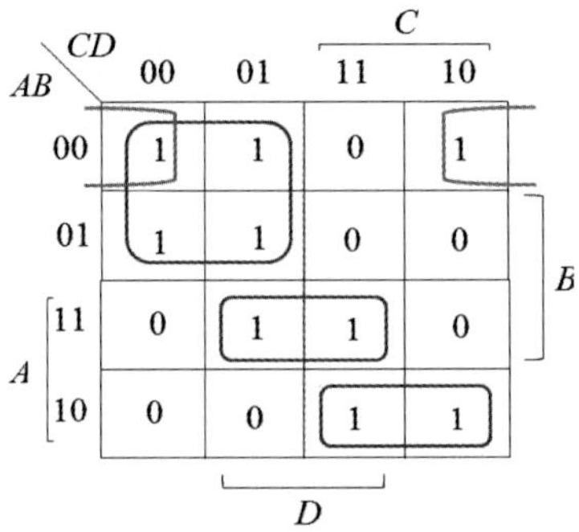

$F = \overline{A}\,\overline{C} + ABD + A\overline{B}C + \overline{A}\,\overline{B}\,\overline{D}$

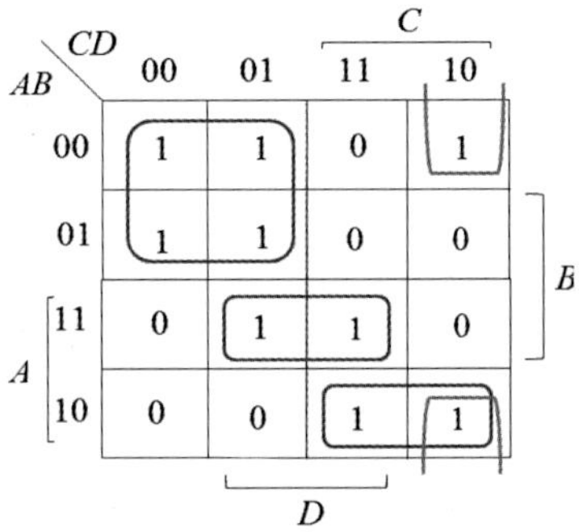

$F = \overline{A}\,\overline{C} + ACD + B\overline{C}D + \overline{B}C\overline{D}$

이 예제의 경우에는 두 가지 경우의 답이 모두 맞다.

▶ 점검문제 3.6 다음 입력 변수가 4개일 경우 출력을 구하시오.

$$F(w, x, y, z) = \Sigma m(6, 7, 8, 10, 12, 14)$$

답 $F = w\overline{z} + \overline{w}xy$

▶ 점검문제 3.7 다음 입력 변수가 4개일 경우 출력을 구하시오.

$$F(w, x, y, z) = \Sigma m(0, 1, 3, 4, 5, 7, 10, 11, 14, 15)$$

답 $F = \overline{w}\,\overline{y} + \overline{w}z + wy$ 또는 $F = \overline{w}\,\overline{y} + yz + wy$

4. 변수가 다섯일 경우

변수가 5이면 minterm 수는 모두 $2^5 = 32$개가 된다. 5개의 변수 모두 나타내는 K-map은 복잡하므로 아래와 같이 두 개의 변수 4개의 K-map으로 나타낸다. 예를 들어, 변수가 ABCDE라면 다음과 같다. A의 경우를 나누어서 $A=0$인 경우와 $A=1$인 경우로 나눈다.

각각 $A=0$일 때와 $A=1$일 때의 최적화해서 함수를 각각 구한 다음, OR(+)하면 된다. OR를 한 다음에 부울대수를 적용하여 더 간단화할 수 있는지 알아본다.

BC \ DE	00	01	11	10
00	m_0	m_1	m_3	m_2
01	m_4	m_5	m_7	m_6
11	m_{12}	m_{13}	m_{15}	m_{14}
10	m_8	m_9	m_{11}	m_{10}

$A=0$ 일 때

BC \ DE	00	01	11	10
00	m_0	m_1	m_3	m_2
01	m_4	m_5	m_7	m_6
11	m_{12}	m_{13}	m_{15}	m_{14}
10	m_8	m_9	m_{11}	m_{10}

$A=1$ 일 때

3.4 예제

다음 부울함수를 간략화해 보자.

$$f(A, B, C, D, E) = \sum(m_2, m_3, m_6, m_7, m_9, m_{13}, m_{18}, m_{19}, m_{22}, m_{23}, m_{24}, m_{25}, m_{29})$$

먼저 입력 변수의 수가 5이므로 MSB인 A를 0인 경우와 1인 경우로 나누어 K-map을 만든다. 각각에 대해 간략화를 하면 다음과 같다. 이때 A의 조건을 and하여 다음과 같이 나타낸다.

$$f_1 = \overline{A}(\overline{B}\,\overline{D} + B\overline{D}E) = \overline{A}\,\overline{B}\,\overline{D} + \overline{A}B\overline{D}E$$

$$f_2 = A(\overline{B}D + B\overline{C}\,\overline{D} + B\overline{D}E) = A\overline{B}D + AB\overline{C}\,\overline{D} + AB\overline{D}E$$

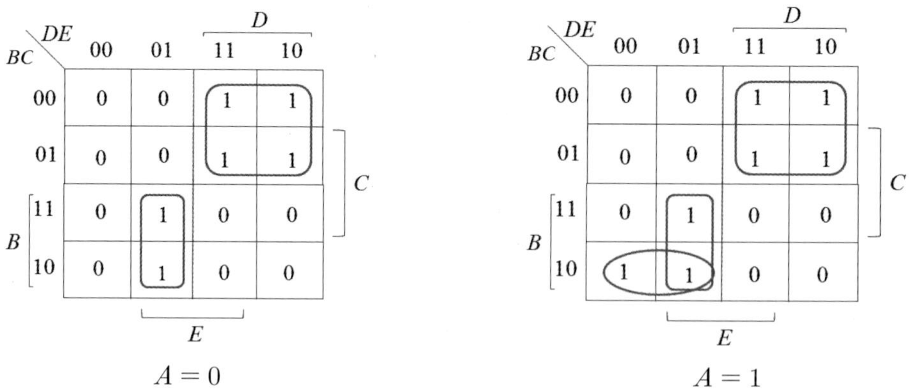

그림 3.6 변수의 수가 5일 때 그룹핑

부울대수를 사용하여 더 간략화한다.

$$
\begin{aligned}
f &= f_1 + f_2 \\
&= \overline{B}D + B\overline{D}E + AB\overline{C}\,\overline{D} \\
&= \overline{B}D + B\overline{D}(E + A\overline{C})
\end{aligned}
$$

3.5 Maxterm을 최소화하는 K-map의 예

영을 그룹핑하면 $\overline{F}$를 구한 것과 같게 된다. 또 영을 그룹핑하면 결과적으로 1을 그룹핑한 것과 같은 결과를 얻을 수 있다. 다음 예를 통해 자세히 알아보자.

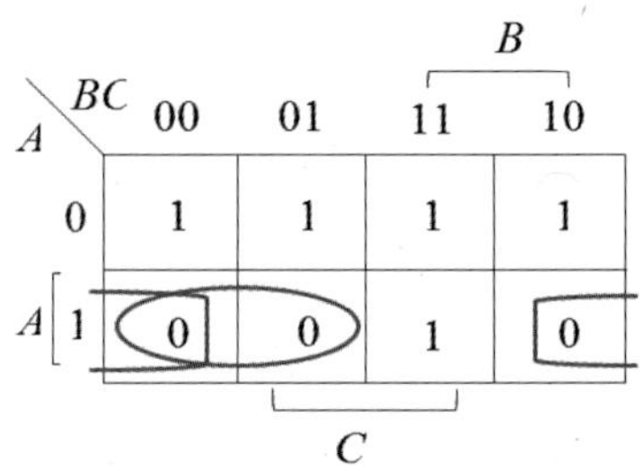

$$\overline{F} = A\overline{B} + A\overline{C} \tag{3.3}$$

식 (3.3)에 not를 취하면

$$
\begin{aligned}
\overline{\overline{F}} &= \overline{A\overline{B} + A\overline{C}} \\
&= \overline{A\overline{B}} \cdot \overline{A\overline{C}}
\end{aligned} \tag{3.4}
$$

결과적으로 maxterm으로 표현된 출력은 다음과 같다.

$$F = (\overline{A} + B)(\overline{A} + C) \tag{3.5}$$

양변을 전개하면

$$
\begin{aligned}
F &= \overline{A}\,\overline{A} + \overline{A}C + \overline{A}B + BC \\
&= \overline{A} + \overline{A}(B + C)BC \\
&= \overline{A}(1 + B + C) + BC \\
&= \overline{A} + BC
\end{aligned} \tag{3.6}
$$

이 출력이 minterm을 최소화한 경우와 같은지 확인해 보자.

1을 그룹핑하였을 경우는 다음과 같이 같음을 알 수 있다.

$$F = \overline{A} + BC \tag{3.7}$$

결과적으로 식 (3.5)와 식 (3.7)은 서로 같음을 알 수 있다.

점검문제 3.8 다음은 출력이 0인 maxterm을 나타내는 함수이다.

$$F(A,\ B,\ C) = \Pi\ (0,\ 1,\ 2,\ 3,\ 4,\ 6)$$

출력 F를 SOP 형태로 구하시오.

3.6 Don't care 조건

회로를 원하는 목적에 맞게 설계하다 보면 어떤 특정한 입력에 대해 어떤 특정한 출력만 응답하길 원하고, 나머지 출력은 상관이 없는 경우가 있다. 예를 들어, 0에서 9까지 세는 십진 카운터를 설계하고자 할 때 필요한 비트 수는 모두 4이다. 하지만 4비트의 조합으로 만들 수 있는 수는 0에서 15까지이므로 10에서 15는 필요가 없게 된다. 이처럼 필요가 없는 minterm이라도 설계 시에는 항상 고려해야 한다. 이때 간단하게 고려하는 방법은 이를 don't care로 처리하는 것이다. Don't care는 말 자체에서 알 수 있듯이 이러한 입력이 주어질 때 출력되는 값이 0이든 1이든 관계가 없다는 것이다. 이처럼 어떤 특정한 출력이 없는 입력 조건을 don't care 조건이라 한다. 회로를 설계할 때 don't care가 있으면 회로가 매우 간단하게 설계된다.

3.5 예 제

Don't care가 있을 경우 다음 예를 통해 알아보자.

오른쪽 진리표에서 입력이 (ABC)=(011)인 경우와 (ABC)=100인 경우를 살펴보면 출력이 ×로 표기된 것을 알 수 있다. 이는 출력이 0이든지 1이든지 상관이 없을 때를 나타낸다.

입력			출력
A	B	C	F
0	0	0	0
0	0	1	0
0	1	0	0
0	1	1	×
1	0	0	×
1	0	1	1
1	1	0	1
1	1	1	1

Don't care 출력 ×의 경우를 0으로 간주하여 K-map을 구성하면 다음과 같다.

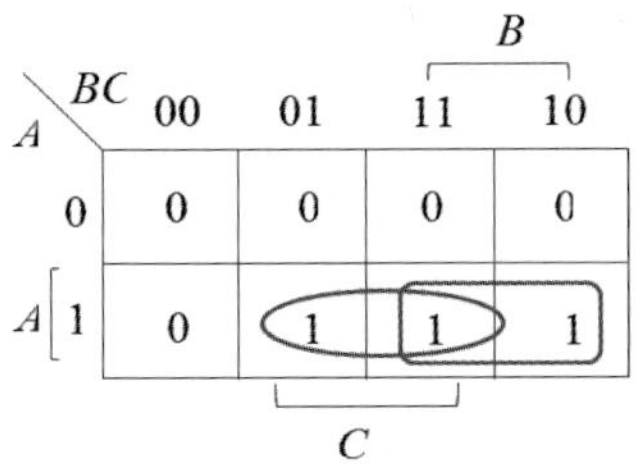

출력은

$$F = AB + AC$$

출력 ×의 경우를 1로 간주하여 K-map을 구성하면 다음과 같다.

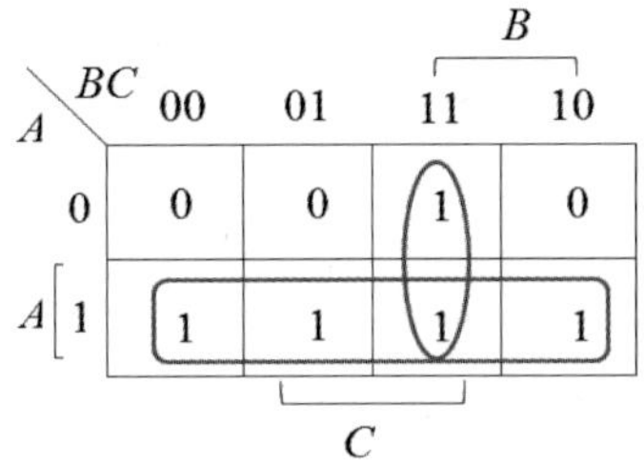

$$F = A + BC$$

따라서 0으로 간주하였을 경우와 1로 간주하였을 경우의 출력이 다름을 알 수 있다.

Don't care가 있을 경우에 그룹핑하는 경우를 살펴보자.

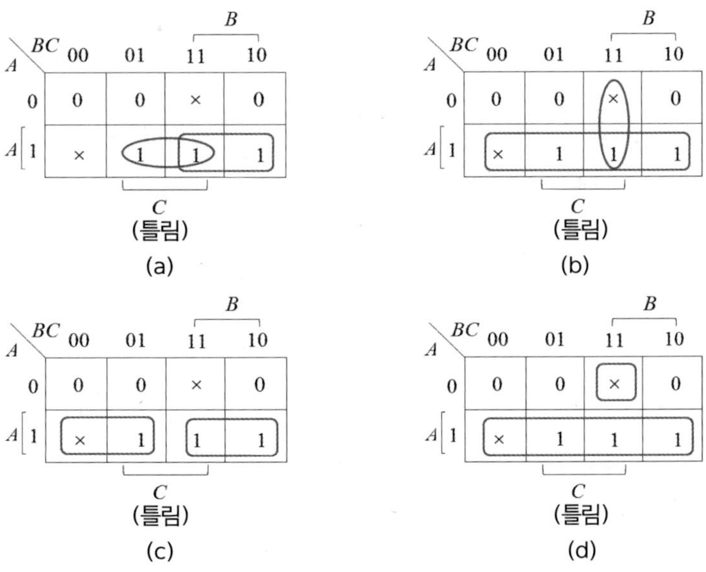

그림 3.7 Don't care가 있을 경우의 그룹핑

(a)는 don't care를 고려하지 않았고 (b)는 필요 없이 don't care를 포함시켰으며, (c)는 크게 그룹하지 않았고, (d)는 필요없는 don't care를 그룹하였다.

맞는 출력은

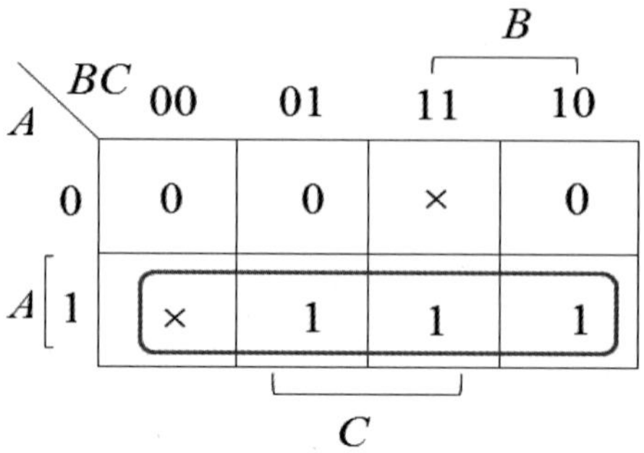

$$F = A$$

그러므로 회로가 매우 간단해 짐을 알 수 있다.

따라서 don't care 조건이 있을 경우에 그룹핑을 할 경우에는

(1) Don't care term을 포함해서 될 수 있으면 크게 만들면 된다.

(2) 하지만 주의할 것은 반드시 1을 포함하되 don't care term들끼리는 절대로 그룹핑을 하지 않는다는 것이다.

(3) 모든 don't care x를 포함할 필요는 없다.

(4) Don't care는 필요에 의해 공유할 수 있다.

3.6 예 제

다음의 경우를 살펴보자.

$$F(A,\ B,\ C,\ D) = \Sigma m(4,\ 5,\ 6,\ 12,\ 13) + \Sigma d(3,\ 7,\ 9)$$

AB \ CD	00	01	11	10
00	0	0	×	0
01	1	1	×	1
11	1	1	0	0
10	0	×	0	0

Don't care를 모두 그룹핑하지 않고 1의 그룹을 크게 만들 수 있으면 포함시켜 그룹을 크게 만들었다.

$$F = \overline{A}\,B + B\,\overline{C}$$

3.7 예 제

다음과 같이 3개의 입력이 있을 경우에 하나의 입력이 1인 경우 출력을 1로 하고, 인접한 2개의 비트가 1인 경우는 출력이 0이고 그 외의 경우는 don't care로 처리하는 회로를 구성해 보자.

입 력			출력
A	B	C	F
0	0	0	1
0	0	1	1
0	1	0	1
0	1	1	0
1	0	0	1
1	0	1	×
1	1	0	0
1	1	1	0

A \ BC	00	01	11	10
0	1	1	0	1
1	1	×	0	0

$$F = \overline{B} + \overline{A}\,\overline{C}$$

▶ 점검문제 3.9 다음 부울함수에 대한 진리표를 작성하고 최소화하시오.

$$F(A,\ B,\ C,\ D) = \Sigma m(1,\ 3,\ 7,\ 11,\ 15) + \Sigma d(0,\ 2,\ 5)$$

㉰ $F = \overline{A}\,\overline{B} + CD$

▶ 점검문제 3.10 다음 부울함수에 대한 진리표를 작성하고 최소화하시오.

$$F(A,\ B,\ C,\ D) = \Sigma m(1,\ 2,\ 6,\ 12) + \Sigma d(3,\ 10,\ 14,\ 15)$$

㉰ $F = C\overline{D} + AB\overline{D} + \overline{A}\,\overline{B}\,D$

▶ 점검문제 3.11 다음 부울함수에 대한 진리표를 작성하고 최소화하시오.

$$F(w,\ x,\ y,\ z) = \Sigma m(2,\ 4,\ 7,\ 10,\ 14) + \Sigma d(6,\ 12,\ 15)$$

㉰ $F = y\overline{z} + xy + x\overline{z}$

점검문제 3.12 다음 부울함수에 대한 진리표를 작성하고 최소화하시오.

$$F(w, x, y, z) = \sum m(4, 5, 6, 12, 13) + \sum d(3, 7, 9)$$

답 $F = \overline{w}x + x\overline{y}$

점검문제 3.13 다음 부울함수에 대한 진리표를 작성하고 최소화하시오.

$$F(A, B, C, D) = \sum m(1, 5, 9, 12) + \sum d(3, 7, 10, 11, 14, 15)$$

답 $F = AB\overline{D} + \overline{B}D + \overline{A}D$

점검문제 3.14 다음 부울함수에 대한 진리표를 작성하고 최소화하시오.

$$F(A, B, C, D) = \sum m(5, 7, 9) + \sum d(10, 11, 12, 13, 14, 15)$$

답 $F = (A + B)D$

3.7 K-map 응용

1. 소개

Code converter는 다양한 형태의 코드를 또 다른 형태의 코드로 바꾸어 주는 역할을 한다. 예를 들어, 입력은 바이너리지만 출력은 BCD로 내보내는 경우, 입력은 Gray 코드지만 출력은 binary로 표현되는 경우 등과 같이 다양한 경우가 있다. 이처럼 입력으로 들어오는 코드의 형태를 필요에 맞는 코드로 바꾸어 사용하도록 회로를 설계해야 한다. 이 경우 회로를 간단하게 구성하도록 도와주는 것이 K-map이다. K-map을 사용하여 code converter를 설계해 보자.

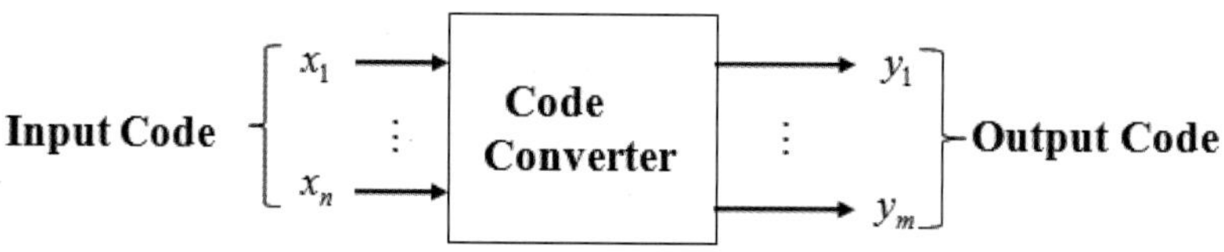

그림 3.8 Code converter의 구조

2. BCD to Excess-3 code converter

코드 변환기 회로는 일종의 디코더 회로라 할 수 있다. 예를 들어, BCD 코드를 Excess-3 코드로 변환시키는 경우를 살펴보자. Excess-3 코드란 BCD와 같이 십진수를 나타내는 코드의 한 종류로

BCD에 3(0011)을 더한 코드를 말한다. 예를 들어, $(0011)_{BCD}=(0110)_{Excess-3}$가 된다. 진리표를 그리면 다음과 같다. 입력은 4비트의 BCD 코드, 즉 $D_3D_2D_1D_0$이 되는 것이고, 출력은 Excess-3 코드, 즉 $E_3E_2E_1E_0$이 되는 것이다. Excess-3 코드를 잘 살펴보면 각 수가 9의 보수를 나타낼 수 있음을 알 수 있다. 이는 십진 연산에 유용하게 사용되어 진다. 예를 들어, 십진수의 7은 Excess-3 코드에서 1010으로 표현된다. 1010의 보수를 취하면 0101의 Excess-3 코드가 되는데 이는 십진수의 2를 나타내는 것으로 십진수 7의 9의 보수가 됨을 알 수 있다. 따라서 십진 연산이 가능해진다. 또 다른 예로 십진수 217의 9의 보수를 구해 보자. 999 - 217=782임을 알 수 있다. 217을 excess-3로 표현하면 0101 0100 1010이다. 이를 보수 취하면 1010 1011 0101이 되는데, 이는 십진수에서 782를 나타냄을 알 수 있다. 이를 이용하면 십진 연산이 가능해지게 된다.

진리표를 그리면 다음과 같다.

십진수	BCD 코드				Excess-3 코드			
	D_3	D_2	D_1	D_0	E_3	E_2	E_1	E_0
0	0	0	0	0	0	0	1	1
1	0	0	0	1	0	1	0	0
2	0	0	1	0	0	1	0	1
3	0	0	1	1	0	1	1	0
4	0	1	0	0	0	1	1	1
5	0	1	0	1	1	0	0	0
6	0	1	1	0	1	0	0	1
7	0	1	1	1	1	0	1	0
8	1	0	0	0	1	0	1	1
9	1	0	0	1	1	1	0	0

입력으로 10(1010) 이상 되는 minterm은 don't care로 처리한다. 각 출력을 부울함수로 나타내면 다음과 같다.

$$E_3(D_3,\ D_2,\ D_1,\ D_0)=\Sigma(5,\ 6,\ 7,\ 8,\ 9)+d(10,\ 11,\ 12,\ 13,\ 14,\ 15)$$
$$E_2(D_3,\ D_2,\ D_1,\ D_0)=\Sigma(1,\ 2,\ 3,\ 4,\ 9)+d(10,\ 11,\ 12,\ 13,\ 14,\ 15)$$
$$E_1(D_3,\ D_2,\ D_1,\ D_0)=\Sigma(0,\ 3,\ 4,\ 7,\ 8)+d(10,\ 11,\ 12,\ 13,\ 14,\ 15)$$
$$E_0(D_3,\ D_2,\ D_1,\ D_0)=\Sigma(0,\ 2,\ 4,\ 6,\ 8)+d(10,\ 11,\ 12,\ 13,\ 14,\ 15)$$

그러므로 각 출력을 K-map을 사용하여 최적화하면 된다.

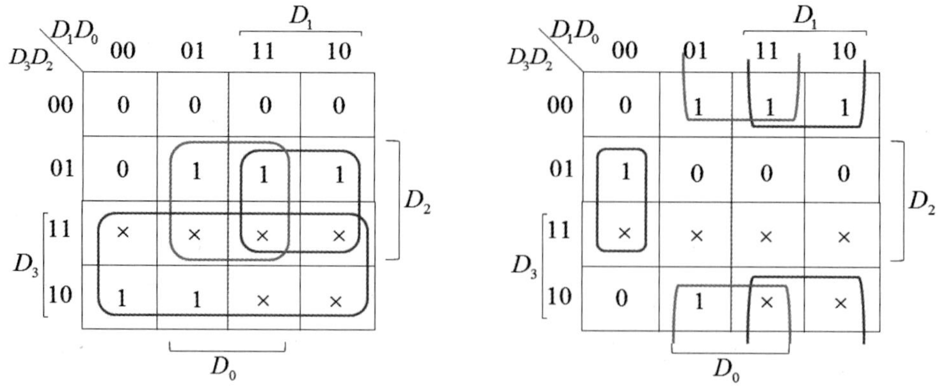

$$E_3 = D_3 + D_2D_1 + D_2D_0$$

$$E_2 = D_2\overline{D_1}\,\overline{D_0} + \overline{D_2}D_1 + \overline{D_2}D_0$$

$$E_1 = \overline{D_1}\,\overline{D_0} + D_1D_0$$

$$E_0 = \overline{D_0}$$

그림 3.9 BCD to Excess-3의 코드 변환

▶ 점검문제 3.15 BCD 코드와 비교했을 때 Excess-3 코드의 장점은 무엇인가? 설명해 보시오.

3. Binary to Gray code converter

Gray code란 순차적으로 하나의 비트만 변화하는 코드를 말한다. Gray 코드가 실제로 사용되는 예로는 모터의 회전수를 카운트하는 encoder가 있다. 만약 encoder에서 경계선상의 값을 읽는 경우를 고려해 보자. 바이너리를 사용해서 카운트하면 두 개 이상의 비트가 바뀌는 경우가 생긴다. 예를 들어, 001과 010의 경계선상에서 값을 읽는 경우에 잘못하면 011의 값을 읽거나 000의 값을 읽을 수도 있다. 이러한 문제를 해결하기 위해 단지 하나의 비트만 바뀌도록 하는 코드를 Gray 코드라 한다. 다음 표는 3비트 Gray 코드의 예를 보여준다.

십진수	바이너리 코드			Gray 코드		
	B_2	B_1	B_0	G_2	G_1	G_0
0	0	0	0	0	0	0
1	0	0	1	0	0	1
2	0	1	0	0	1	1
3	0	1	1	0	1	0
4	1	0	0	1	1	0
5	1	0	1	1	1	1
6	1	1	0	1	0	1
7	1	1	1	1	0	0

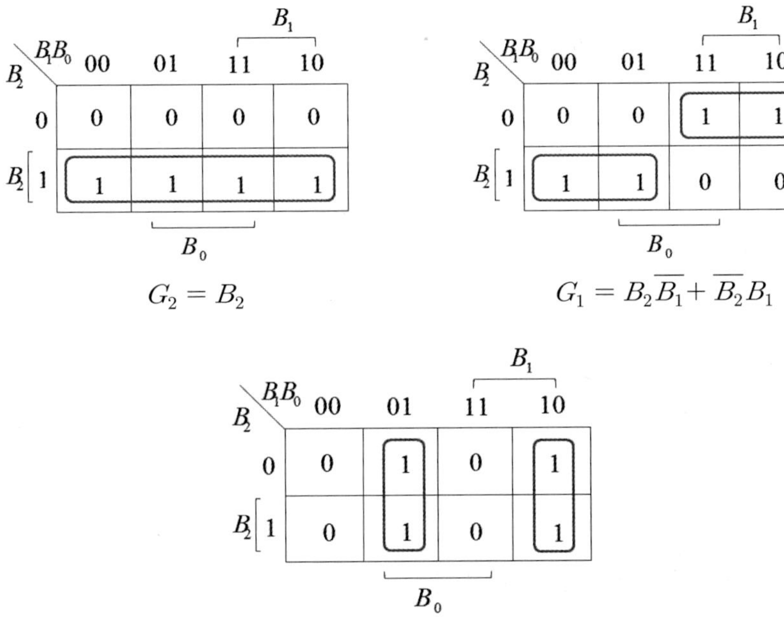

$$G_2 = B_2$$

$$G_1 = B_2\overline{B_1} + \overline{B_2}B_1$$

$$G_0 = \overline{B_1}B_0 + B_1\overline{B_0}$$

그림 3.10 Binary to Gray code로 변환

열심문제 3.1 Excess-3 to BCD code converter

Excess-3 코드를 BCD로 바꾸는 회로를 설계하시오.

열심문제 3.2 BCD to 2421 code converter

2421 수는 십진수를 나타내는 또 다른 표현 방식이다. 2421은 각 자릿수를 나타내는 것으로, $(1100)_{2421} = 1\times4+1\times2 = 6$이고 $(1111)_{2421} = 1\times2+1\times4+1\times2+1\times1 = 9$이다. 2421 수의 표현 방식을 잘 살펴보면 수 자체가 보수를 표현하는 것을 알 수 있다. BCD 수의 경우에는

음수를 표현하지 못했으나 2421에서는 음수를 표현할 수 있다. 때에 따라서 편리함을 제공한다. 여기서 2421 수의 진리표를 그리면 다음과 같다. BCD 수를 2421 수로 바꾸는 회로를 구성하시오.

십진수	BCD				2421			
	D_4	D_3	D_2	D_1	Y_4	Y_3	Y_2	Y_1
0	0	0	0	0	0	0	0	0
1	0	0	0	1	0	0	0	1
2	0	0	1	0	0	0	1	0
3	0	0	1	1	0	0	1	1
4	0	1	0	0	0	1	0	0
5	0	1	0	1	1	0	1	1
6	0	0	1	0	1	1	0	0
7	0	0	1	1	1	1	0	1
8	1	0	0	0	1	1	1	0
9	1	0	0	1	1	1	1	1

답 $Y_4 = D_4 + D_1D_3 + D_2D_3,\ \ Y_3 = D_4 + D_3D_2 + D_3\overline{D_1},$

$Y_2 = D_4 + \overline{D_3}D_2 + D_3\overline{D_2}D_1,\ \ Y_1 = D_1$

열심문제 3.3 4비트 바이너리 to BCD converter

4비트 바이너리 수를 BCD로 나타내어 보자. 먼저 진리표를 그리면 다음과 같다.

십진수	바이너리 수				BCD 수				
	Q_3	Q_2	Q_1	Q_0	B_4	B_3	B_2	B_1	B_0
0	0	0	0	0	0	0	0	0	0
1	0	0	0	1	0	0	0	0	1
2	0	0	1	0	0	0	0	1	0
3	0	0	1	1	0	0	0	1	1
4	0	1	0	0	0	0	1	0	0
5	0	1	0	1	0	0	1	0	1
6	0	1	1	0	0	0	1	1	0
7	0	1	1	1	0	0	1	1	1
8	1	0	0	0	0	1	0	0	0
9	1	0	0	1	0	1	0	0	1
10	1	0	1	0	1	0	0	0	0
11	1	0	1	1	1	0	0	0	1
12	1	1	0	0	1	0	0	1	0
13	1	1	0	1	1	0	0	1	1
14	1	1	1	0	1	0	1	0	0
15	1	1	1	1	1	0	1	0	1

바이너리 수를 BCD 수로 바꾸는 회로를 구성하시오.

답 $B_4 = Q_3Q_1 + Q_3Q_2$, $B_3 = Q_3\overline{Q_2}\,\overline{Q_1}$,

$B_2 = \overline{Q_3}Q_2 + Q_2Q_1$, $B_1 = \overline{Q_3}Q_1 + Q_3Q_2\overline{Q_1}$, $B_0 = Q_0$

열심문제 3.4 4비트 Gray 코드 to BCD converter를 설계하시오.

열심문제 3.5 BCD to 4비트 Gray 코드 converter를 설계하시오.

실험 03 Karnaugh map

부울함수

01 | 다음 부울함수에 대해 진리표를 그리시오.

$$F(A,\ B,\ C) = \Sigma m(3,\ 4,\ 6,\ 7)$$

입력			출력
A	B	C	F
0	0	0	
0	0	1	
0	1	0	
0	1	1	
1	0	0	
1	0	1	
1	1	0	
1	1	1	

02 | 출력을 minterm의 합인 sum of product의 형태로 나타내고, 회로를 연결하여 출력을 조사하시오.

03 | 간략화했을 경우와 안 했을 경우의 두 출력을 비교 확인하시오.

Don't care term

01 | 다음 부울함수에 대해 진리표를 그리시오.

$$F(A,\ B,\ C) = \Sigma m(3,\ 4,\ 6,\ 7) + \Sigma d(1,\ 5)$$

입력			출력
A	B	C	F
0	0	0	
0	0	1	
0	1	0	
0	1	1	
1	0	0	
1	0	1	
1	1	0	
1	1	1	

02 | 출력을 간략화하고 don't care term을 포함한 경우와 포함하지 않은 경우 출력을 비교 확인하시오.

K-map 응용 : BCD to Excess-3 converter

01 | 3.7절의 BCD to Excess-3 converter 회로를 VHDL로 구성하여 출력하시오. 클록의 주기는 40 ns으로 하시오.

02 | 회로를 실제로 설계하고 출력을 확인하시오.

03 | Don't care로 설계할 경우와 0으로 하는 경우를 비교하시오.

날짜	
검인	

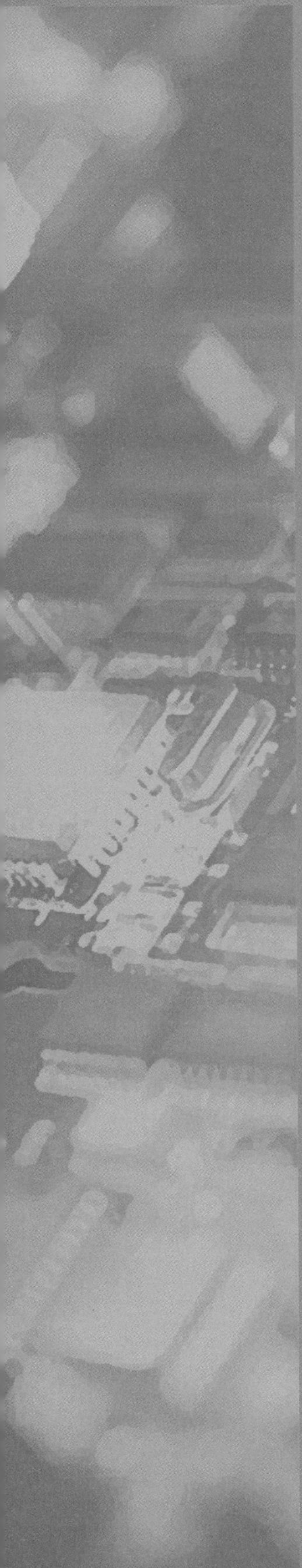

Chapter 4

수식 연산 및 덧셈기

4.1 소개

우리가 사용하는 수의 단위는 대부분 십진법에 기반을 두고 있다. 디지털 회로에서의 모든 연산은 모두 바이너리로 처리되므로 십진법으로 나타난 수식 표현은 바이너리로 바꾼 뒤에 계산해야 한다. 디지털 회로가 바이너리를 사용하는 이유는 무엇일까? 왜 십진법을 사용하면 안 될까? 이에 대한 답은 디지털 회로를 구성하는 아날로그 회로의 특성에 의존한다. 디지털 소자 안에는 무수히 많은 트랜지스터 회로가 구성되어 있다. 디지털 출력을 내보내는 것은 결국 아날로그 소자인 트랜지스터의 출력이라고 볼 수 있다. 따라서 십진법을 사용하는 디지털 회로를 만들기 위해서는 0에서 9까지 구별지을 수 있는 아날로그 전압을 출력해야 한다. 하지만 실제로 0부터 9까지 나타내는 전압은 숫자 간의 간섭을 피하기 위해 나타낼 수 있는 숫자 간의 구간 확보가 매우 어렵다. 반면에 바이너리인 경우에는 두 개의 영역만 나타내면 되므로 매우 쉽게 표현할 수 있다. 따라서 0 에서 0.8 V까지는 0(off)의 상태를 나타내고, 0.8 V에서 2 V까지는 사용하지 않고, 2 V 이상일 경우 1(on)의 상태로 정하면 5 V 안에서 두 상태를 정확하게 나타낼 수 있다. 이러한 이유는 디지털 회로가 아날로그 회로보다 잡음에 강하다는 이유이기도 하다. 이 장에서는 바이너리의 연산을 공부하고 덧셈기의 구성을 살펴보기로 한다.

4.2 수의 표현

표 4.1은 십진수를 바이너리와 Octal 그리고 Hex로 바꾼 것을 나타낸다.

표 4.1 수의 표현

십진수	바이너리	Octal	Hex	BCD
0	0000	0	0	0000
1	0001	1	1	0001
2	0010	2	2	0010
3	0011	3	3	0011
4	0100	4	4	0100
5	0101	5	5	0101
6	0110	6	6	0110
7	0111	7	7	0111
8	1000	10	8	1000

(계속)

십진수	바이너리	Octal	Hex	BCD
9	1001	11	9	1001
10	1010	12	A	0001 0000
11	1011	13	B	0001 0001
12	1100	14	C	0001 0010
13	1101	15	D	0001 0011
14	1110	16	E	0001 0100
15	1111	17	F	0001 0101

1. 십진수를 바이너리로 변환

십진수를 바이너리로 바꾸는 방법을 살펴보자. 십진수를 바이너리로 바꾸려면 그 수를 2로 계속 나누어 몫과 나머지로 바이너리를 표현한다. 예를 들어, 45의 바이너리 표현을 고려해 보자. 계속 2로 나누어 몫이 2보다 작아질 때까지 나눈다. 맨 처음에 생긴 나머지가 LSB가 되고 맨 나중의 몫이 MSB가 된다.

```
2 |   45
2 |   22    … 1   ↑ LSB
2 |   11    … 0   |
2 |    5    … 1   |
2 |    2    … 1   |
       1    … 0   |
    ---------------
     MSB
```

$$(45)_{10} = (101101)_2$$

마찬가지로 십진수 226을 Octal 수로 바꾸어 보자.

```
8 |   266
8 |    33   … 2   ↑ LSB
        4   … 1   |
    ---------------
     MSB
```

$$(266)_{10} = (412)_8$$

Hex로 바꾸는 경우를 살펴보면 다음과 같다.

```
16 |  214    … 6   ↑ LSB
      13            |
     ---------------
      MSB
```

$$(214)_{10} = (D6)_{16}$$

▶ 점검문제 4.1 $(76)_{10}$을 바이너리, Octal 그리고 Hex 수로 표현하시오.

답 $(1001100)_2$ $(114)_8$ $(4C)_{16}$

2. 바이너리를 Octal과 Hex로 변환

Octal과 Hex는 비트 수가 많아진 바이너리 수를 편리하게 줄여 표현하도록 해준다. 예를 들어, 16비트 바이너리 수를 살펴보자. 바이너리로 표현하면

$$(0111\ 1110\ 0001\ 0110)_2$$

매번 16비트의 바이너리를 사용한다는 것은 시간 낭비요 공간 낭비가 된다. 따라서 바이너리를 Octal로 바꿀 경우는 LSB로부터 3비트씩 잘라 표현한다. 다음은 위의 바이너리를 Octal로 표현한 것이다.

$$\begin{aligned} &0\ 111\ 111\ 000\ 010\ 110 \\ =\ &(0\ \ 7\ \ 7\ \ 0\ \ 2\ \ 6)_8 \end{aligned}$$

Octal로 표현할 경우에는 16비트의 바이너리가 6 digit으로 표현이 가능하다.

예들 들어, 위의 45를 Octal로 나타내어 보자. LSB로부터 3자리씩 끊어 표현하면 다음과 같다.

$$\begin{aligned} (45)_{10} &= (101\ \ 101)_2 \\ &= (55)_8 \end{aligned}$$

Hex로 바꿀 경우에는 LSB로부터 4자리씩 끊어 나타낸다.

$$\begin{aligned} &(0111\ 1110\ 0001\ 0110)_2 \\ =\ &(7\quad E\quad 1\quad 6\ )_{16} \end{aligned}$$

Hex로 표현할 경우에는 16비트가 4 digit으로 표현됨을 알 수 있다.

또 다른 예로 45를 Hex로 표현해 보자.

$$(45)_{10} = (10\ 1101)_2 = (2D)_{16}$$

결과적으로 Octal이나 Hex는 바이너리와 같고 단지 바이너리를 줄여 표현하기 위한 것이다. 십진수를 Octal이나 Hex로 바꾸는 경우에는 바이너리로 바꾸는 경우처럼 직접 8이나 16으로 나누면 되겠으나, 먼저 바이너리로 바꾼 뒤에 Octal이나 Hex로 바꾸어도 된다.

▶ 점검문제 4.2 다음 바이너리를 Hex로 바꾸시오.

$(1110100110)_2$, $(101011111)_2$

답 $(3A6)_{16}$, $(15F)_{16}$

3. 바이너리를 십진수로 변환

바이너리를 십진수로 바꾸기 위해서는 밑을 2로 하고 자릿수에 따른 가중값을 곱하면 된다.

$$\begin{aligned}(101101)_2 &= 1\times 2^5 + 0\times 2^4 + 1\times 2^3 + 1\times 2^2 + 0\times 2^1 + 1\times 2^0\\ &= 32+8+4+1\\ &= (45)_{10}\end{aligned}$$

소수점이 있을 경우의 바이너리를 십진수로 바꾸어 보자.

$$\begin{aligned}(1011.101)_2 &= 1\times 2^3 + 0\times 2^2 + 1\times 2^1 + 1\times 2^0 + 1\times 2^{-1} + 0\times 2^{-2} + 1\times 2^{-2}\\ &= 8+2+1+0.5+0.125\\ &= (11.625)_{10}\end{aligned}$$

4. Octal과 Hex 수를 십진수로 변환

Octal 수를 십진수로 바꾸는 경우도 마찬가지다.

$$\begin{aligned}(55)_8 &= 5\times 8^1 + 5\times 8^0\\ &= 40+5\\ &= (45)_{10}\end{aligned}$$

$$
\begin{aligned}
(2D)_{16} &= 2 \times 16^1 + 13 \times 16^0 \\
&= 32 + 13 \\
&= (45)_{10}
\end{aligned}
$$

▶ 점검문제 4.3 다음을 십진수로 바꾸시오.

$$(11011)_2,\ (372)_8$$

㉰ $(27)_{10}$, $(250)_{10}$

▶ 점검문제 4.4 다음을 십진수로 바꾸시오.

$$(110101.11)_2,\ (24.6)_8$$

㉰ $(53.75)_{10}$, $(20.75)_{10}$

5. Octal이나 Hex를 바이너리로 변환

Octal이나 Hex를 바이너리로 표현하는 것은 매우 쉽다. 앞에서 설명한 것처럼 Octal과 Hex는 바이너리를 간단화하기 위한 다른 표현법이기 때문이다. 하지만 주의해야 할 점은 전체 비트 수가 몇 비트인지 염두에 두어야 한다.

Octal의 경우에는 각 자릿수의 숫자를 3비트 바이너리로 직접 변환시킨다.

$$(412)_8 = (100\ \ 001\,010)_2$$

만약 전체 비트 수가 12비트이면 다음과 같이 나타내야 한다.

$$(412)_8 = (000\,100\ \ 001\ \ 010)_2$$

Hex로 표현된 수를 바이너리로 바꾸기 위해서는 각 자릿수의 숫자를 4비트 바이너리로 직접 변환시킨다.

$$(D6)_{16} = (1101\ \ 0110)_2$$

▶ 점검문제 4.5 다음을 바이너리로 표현하시오.

$$(9F2)_{16},\ (BA6)_{16}$$

㉰ $(1001\ \ 1111\ \ 0010)_2$, $(1011\ \ 1010\ \ 0110)_2$

점검문제 4.6 다음을 바꾸시오.

$$
\begin{aligned}
(A96)_{16} &= (\qquad\qquad\qquad\qquad)_2 \\
&= (\qquad\qquad\qquad\qquad)_8 \\
&= (\qquad\qquad\qquad\qquad)_{10} \\
&= (\qquad\qquad\qquad\qquad)_{BCD}
\end{aligned}
$$

㉠ $(1010\ 1001\ 0110)_2$, $(5226)_8$, $(2710)_{10}$, $(0010\ 0111\ 0001\ 0000)_{BCD}$

4.3 Unsigned binary number

n개의 디지트로 나타낼 수 있는 수의 개수는 2^n개다. 최솟값은 0이고 최댓값은 2^n-1이다. $n=4$일 경우의 디지트 표현은 다음과 같다.

A3	A2	A1	A0
1	1	1	1

최댓값은 $2^4-1=16-1=15$

$n=8$일 경우에는

A7	A6	A5	A4	A3	A2	A1	A0
1	1	1	1	1	1	1	1

최댓값은 $2^8-1=256-1=255$

4.4 Signed binary number

Signed 수의 표현에서는 양수인지 음수인지를 나타내어야 하는데 맨 왼쪽 비트(MSB)가 0이면 양수이고 1이면 음수를 나타낸다.

■ **양수의 표현**

A7	A6	A5	A4	A3	A2	A1	A0
0							

■ 음수의 표현

A7	A6	A5	A4	A3	A2	A1	A0
1							

4비트의 수로 나타낼 수 있는 수의 표현은 다음과 같다.

표 4.2 음수의 표현

십진수	바이너리	Octal	Hex	BCD
7	0111	7	7	0111
6	0110	6	6	0110
5	0101	5	5	0101
4	0100	4	4	0100
3	0011	3	3	0011
2	0010	2	2	0010
1	0001	1	1	0001
0	0000	0	0	0000
-1	1111	17	F	N/A
-2	1110	16	E	N/A
-3	1101	15	D	N/A
-4	1100	14	C	N/A
-5	1011	13	B	N/A
-6	1010	12	A	N/A
-7	1001	11	9	N/A
-8	1000	10	8	N/A

따라서 n개의 디지트로 나타낼 수 있는 최솟값은 -2^{n-1}이고 최댓값은 $2^{n-1}-1$이다. $n=8$일 경우에 최댓값은

$$2^7 - 1 = 128 - 1 = 127$$

A7	A6	A5	A4	A3	A2	A1	A0
0	1	1	1	1	1	1	1

최솟값은 다음과 같다.

A7	A6	A5	A4	A3	A2	A1	A0
1	0	0	0	0	0	0	0

따라서 최솟값은 $-2^7=-128$ 이다.

경우에 따라서는 위의 테이블에서 1000일 경우도 0으로 간주하여 두 개의 0을 사용하는 경우도 있다. 이 경우에 최솟값은 $-2^{n-1}+1$이고 최댓값은 $2^{n-1}-1$이 된다.

그렇다면 위의 음의 값을 어떻게 구한 것일까?

4.5 보수

1. 2의 보수

바이너리로 음의 값을 표현하기 위해서는 MSB를 1로 표현하였다. 그렇다면 음의 값을 어떻게 바이너리로 쉽게 나타낼 수 있을까? 이 경우에 보수(complement)를 취하면 된다. 먼저 바이너리 수에서 0은 1로, 1은 0으로 바꾸어 1의 보수(1' complement)를 취한다. 다음에 1을 더하면 2의 보수(2' complement)가 된다. -128의 1의 보수와 2의 보수를 구해 보자.

```
  1000 0000
  0111 1111      ← 1의 보수
+         1      ← 1을 더한다.
-----------
  1000 0000      ← 2의 보수
```

2의 보수 값이 128이므로 1000 0000은 -128이 된다.

다른 예로 -7을 8비트 바이너리로 나타내어 보자. 먼저 7의 양의 값을 구한다.

$$(7)_{10}=(0000\ \ 0111)_2$$

1의 보수를 취한 뒤에 1을 더하면

```
  1111 1000      ← 1의 보수
+         1      ← 1을 더한다.
-----------
  1111 1001      ← 2의 보수
```

따라서

$$(-7)_{10}=(1111\ \ 1001)_2$$

-16의 바이너리를 구해 보자.

$$(16)_{10} = (0001\ \ 0000)_2$$

1의 보수를 취한 뒤에 1을 더하면

$$\begin{array}{rl} 1110\ 1111 & \leftarrow \text{1의 보수} \\ +\qquad\quad 1 & \leftarrow \text{1을 더한다.} \\ \hline 1111\ 0000 & \leftarrow \text{2의 보수} \end{array}$$

따라서

$$(-16)_{10} = (1111\ \ 0000)_2$$

−9의 경우를 살펴보자.

$$(9)_{10} = (0000\ \ 1001)_2$$

1의 보수를 취한 뒤에 1을 더하면

$$\begin{array}{rl} 1111\ 0110 & \leftarrow \text{1의 보수} \\ +\qquad\quad 1 & \leftarrow \text{1을 더한다.} \\ \hline 1111\ 0111 & \leftarrow \text{2의 보수} \end{array}$$

따라서

$$(-9)_{10} = (1111\ \ 0111)_2$$

2. 10의 보수

2의 보수에 대한 이해는 십진수를 통하면 쉽다. 우리가 무심코 계산하는 뺄셈은 10의 보수(10's complement) 개념이 포함되어 있는 것이다. 다음의 뺄셈을 고려해 보자.

$$\begin{array}{r} 45 \\ -46 \\ \hline -1 \end{array}$$

먼저 46의 보수를 구해보자. 9의 보수(9's complement)를 구하기 위해서는 자릿수에서의 최댓값 99에서 46을 빼면 된다.

$$\begin{array}{r} 99 \\ -\quad 46 \\ \hline 53 \end{array}$$

따라서 −46의 보수는 53+1=54가 된다.

$$\begin{array}{r} 45 \\ +\quad 54 \\ \hline 99 \end{array}$$

음수이므로 다시 보수를 취하면

$$\begin{array}{r} 99 \\ -\quad 99 \\ \hline 0 \\ +\quad 1 \\ \hline 1 \end{array}$$

결과적으로 −1이 된다.

▶ 점검문제 4.7 다음을 보수로 계산하시오.

$$\begin{array}{r} 43 \\ -\quad 23 \\ \hline \end{array}$$

㊐ 20

3. 16의 보수

Hexadecimal 수의 계산에 있어서 마찬가지로 보수 개념을 사용하면 쉽다. 다음의 Hex 수의 계산해 보자.

$$\begin{array}{r} 592 \\ +\quad 3A5 \\ \hline \end{array} \qquad \begin{array}{r} 0101\ 1001\ 0010 \\ +\quad 0011\ 1010\ 0101 \\ \hline \end{array}$$

먼저 3A5의 보수를 취한다.

	FFF		
−	3A5		1100 0101 1010
+	1	+	1
	C5B		1100 0101 1011

보수를 더하면

	592		0101 1001 0010
+	C5B	+	1100 0101 1011
1	1ED		1100 0101 1011

캐리(carry)는 무시한다. MSB가 0으로 양수이다.
또 다른 예를 살펴보자.

	3E5		0011 1110 0101
−	E46	−	1110 0100 0110
1	1ED		1100 0101 1011

먼저 E46의 보수를 취한다.

	FFF		
−	E46		
	1B9		0001 1011 1001
+	1	+	1
	1BA		0001 1011 1010

보수를 더하고 캐리는 무시한다.

	3E5		0011 1110 0101
+	1BA	+	0001 1011 1010
1	59F	1	0101 1001 1111

▶ 점검문제 4.8 다음 signed Hexadecimal 수를 계산하시오.

	912
+	E13

4.6 바이너리 연산

1. 덧셈

8비트 사인이 있는 바이너리 연산의 경우를 살펴보자.

```
      7           0000 0111
  +   9       +   0000 1001
  -----       -------------
     16           0001 0000
```

음수끼리의 덧셈은 먼저 각 음수의 2의 보수를 취한 다음 더한다. 더할 때 자릿수가 넘어 생기는 캐리는 무시한다.

```
     -7           1111 1001
  +  -9           1111 0111
  -----
    -16
              1   1111 0000    ← MSB가 1이므로 음수
                  0000 1111    ← 1의 보수
          +               1    ← 2의 보수
          -----------------
                  0001 0000    = +16
```

그러므로 $(1111\ 0000)_2 = -16_{10}$이다.

2. 뺄셈

뺄셈은 보수를 사용하여 덧셈을 하는 것과 같이 하면 된다.

```
      7           7           0000 0111
  -   9       +  -9       -   1111 0111
  -----       -----       -------------
     -2          -2           1111 1110    ← MSB가 1이므로 음수
                              0000 0001
                          +           1
                          -------------
                              0000 0010    = +2
```

결과적으로 (1111 1110)= −2이다.

$$\begin{array}{rr} & -7 \\ - & -9 \\ \hline & +2 \end{array} \qquad \begin{array}{rr} & 1111\ 1001 \\ + & 0000\ 1001 \\ \hline 1 & 0000\ 0010 \end{array} = +2$$

점검문제 4.9 8비트 바이너리일 경우에 다음 연산을 수행하시오.

$$\begin{array}{rr} & 6 \\ + & 13 \\ \hline \end{array} \qquad \begin{array}{rr} & -6 \\ + & 13 \\ \hline \end{array} \qquad \begin{array}{rr} & 6 \\ - & 13 \\ \hline \end{array} \qquad \begin{array}{rr} & -6 \\ - & 13 \\ \hline \end{array}$$

답 $(00010011)_2 = 19$, $(00000111)_2 = 7$,
$(11111001)_2 = -7$, $(11101101)_2 = -19$

3. 곱셈

곱셈의 경우 음수의 바이너리와 곱셈을 할 경우에는 먼저 보수를 취해 양수로 바꾼 다음 곱셈을 한다. 결과가 음수로 추정되는 경우에는 보수를 취하면 된다. 먼저 양수의 경우를 살펴보자.

$$\begin{array}{rr} & 9 \\ \times & 11 \\ \hline & 99 \end{array} \qquad \begin{array}{rr} & 00001001 \\ \times & 00001011 \\ \hline & 00001001 \\ & 00001001 \\ & 00000000 \\ + & 00001001 \\ \hline & 01100011 \end{array} = 99$$

음수의 곱을 해 보자. 음수로 되어 있는 수를 양수로 바꾸어 곱한 다음 마지막에 보수를 취해 음수 값으로 만든다.

```
   -9           00001001
×  11       ×   00001011
------      ------------
   99           00001001
               00001001
              00000000
          +  00001001
            ------------
                01100011   = 99
                10011100
            +          1
            ------------
                10011101   = (-99)
```

4. 나눗셈

나눗셈의 경우 곱셈의 경우와 마찬가지로 음수의 바이너리와 나눗셈을 할 경우에는 먼저 보수를 취해 양수로 바꾼 다음 나눗셈을 한다. 결과가 음수로 추정되는 경우에는 보수를 취하면 된다. 먼저 양수의 경우를 살펴보자.

```
           00011
      ┌──────────
  11  │    01001
      -    0011
      ───────────
      +    11010    2의 보수
      ───────────
      1    00011
      -    00011
      ───────────
      +    11101    2의 보수
      ───────────
      1    00000
```

4.7 반가산기

반가산기는 입력으로 2개의 비트 x, y를 더해 합 s와 캐리 c로 나타내는 조합 회로이다. 두 비트를 더하는 가장 기본적인 단위이다.

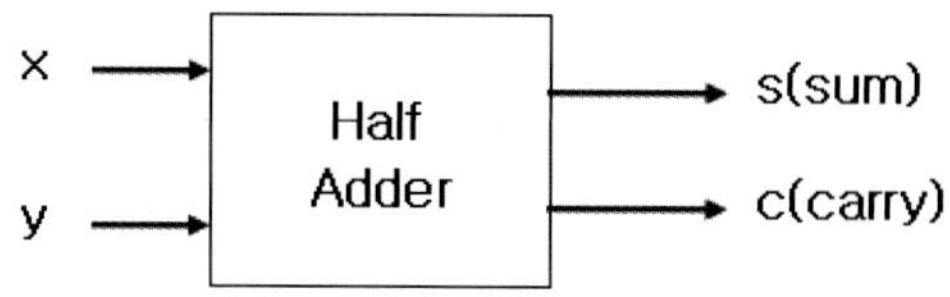

그림 4.1 반가산기

반가산기의 진리표는 다음과 같다.

표 4.3 반가산기 진리표

x	y	s	c
0	0	0	0
0	1	1	0
1	0	1	0
1	1	0	1

합 s를 출력으로 나타내면

$$s = \bar{x}y + x\bar{y} = x \oplus y$$

$$c = xy$$

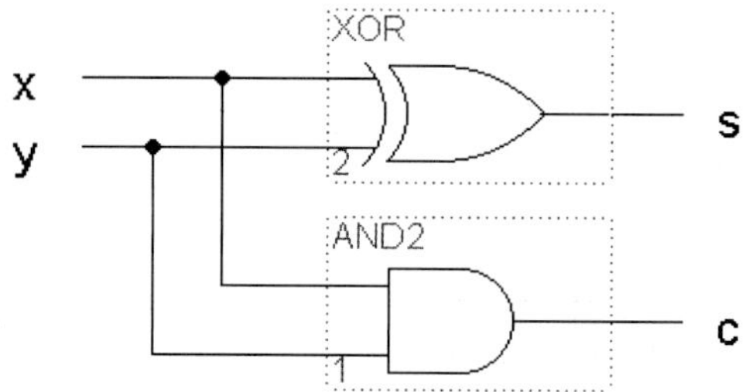

그림 4.2 반가산기

VHDL에서 입력 변수와 출력 변수를 지정할 경우에는 ENTITY 안에서 다음과 같이 PORT를 사용한다.

```
PORT (
        입력 변수지정;
        출력 변수지정);
```

예를 들어, x와 y를 바이너리인 입력 변수라 하고 s와 c를 바이너리인 출력 변수라 정의하자.

```
PORT (
        x, y    : IN        bit;
        s, c    : OUT       bit);
```

반가산기의 프로그램은

```
s <= x xor y;
c <= x and y;
```

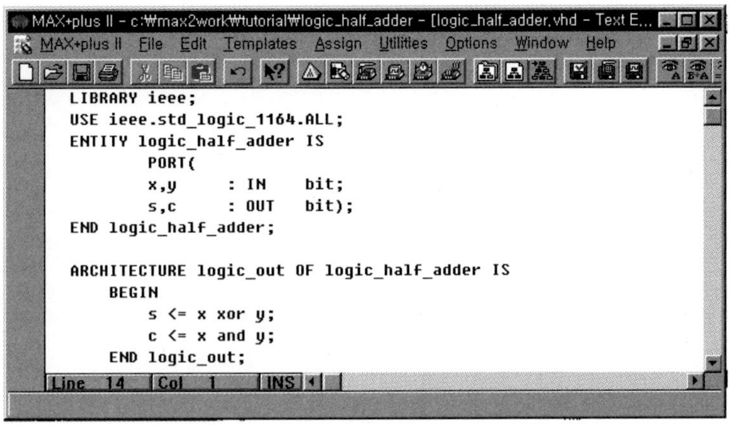

그림 4.3 반가산기 VHDL

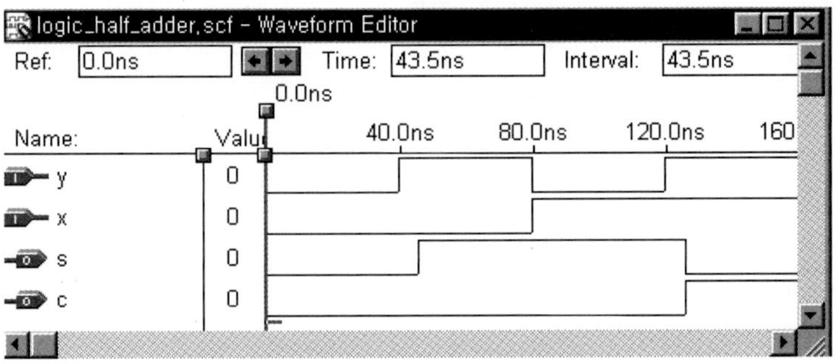

그림 4.4 반가산기 출력

4.8 전가산기

반가산기의 경우 입력이 2개일 경우 덧셈을 하였다. 반가산기의 경우 캐리가 발생하면 다음 자릿수에 더해야 한다. 하지만 입력이 둘이라 캐리를 고려하는 것이 어렵다. 이를 해결하는 것이 전가산

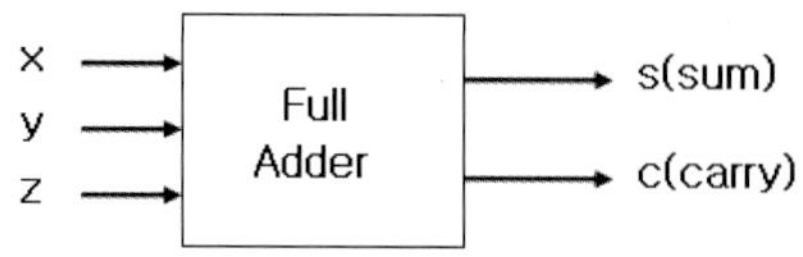

그림 4.5 전가산기

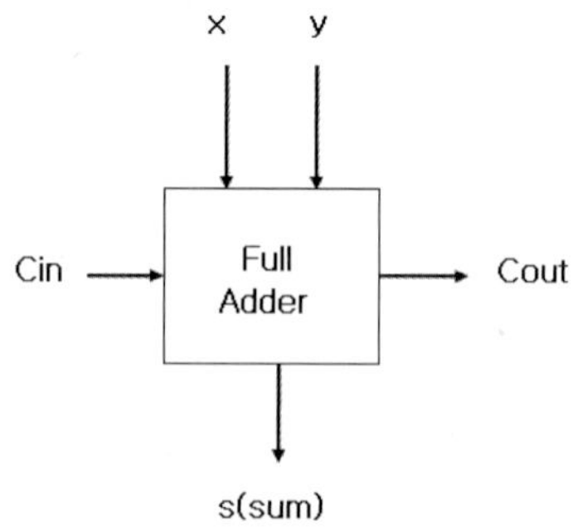

그림 4.6 전가산기의 심벌

기이다. 전가산기는 입력이 3개일 경우 덧셈을 수행하는 조합 회로이다. 입력이 3이면 이전 단계에서 발생한 캐리를 더할 수 있는 장점이 있다.

표 4.4 전가산기의 진리표

입력			합	Carry
x	y	z	s	c
0	0	0	0	0
0	0	1	1	0
0	1	0	1	0
0	1	1	0	1
1	0	0	1	0
1	0	1	0	1
1	1	0	0	1
1	1	1	1	1

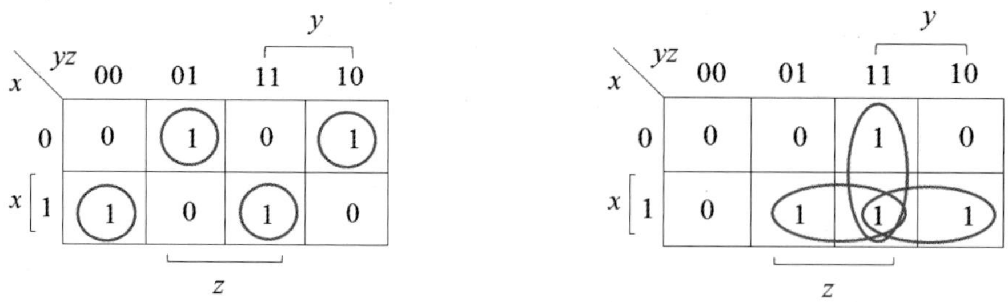

그림 4.7 게이트의 최소화

$$s = x\overline{y}\,\overline{z} + \overline{x}\,\overline{y}z + xyz + \overline{x}y\overline{z}$$
$$= x \oplus y \oplus z$$

$$c = yz + xz + xy$$

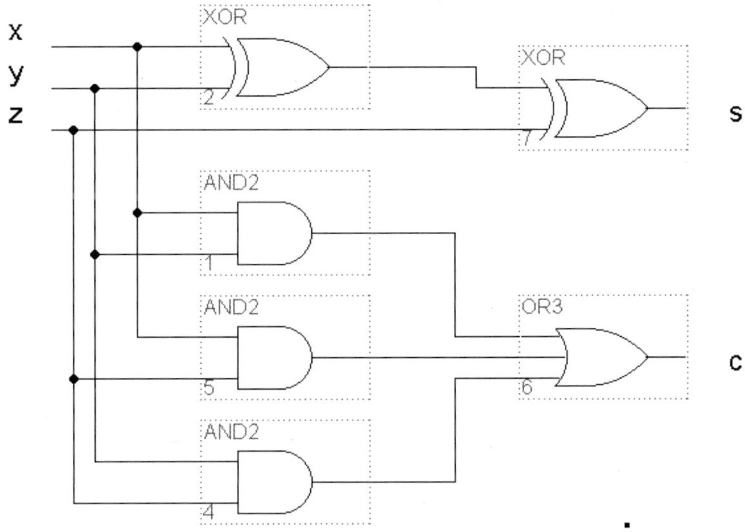

그림 4.8 전가산기 회로

전가산기의 회로를 그려보면 그림 4.8과 같다.
전가산기의 VHDL 표현은 다음과 같다.

```
s <= x xor y xor z;
c <= (x and y) or (y and z) or (x and z);
```

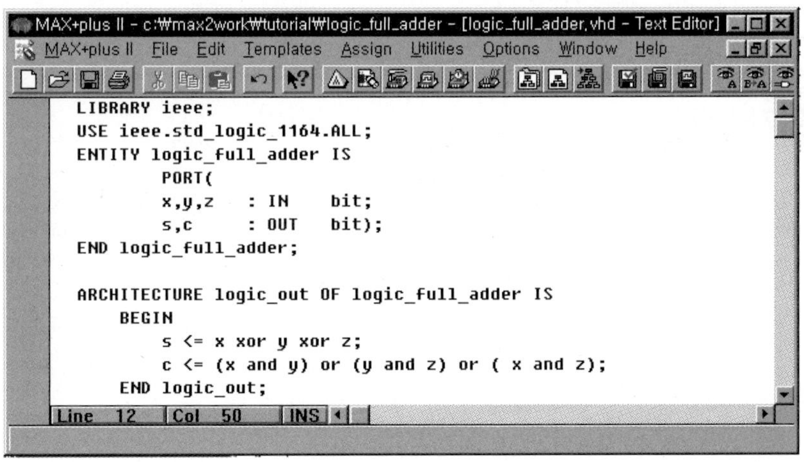

그림 4.9 전가산기 VHDL

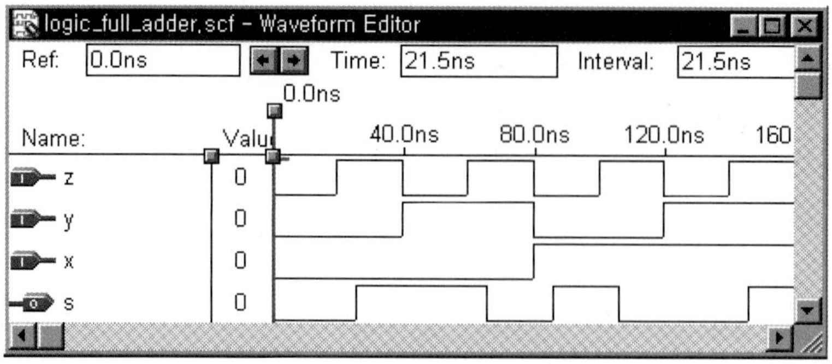

그림 4.10 전가산기 출력

만약 일의 자릿수와 십의 자릿수를 함께 나타내는 경우를 살펴보자. 일의 자리의 전가산기 입력을 x_1, y_1, c_0, 출력을 s_1, c_1이라 하고 십의 자리의 가산기 입력을 x_2, y_2, c_1, 출력을 s_2, c_2라 하여 VHDL로 나타내 보자. 각각의 입력과 출력을 bit로 선언하고 나타내면 다음과 같다.

```
s1 <= x1 xor y1 xor c0;
c1 <= (x1 and y1) or (y1 and c0) or (x1 and c0);
s2 <= x2 xor y2 xor c1;
c2 <= (x2 and y2) or (y2 and c1) or (x2 and c1);
```

만약 4비트 데이터를 더할 경우에 VHDL의 코드라인 수가 많아짐을 알 수 있다. 이 경우에는 입력 변수를 벡터로 설정하면 간단하다.

4.9 4비트 가산기

n비트의 연산을 하기 위해서는 n개의 전가산기가 필요하다. 예를 들어, A와 B의 4비트끼리 덧셈을 수행하는 경우 4개의 전가산기가 필요하다.

$$\begin{array}{rcccc} & A_3 & A_2 & A_1 & A_0 \\ + & B_3 & B_2 & B_1 & B_0 \\ \hline c_{\text{out}} & s_3 & s_2 & s_1 & s_0 \end{array}$$

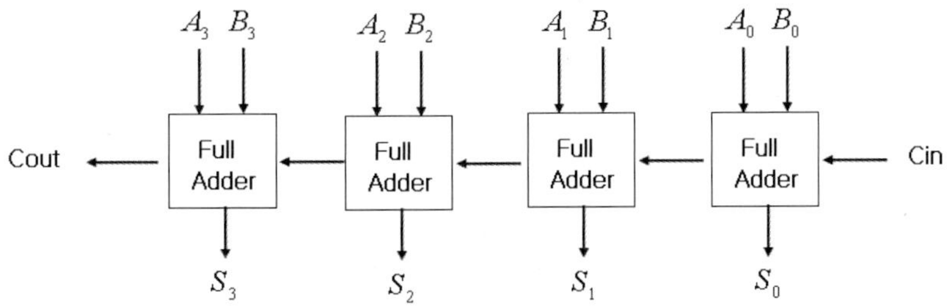

그림 4.11 4비트 가산기 구조

그림 4.12는 그림 4.11의 덧셈을 수행하는 IC는 4 bit adder의 74283이다. 그림 4.11의 구조를 그대로 상자처리했다고 보면 된다. C_{in}은 캐리 입력이고, C_{out}은 캐리 출력이다.

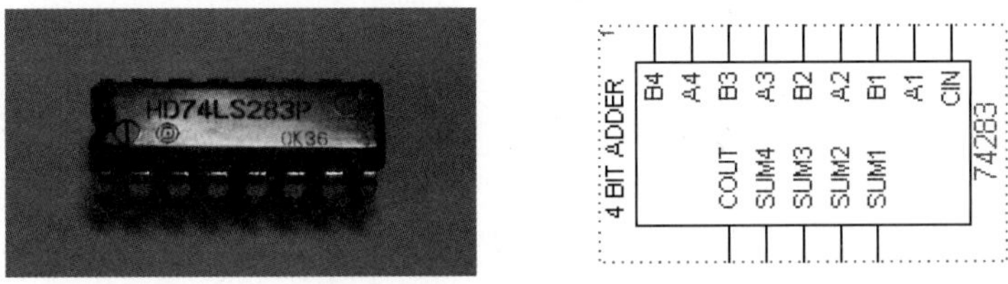

그림 4.12 4비트 덧셈기 74283

74283을 사용하여 뺄셈 A－B를 수행하려면 다음과 같이 연결하면 된다. 먼저 B를 1의 보수를 취하고 Cin에 1을 입력하면 결국 $A+\overline{B}+1$을 수행하게 되어 뺄셈을 수행한다.

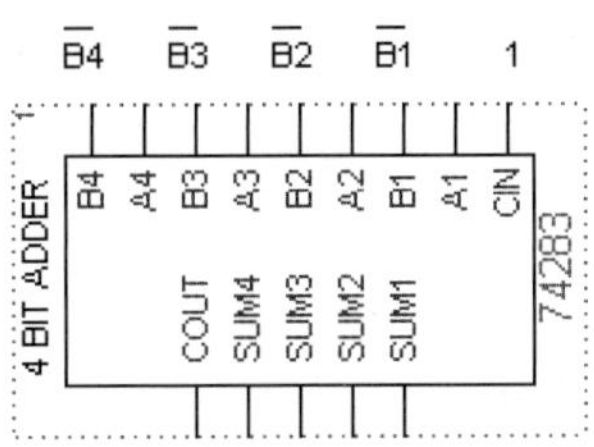

그림 4.13 74283의 4비트 뺄셈

VHDL에서 벡터인 변수를 설정할 경우에는 다음과 같이 한다. 만약 x와 y가 각각 4비트 벡터의 변수라면

x, y : IN STD_LOGIC_VECTOR (3 downto 0);

여기서 downto가 의미하는 것은 x가 $x_3x_2x_1x_0$의 내림차순으로 된 벡터를 말하는 것이다. 오름차순의 벡터의 표현 $x_0x_1x_2x_3$은 어떨까?

x, y : IN STD_LOGIC_VECTOR (0 to 3);

두 벡터의 덧셈은 다음과 같이 그대로 더한다.

s <= $x+y$;

그림 4.15는 출력을 시간의 파형으로 나타내기보다 숫자로 나타내었다. 이는 컴파일 시에 Timing SNF로 설정하는 대신에 Functional SNF로 설정하면 된다.

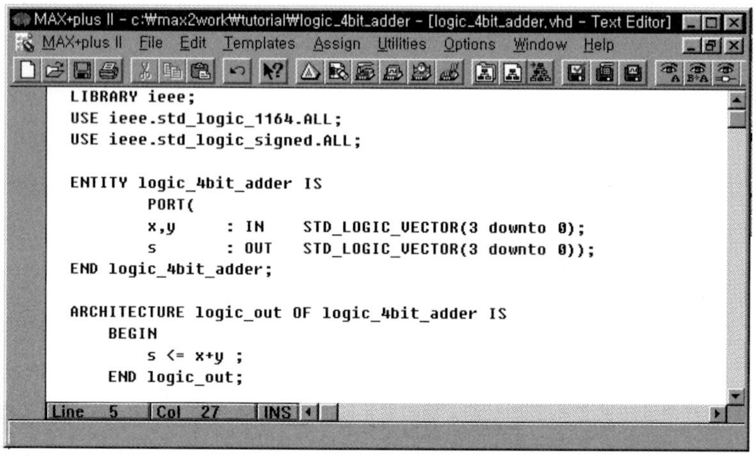

그림 4.14 4비트 가산기의 VHDL

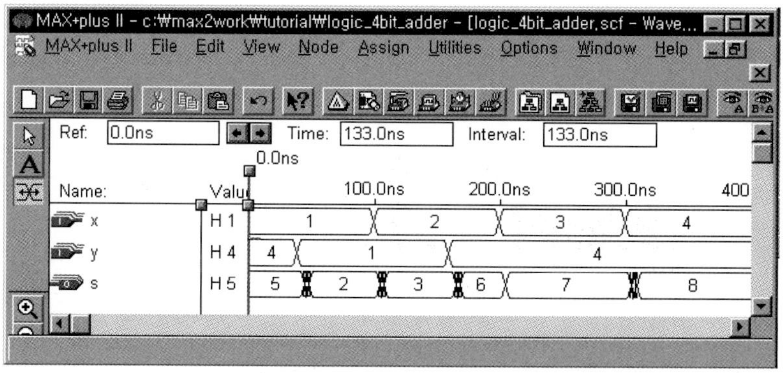

그림 4.15 4비트 가산기의 출력

▶ 점검문제 4.10 4비트 감산기의 VHDL을 작성하시오.

▶ 점검문제 4.11 앞의 예제에서 여러 개의 비트를 나타내는 데이터를 정의하는 데 있어서 두 가지로 정의할 수 있다. BIT_VECTOR와 STD_LOGIC_VECTOR가 그 두 가지 방식인데, 그 차이를 설명하시오.

4.10 16비트 가산기

16비트 가산기는 74283을 4개 사용하여 이전에 발생한 캐리를 Cin에 연결하면 된다. 물론 LSB에 해당하는 IC의 CIN에는 0을 입력한다.

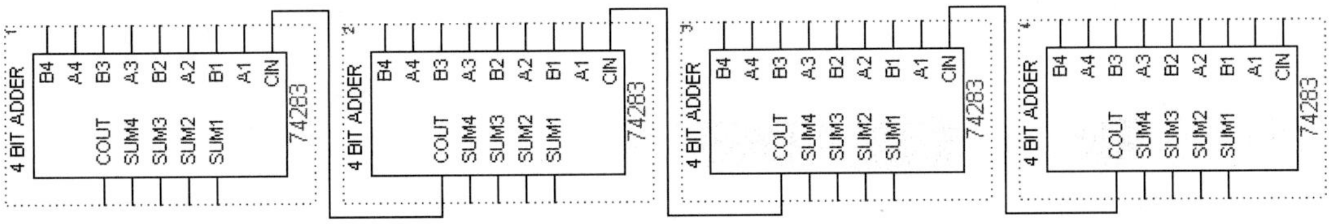

그림 4.16 16비트 가산기의 구조

16비트의 내림차순 벡터를 설정하려면

STD_LOGIC_VECTOR (15 downto 0)

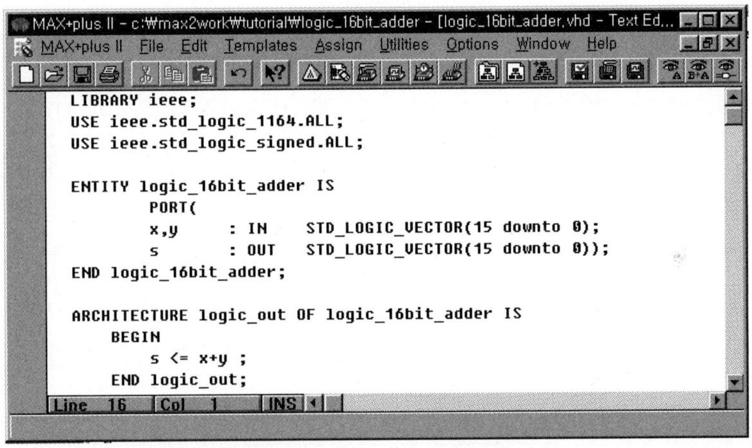

그림 4.17 16비트 가산기의 VHDL

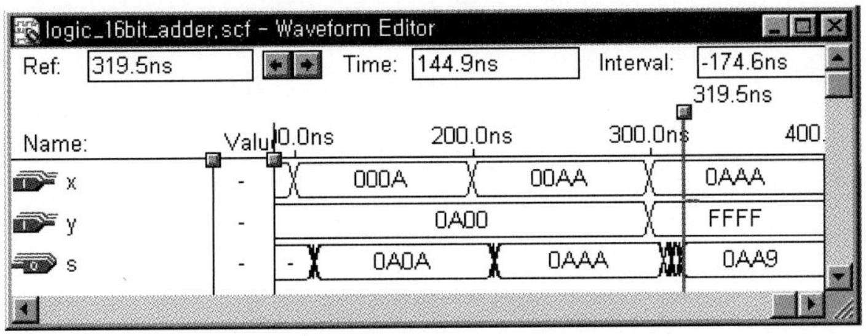

그림 4.18 16비트 가산기의 출력

4.11 오버플로

오버플로(overflow)란 수의 연산에 있어서 덧셈이나 뺄셈 등의 연산 후에 결과의 값이 주어진 비트로는 표현할 수 없을 때 발생한다. 예를 들어, 4비트의 경우 표현이 가능한 수는 −8에서 7까지이다. 이 경우에 7+7의 연산을 수행하면 14의 결과가 나와야 하는데 그렇지 않은 값이 나온다.

$$
\begin{array}{r}
0\,1\,1\,1 \\
+\;0\,1\,1\,1 \\
\hline
1\,1\,1\,0
\end{array}
$$

1110의 보수를 취하면 0010, 즉 −2값이 나오게 되어 틀린 값인 것을 알 수 있다. 이 경우에 오버플로가 발생하여 영역 밖의 값이 연산되었기 때문이다. 다른 예를 들어 보자.

−8−8=−16이다. 이 경우에 바이너리 연산을 수행하면

$$
\begin{array}{r}
1\,0\,0\,0 \\
-\;1\,0\,0\,0 \\
\hline
\end{array}
\qquad
\begin{array}{r}
1\,0\,0\,0 \\
+\;1\,0\,0\,0 \\
\hline
1\,0\,0\,0\,0
\end{array}
$$

결과값이 0이 되는 것을 알 수 있다. 위의 두 예제를 살펴보면 두 수의 사인이 같은데 결과값이 사인이 반대로 나온 것을 볼 수 있다. 따라서 두 수의 사인이 같을 경우 더한 결과값의 사인이 다르게 나오면 오버플로가 발생한다.

따라서 디지털 회로에서는 이러한 오버플로 발생 시에 이를 알려주는 회로를 구성해야 한다. 우선 어느 경우에 오버플로가 발생하는지 살펴보자. S_A, S_B, S_S는 사인 비트를 나타내고 V는 오버플로 비트를 나타낸다. 이 경우에 오버플로가 발생하는 경우를 살펴보면 다음과 같다.

입력			오버플로
S_A	S_B	S_S	V
0	0	0	0
0	0	1	1
0	1	0	0
0	1	1	0
1	0	0	0
1	0	1	0
1	1	0	1
1	1	1	0

오버플로가 발생하는 부울함수는 다음과 같다.

$$V = S_A S_B \overline{S_S} + \overline{S_A}\,\overline{S_B} S_S$$

4.12 가산기 관련 IC

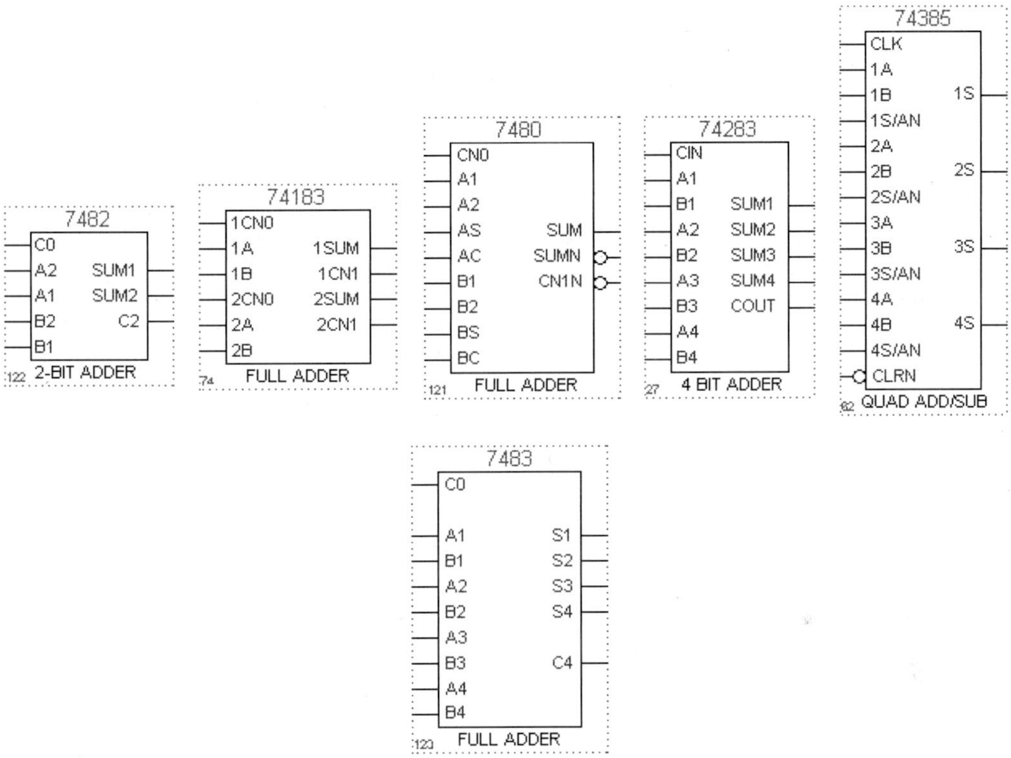

▶ 점검문제 4.12 각 IC의 차이점을 설명하시오.

▶ 점검문제 4.13 IC 74283의 datasheet를 찾아 핀을 확인하시오.

▶ 점검문제 4.14 IC 74283을 사용하여 16비트 덧셈을 하도록 회로를 구성하시오.

실험 04 바이너리 연산

VHDL 설계

01 | 위의 반가산기와 전가산기에 대한 VHDL 코드를 200 ns 동안 50 ns 간격으로 wave 형태를 다시 설계하여 입력한 뒤에 출력해 보시오.

전가산기

01 | 전가산기를 설계하고 진리표를 작성하여 출력 전압을 측정하시오.

입 력			합	캐리
A	B	C	s	c
0	0	0		
0	0	1		
0	1	0		
0	1	1		
1	0	0		
1	0	1		
1	1	0		
1	1	1		

4비트 전가산기

01 | 74283 4비트 가산기를 사용하여 4비트 가산기를 구성하시오. 각 출력에 LED를 연결하시오.

02 | 다음 덧셈을 실행하여 결과를 측정하시오.

$$\begin{array}{r} 0\ 0\ 1\ 1 \\ +\ \ 0\ 1\ 1\ 0 \\ \hline 1\ 0\ 0\ 1 \end{array}$$

03 | 다음 뺄셈을 수행하고 출력을 측정하시오.

$$\begin{array}{r} 0\,0\,1\,1 \\ -\;\; 1\,1\,0\,0 \\ \hline \end{array}$$

8비트 가산기

01 | 4비트 adder 74283 2개를 사용하여 다음 덧셈을 수행해 보시오. 각 출력의 LED가 어떻게 켜지는지 확인하시오.

$$\begin{array}{r} 1\,0\,0\,0\,1\,1\,1\,1 \\ +\,1\,0\,0\,0\,1\,1\,0\,1 \\ \hline \end{array}$$

점검문제

01 | 점검문제 4.11에 답하시오.

오버플로

01 | 오버플로를 설명하시오.

02 | 언더플로를 설명하시오.

날짜	
검인	

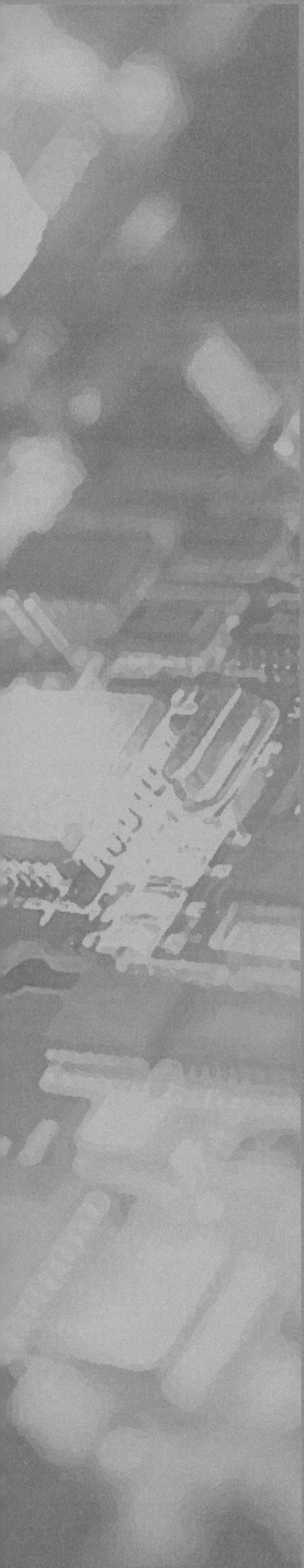

Chapter 5

BCD 연산

5.1 소개

표 5.1은 십진수를 바이너리와 Octal, 그리고 Hex로 바꾼 것을 나타낸다. BCD(Binary Coded Decimal)는 앞에서도 설명한 것처럼 십진수를 그대로 바이너리로 표현한 것으로 바이너리 표현하고는 다르다. 예를 들어, 십진수 10인 경우에 바이너리는 1010이지만, BCD로 하면 0001 0000이 된다. 특히 BCD는 십진수를 나타내므로 우리가 사용하는 십진법이 적용된 사례에 직접적으로 응용이 가능하다.

바이너리와 BCD의 표현이 다른데 BCD를 사용하는 이유는 무엇일까? 이는 우리가 십진수에 익숙해 있으므로 가능하면 십진법에 가까운 방법으로 처리하면 쉽지 않을까 하는 목적으로 만들어진 코드라 할 수 있다. BCD는 음수가 없이 양수만 존재한다. 이러한 응용 분야는 어떤 것이 있을까? 0에서 9까지만 바이너리로 표현할 수 있고 덧셈만 가능한 분야가 있을까? 바로 디지털시계가 대표적인 BCD의 응용 제품이다. 디지털시계는 초와 분을 0에서 60까지 나타내며 시는 12 또는 24로 나타낸다.

표 5.1 수의 표현

십진수	바이너리	Octal	Hex	BCD
0	0000	0	0	0000
1	0001	1	1	0001
2	0010	2	2	0010
3	0011	3	3	0011
4	0100	4	4	0100
5	0101	5	5	0101
6	0110	6	6	0110
7	0111	7	7	0111
8	1000	10	8	1000
9	1001	11	9	1001
10	1010	12	A	0001 0000
11	1011	13	B	0001 0001
12	1100	14	C	0001 0010
13	1101	15	D	0001 0011
14	1110	16	E	0001 0100
15	1111	17	F	0001 0101

5.2 십진수의 BCD 표현

십진수를 BCD로 바꾸는 경우는 바이너리로 바꾸는 것처럼 2로 나눌 필요 없이 그대로 바이너리로 변환시키면 된다. 십진수의 각 숫자는 4자리의 바이너리로 변환된다. 예를 들어, 137이란 수를 BCD로 바꾸면 다음과 같다.

$$(137)_{10} = (0001\ \ 0011\ \ 0111)_{BCD}$$

만약 137을 바이너리로 바꾸면

2	137	
2	68	⋯ 1
2	34	⋯ 0
2	17	⋯ 0
2	8	⋯ 1
2	4	⋯ 0
2	2	⋯ 0
	1	⋯ 0

$$(137)_{10} = (10001001)_2$$

BCD와 바이너리와 다름을 알 수 있다.

▶ 점검문제 5.1 다음 십진수를 BCD로 변환하고 바이너리 값과 비교하시오.

$$(943)_{10}$$

답 $(1001\ \ 0100\ \ 0011)_{BCD}$

5.3 BCD 덧셈

BCD는 십진수에 익숙해 있는 우리들에게 십진수의 각 자릿수를 직접 0에서 9까지의 바이너리로 변환할 수 있도록 해주는 수의 변환이다. 따라서 BCD는 0(0000)에서 9(1001)까지의 양수값만을 나타낸다.

십진수	BCD
0	0000
1	0001
2	0010
3	0011
4	0100
5	0101
6	0110
7	0111
8	1000
9	1001

십진수의 자릿수가 늘어나면 BCD가 그만큼 늘어난다. 예를 들어, 12의 바이너리 표현은 1100이지만 BCD의 표현은 1과 2를 따로 표현하여 0001 0010이 된다. 이러한 BCD는 십진법이 주로 사용되는 전자시계에 사용된다.

```
     5        0101       45   0100 0101
 +   4      + 0100      +33   0011 0011
 -----      ------      ---------------
     9        1001       78   0111 1000
```

그렇다면 더해서 9가 넘는 수는 어떻게 나타낼까? 아래 덧셈을 실행해 보자.

```
     6        0110
 +   7      + 0111
 -----      ------
    13        1101   ← 유용하지 않은 BCD
```

6과 7을 더했더니 9가 넘는 13이란 숫자가 생성된다. 이때 BCD 결과는 1101이지만 이는 유용한 BCD가 아니므로 13이란 수를 0001 0011의 BCD 수로 변환시켜야 한다. 어떻게 할 수 있을까? BCD 연산에서 9가 넘으면 6을 더한다. 6을 더하는 이유는 BCD는 4비트이므로 다음 자릿수로 캐리가 더해지기 위해서는 16이 되어야 하기 때문이다. 따라서 10 이상의 값에 6이 더해지면 항상 캐리가 생기게 된다.

```
      6           0110
  +   7           0111
  -------      ------------
                  1101      ← 유용하지 않은 BCD
             +    0110      ← 6을 더한다.
               ------------
     13      0001 0011
```

결과적 carry out이 생겨 13이 됨을 알 수 있다.

다른 예로 47과 35를 더해보자. 7과 5를 더하면 12가 되어 보정이 필요하므로 6을 더하면 2가 되고 캐리는 앞자리에 더해진다.

```
     47          0100 0111
  +  35       +  0011 0101
  -------     ------------
                 0111 1100   ← 유용하지 않은 BCD
              +       0110   ← 6을 더해 보정한다.
              ------------
     82          1000 0010
```

BCD 연산에서 주의할 것은 10 이상이 되는 자릿수에만 6을 더한다는 것이다. 다음 예를 살펴보자. 이 경우에는 두 번째 자릿수에서 10 이상의 수가 발생하였다. 따라서 두 번째 자릿수에 6을 더하고 캐리는 앞자리에 더한다.

```
    275          0010 0111 0101
  + 641       +  0110 0100 0001
  -------     -----------------
                 1000 1011 0110
              +       0110        ← 두 번째 자릿수에만 6을 더함
              -----------------
    916          1001 0001 0110
```

5.4 BCD 뺄셈

BCD는 0에서 9까지 십진수를 나타내는 바이너리 코드이다. BCD는 보수가 없어 뺄셈이 쉽지 않으나 9의 보수 개념을 적용하면 가능하다. 일반적으로 9의 보수 개념은 십진수의 뺄셈에 사용된다. 예를 들면 다음의 뺄셈을 십진수에서 수행해 보자.

```
    3          3
 -  5      +   4
 -----     ------   ← 5에 대한 9의 보수
 -  2          7
           +   1
           ------
               8    ← 10의 보수
```

캐리가 발생하지 않아 8은 음수이므로 다시 9의 보수와 10의 보수를 취하면 2가 되므로 답은 -2가 된다. 역으로 뺄셈을 해 보자.

```
    5          5
 -  3      +   6
 -----     ------   ← 3에 대한 9의 보수
    2         11
           +   1
           ------
              12    ← 캐리 발생 무시
```

양수로 결과가 나오는 경우는 캐리가 발생하는 것을 볼 수 있다.

이러한 과정을 BCD에 적용해 보자. 먼저 캐리가 발생하지 않는 경우를 살펴보자.

```
    3          0011
 -  5      +   0100
 -----     ---------
 -  2          0111    ← 캐리가 발생하지 않으므로 음수
```

따라서 0111(7)의 9의 보수를 구하면 0010(2)가 되므로 답은 음수인 −2가 된다.

다음으로 캐리가 발생하는 경우를 살펴보자.

```
    5          0101
 -  3      +   0110
 -----     ---------
               1011    ← 유용하지 않은 BCD
    2      +   0110    ← BCD 6을 더한다.
           ---------
             1 0001    ← 캐리 발생
           +      1    ← 캐리를 더한다.
           ---------
             1 0010    ← 캐리를 무시하면 2가 된다.
```

정리하면 BCD 뺄셈의 경우 9의 보수를 사용하여 연산한 결과 캐리가 발생하면 양수이고 그 캐리를 더해준다. 만약 캐리가 발생하지 않으면 답은 음수가 된다.

다음 두 자리 BCD의 뺄셈을 수행해 보자.

```
    16         0001 0110
 -  14     +   1000 0101     ← 3에 대한 9의 보수
 ------    ---------------
     2         1001 1011     ← 유용하지 않은 BCD
 ------    +        0110
           ---------------
               1010 0001     ← 유용하지 않은 BCD
           +        0110
           ---------------
             1 0000 0001     ← 캐리 발생
           ---------------
           +           1     ← 캐리를 더한다.
           ---------------
             1 0000 0010     ← 양수 2가 된다.
```

```
    14         0001 0100
 -  16     +   1000 0011
 ------    ---------------
 -   2         1001 0111     ← 캐리가 발생하지 않으므로 음수
 ------    ---------------
               0000 0010     ← 9의 보수를 취하면 -2가 된다.
```

▶ 점검문제 5.2 다음의 BCD 뺄셈을 수행하시오.

```
    34         21
 -  21      -  34
 ------    ------
    13      -  13
```

▶ 점검문제 5.3 다음의 BCD 뺄셈을 수행하시오.

```
    345         213
 -  213      -  345
 -------    -------
    132      -  132
```

5.5 BCD adder의 하드웨어 설계

BCD 덧셈기를 4비트 덧셈기로 구성하려면 덧셈의 결과가 9보다 클 경우에 보정하는 회로가 있어야 한다. 표 5.2는 두 BCD 수를 더했을 경우 나타나는 모든 수를 나타낸다. 0에서 9까지는 보정이 필요 없고, 10에서 19까지는 보정이 필요하게 된다. 그렇다면 10에서 19 사이의 숫자가 발생하는 경우, 즉 보정 신호를 만들어야 하는 경우 어떻게 만들 수 있을까? 보정 신호를 발생하기 위해서는 우선 10에서 19까지 발생하는 모든 경우를 포함해야 한다. 16에서 19 사이의 숫자가 발생하는 경우는 $Z_4=1$인 경우이고, 12에서 15 사이의 숫자가 발생하는 경우는 $Z_3Z_2=1$인 경우이다. 그리고 마지막 10에서 11 사이의 숫자가 발생하는 경우, 다시 말하면 0에서 9까지의 숫자가 발생하는 경우와 차별되는 것은 $Z_3Z_1=1$일 경우이다. 따라서 보정 신호를 X라 하면 다음과 같다.

$$X = Z_4 + Z_3Z_2 + Z_3Z_1 = Z_4 + Z_3(Z_2 + Z_1)$$

표 5.2 BCD의 보정

		Z_4	Z_3	Z_2	Z_1	Z_0
보정 불필요	0	0	0	0	0	0
	1	0	0	0	0	1
	2	0	0	0	1	0
	3	0	0	0	1	1
	4	0	0	1	0	0
	5	0	0	1	0	1
	6	0	0	1	1	0
	7	0	0	1	1	1
	8	0	1	0	0	0
	9	0	1	0	0	1
보정필요	10	0	1	0	1	0
	11	0	1	0	1	1
	12	0	1	1	0	0
	13	0	1	1	0	1
	14	0	1	1	1	0
	15	0	1	1	1	1
	16	1	0	0	0	0
	17	1	0	0	0	1
	18	1	0	0	1	0

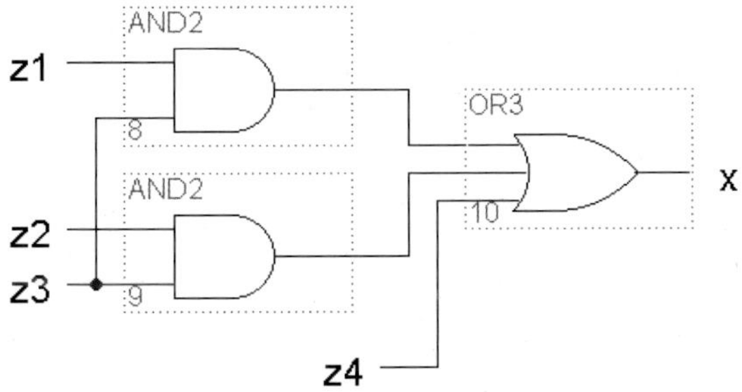

그림 5.1 BCD 보정 신호 회로

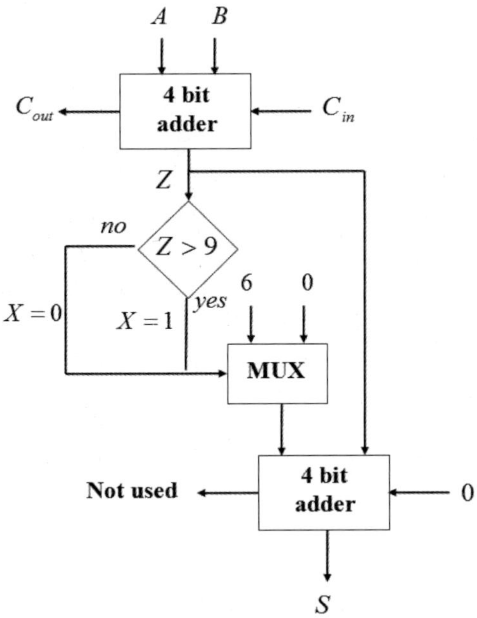

그림 5.2 BCD 보정 블록 다이어그램

우선 보정이 필요함을 나타내는 보정 신호 X를 만들었으면 이 보정 신호에 따라 6을 더해야 한다. 아래 블록 다이어그램에서는 MUX를 사용하여 선택적으로 입력을 선택하여 보정하고 있다. 보정 신호 $X=0$이면 보정이 필요 없으므로 영을 더하고 $X=1$이면 보정이 필요하므로 6을 더한다. MUX는 6장에서 다룬다.

위의 블록 다이어그램을 프로그램으로 간단히 나타내면

$$Z = A + B$$

if $Z \leqq 9$, then $S = Z$ and Cout=0

if $Z > 9$, then $S = Z+6$ and Cout=1

열심문제 5.1 BCD 덧셈기 회로를 MUX를 사용하지 않고 4비트 덧셈기의 특성을 이용하여 회로를 구성하시오. (힌트) 4비트 덧셈기의 입력을 조절하면 된다.

열심문제 5.2 BCD 뺄셈기 회로를 구성하시오.

열심문제 5.3 BCD 덧셈기/뺄셈기 회로를 구성하시오.

5.6 BCD 덧셈의 VHDL

BCD 덧셈을 VHDL로 나타내 보자. 입력 변수는 4비트로 하고 출력 변수는 캐리가 생김으로 5비트로 하였다. z라는 Local 변수를 설정하기 위해 다음과 같이 ARCHITECTURE 블록에서 사용하였다.

SIGNAL z : STD_LOGIC_VECTOR (4 down to 0);

입력 x는 4비트이고 z라는 변수는 5비트로 비트 수의 차이가 있으므로 비트를 더해서 더하면

z <= ('0' & x) + y;

'&'은 비트를 붙일 때 사용하는 기호이다. 입력 변수 x의 MSB에 '0'를 첨가하여 5비트를 만들었다. 만약 LSB에 '1'을 붙이길 원하면 (x & '1') 하면 될 것이다.

s <= z when z < 10 else z+6;

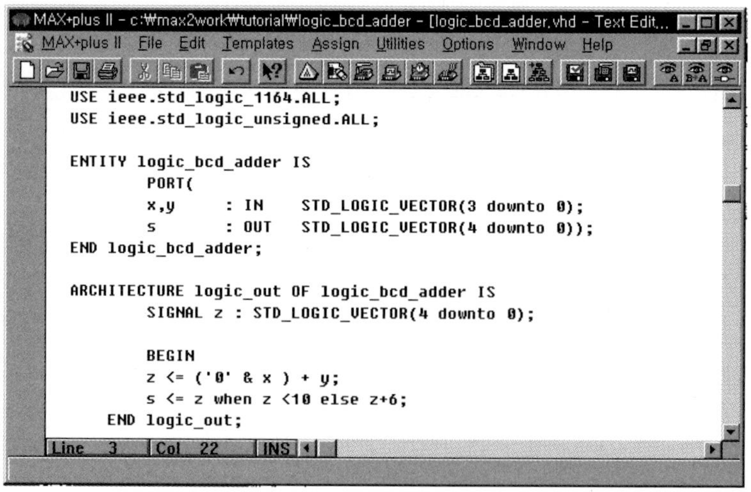


```
USE ieee.std_logic_1164.ALL;
USE ieee.std_logic_unsigned.ALL;

ENTITY logic_bcd_adder IS
        PORT(
        x,y      : IN    STD_LOGIC_VECTOR(3 downto 0);
        s        : OUT   STD_LOGIC_VECTOR(4 downto 0));
END logic_bcd_adder;

ARCHITECTURE logic_out OF logic_bcd_adder IS
        SIGNAL z : STD_LOGIC_VECTOR(4 downto 0);

        BEGIN
        z <= ('0' & x ) + y;
        s <= z when z <10 else z+6;
    END logic_out;
```

그림 5.3 BCD 덧셈의 VHDL

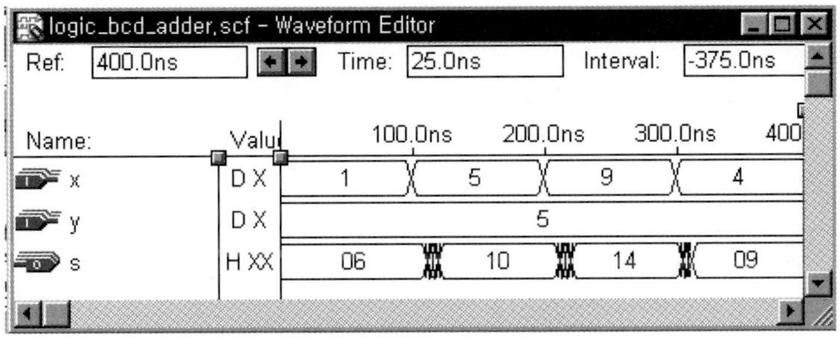

그림 5.4 BCD 덧셈 출력

5.7 BCD 곱셈

A와 B의 BCD 수의 곱셈을 실행해 보자. 4개의 비트를 수행해야 하므로 세 번의 덧셈이 실행된다. 캐리를 고려한 BCD 수의 각 자릿수에서의 덧셈은 캐리를 포함하여 모두 8비트가 된다. 각 덧셈은 4비트 덧셈기를 사용하여 구성하면 된다.

				A3	A2	A1	A0
			×	B3	B2	B1	B0
				A3B0	A2B0	A1B0	A0B0
			A3B1	A2B1	A1B1	A0B1	
		+	C12	C11	C10		
		C13	S13	S12	S11	S10	S00
		A3B2	A2B2	A1B2	A0B2		
	+	C22	C21	C20			
	C23	S23	S22	S21	S20		
	A3B3	A2B3	A1B3	A0B3			
+	C32	C31	C30				
C33	S33	S32	S31	S30			
Cout	S6	S5	S4	S3	S2	S1	S0

위의 곱셈을 실행하는 회로를 구성해 보자.

먼저 각 비트끼리의 곱은 AND 게이트로 나타낸다.

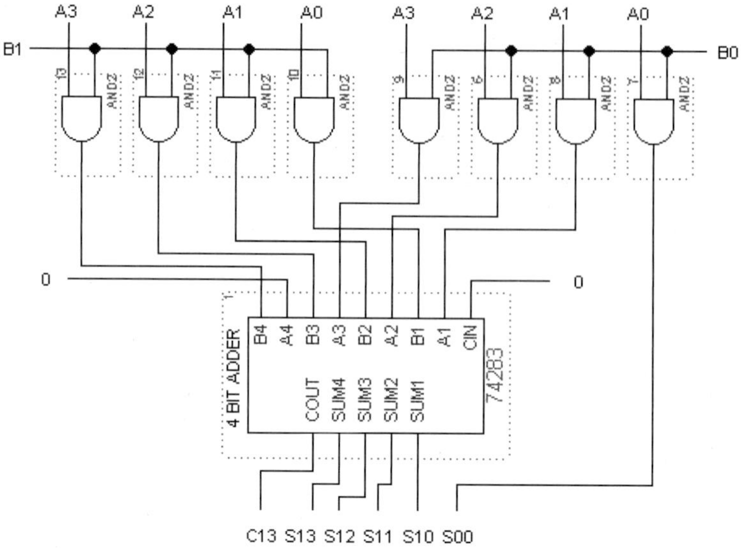

그림 5.5 BCD 곱셈

		A3	A2	A1	A0
	×	B3	B2	B1	B0
		A3B0	A2B0	A1B0	A0B0
	A3B1	A2B1	A1B1	A0B1	
+	C12	C11	C10		
C13	S13	S12	S11	S10	S00

5.8 Excess-3 코드

앞장에서 Excess-3 코드 변환에 대해 알아보았다. Excess-3 코드는 BCD 코드에 3, 즉 0011을 더한 코드이다. 이 코드를 사용하는 이유는 무엇일까?

Excess-3 코드는 다음과 같은 장점이 있다. Excess-3 코드를 더할 경우 BCD의 덧셈의 경우처럼 자동적으로 +6을 더한 효과가 발생하게 된다. 예를 들어, 아래의 예를 살펴보자. 두 Excess-3을 더하는 것은 두 BCD 수를 더한 것에 +6을 한 것과 같게 된다. 따라서 보정이 필요 없이 자동적으로 BCD 연산을 수행할 수 있다.

$$A_{E3} + B_{E3} = A_{BCD} + 3 + B_{BCD} + 3 = A_{BCD} + B_{BCD} + 6$$

표 5.3 BCD와 Excess-3 코드

십진수	BCD	Excess-3
0	0000	0011
1	0001	0100
2	0010	0101
3	0011	0110
4	0100	0111
5	0101	1000
6	0110	1001
7	0111	1010
8	1000	1011
9	1001	1100

▶ 열심문제 5.4 위의 BCD 곱셈의 회로를 완성하시오.

▶ 점검문제 5.4 BCD 덧셈에서 6을 더하는 이유를 설명하시오.

▶ 점검문제 5.5 34×21의 BCD 곱셈을 실행하시오.

▶ 점검문제 5.6 34+21의 Excess-3 코드 덧셈을 실행하시오.

5.9 곱셈 관련 IC

다음은 4비트 곱셈 IC를 나타낸다.

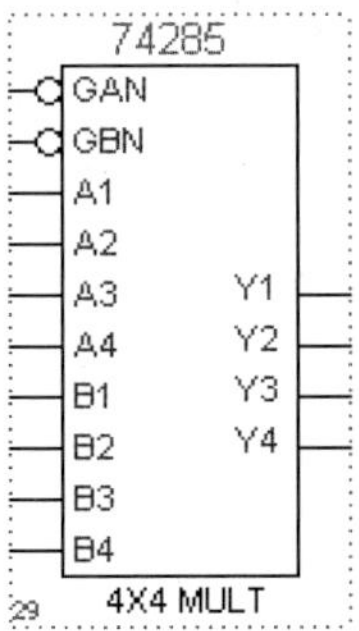

▶ 점검문제 5.7 MAX+plus II에서 74285 IC를 사용하여 다음 곱셈을 실행하고 출력을 확인해 보시오.

0010 × 0010

실험 05 BCD 덧셈기

VHDL 설계

01 | 앞에서 275+641의 BCD 계산을 VHDL 코드로 50 ns 간격으로 wave 형태를 다시 설계하여 입력한 뒤에 출력해 보시오.

BCD 가산기

01 | 74283 4비트 가산기를 사용하여 BCD 가산기를 구성하시오

02 | 다음 덧셈을 실행하여 결과를 측정하시오.

```
    0 0 1 1
+   0 1 1 0
-----------

    0 1 1 1
+   0 1 1 0
-----------
```

03 | 다음 덧셈을 수행하고 출력을 측정하여 확인하시오.

```
   47        0100 0111
+  35     +  0011 0101
          ------------
             0111 1100   ← 유용하지 않은 BCD
          +       0110
          ------------
   82        1000 0010
```

04 | BCD 보정 신호를 회로로 설계하여 3번의 덧셈을 해 보시오.

BCD to Excess-3 코드

01 | 4비트 adder 74283을 사용하여 BCD to Excess-3 코드를 만드시오.

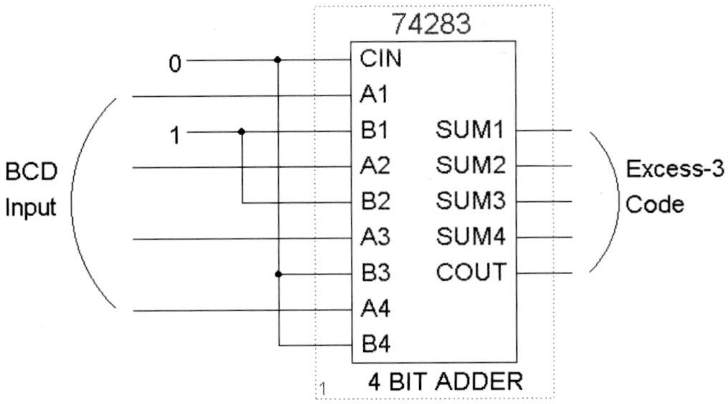

날짜	
검인	

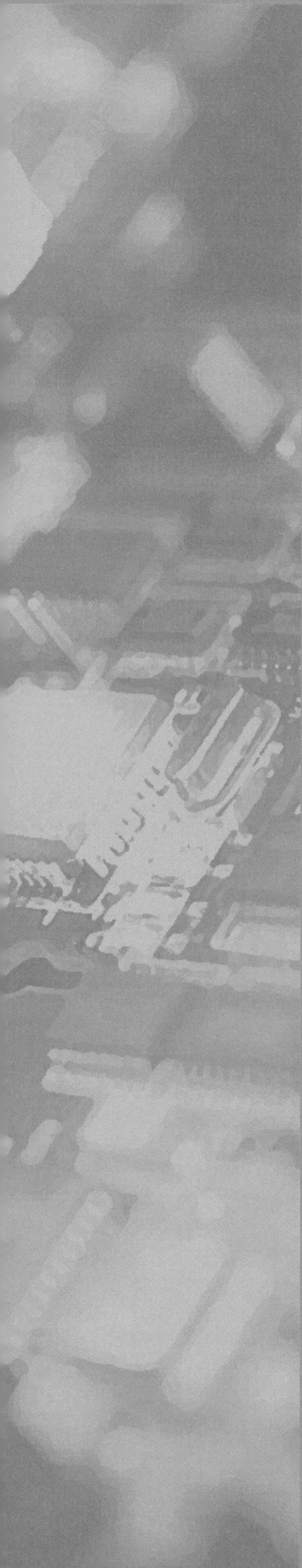

Chapter 6

디코더/인코더

6.1 디코더

1. 소개

우리가 호텔의 세미나장이나 공연장에 갔을 때 조명이 여러 개가 있어서 발표하거나 공연하는 사람의 편의에 맞도록 스위치로 전등을 켜고 끄는 등 조절하는 것을 본 적이 있다. 이처럼 각 스위치를 입력으로 보고 조명을 출력으로 보았을 때 각 스위치에 해당하는 조명들만이 불이 들어오는 경우를 볼 수 있다. 이처럼 어느 특정한 입력에 대해 동작하는 출력을 나타내는 회로를 디코더 회로라 한다. 특히 디지털 회로를 구성하다 보면 어느 특정한 입력에 관계되는 출력만 출력되도록 할 필요가 있는 경우가 있다. 대표적인 예로 7-segment에 숫자를 나타내는 경우를 보자. 7-segment는 7개의 LED로 구성되어 LED의 켜짐과 꺼짐에 의해 숫자를 나타낼 수 있도록 되어 있는 일종의 디스플레이 소자이다. 7-segment에 0에서 9까지의 숫자를 나타낼 경우 0을 나타낼 수 있는 LED가 있고, 1을 나타낼 수 있는 LED가 있다. 이처럼 입력을 0에서 9까지의 바이너리 수라 하고, 출력은 7-segment의 각 LED라 하면 각 바이너리 수에 관계되는 LED의 조합만이 불이 켜지도록 해야 하는 경우가 생긴다. 이때 필요한 회로가 바로 디코더 회로이다. 디코더 회로는 여러 개의 입력을 받아 어느 특정한 입력에 대한 어느 특정한 출력만을 활성화시키는 회로를 말한다. 일반적으로 디코더 회로란 N개의 바이너리 입력으로 최고 2^N개의 출력을 나타내는 회로를 말한다. 그림 6.1은 N개의 입력이 M개의 출력으로 나타나는 디코더 회로의 블록 다이어그램을 나타낸다. 일반적으로 디코더의 경우 출력 수가 입력 수보다 많다.

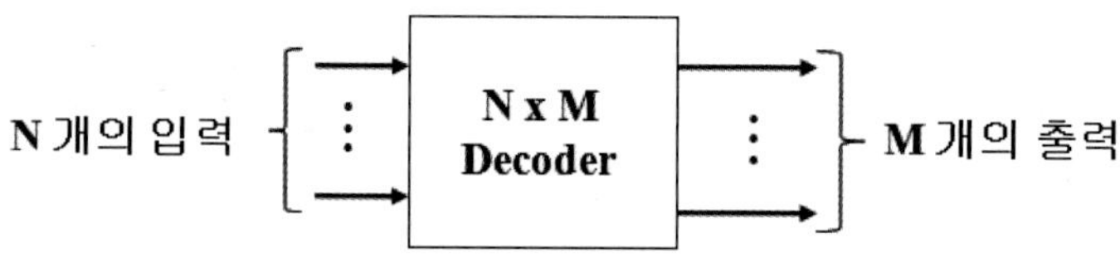

그림 6.1 디코더

2. 2 to 4 디코더

2개의 입력 변수로 나타낼 수 있는 출력 수는 $2^2=4$이다. 각 출력은 각 입력의 조합에 상응되어 출력된다. 표 6.1에 2 to 4 디코더의 진리표가 있다. 입력이 00이면 $D_0=1$이고 01이면 $D_1=1$, 10이면 $D_2=1$, 그리고 11이면 $D_3=1$이 된다.

표 6.1 2 to 4 진리표

입력		출력			
A_1	A_0	D_3	D_2	D_1	D_0
0	0	0	0	0	1
0	1	0	0	1	0
1	0	0	1	0	0
1	1	1	0	0	0

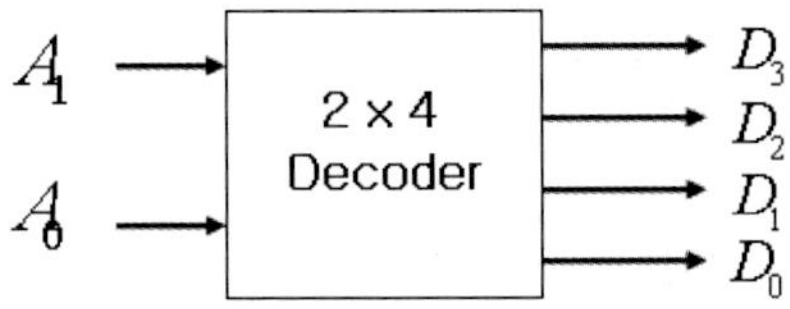

그림 6.2 2 x 4 디코더 블록

출력을 입력으로 나타내면

$$D_0 = \overline{A_1}\,\overline{A_0}$$

$$D_1 = \overline{A_1}A_0$$

$$D_2 = A_1\overline{A_0}$$

$$D_3 = A_1A_0$$

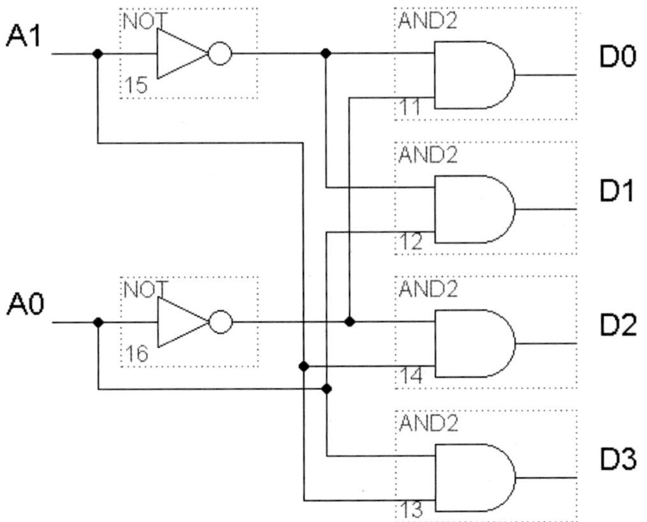

그림 6.3 2 x 4 디코더 회로

2 to 4 디코더 회로의 VHDL은 CASE 문을 사용하면 쉽다.

```
CASE    변수    IS
        when condition 1 => 출력 변수 <= 입력1;
        when condition 2 => 출력 변수 <= 입력2;
                 ⋮
        when condition n => 출력 변수 <= 입력n;
                 ⋮
        when others => 출력 변수 <= 입력;
END CASE;
```

A라는 입력 변수는 2비트 벡터이고 출력 D는 4비트 벡터이다.

```
CASE    A    IS
      when "00" => D <= "0001";
      when "01" => D <= "0010";
      when "10" => D <= "0100";
      when others => D <= "1000";
END CASE;
```

3. 3 to 8 디코더

3비트로 조합할 수 있는 입력의 가짓수는 모두 8가지로 다음과 같다.

표 6.2 3 x 8 디코더 회로의 진리표

입 력			출 력							
A_2	A_1	A_0	D_7	D_6	D_5	D_4	D_3	D_2	D_1	D_0
0	0	0	0	0	0	0	0	0	0	1
0	0	1	0	0	0	0	0	0	1	0
0	1	0	0	0	0	0	0	1	0	0
0	1	1	0	0	0	0	1	0	0	0
1	0	0	0	0	0	1	0	0	0	0
1	0	1	0	0	1	0	0	0	0	0
1	1	0	0	1	0	0	0	0	0	0
1	1	1	1	0	0	0	0	0	0	0

출력은

$$D_0 = \overline{A_2}\,\overline{A_1}\,\overline{A_0}$$
$$D_1 = \overline{A_2}\,\overline{A_1}\,A_0$$
$$D_2 = \overline{A_2}\,A_1\,\overline{A_0}$$
$$D_3 = \overline{A_2}\,A_1\,A_0$$
$$D_4 = A_2\,\overline{A_1}\,\overline{A_0}$$
$$D_5 = A_2\,\overline{A_1}\,A_0$$
$$D_6 = A_2\,A_1\,\overline{A_0}$$
$$D_7 = A_2\,A_1\,A_0$$

아래 그림은 3×8의 디코더 IC 74138을 나타낸다. ABC는 선택 변수이고 $Y0N \cdots Y7N$은 출력을 나타낸다. 74138의 진리표는 다음과 같다.

G2AN	G2BN	G1	출력
0	0	1	입력에 따른 응답
1	x	x	모두 High
x	1	x	모두 High
x	x	0	모두 High

결과적으로 이 칩은 G2AN, G2BN이 0이고 G1이 1일 경우에 작동한다.

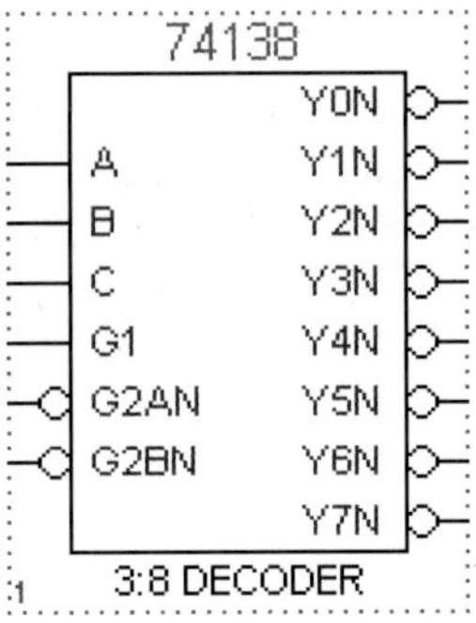

입력 변수 A는 3비트 벡터이고 출력 변수 D는 8비트 벡터이다.
VHDL로 나타내면 다음과 같이 CASE문을 사용하면 편리하다.

```
CASE        A       IS
            when "000" => D <= "00000001";
            when "001" => D <= "00000010";
            when "010" => D <= "00000100";
            when "011" => D <= "00001000";
            when "100" => D <= "00010000";
            when "101" => D <= "00100000";
            when "110" => D <= "01000000";
            when others => D <= "10000000";
END CASE;
```

4. Enable이 있는 디코더 회로

여러 개의 디코더를 사용할 경우에는 각 디코더를 선택적으로 사용할 필요가 있다. 이때 사용하는 신호가 enable 신호이다. Enable 신호는 사용 목적에 따라 high 또는 low로 사용한다. High일 경우에는 E가 1일 경우에 디코더가 enable되고, low일 경우에는 E가 0이면 디코더가 enable된다.

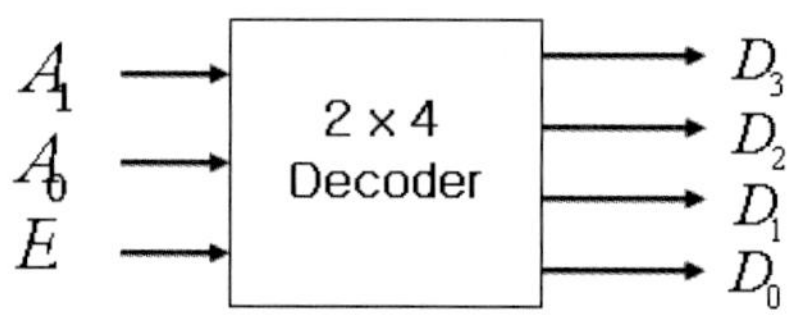

그림 6.4 Enable이 있는 디코더

다음 표는 low일 때 enable되도록 하였고 출력을 active low 방식으로 채택하였다.

입력			출력			
E	A_1	A_0	D_3	D_2	D_1	D_0
0	0	0	1	1	1	0
0	0	1	1	1	0	1
0	1	0	1	0	1	1
0	1	1	0	1	1	1
1	x	x	1	1	1	1

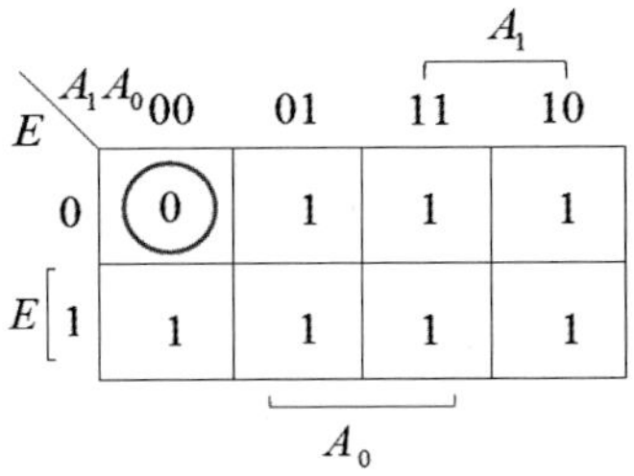

$\overline{D_0} = \overline{E}\,\overline{A_1}\,\overline{A_0}$

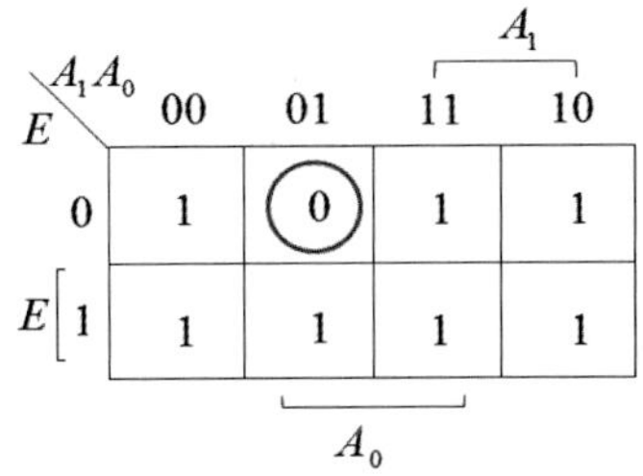

$\overline{D_1} = \overline{E}\,\overline{A_1}A_0$

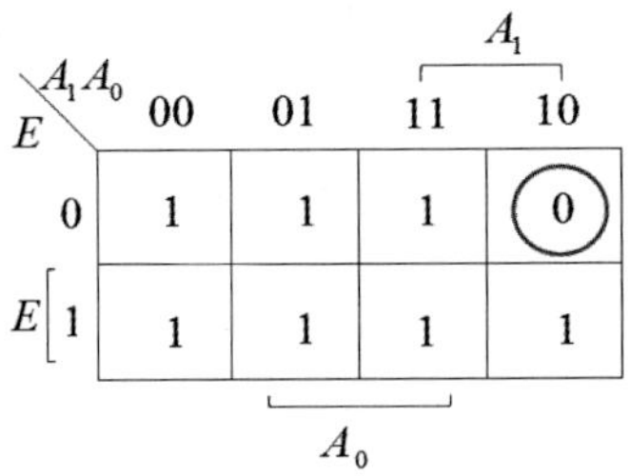

$\overline{D_2} = \overline{E}A_1\overline{A_0}$

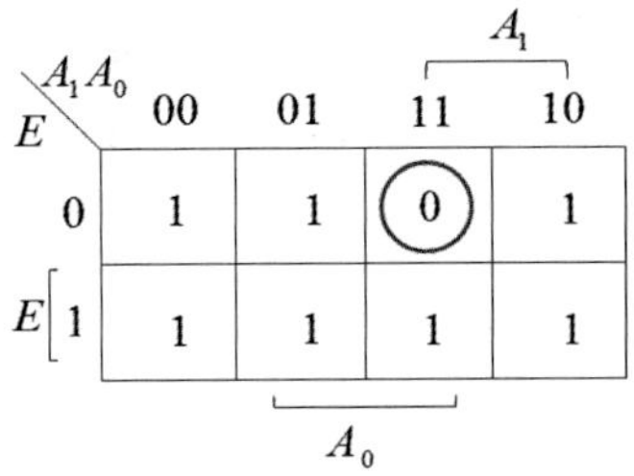

$\overline{D_3} = \overline{E}A_1A_0$

아래 그림은 두 개의 디코더를 사용하는 예를 보여준다. Enable $\overline{E}$의 값에 따라서 $D_0 \cdots D_3$와 $D_4 \cdots D_7$의 값이 선택적으로 출력된다.

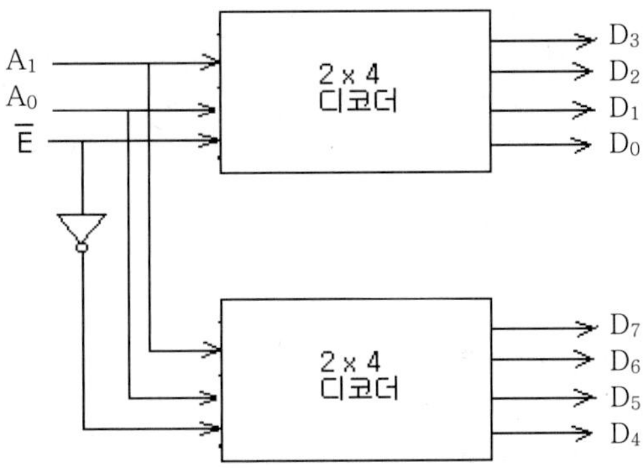

점검문제 6.1 3×8 디코더를 enable이 있는 2×4 디코더 두 개로 설계하시오.
(힌트) Enable을 사용하기 위해 또 다른 변수 A_2를 사용하시오.

점검문제 6.2 그림 6.4의 enable이 있는 디코더를 active high로 다시 설계하시오.

점검문제 6.3 4×8 디코더 회로를 두 개의 enable이 없는 3×8 디코더 회로로 설계하시오.

열심문제 6.1 전가산기 회로를 3×8 디코더로 설계하시오.

6.2 인코더

1. 소개

인코더는 디코더와 반대되는 작동을 한다. 어떤 특정한 입력은 어느 특정한 출력만 바이너리로 출력하도록 한다. 입력 수가 출력 수보다 많다.

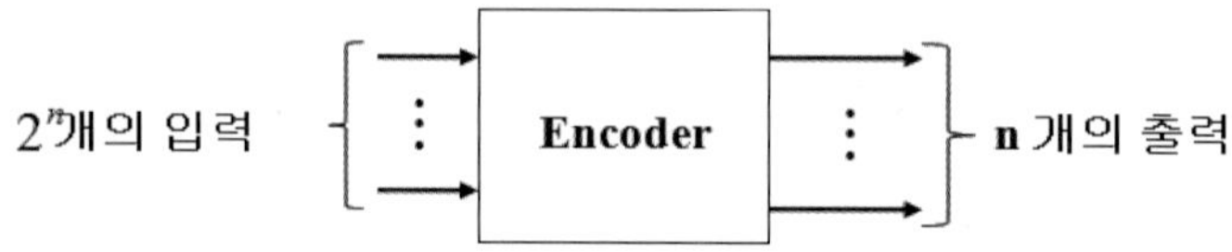

그림 6.5 인코더 구조

2. 4×2 인코더

4×2 인코더 회로의 진리표는 다음과 같다.

표 6.3 인코더 진리표

입력				출력	
D_3	D_2	D_1	D_0	A_1	A_0
0	0	0	1	0	0
0	0	1	0	0	1
0	1	0	0	1	0
1	0	0	0	1	1

$A_1 = D_2 + D_3,\ A_0 = D_1 + D_3$

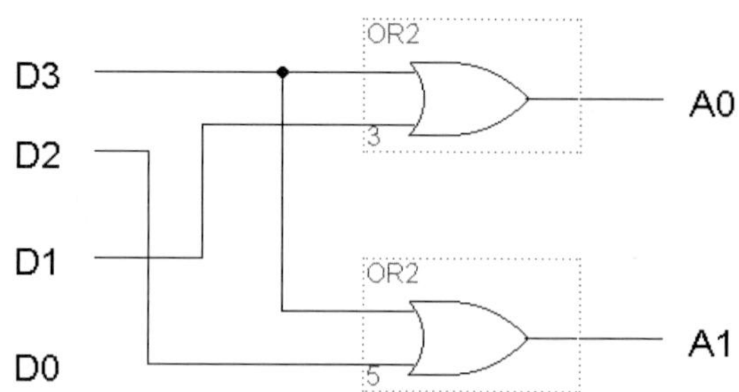

그림 6.6 4 x 2 인코더

3. 8×3 인코더 회로

8×3 인코더의 진리표는 다음과 같다.

표 6.4 인코더 진리표

입력								출력		
D_7	D_6	D_5	D_4	D_3	D_2	D_1	D_0	A_2	A_1	A_0
0	0	0	0	0	0	0	1	0	0	0
0	0	0	0	0	0	1	0	0	0	1
0	0	0	0	0	1	0	0	0	1	0
0	0	0	0	1	0	0	0	0	1	1
0	0	0	1	0	0	0	0	1	0	0
0	0	1	0	0	0	0	0	1	0	1
0	1	0	0	0	0	0	0	1	1	0
1	0	0	0	0	0	0	0	1	1	1

$$A_2 = D_4 + D_5 + D_6 + D_7$$
$$A_1 = D_2 + D_3 + D_6 + D_7$$
$$A_0 = D_1 + D_3 + D_5 + D_7$$

4. Priority 인코더 회로

인코더 회로는 하나의 입력만이 활성화되어야 한다. 만약 두 입력이 동시에 활성화되면 맞지 않는 출력이 발생한다. 이런 경우를 방지하기 위해 각 입력 변수들에게 우선순위를 설정하여 두 개의 입력이 동시에 활성화되더라도 우선순위에 의해 하나의 출력만이 발생하도록 한 회로가 priority 인코더이다. 이러한 priority 인코더의 응용 사례로는 컴퓨터의 I/O 장치에서 볼 수 있다. 컴퓨터의 I/O 장치는 키보드, 마우스, CD 플레이어 등의 입력 장치가 있고 모니터, 스피커, 프린터와 같은 출력 장치들이 있다. 이러한 I/O 장치들은 항상 CPU에 허락을 요청하여 승인을 받은 I/O만이 작동하도록 되어 있다. 이 경우에 어느 두 I/O 장치가 동시에 CPU에게 서비스를 요청할 경우 CPU는 하나만 선택을 해야 한다. 이 경우에 priority 인코더 회로를 사용하면 하드웨어적으로 우선순위를 정할 수 있다.

우선순위에 의해 priority 인코더의 진리표는 다음과 같다. 신호 V는 입력이 0000일 경우 출력이 발생하는 경우는 유효하지 않다는 것을 나타낸다.

표 6.5 Priority 인코더의 진리표

입력				출력		
D_3	D_2	D_1	D_0	A_1	A_0	V
0	0	0	0	x	x	0
0	0	0	1	0	0	1
0	0	1	x	0	1	1
0	1	x	x	1	0	1
1	x	x	x	1	1	1

위의 진리표를 살펴보면 우선순위가 D_3가 가장 높고 D_0가 가장 낮은 것을 알 수 있다. K-map을 사용하여 각각의 출력값을 구해 보자. D_3가 1이면 D_2는 don't care로 0이든지 1이든지에 상관없이 출력은 11이다. 마찬가지로 D_2가 1이면 D_1이 don't care가 된다.

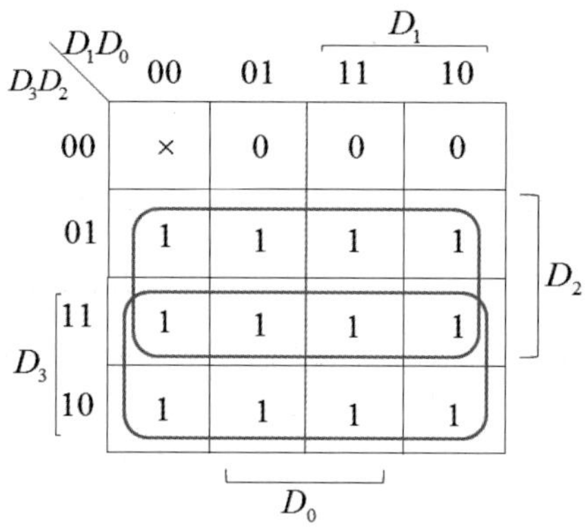

$A_1 = D_2 + D_3$

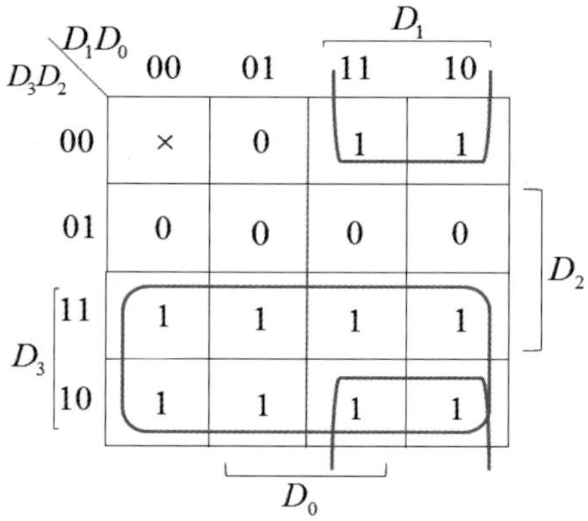

$A_0 = D_3 + D_1\overline{D_2}$

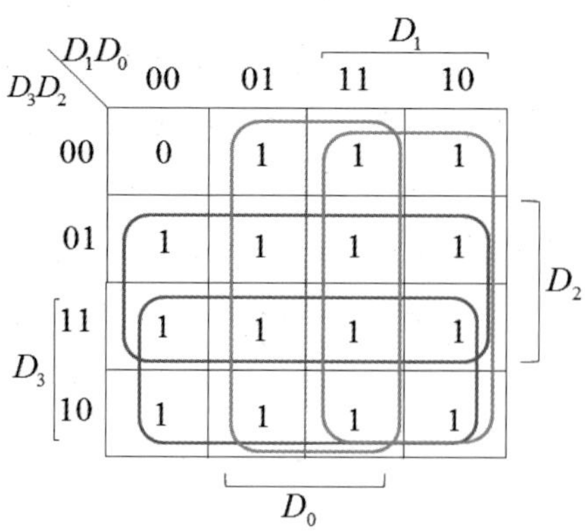

$V = D_0 + D_1 + D_2 + D_3$

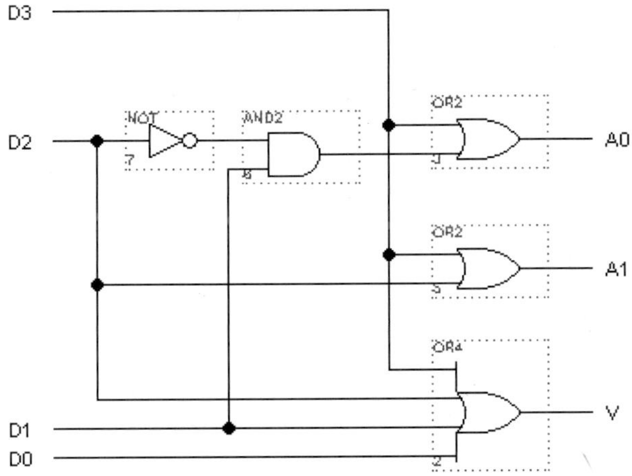

그림 6.7 Priority 인코더 회로

IF문을 사용한 Priority 인코더의 VHDL은 다음과 같다.

```
LIBRARY IEEE;
USE IEEE.std_logic_1164.all;
ENTITY Priority_Encoder IS
        PORT (D : IN      STD_LOGIC_VECTOR (3 downto 0);
              A : OUT     STD_LOGIC_VECTOR (1 downto 0);
              V : OUT     STD_LOGIC);
END Priority_Encoder;
ARCHITECTURE Behavior of Priority_Encoder IS
BEGIN
        PROCESS (D)
        BEGIN
                IF      D(3) = '1' THEN
                        A <= "11";
                ELSIF D(2) = '1' THEN
                        A <= "10";
                ELSIF D(1) = '1' THEN
                        A <= "01";
                ELSE
                        A <= "00";
```

(계속)

```
            END IF;
        END PROCESS;
        V <= '0' WHEN D = "0000" ELSE '1';
END Behavior;
```

▶ 점검문제 6.4 3비트 priority 인코더의 진리표를 그리고, VHDL 코드로 나타내고 시뮬레이션하시오.

답 $A_2 = D_7 + D_6 + D_5 + D_4,\ A_1 = D_7 + D_6 + \overline{D_5}\,\overline{D_4}D_3 + \overline{D_5}\,\overline{D_4}D_2$

$A_0 = D_7 + \overline{D_6}D_5 + \overline{D_6}\,\overline{D_4}D_3 + \overline{D_6}\,\overline{D_4}\,\overline{D_2}D_1$

▶ 점검문제 6.5 BCD priority 인코더의 진리표를 그리고, VHDL 코드로 나타내고 시뮬레이션하시오.

6.3 MUX

1. 소개

MUX(multiplexer)는 여러 개의 입력이 주어질 경우 특정한 입력만을 선택적으로 구별하여 하나의 출력으로 내보내는 조합 회로이다. 인코더와의 차이는 인코더는 출력에 대한 선택 없이 입력값에 의해 출력되는 반면, MUX는 선택 변수가 있어 이 선택 변수의 조합에 의해 입력이 선택되고 선택된 입력이 출력되는 것이다. 예를 들어, 각 메모리에 저장되어 있는 바이너리 데이터를 지우고 쓰고 할 때 어느 번지의 메모리에 저장할 것인지 결정되면 그 번지의 메모리를 선택해야 한다. 이런 경우 MUX 회로를 사용하면 쉽게 번지를 지정할 수 있다.

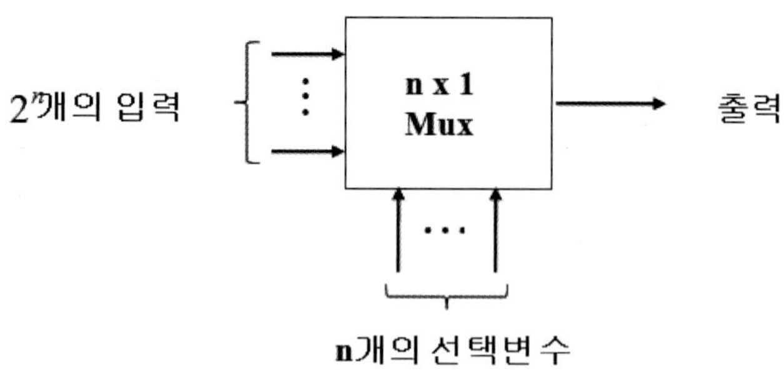

그림 6.8 MUX 구조

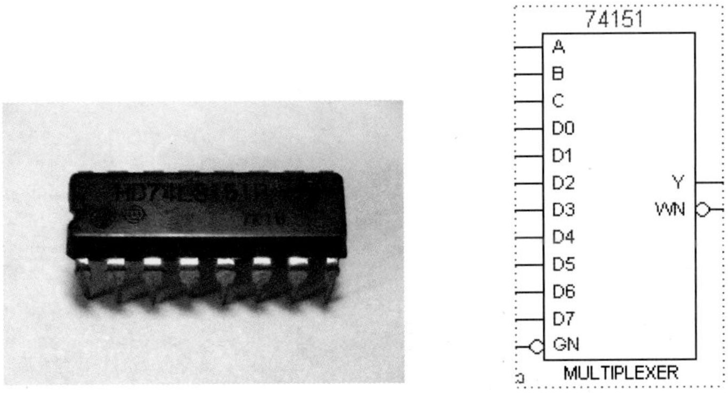

그림 6.9 74151 MUX 구조

그림 6.9는 74151 Mux 칩을 나타내는데 8×1 Mux이다. 선택 변수는 ABC 3개로 되어 있고, 입력은 $D_0 \cdots D_7$, 그리고 출력은 Y로 표현된다. WN은 Y의 not의 출력이고, GN은 enable이다.

2. 2×1 MUX

표 6.6 2×1 MUX 진리표

s	Y	작동
0	D_0	D_0이 선택됨
1	D_1	D_1이 선택됨

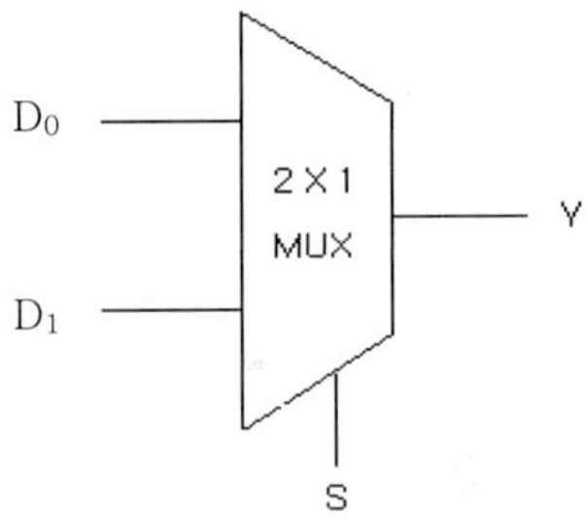

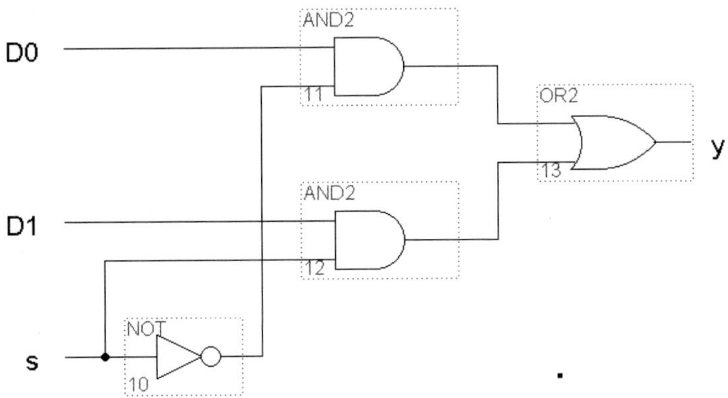

그림 6.10 2×1 MUX 회로

s는 한 비트이고 출력 D는 2비트 벡터이다. 2×1 MUX 회로의 VHDL은

```
CASE  s  IS
     when '0' => y <= D(0);
     when others => y <= D(1);
END CASE;
```

2×1 Mux를 응용한 IC로는 74157이 있다. 74157은 입력으로 2개의 4비트 데이터를 받아들여 선택적으로 하나의 4비트 데이터를 출력한다. 그림 6.11에서 입력 A와 B의 데이터 중에서 SEL 변수에 의해 선택되어 Y로 출력됨을 알 수 있다. SEL이 0이면 A가 1이면 B가 선택된다. GN은 enable은 나타낸다.

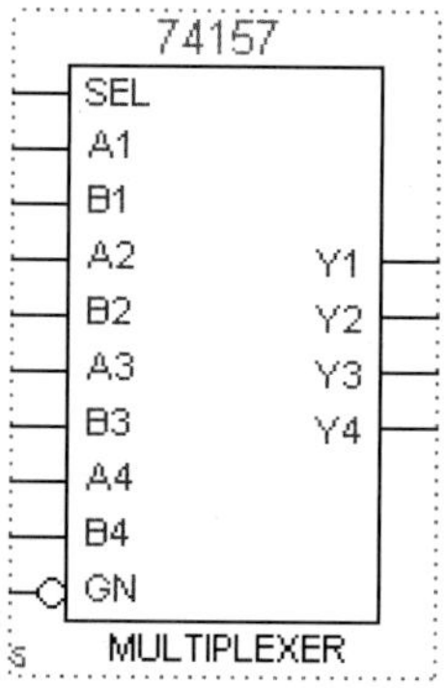

그림 6.11 74157 Mux

3. 4×1 MUX

표 6.7 4×1 MUX 진리표

선택 변수		출력
s_1	s_0	Y
0	0	D_0
0	1	D_1
1	0	D_2
1	1	D_3

$$y = \overline{s_1}\,\overline{s_0}D_0 + \overline{s_1}s_0D_1 + s_1\overline{s_0}D_2 + s_1s_0D_3$$

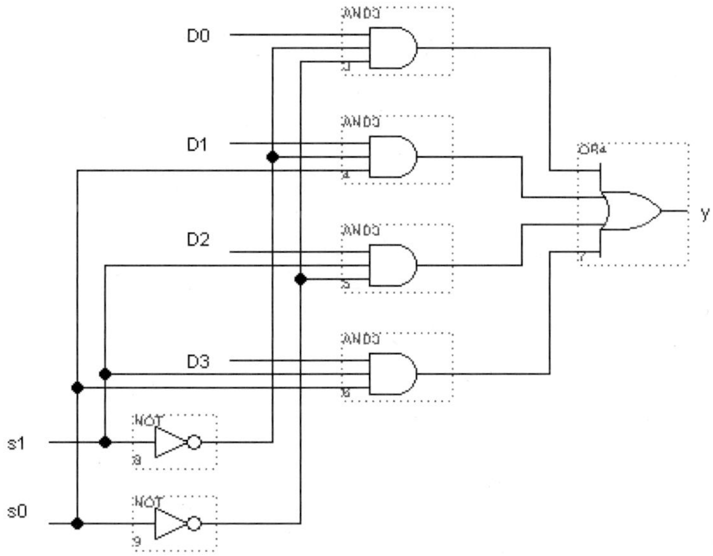

그림 6.11 4×1 MUX 회로

입력 s는 2비트 벡터이고 출력 y는 비트이다.

```
CASE    s    IS
        when '00' => y <= D(0);
        when '01' => y <= D(1);
        when '10' => y <= D(2);
        when others => y <= D(3);
END CASE
```

▶ 점검문제 6.6 4비트 4×1 MUX를 심볼로 그리시오.

▶ 점검문제 6.7 다음과 같이 4비트의 데이터를 선택하는 MUX 회로를 구성하시오.
만약 $s=0$이면 A 데이터를 선택하고 $s=1$이면 B 데이터를 선택한다.
enable $E=0$이면 s에 상관없이 출력은 모두 0이다.

4. MUX 응용 회로 예

선택 변수에 의해 입력 데이터를 선택하는 MUX는 실제로 많이 사용된다. 앞에서 배운 BCD adder의 보정 회로에서 사용되었고, ALU(Arithmetic Logic Unit)에서 선택적으로 입력을 취하기 위해서도 사용된다.

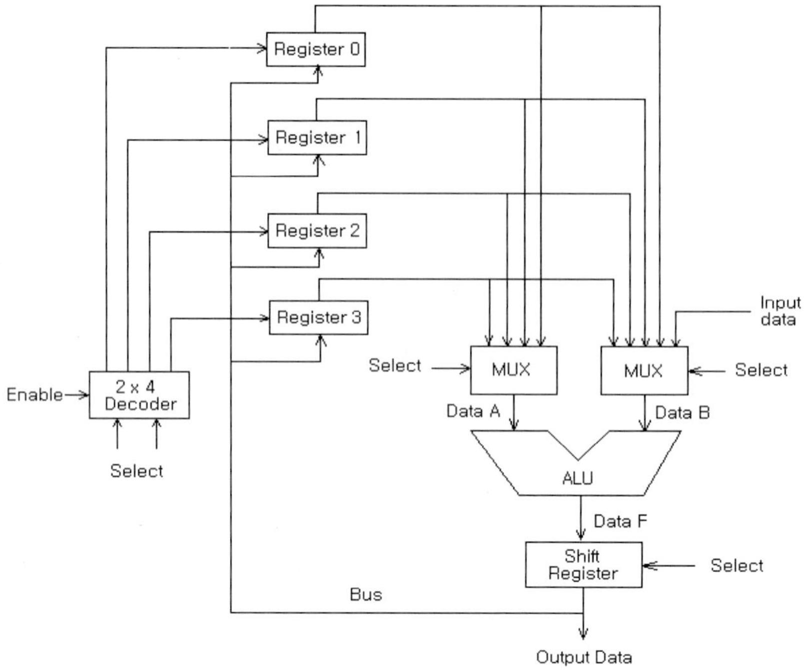

그림 6.12 ALU와 주변 장치의 구조

그림 6.12는 ALU의 대략적인 구조를 나타낸다. ALU의 입력으로는 두 개의 n비트의 데이터, A와 B가 입력되고 ALU의 연산을 통해 데이터 F를 출력한다. 출력된 데이터는 shift 레지스터의 역할에 따라 다시 데이터를 수정하여 출력을 내보낸다. 출력된 데이터는 다시 레지스터에 저장이 되든지 아니면 버스를 통해 외부로 전달되든지 하게 된다. 데이터 A와 B는 레지스터에 저장되어 있는 데이터이거나 외부로부터의 입력 데이터가 된다. 따라서 ALU에서 연산을 하기 위해서 각 레지스터의 데이터를 선택적으로 취해야 하는데, 이때 사용하는 것이 MUX이다. 2×4 디코더는 레지스터를 선택적으로 취하기 위해 사용되었다. 간단한 ALU와 주변 장치를 통해 MUX와 디코더의 역할을 알아볼 수 있다.

E	s	y
0	×	all 0s
1	0	select A
1	1	select B

열심문제 6.2 채널이 0에서 7번까지 모두 8개의 채널이 있다. 각 채널의 데이터를 일정한 시간으로 계속적으로 받아들여 출력을 내보내고자 한다. MUX를 이용한 회로를 구성해 보시오.

6.4 DEMUX

1. 소개

DEMUX(demultiplexer)는 MUX와 반대로 작동한다. 디코더와 비슷하지만 선택된 출력이 항상 1이 아니라 주어진 데이터 값이 된다는 것이다. 출력이 입력의 데이터를 선택 변수가 선별하여 출력한다. 그림 6.13은 입력 데이터로 변수 I를 설정하였다.

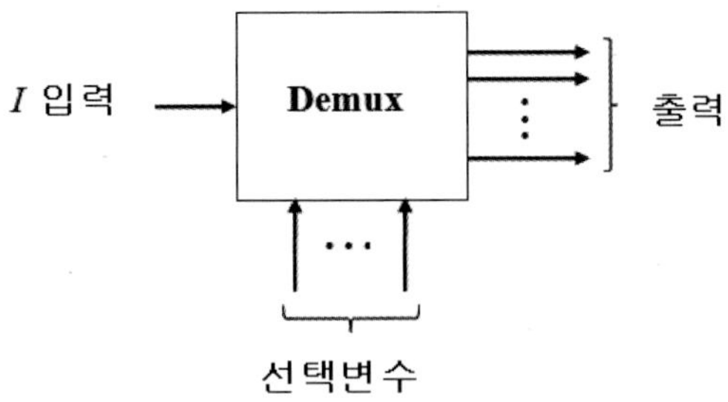

그림 6.13 DEMUX의 구조

2. 3 to 8 DEMUX

표 6.8은 DEMUX 진리표를 나타낸다.

표 6.8 DEMUX 진리표

선택 변수			출력							
s_2	s_1	s_0	D_7	D_6	D_5	D_4	D_3	D_2	D_1	D_0
0	0	0	0	0	0	0	0	0	0	I
0	0	1	0	0	0	0	0	0	I	0
0	1	0	0	0	0	0	0	I	0	0
0	1	1	0	0	0	0	I	0	0	0
1	0	0	0	0	0	I	0	0	0	0
1	0	1	0	0	I	0	0	0	0	0
1	1	0	0	I	0	0	0	0	0	0
1	1	1	I	0	0	0	0	0	0	0

각 출력을 나타내면 다음과 같다. $I=1$이면 3×8 디코더와 같다.

$$D_0 = I \cdot (\overline{s_2}\,\overline{s_1}\,\overline{s_0})$$

$$D_1 = I \cdot (\overline{s_2}\,\overline{s_1}\,s_0)$$

$$D_2 = I \cdot (\overline{s_2}\,s_1\,\overline{s_0})$$

$$D_3 = I \cdot (\overline{s_2}\,s_1\,s_0)$$

$$D_4 = I \cdot (s_2\,\overline{s_1}\,\overline{s_0})$$

$$D_5 = I \cdot (s_2\,\overline{s_1}\,s_0)$$

$$D_6 = I \cdot (s_2\,s_1\,\overline{s_0})$$

$$D_7 = I \cdot (s_2\,s_1\,s_0)$$

3. IC 74138

아래 그림은 decoder/DEMUX의 IC 74138을 나타낸다. 앞에서 본 것처럼 진리표를 사용하면 DEMUX는 디코더를 가지고 구성할 수 있다. 74138 핀 그림에서 G1은 high로 하고 G2BN을 low로 연결한 다음, G2AN에 데이터 입력 I를 연결하면 데이터 I 비트에 의해 칩의 enable이 결정된다. 예를 들어, $D_7 = I \cdot (s_2 s_1 s_0)$에서 I가 0이면 $D_7 = 0$이 되고 I가 1이면 $s_2 s_1 s_0$가 출력된다.

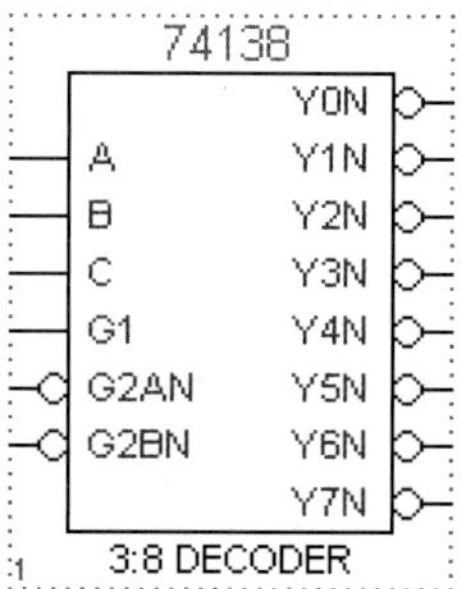

▶ 점검문제 6.8 외부로 연결된 전화선은 하나인데, 이 선에 전화기는 8대를 사용한다고 가정하자. 따라서 클록이 틸 때마다 순차적으로 각 전화기의 데이터를 하나로 묶어 보내고, 들어오는 신호도 구별하여 선택된 전화기에 연결해야 한다고 하자. MUX와 DEMUX 회로를 사용하여 회로를 구성하시오.

6.5 디코더 응용 회로

1. BCD to 7-segment 디코더

7-segment에 선을 연결하여 숫자를 나타내려면 각 핀에 선을 적당히 연결해야 한다. 이 경우 필요한 것이 바로 디코더 회로이다. 7-segment는 7개의 LED로 구성되어 있어 각 LED는 각 선을 나타낸다. 그림 6.14는 7-segment의 구조를 나타내는데 a, b, c, d, e, f, g는 각 LED를 나타낸다. 7-segment의 종류에 따라 active high와 active low에서 작동하는 것들이 있으므로 잘 선택해야 한다.

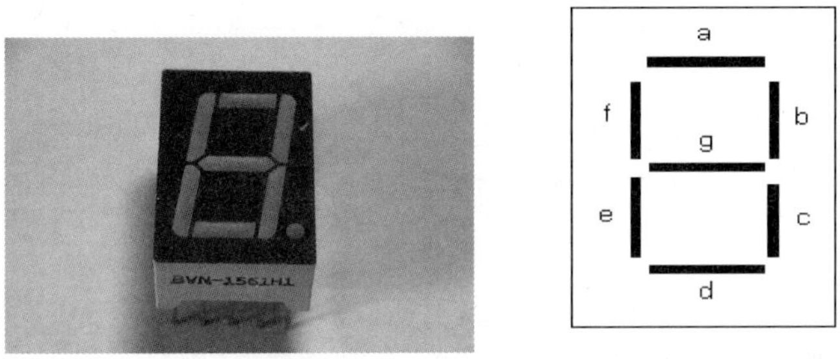

그림 6.14 7-segment 구조

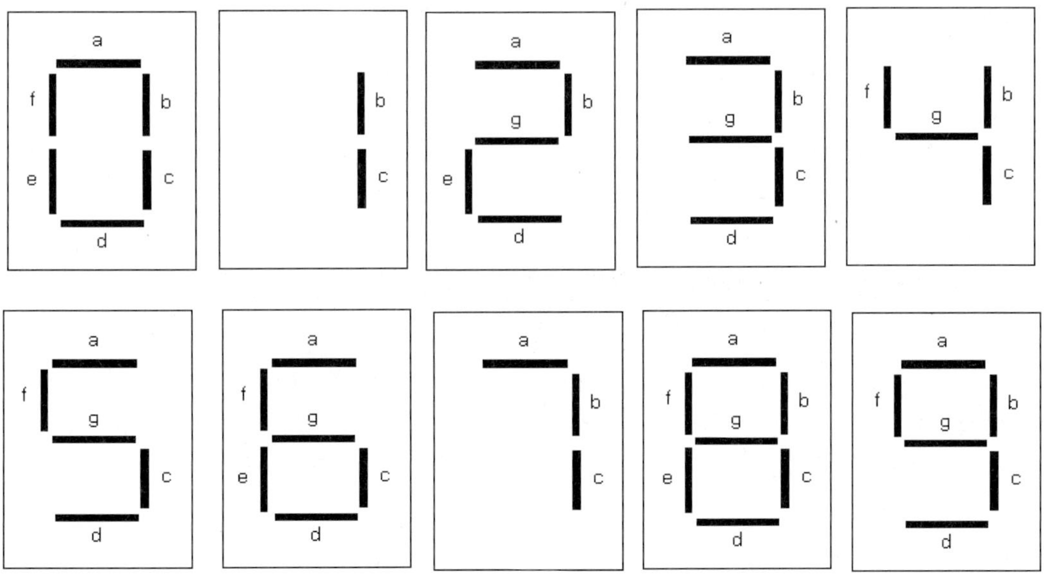

그림 6.15 7-segment의 숫자 표현

표 6.9 BCD to 7-segment

입 력				출력(active low)							출력(active high)						
D	C	B	A	$\bar{a}$	$\bar{b}$	$\bar{c}$	$\bar{d}$	$\bar{e}$	$\bar{f}$	$\bar{g}$	a	b	c	d	e	f	g
0	0	0	0	0	0	0	0	0	0	1	1	1	1	1	1	1	0
0	0	0	1	1	0	0	1	1	1	1	0	1	1	0	0	0	0
0	0	1	0	0	0	1	0	0	1	0	1	1	0	1	1	0	1
0	0	1	1	0	0	0	0	1	1	0	1	1	1	1	0	0	1
0	1	0	0	1	0	0	1	1	0	0	0	1	1	0	0	1	1
0	1	0	1	0	1	0	0	1	0	0	1	0	1	1	0	1	1
0	1	1	0	0	1	0	0	0	0	0	1	0	1	1	1	1	1
0	1	1	1	0	0	0	1	1	1	1	1	1	1	0	0	0	0
1	0	0	0	0	0	0	0	0	0	0	1	1	1	1	1	1	1
1	0	0	1	0	0	0	0	1	0	0	1	1	1	1	0	1	1
1	0	1	0	×	×	×	×	×	×	×	×	×	×	×	×	×	×
1	0	1	1	×	×	×	×	×	×	×	×	×	×	×	×	×	×
1	1	0	0	×	×	×	×	×	×	×	×	×	×	×	×	×	×
1	1	0	1	×	×	×	×	×	×	×	×	×	×	×	×	×	×
1	1	1	0	×	×	×	×	×	×	×	×	×	×	×	×	×	×
1	1	1	1	×	×	×	×	×	×	×	×	×	×	×	×	×	×

표 6.9에서 10 이상은 don't care로 처리되어 게이트 수를 줄이고자 하였다. 만약 10 이상의 수는 꺼지도록 하면 don't care로 처리하지 않고 low로 처리하면 된다. 입력의 조합에 의한 출력을 나타내는 디코더 회로에서 출력을 설계하는 방식은 두 가지가 있다. 하나는 active low 방식이고, 다른 하나는 active high 방식이다. Active high 방식은 출력을 high, 즉 1로 설계하는 방식이고, active low 방식은 active high 방식의 반대로 출력이 low인 것을 선택한 경우이다. 이러한 방식의 선택은 7-segment를 구성하고 있는 다이오드의 배열이 어떻게 설정되어 있는지에 따라 달라지게 된다.

다음은 active low 방식의 출력을 최소화한 것이다.

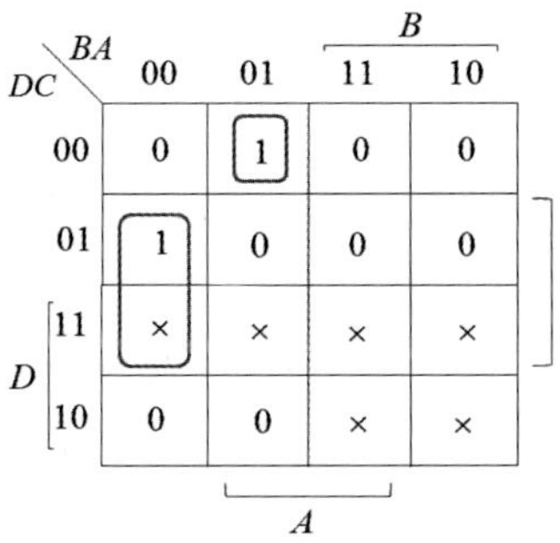

$\overline{a} = C\overline{B}\,\overline{A} + \overline{D}\,\overline{C}\,\overline{B}A$

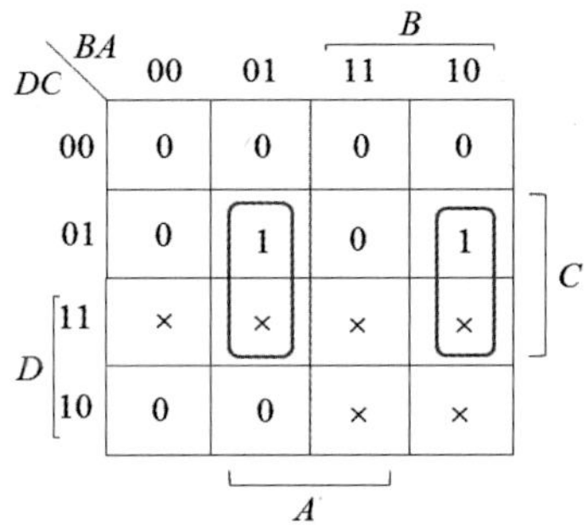

$\overline{b} = A\overline{B}C + \overline{A}BC$

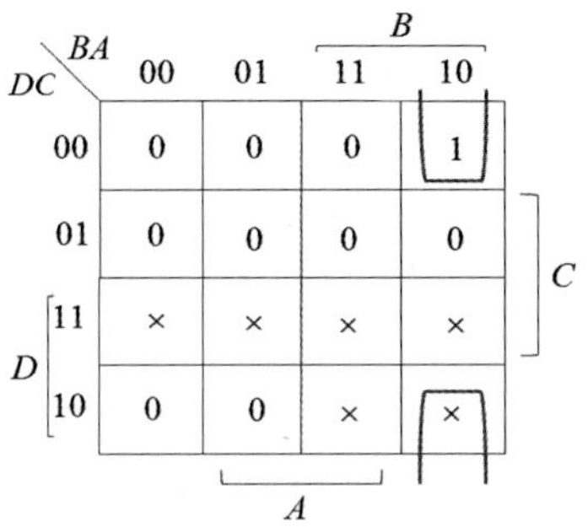

$\overline{c} = \overline{C}B\overline{A}$

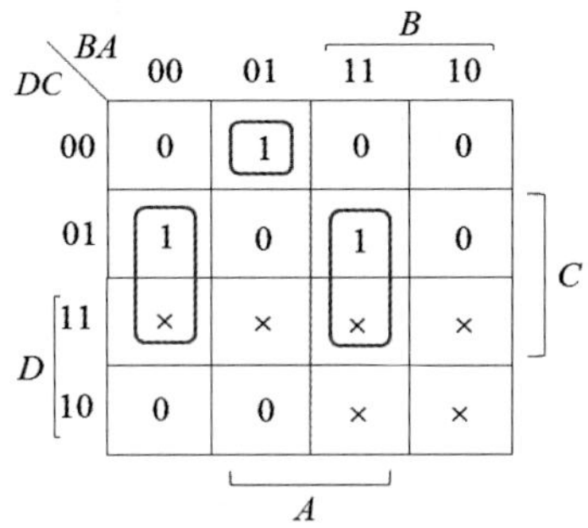

$\overline{d} = \overline{D}\,\overline{C}\,\overline{B}A + C\overline{B}\,\overline{A} + CBA$

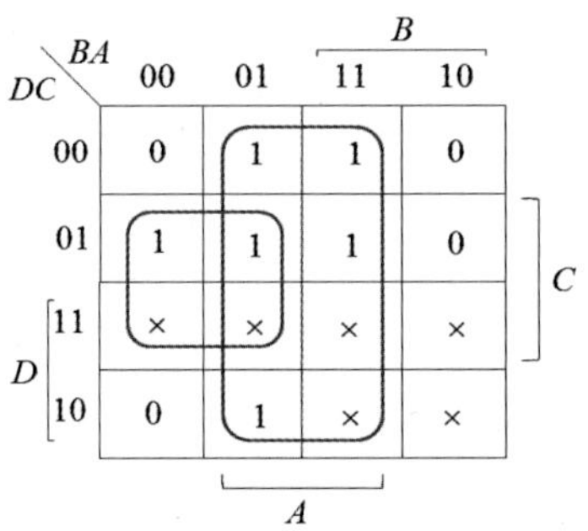

$\overline{e} = C\overline{B} + A$

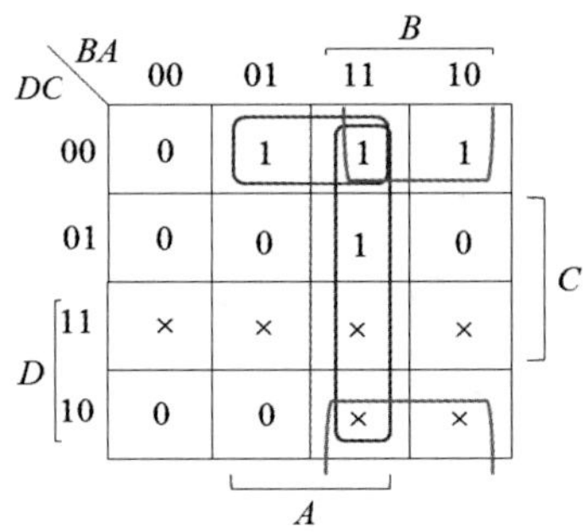

$\overline{f} = BA + \overline{D}\,\overline{C}A + \overline{C}B$

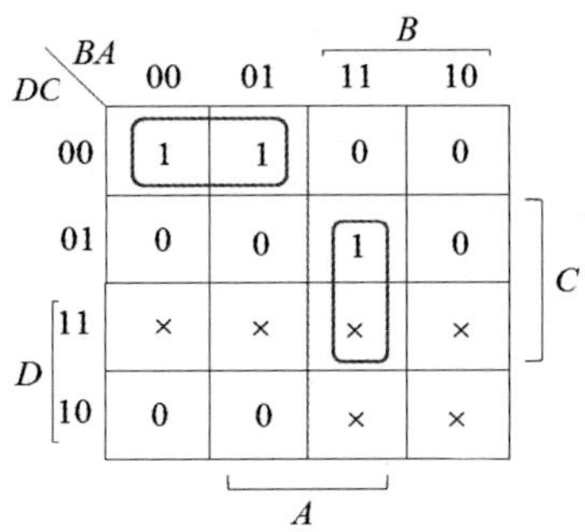

$\overline{g} = \overline{D}\,\overline{C}\,\overline{B} + ABC$

그림 6.16 BCD to 7-segment

▶ 점검문제 6.9 표 6.9에서 Hex 수 10에서 15를 나타내는 A, b, C, d, E, F를 7-segment로 나타내고, 각 segment의 조합을 다시 구해 보시오.

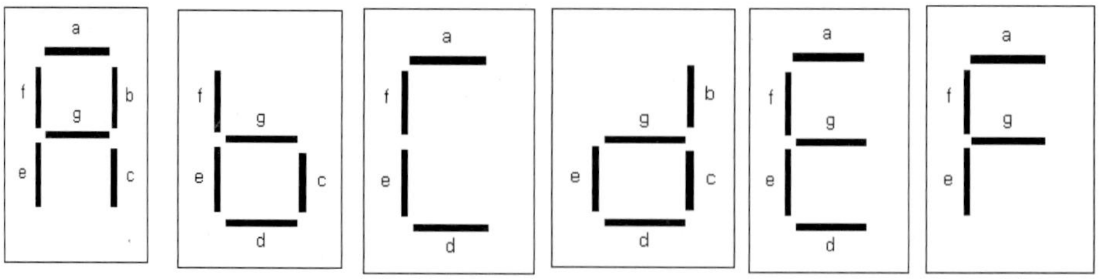

2. BCD to decimal 디코더

먼저 진리표를 만들어 보자. 입력은 0에서 9까지의 수이고, 출력은 마찬가지로 0에서 9까지의 수이다.

BCD 코드				Decimal 코드									
B_3	B_2	B_1	B_0	D_0	D_1	D_2	D_3	D_4	D_5	D_6	D_7	D_8	D_9
0	0	0	0	1	0	0	0	0	0	0	0	0	0
0	0	0	1	0	1	0	0	0	0	0	0	0	0
0	0	1	0	0	0	1	0	0	0	0	0	0	0
0	0	1	1	0	0	0	1	0	0	0	0	0	0
0	1	0	0	0	0	0	0	1	0	0	0	0	0
0	1	0	1	0	0	0	0	0	1	0	0	0	0
0	1	1	0	0	0	0	0	0	0	1	0	0	0
0	1	1	1	0	0	0	0	0	0	0	1	0	0
1	0	0	0	0	0	0	0	0	0	0	0	1	0
1	0	0	1	0	0	0	0	0	0	0	0	0	1
1	0	1	0	×	×	×	×	×	×	×	×	×	×
1	0	1	1	×	×	×	×	×	×	×	×	×	×
1	1	0	0	×	×	×	×	×	×	×	×	×	×
1	1	0	1	×	×	×	×	×	×	×	×	×	×
1	1	1	0	×	×	×	×	×	×	×	×	×	×
1	1	1	1	×	×	×	×	×	×	×	×	×	×

$$D_0 = \overline{B_3}\,\overline{B_2}\,\overline{B_1}\,\overline{B_0}$$
$$D_1 = \overline{B_3}\,\overline{B_2}\,\overline{B_1}\,B_0$$
$$D_2 = \overline{B_2}B_1\overline{B_0}$$
$$D_3 = \overline{B_2}B_1B_0$$
$$D_4 = B_2\overline{B_1}\,\overline{B_0}$$
$$D_5 = B_2\overline{B_1}B_0$$
$$D_6 = B_2B_1\overline{B_0}$$
$$D_7 = B_2B_1B_0$$
$$D_8 = B_3\overline{B_0}$$
$$D_9 = B_3B_0$$

열심문제 6.3 앞의 BCD to decimal 디코더 회로에서 don't care 부분을 don't care로 처리하지 않는다면 어떻게 나타낼 수 있을까? 회로는 어떻게 구성이 될까?

열심문제 6.4 8개의 LED가 있는데 순차적으로 불을 깜박이도록 회로를 구성하고자 한다. 무슨 회로가 필요하며 어떻게 설계해야 하는가? 대략적으로 설명하시오.

3. Decoder for memory

메모리칩이 여러 개일 경우에 어느 칩을 선택할 때가 있다. 예를 들어, 데이터는 8비트이고, 16비트 어드레스 레지스터가 다음과 같이 구성되어 있다고 하자.

$A_{15}A_{14}A_{13}$은 메모리를 선택하기 위한 것이고, $A_{12} \cdots A_0$는 메모리 번지수를 나타낸다.

A15	A14	A13	A12	A11	A10	A9	A8	A7	A6	A5	A4	A3	A2	A1	A0

따라서 선택이 가능한 메모리칩 수는 모두 8개이고 각 메모리마다 번지수는 0에서 $2^{13}-1$번지까지 가능하다. 즉 각 메모리칩마다 13비트의 어드레스와 1비트의 enable(E) 신호가 입력으로 들어가고 8비트 데이터가 출력된다. 8K바이트의 용량을 갖는다. 따라서 전체로 8×8K=64K바이트를 저장할 수 있다.

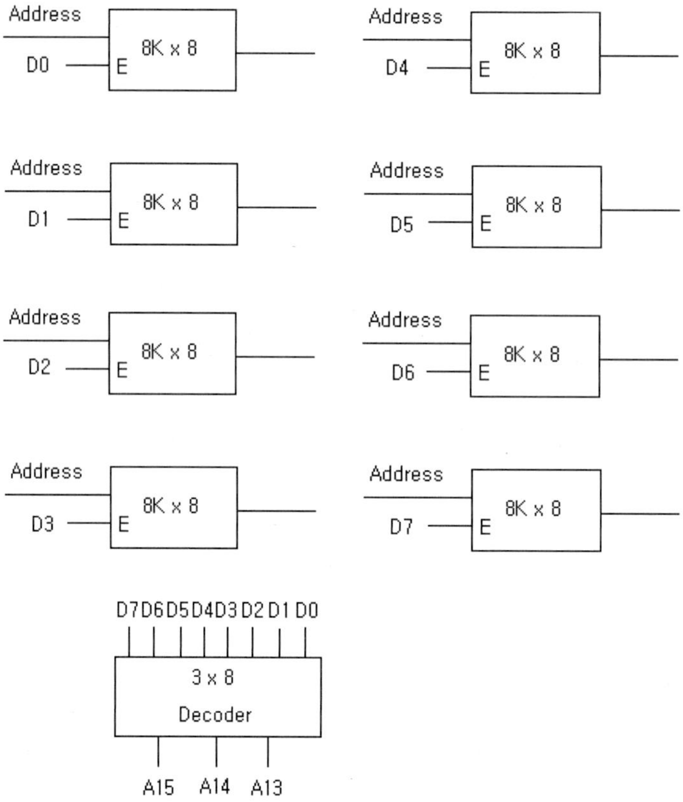

그림 6.17 메모리칩 선택으로 디코더의 사용

▶ 점검문제 6.10 8K 메모리로 256K 메모리를 액세스하려면 몇 개의 메모리칩이 필요한가? 액세스 가능하도록 디코더를 설계하시오.

▶ 점검문제 6.11 다음 디코더 회로를 설계하시오. 아래 그림과 같이 0이란 숫자를 깜박이며 움직이는 애니메이션을 나타내려고 한다. 카운터는 준비되어 있다고 가정하고 이를 실행하는 디코더 회로를 설계하시오.

6.6 VHDL

1. 2×4 디코더의 예

아래는 임의의 2×4 디코더의 진리표를 나타낸다. 입력 변수가 A와 B이고 출력은 4비트의 변수 D가 된다.

표 6.10 2×4 디코더 진리표

A_1	A_0	D_3	D_2	D_1	D_0
0	0	1	1	1	0
0	1	1	1	0	1
1	0	1	0	1	1
1	1	0	1	1	1

CASE문을 사용하면 쉽게 디코더 로직을 나타낼 수 있다.

```
decoder2to4.vhd - Text Editor
USE IEEE.STD_LOGIC_1164.ALL;
USE IEEE.STD_LOGIC_UNSIGNED.ALL;

ENTITY decoder2to4 IS
  PORT (A   : IN STD_LOGIC_VECTOR(1 DOWNTO 0);
        D   : OUT STD_LOGIC_VECTOR (3 DOWNTO 0));
END decoder2to4;
ARCHITECTURE LOGIC_OUT OF decoder2to4 IS
BEGIN
   PROCESS(A)
        BEGIN
            CASE A IS
                WHEN "00" => D <= "1110";
                WHEN "01" => D <= "1101";
                WHEN "10" => D <= "1011";
                WHEN "11" => D <= "0111";
                WHEN OTHERS => D <= "----";
        END CASE;
    END PROCESS;
END LOGIC_OUT;
Line 9   Col 38   INS
```

그림 6.18 디코더의 VHDL

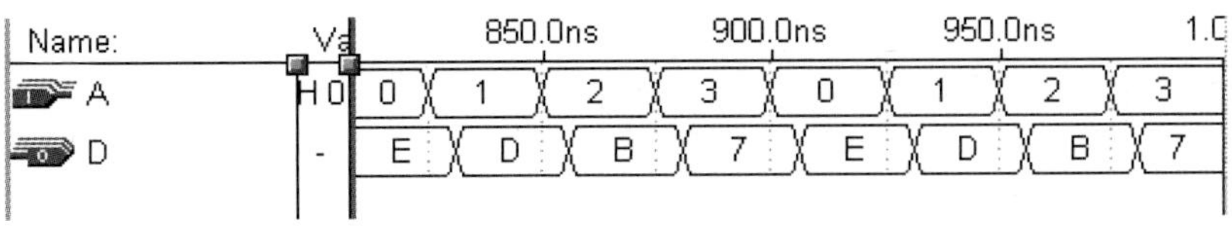

그림 6.19 디코더의 출력

2. Mod-6 카운터와 7-segment의 디코더 회로

표 6.11 진리표

선택 변수(mod6)			출력(Seg)						
A	B	C	D_6	D_5	D_4	D_3	D_2	D_1	D_0
0	0	0	1	1	1	1	1	1	0
0	0	1	0	1	1	0	0	0	0
0	1	0	1	1	0	1	1	0	1
0	1	1	1	1	1	1	0	0	1
1	0	0	0	1	1	0	0	1	1
1	0	1	1	0	1	1	0	1	1
1	1	0	0	0	0	0	0	0	0
1	1	1	0	0	0	0	0	0	0

변수 mod6가 3비트 입력이고 Seg가 7비트 출력일 때 IF문을 사용해서 프로그램하면 다음과 같다.

```
IF   mod6 = "000" THEN Seg <= "1111110";
ELSIF mod6 = "001" THEN Seg <= "0110000";
ELSIF mod6 = "010" THEN Seg <= "1101101";
ELSIF mod6 = "011" THEN Seg <= "1111001";
ELSIF mod6 = "100" THEN Seg <= "0110011";
ELSIF mod6 = "101" THEN Seg <= "1011011";
ELSE
      Seg <= "0000000";
ENDIF;
```

```
LIBRARY IEEE;
USE IEEE.std_logic_1164.ALL;
ENTITY mod6_to_seg IS
        PORT(mod6   : IN    STD_LOGIC_VECTOR(2 downto 0);
             Seg    : OUT   STD_LOGIC_VECTOR(6 downto 0));
END mod6_to_seg;
ARCHITECTURE logic_out OF mod6_to_seg IS
    BEGIN
    PROCESS(mod6)
    BEGIN
      IF mod6 = "000" THEN Seg<="1111110";
      ELSIF mod6 = "001" THEN Seg<="0110000";
      ELSIF mod6 = "010" THEN Seg<="1101101";
      ELSIF mod6 = "011" THEN Seg<="1111001";
      ELSIF mod6 = "100" THEN Seg<="0110011";
      ELSIF mod6 = "101" THEN Seg<="1011011";
      ELSE
         Seg<="0000000";
      END IF;
    END PROCESS;
END Logic_out;
```

그림 6.20 Mod-6 to 7-segment 디코더

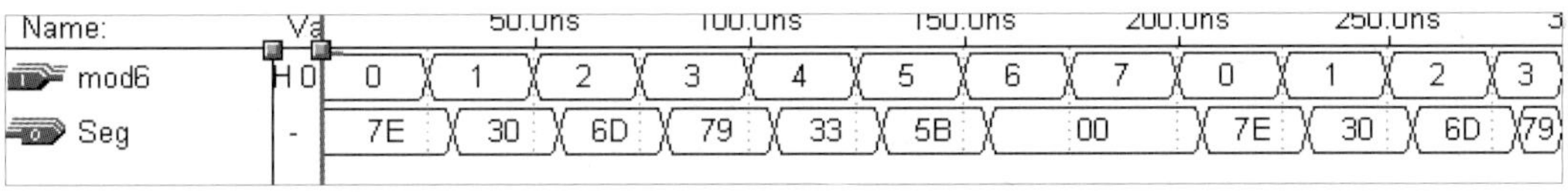

그림 6.21 Mod-6 to 7-segment 디코더의 출력 파형

3. BCD to 7-segment 디코더의 예

(1) VHDL 설계

표 6.9에서 active high 방식의 출력 회로를 VHDL로 프로그램하면 다음과 같다. 여기서 입력은 BCD이고 출력은 Seg이다. 또 10 이상은 모두 low로 처리하였다.

```
IF    BCD = "0000" THEN Seg <= "1111110";
ELSIF BCD = "0001" THEN Seg <= "0110000";
ELSIF BCD = "0010" THEN Seg <= "1101101";
ELSIF BCD = "0011" THEN Seg <= "1111001";
ELSIF BCD = "0100" THEN Seg <= "0110011";
ELSIF BCD = "0101" THEN Seg <= "1011011";
ELSIF BCD = "0110" THEN Seg <= "1011111";
ELSIF BCD = "0111" THEN Seg <= "1110000";
```

(계속)

```
ELSIF BCD = "1000" THEN Seg <= "1111111";
ELSIF BCD = "1001" THEN Seg <= "1110011";
ELSE
        Seg <= "0000000";
ENDIF;
```

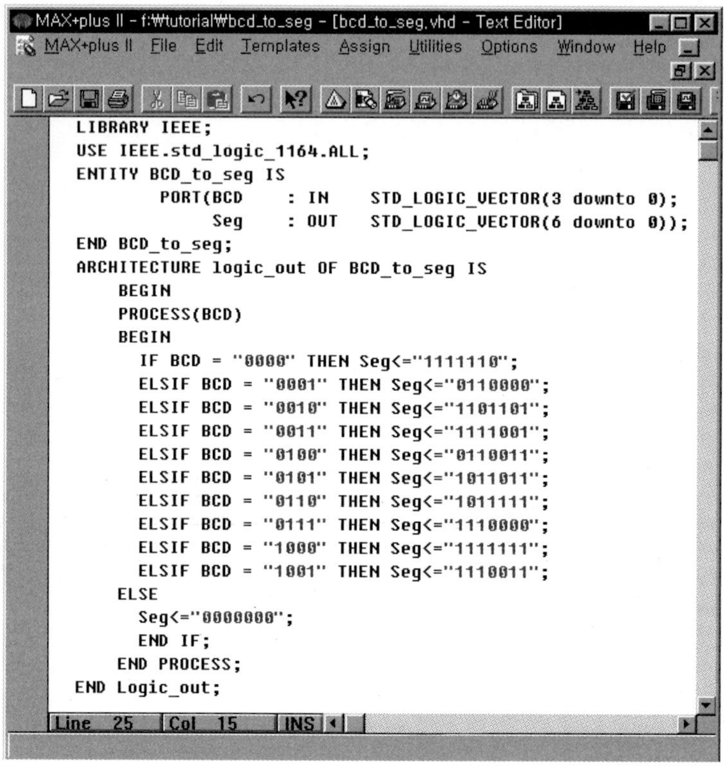

```
LIBRARY IEEE;
USE IEEE.std_logic_1164.ALL;
ENTITY BCD_to_seg IS
        PORT(BCD    : IN    STD_LOGIC_VECTOR(3 downto 0);
             Seg    : OUT   STD_LOGIC_VECTOR(6 downto 0));
END BCD_to_seg;
ARCHITECTURE logic_out OF BCD_to_seg IS
    BEGIN
    PROCESS(BCD)
    BEGIN
      IF BCD = "0000" THEN Seg<="1111110";
      ELSIF BCD = "0001" THEN Seg<="0110000";
      ELSIF BCD = "0010" THEN Seg<="1101101";
      ELSIF BCD = "0011" THEN Seg<="1111001";
      ELSIF BCD = "0100" THEN Seg<="0110011";
      ELSIF BCD = "0101" THEN Seg<="1011011";
      ELSIF BCD = "0110" THEN Seg<="1011111";
      ELSIF BCD = "0111" THEN Seg<="1110000";
      ELSIF BCD = "1000" THEN Seg<="1111111";
      ELSIF BCD = "1001" THEN Seg<="1110011";
    ELSE
      Seg<="0000000";
      END IF;
    END PROCESS;
END Logic_out;
```

그림 6.22 BCD와 7-segment와의 연결을 VHDL로 설계

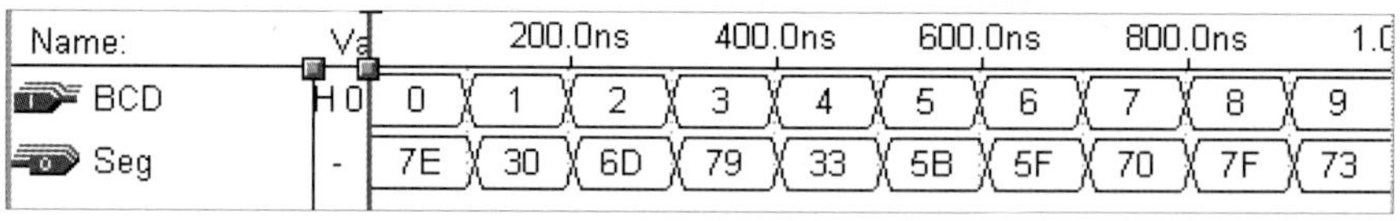

그림 6.23 출력 응답

(2) BCD to 7-segment IC 7447 사용

간단히 BCD 입력을 7-segment로 출력하는 IC가 7447이다. 그림 6.24는 7447의 구조를 보여준다.

그림 6.24 7447 BCD to 7-segment decoder IC

$DCBA$는 BCD 입력을 나타내고 $OA \cdots OG$는 출력을 나타낸다. 여러 자릿수를 디스플레이하고자 하는 경우에 RBIN과 RBON은 Ripple Blanking을 나타내는 것으로 입력 $DCBA$가 모두 0000일 경우 디스플레이하고자 하는 숫자의 맨 앞자리의 0이나 끝자리의 0을 디스플레이 하지 않도록 한다. 예를 들어, 0104를 나타내고자 할 때 앞자리의 0은 blank 처리되어 104로 나타내도록 한다. 마찬가지로 1040을 104로 나타낼 수도 있다. LTN은 LED를 테스트하는 입력이다.

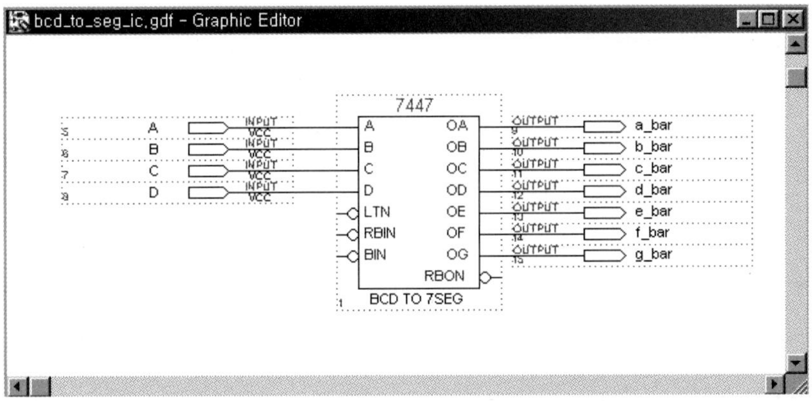

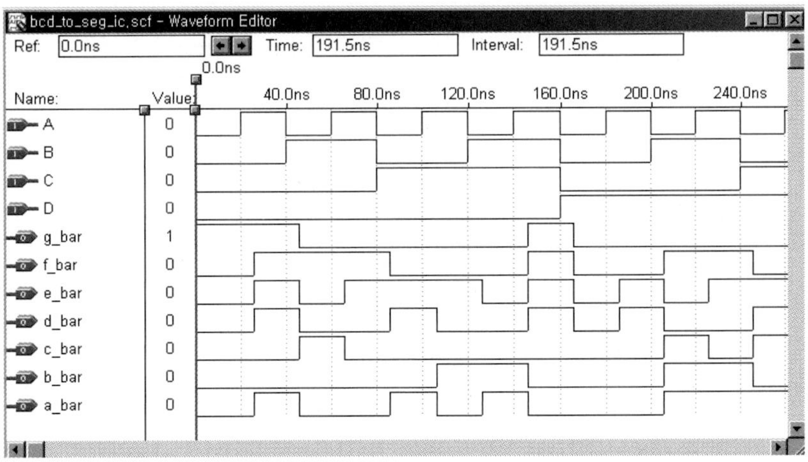

입력의 자리순서는 $DCBA$임에 주의한다. 앞의 그림에서 보면 7447에서 출력되는 방식이 active low인 것을 알 수 있다. 따라서 7-segment을 연결할 때 active low로 연결되도록 주의한다.

표 6.9와 비교하면 출력이 같음을 알 수 있다.

점검문제 6.12 표 6.9에서 active low 방식을 VHDL로 작성하고 시뮬레이션하시오.

열심문제 6.5 다음 두 개의 4비트 데이터에서 하나를 선택하는 회로를 설계하시오. $E=1$일 때 $s=0$이면 데이터 A를 선택하고 $s=1$이면 데이터 B를 선택한다. $E=0$일 때는 s값에 상관없이 모든 출력이 0으로 된다. 먼저 진리표를 그리시오.

열심문제 6.6 방향을 나타내는 나침반의 바늘이 가리키는 방향을 디지털 회로로 나타내고 싶다. 바늘이 가리키는 대략적인 방향은 N, NE, E, SE, S, SW, W, NW이다. 디코더 회로를 사용하여 회로를 설계하시오.

6.7 디코더/인코더 관련 IC

1. 디코더

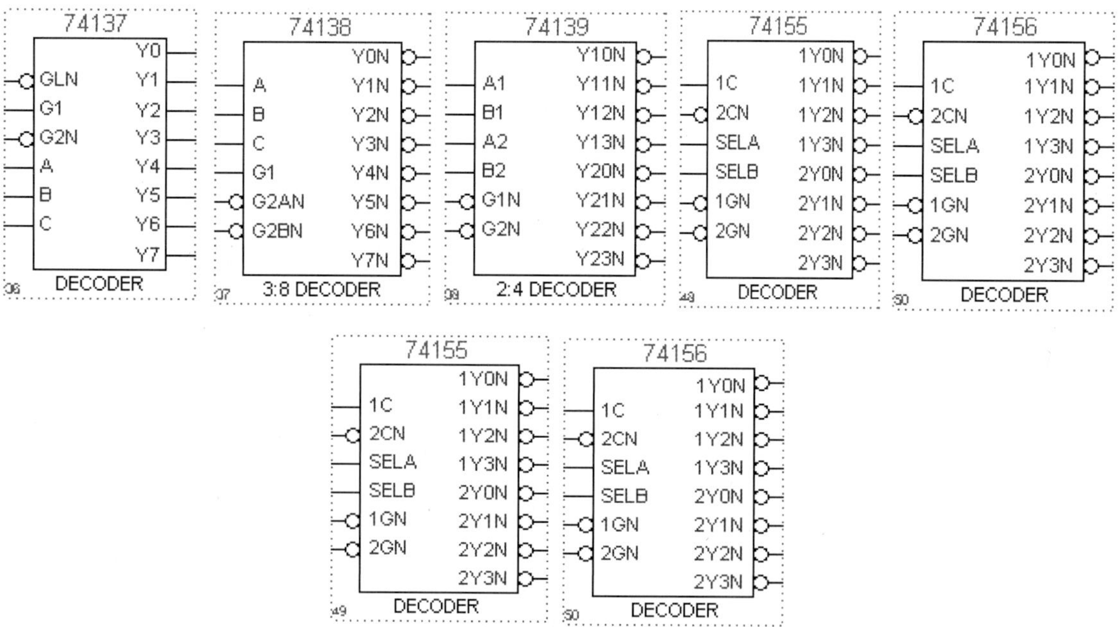

그림 6.25 디코더 IC

2. 인코더

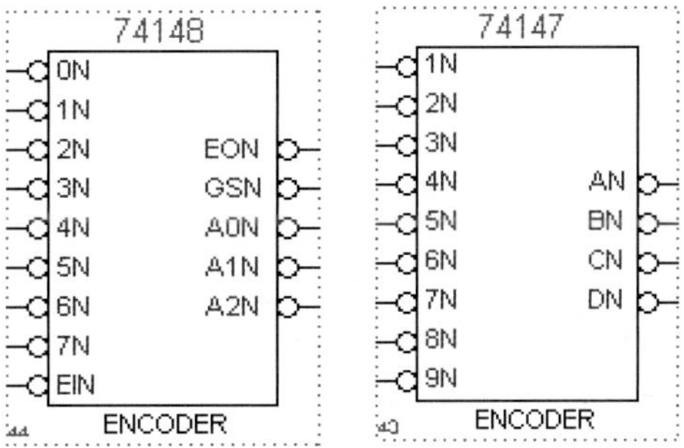

그림 6.26 인코더 IC

3. MUX

74151과 74251은 8×1 MUX이고 74153과 74253은 4×1 MUX가 2개 있다. 74157과 74257은 4비트 2×1 MUX를 나타낸다. 74158과 74258은 마찬가지로 4비트 2×1 MUX를 나타내는데 출력이 invert 되어 있다.

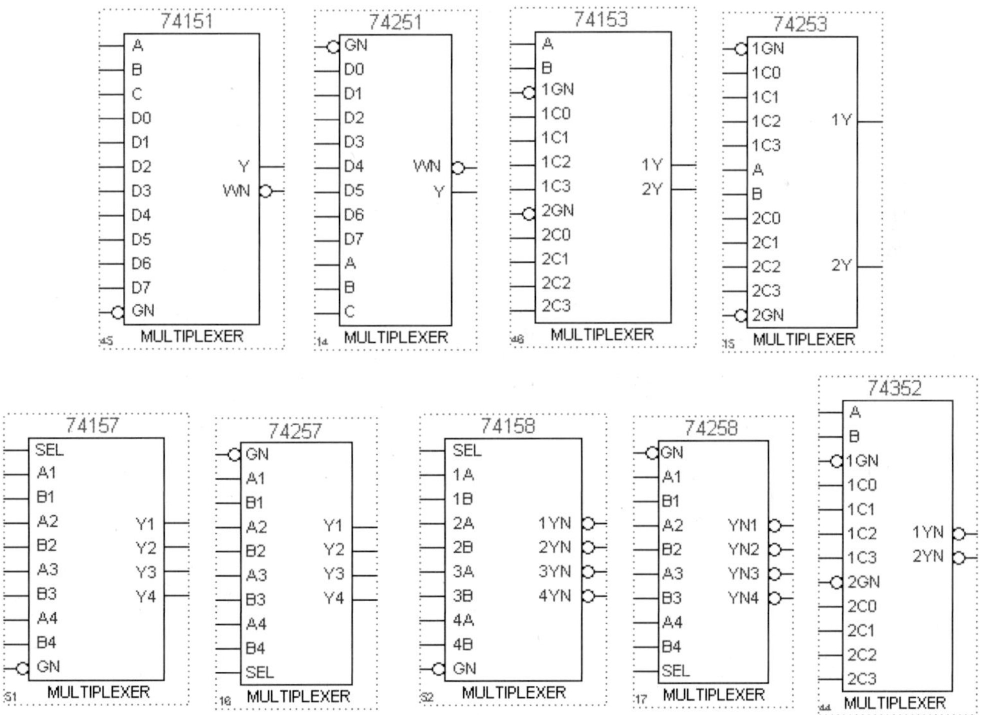

(계속)

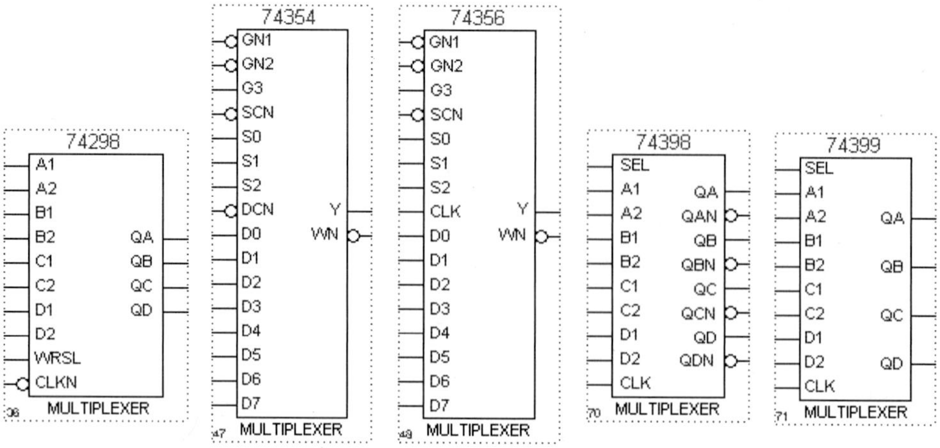

그림 6.27 MUX IC

▶ 점검문제 6.13 74148 인코더 내부를 게이트로 그리고 설명하시오.

실험 06 디코더/인코더 회로

VHDL 설계

01 | 3×8 디코더 설계
VHDL 코드로 50 ns 간격으로 wave 형태를 다시 설계하여 3×8 디코더 회로의 출력을 구하시오.

02 | 4×1 MUX 설계
VHDL 코드로 50 ns 간격으로 wave 형태를 다시 설계하여 4×1 MUX 회로의 출력을 구하시오.

03 | BCD to 7-segment 디코더 설계
VHDL 코드로 50 ns 간격으로 wave 형태를 다시 설계하여 BCD to 7-segment 디코더 회로의 출력을 구하시오(active low 방식).

4×1 MUX 회로 설계

01 | 4×1 MUX 회로를 연결하여 출력을 확인하시오.

02 | 74153 MUX IC를 사용하여 겸증하시오.

BCD to 7-segment 디코더 회로 설계(active low)

01 | 디지털 랩 유닛의 스위치를 사용하여 $\overline{a}$를 출력하기 위한 디코더 회로를 설계하시오.

02 | 각 숫자를 7-segment에 디스플레이하기 위해 7447 IC를 사용하시오.

점검문제

01 | 점검문제 6.12에 답하시오.

응용사례

01 | 디코더 회로의 응용사례를 찾아 설명하시오.

02 | 인코더 회로의 응용사례를 찾아 설명하시오.

03 | 7-segment와 같이 디지털 출력을 디스플레이하는 소자의 응용사례를 찾아 설명하시오.

날 짜	
검 인	

Chapter 7

클록

7.1 소개

우리가 운전을 할 때 사거리의 신호등이 고장 난 경우를 상상해 보자. 동서남북 모든 방향에서 서로 가려고 뒤엉켜 아무도 움직이지 못하게 될 것이다. 신호등은 동서남북 각 방향의 차들에게 가야할 시간을 정해주고 있다. 이처럼 디지털 회로에서 교통정리를 해주는 것이 클록이다. 클록이란 주기가 일정한 펄스파를 연속적으로 만들어내는 소자를 말한다. 클록은 동기화 회로에서 없어서는 안 되는 소자이다. 동기화 회로에서 클록의 역할은 어느 시점에서 출력을 내보내야 하는지를 결정하는 것이다. 따라서 클록에 의해 모든 상태 변환이 발생하고 그에 의해 원하는 디지털 출력을 얻게 되는 것이다. 클록이 0에서 1로 변환하면 PGT(Positive Going Transition)라 하고, 1에서 0으로 변환하면 NGT(Negative Going Transition)라 한다. 그림 7.1에서 PGT와 NGT를 잘 나타내고 있다.

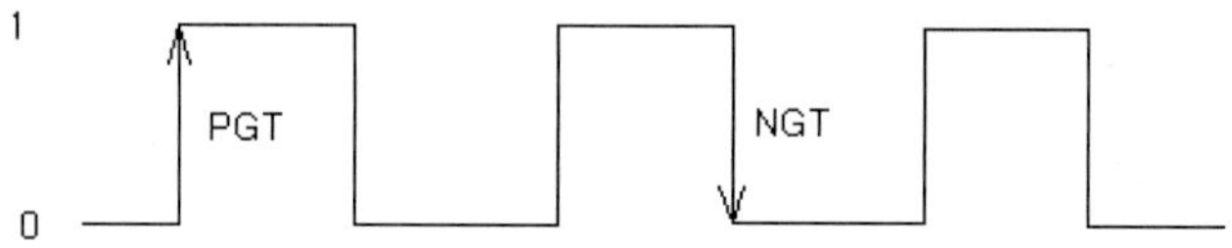

그림 7.1 클록 펄스

7.2 Set up 시간과 Hold 시간

일반적으로 클록 주기가 매우 빠르다. PGT나 NGT는 거의 수직으로 나타나지만, 작은 시간 단위로 보게 되면 아래와 같이 나타낼 수 있다. Control input은 플립플롭의 입력을 말한다.

Set up 시간 t_s는 control 신호가 적당한 값을 유지할 수 있도록 해주는 시간으로, 클록 신호 전에 나타나는 control 신호의 PGT와 PGT 클록 시간과의 차이를 나타낸다. Hold 시간 t_h는 control 신호가 적당한 값을 유지할 수 있도록 해주는 시간으로, 클록 신호 다음에 즉시 나타나는 control 신호의

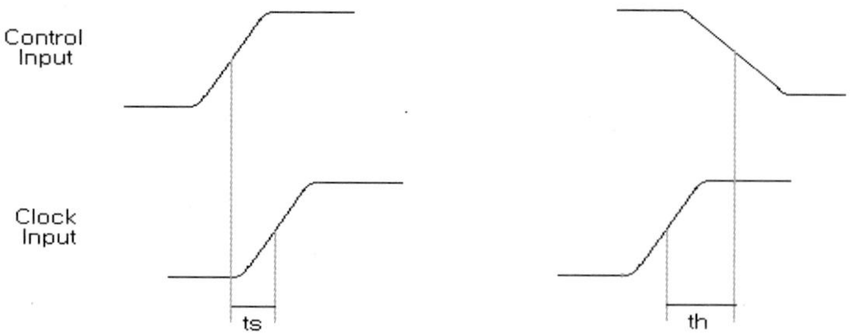

그림 7.2 Set up과 Hold 시간

NGT와 PGT 클록 시간과의 차이를 나타낸다. 이는 충분한 set up 시간과 hold 시간이 주어져야 클록이 튈 때 바르게 작동되기 때문이다. 만약 set up 시간이 충분하지 못하면 클록이 튈 때 high임을 감지하지 못하게 되고, hold 시간이 충분하지 못하면 low임을 감지하지 못하게 되어 결국 시간 지연이 발생하게 된다.

7.3 클록 발생기 555 타이머

1. 소개

순차 회로(sequential circuit)는 조합 회로(combinational circuit)와 달리 시간 개념이 포함되어 있다. 실제로 조합 회로에서도 아날로그 회로에 의한 시간 지연이 있지만 일반적으로 무시한다. 순차 회로에는 비동기화 회로와 동기화 회로가 있는데, 비동기화 회로는 이전의 출력에 의해 상태가 순차적으로 변화되는 회로를 말하고, 동기화 회로는 클록에 의해 상태가 천이되는 회로를 말한다.

따라서 동기화된 회로가 설계하기 수월하다. 이처럼 동기화시키기 위해 클록 펄스를 만드는 소자가 바로 555 타이머이다. 555 타이머는 다양한 주기의 반복적인 펄스파를 만들어낸다. 555 타이머는 값이 저렴하고 5 V에서 작동하며, 10 μs에서 100초 정도의 주기를 구현할 수 있다. 555 타이머 주변의 저항과 커패시터 값을 설정함에 따라 클록 주기를 바꿀 수 있다. 555 타이머의 응용으로는 펄스 발생기, VCO(voltage controlled oscillators), 주파수 분할기, 기타 응용 회로 등 다양하다.

2. 타이머 구조

555 타이머의 내부 구조는 S-R 래치로 구성되어 있다. 555 타이머는 8핀으로 되어 있는데, 8번 핀은 5 V의 Vcc가 연결되고 1번은 접지를 연결한다. 3번 핀은 클록이 발생하는 출력이다.

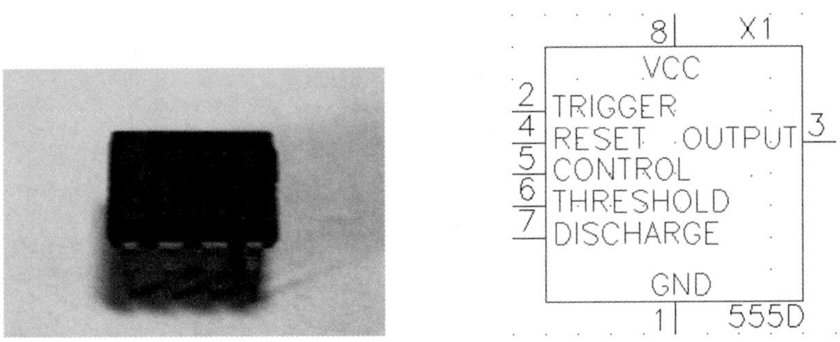

그림 7.3 555 타이머와 핀 구조

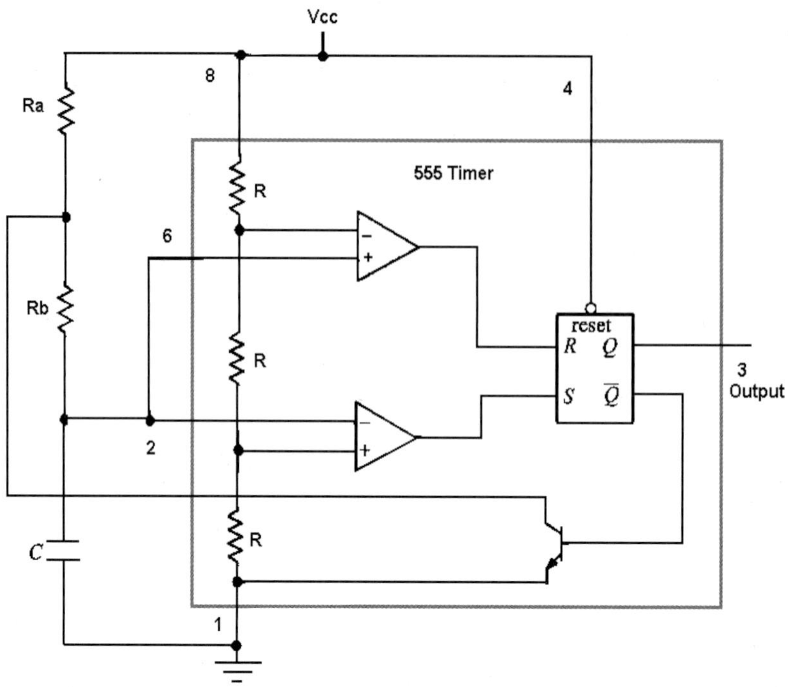

그림 7.4 555 타이머의 내부 구조

작동 순서는 다음과 같다.

(1) 전원이 인가되면 래치가 reset되고, 1번과 8번 사이의 저항값에 의해 전압이 분배된다. 즉, 5 V가 인가되었다면 각각 $\frac{5}{3}$ V의 전압 차이를 나타낸다. 따라서 첫 번째 비교기의 경우에는 $2\times\frac{5}{3}$ V가 기준 전압이 되고, 두 번째 비교기의 경우에는 $\frac{5}{3}$ V가 비교 전압이 된다.

(2) 이때 커패시터 C는 충전되며, 첫 번째 비교기의 경우 기준 전압 $\frac{10}{3}$보다 비교 전압이 작으므로 음의 전압(0)이 출력되고, 두 번째 비교기의 경우에는 기준 전압보다 비교 전압이 크므로 양의 전압(1)이 출력된다. 이는 래치를 set하게 되어 래치 출력 $Q=1$이 된다. $\overline{Q}=0$이므로 트랜지스터는 작동하지 않게 된다.

(3) 커패시터의 충전이 끝나면 커패시터에 걸리는 전압이 높아지게 되므로 비교기의 출력이 반대가 된다. 이는 래치를 reset하게 되고 래치 출력은 다시 $Q=0$이 된다. 이는 $\overline{Q}=1$이 되어 트랜지스터가 ON되고, 커패시터가 방전하게 된다. 방전이 다 되면 커패시터는 다시 충전을 시작한다.

(4) 이러한 사이클을 반복하면 시상수에 따른 듀티비가 결정되는 펄스파가 출력된다.

3. 클록 시간

클록 파형을 만들기 위해 선을 연결하면 다음과 같다.

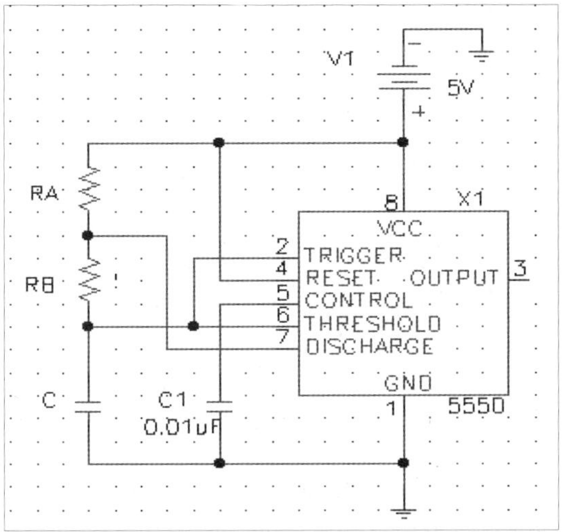

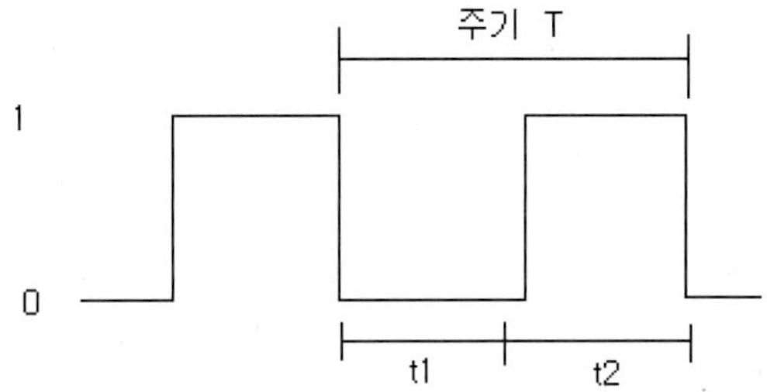

그림 7.5 펄스 파형

한 주기 안에서 펄스가 0인 부분의 시간은 다음과 같이 구할 수 있다.

$$t_1 = 0.693 R_B C \text{ 초}$$

마찬가지로 한 주기 안에서 펄스가 1인 부분의 시간은 다음과 같다.

$$t_2 = 0.693(R_A + R_B)C \text{ 초}$$

그러므로 주기는 t_1과 t_2를 더한 것과 같으므로

$$\begin{aligned} T &= t_1 + t_2 (\text{초}) \\ &= 0.693(R_A + 2R_B)C \end{aligned}$$

주파수는 주기의 역수이므로

$$f = \frac{1}{T}(\text{Hz})$$

듀티비는 한 주기 안에서 펄스를 이루는 부분이 전체의 몇 %인지를 나타내는 척도로서, 다음과 같이 계산한다.

$$\text{듀티비} = \frac{t_2}{T} \times 100\%$$
$$= \frac{R_A + R_B}{R_A + 2R_B} \times 100\%$$

저항 $R_A \geqq 1\ \mathrm{k\Omega}$로 선택하고 $R_A + R_B \leqq 6.6\ \mathrm{M\Omega}$, 그리고 $C \geqq 500\ \mathrm{pF}$을 선택한다.

7.1 예 제

그림 7.6은 듀티비가 50%에 가까운 펄스를 만드는 회로를 나타낸다.
$C_2 = 0.001\ \mathrm{uF}$, $R_A = 2.2\ \mathrm{k\Omega}$, $R_B = 100\ \mathrm{k\Omega}$일 때의 클록 파형을 나타낸다.

$$t_1 = 0.693 R_B C$$
$$= 0.693(100\ \mathrm{k\Omega})(0.001\ \mathrm{uF}) = 69.3\ \mathrm{usec}$$

마찬가지로 한 주기 안에서 펄스가 1인 부분의 시간은 다음과 같다.

$$t_2 = 0.693(R_A + R_B)C$$
$$= 0.693(100\ \mathrm{k\Omega} + 2.2\ \mathrm{k\Omega})(0.001\ \mathrm{uF}) = 70.8\ \mathrm{usec}$$

그러므로 주기는 t_1과 t_2를 더한 것과 같으므로

$$T = t_1 + t_2$$
$$= 69.3\ \mathrm{us} + 70.7\ \mathrm{us} = 140\ \mathrm{usec}$$

주파수는 주기의 역수이므로

$$f = \frac{1}{T} = \frac{1}{140\ \mathrm{us}} = 7.14\ (\mathrm{kHz})$$

듀티비는 한 주기 안에서 펄스를 이루는 부분이 전체의 몇 %인지를 나타내는 척도로서, 다음과 같이 계산한다.

$$\text{듀티비} = \frac{t_2}{T} \times 100\%$$
$$= \frac{70.8}{140} \times 100\% = 50.5\%$$

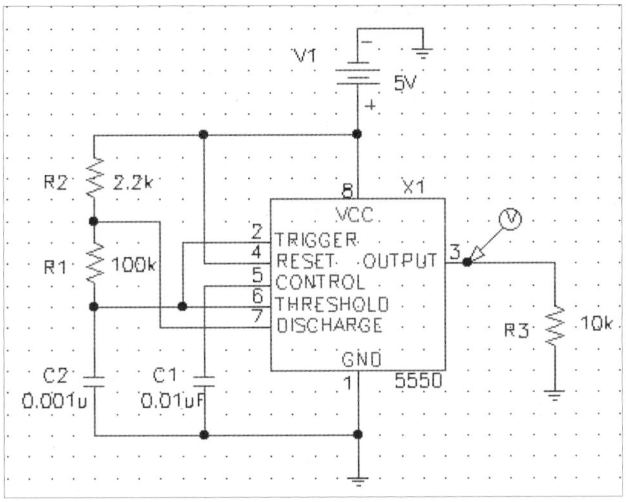

그림 7.6 펄스 만드는 회로

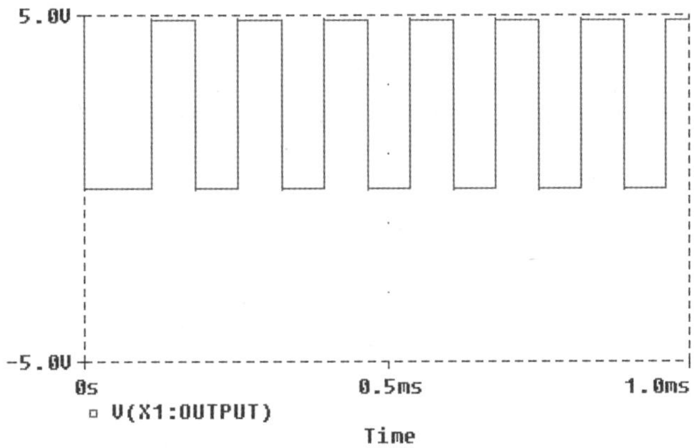

그림 7.7 출력된 펄스파

▶ 점검문제 7.1 그림 7.4의 타이머의 작동을 설명하시오.

7.4 오실레이터로부터의 클록 설계

1. 주파수 분주기 사용

MAX + Plus II에서는 클록의 주기를 원하는 대로 설정할 수 있다. 실제 회로에서는 일정한 주파수의 클록을 만드는 오실레이터가 내장되어 있다.

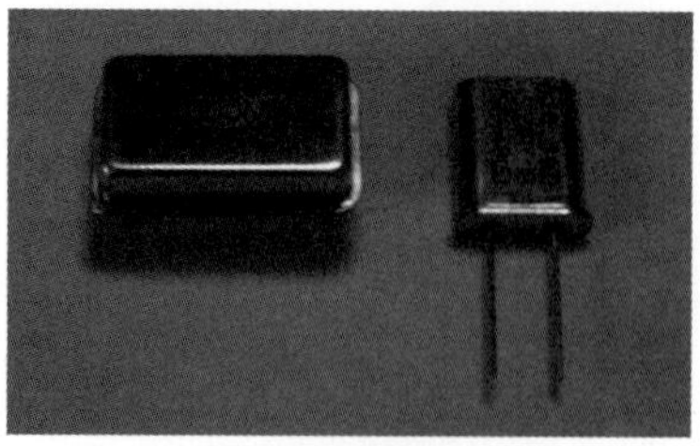

그림 7.8 오실레이터 예

따라서 원하는 주기의 클록 파형을 만들기 위해서는 오실레이터에서 생성되는 클록을 지연시켜 원하는 주파수의 클록을 만든다. 이때 시간 지연으로 사용하는 것이 카운터이다. 이처럼 시간 지연을 통해 원하는 클록을 만드는 회로를 분주기라 한다. 10진 카운터를 사용하면 주파수가 1/10로 느려지게 된다. 1/100 또는 1/1000로 느려지는 주파수의 클록을 만들 수 있게 된다. 그림 7.9는 frequency divider 회로를 사용하여 주파수를 줄여나가는 것을 보여준다. DivN는 모드 N 카운터를 사용하고 있다. 클록이 25 MHz라 가정하면 주기가 40 ns이므로 클록 파형의 주기를 40 ns로 설정하였다. 아래 VHDL 프로그램은 주 클록을 받아서 느린 주파수의 클록을 생성하는 것을 나타낸다.

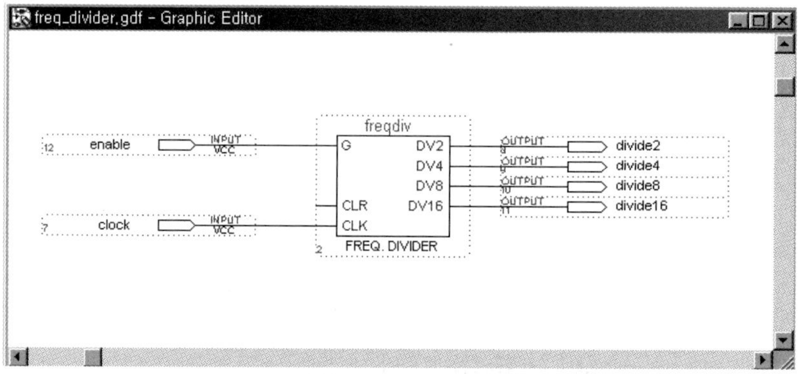

그림 7.9 주파수 분주기를 사용한 회로

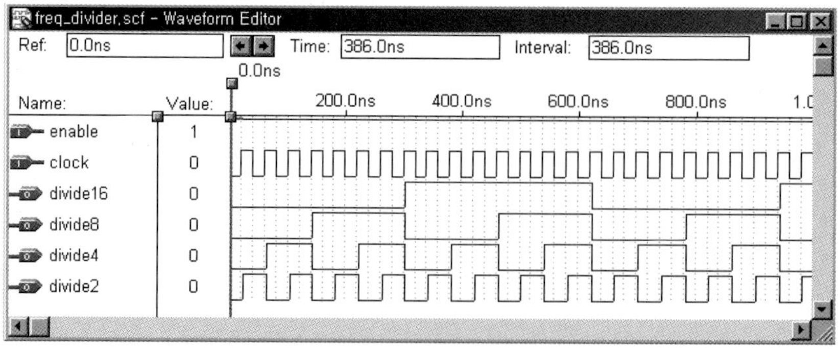

그림 7.10 주파수 분주기의 출력응답

2. 카운터를 사용한 주파수 분주기

그림 7.11은 25 MHz 주파수의 신호를 10진 카운터 4개를 거쳐 2.5 kHz로 분주한 회로를 나타낸다.

그림 7.11 분주기의 블록 다이어그램

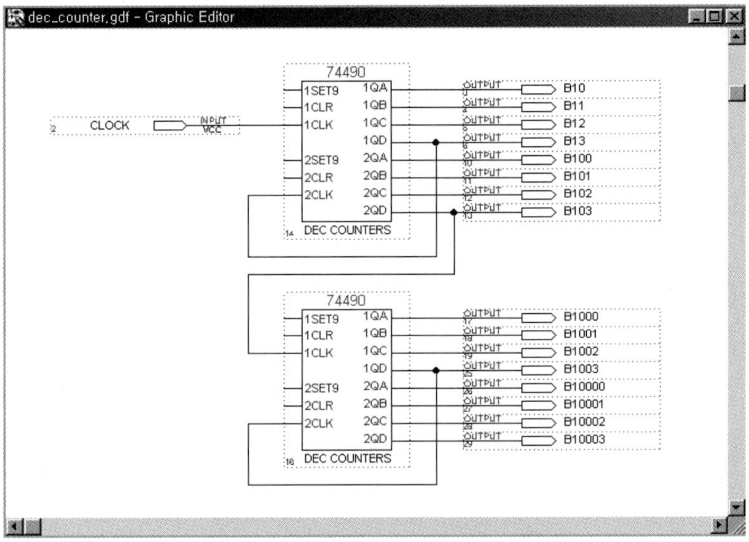

그림 7.12 카운터를 사용한 분주회로

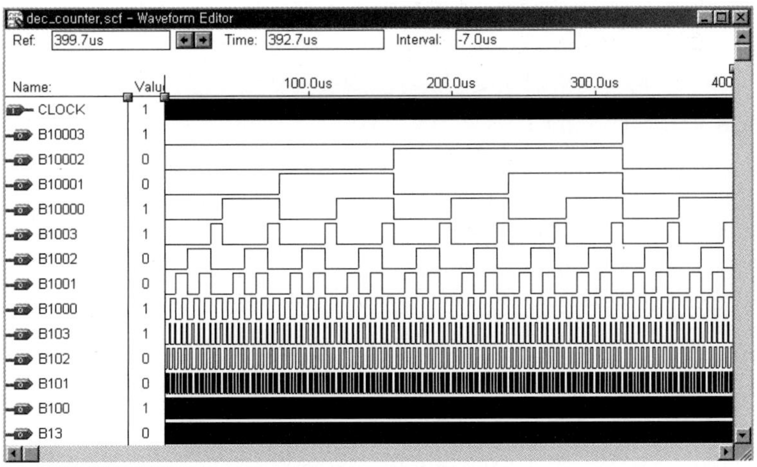

그림 7.13 분주된 파형

3. VHDL을 사용한 주파수 분주기

주파수 분주기를 사용하는 대표적인 예는 디지털 클록이다. 오실레이터의 주파수를 1 Hz로 분주하면 1초가 되므로 카운터를 사용하여 분과 시를 설계할 수 있다. 이를 VHDL로 설계하기 위해 오실레이터로부터 100 Hz의 주파수를 받아들여 초를 나타내는 클록 sec_clk와 분을 나타내는 클록 mim_clk 그리고 시간을 나타내는 hour_clk라 하자. 먼저 100 Hz의 주파수이므로 주기는 0.01초가 된다. 클록을 매번 카운트해서 50번 이상이면, 즉 0.01×50=0.5초이면 sec_clk을 high로 한다. 이 과정을 매번 거치면 sec_clk는 100번의 주기, 즉 1 초의 주기를 갖는 클록이 된다.

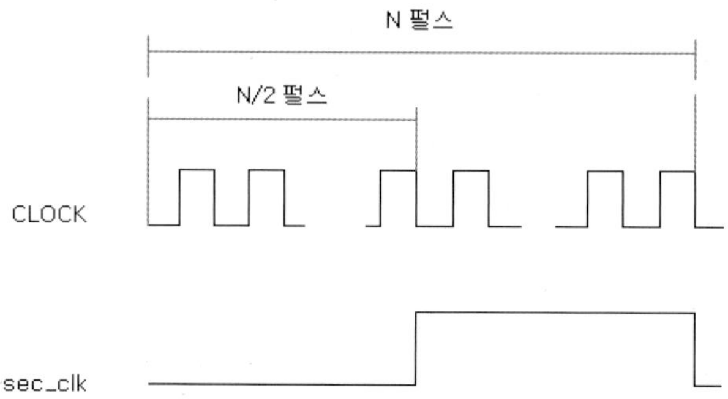

그림 7.14 주파수 분주

아래는 간단한 PROCESS문을 나타낸다.

```
PROCESS(CLK,CLEAR)
 BEGIN
    IF CLEAR = '1' THEN
            cnt_sec <= 0;                          - 초기화한다.
            sec_clk <= '0';
    ELSIF (CLK'EVENT AND CLK= '1') THEN
            IF (cnt_sec >= 49) THEN                - 50번을 카운트한다.
                   cnt_sec <= 0;
                   sec_clk <= not sec_clk;         - High로 만든다.
       ELSE  cnt_sec <= cnt_sec + 1;               - 50번까지 카운트한다.
       END IF;
    END IF;
 END PROCESS;
```

clock_divider.vhd - Text Editor

```
LIBRARY IEEE;
USE IEEE.STD_LOGIC_1164.ALL;
USE IEEE.STD_LOGIC_UNSIGNED.ALL;

ENTITY clock_divider IS
    PORT (CLK, CLEAR              :   IN  STD_LOGIC;
          seconds, minutes        :   BUFFER  STD_LOGIC_VECTOR (5 downto 0);
          hours                   :   BUFFER  STD_LOGIC_VECTOR (4 downto 0));

END clock_divider;

ARCHITECTURE LOGIC_OUT OF clock_divider IS
    SIGNAL      cnt_sec           :   INTEGER RANGE 0 To 49;
    SIGNAL      sec_clk           :   STD_LOGIC;
    SIGNAL      min_clk           :   STD_LOGIC;
    SIGNAL      hour_clk          :   STD_LOGIC;

BEGIN
  PROCESS(CLK,CLEAR)
  BEGIN
     IF CLEAR = '1' THEN
        cnt_sec <= 0;
        sec_clk <= '0';
     ELSIF (CLK'EVENT AND CLK='1') THEN
        IF (cnt_sec >= 49) THEN
            cnt_sec <= 0;
            sec_clk <= not sec_clk;
        ELSE  cnt_sec <= cnt_sec + 1;
        END IF;
     END IF;
  END PROCESS;

PROCESS(sec_clk, CLEAR)
  BEGIN
     IF CLEAR = '1' THEN
        seconds <= "000000";
     ELSIF (sec_clk'EVENT AND sec_clk ='1') THEN
        IF (seconds > "111010") THEN
            seconds <= "000000";
            min_clk <= '1';
        ELSE
            seconds <= seconds + 1;
            min_clk <= '0';
        END IF;
      END IF;
  END PROCESS;
```

(계속)

```
PROCESS(min_clk,CLEAR)
  BEGIN
     IF CLEAR = '1' THEN
        minutes <= "000000";
     ELSIF (min_clk'EVENT AND min_clk ='1') THEN
        IF (minutes >= "111010") THEN
           minutes <= "000000";
           hour_clk <= '1';
        ELSE
           minutes <= minutes + 1;
           hour_clk <= '0';
        END IF;
      END IF;
  END PROCESS;

PROCESS(hour_clk,CLEAR)
  BEGIN
     IF CLEAR = '1' THEN
        hours <= "00000";
     ELSIF (hour_clk'EVENT AND hour_clk ='1') THEN
        IF (hours >= "10110") THEN
           hours <= "00000";
        ELSE
           hours <= hours + 1;
        END IF;
      END IF;
  END PROCESS;

  END LOGIC_OUT;
```

그림 7.15 주파수 분주의 VHDL

따라서 반주기는 5 ms이므로 Waveform Editor에서 Grid Size를 5 ms로 설정하고, END TIME을 1200초로 하였다. 그림 7.16은 부분만 나타낸 출력이다.

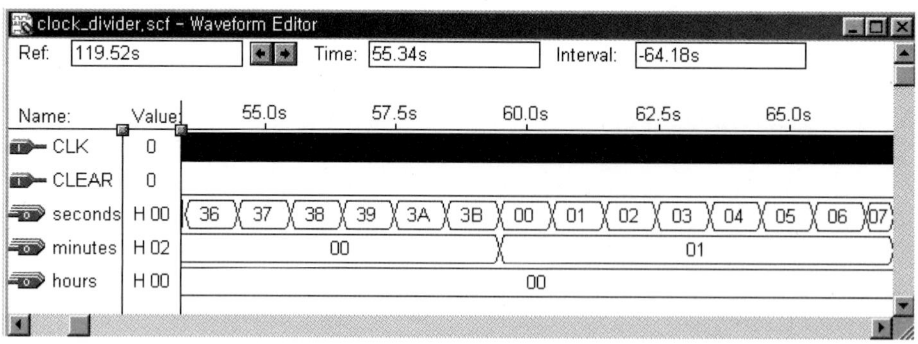

그림 7.16 주파수 분주의 파형

▶ 점검문제 7.2 1 MHz를 분주하여 1초 주기를 갖는 클록을 만들려면 앞의 PROCESS 예제를 어떻게 바꾸어야 하나? 실제로 프로그램하여 확인하시오.

답 49를 499999로 바꾼다.

7.5 클록 관련 IC

클록을 분주할 때 사용하는 것이 주파수 분주기이다.

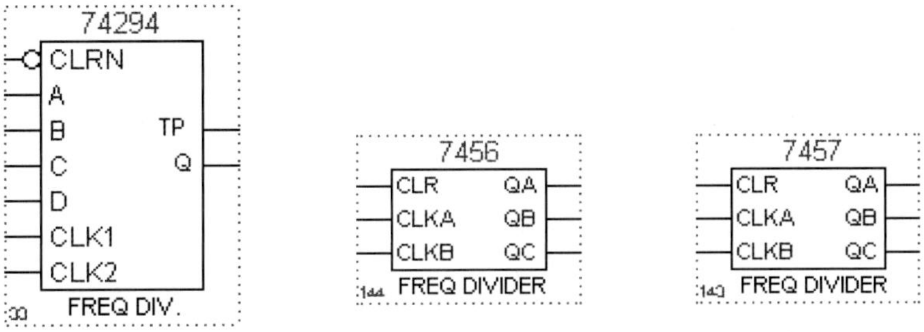

그림 7.17 주파수 분주 IC

실험 07 555 타이머

예비실험

01 | 예제 7.1을 Pspice로 실행하시오.

02 | 예제 7.1에서 주기 T가 100 usec이고 듀티비 = 60%가 되도록 회로를 설계하시오.
Pspice를 실행하여 결과를 조사하시오.
주의 사항으로 저항을 선택할 때 실제 존재하는 저항값으로 선택하시오. 만약 정확하게 일치하지 않으면 실제 저항값을 사용하고 값을 비교하시오.

03 | 02번의 결과를 직접 실험을 통해 확인하시오.

04 | 위의 회로에서 주기가 400 msec이고 듀티비가 50%인 펄스를 만드는 회로를 설계하고, 출력을 LED에 연결하여 LED를 점등하시오. 또 파형의 결과를 그리시오.

05 | 555 타이머의 내부 구조를 그려보고 작동 원리를 설명하시오.

06 | 타이머를 사용하는 실제 회로의 예를 설명하시오.

날 짜	
검 인	

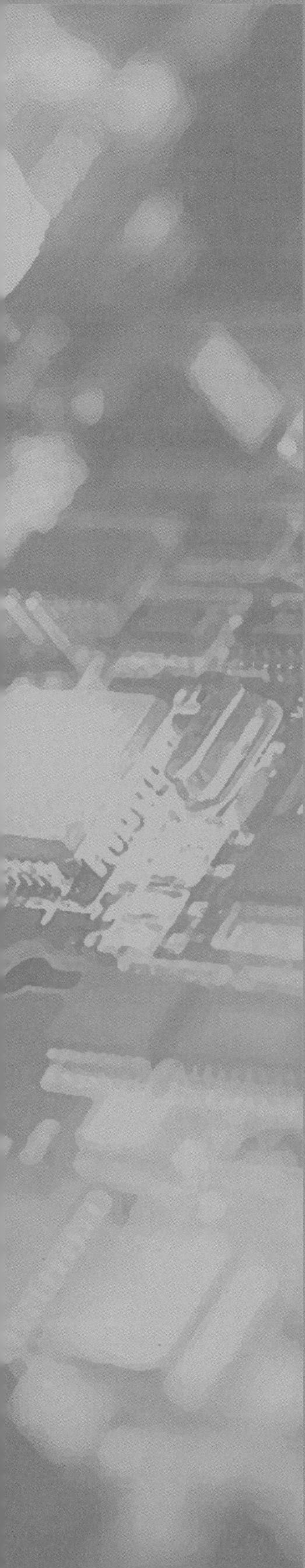

Chapter 8

래치와 플립플롭

8.1 소개

이전까지 우리가 배운 회로는 대부분 조합논리 회로(combinational circuit)로 시간 개념이 포함되지 않고 입력이 주어지면 그대로 출력되는 회로를 구성하고 공부하였다. 실제로 각 소자에는 시간 지연이 있지만 무시하고 회로를 분석하였다. 이번 실험에서는 시간에 의해 출력이 조절되는 순차논리 회로(sequential circuit)를 알아보도록 한다. 순차논리 회로는 시간에 따라 상태가 바뀌는, 즉 메모리를 가진 회로이다. 여기서 상태(state)란 메모리 소자가 저장하고 있는 이진수를 말한다. 메모리의 가장 기본적인 소자는 래치와 플립플롭(flip/flop)이다. 래치와 플립플롭의 차이는 입력으로 클록을 사용하느냐 사용하지 않느냐이다. R-S 래치란 입력으로 두 제어변수 R(reset), S(set)를 사용하여 출력을 0(Reset) 또는 1(Set)로 변환시키는 소자를 말한다. 따라서 클록 없이 입력 제어 변수 R과 S의 값에 의해 출력이 결정된다. 하지만 클록을 사용하는 R-S 플립플롭의 경우에는 마찬가지로 제어 변수에 의해 출력이 결정되지만, 출력되는 시간이 클록으로 동기화된다. 래치가 사용되는 응용은 많다. PWM 파형을 만들 경우나 555 타이머 내부와 같이 원하는 펄스 파형을 만들 때 주로 사용한다. 플립플롭은 동기화가 필요한 경우, 즉 카운터나 레지스터 같은 응용에 주로 사용된다.

레지스터와 카운터는 플립플롭의 조합으로 되어 있는 대표적인 순차논리 회로의 예이다. 순차논리 회로는 출력을 조절하는 방법에 따라 크게 두 종류의 회로로 나뉜다. 비동기 회로와 동기 회로이다. 먼저 동기화(synchronization)란 상태의 변화를 같은 시간에 발생하도록 만드는 것을 말한다. 비동기 회로(asynchronous circuit)에서는 클록에 의해 동기화되는 것이 아니라 이전 출력이나 입력의 변화에 의해 트리거되어 상태가 바뀌는 회로를 말한다. 이에 반해 동기화 회로는 모든 메모리 소자가 클록의 변환에 의해 일률적으로 상태가 변화되는 회로를 말한다. 따라서 동기 회로의 설계가 비동기 회로의 설계보다 쉽다. 간단한 예로 비동기 회로에서는 클록에 의해 동기화하지 않고 입력이나 출력의 변화에 의해 동기화되므로 각 소자의 조합으로 된 회로의 지연 시간이 모두 틀리다. 따라서 복잡한 회로에서는 이러한 시간 지연의 누적에 의해 동기화를 못할 경우가 생기게 된다. 하지만 비동기 개념은 동기 회로에서 클록 주기 사이에 제어를 가능하도록 하는 인터럽트의 역할로 쓰이기도 한다.

8.2 래치

1. NOR 게이트로 된 S-R 래치

래치(latches)는 비동기 메모리 회로를 구성하는 가장 기본적인 소자이다. Set(S)과 Reset(R)에 의해 출력 Q의 상태가 바뀌게 되는데, NOR latch인 경우 Set일 때는 Q가 1이 되고, Reset일 때는 Q가

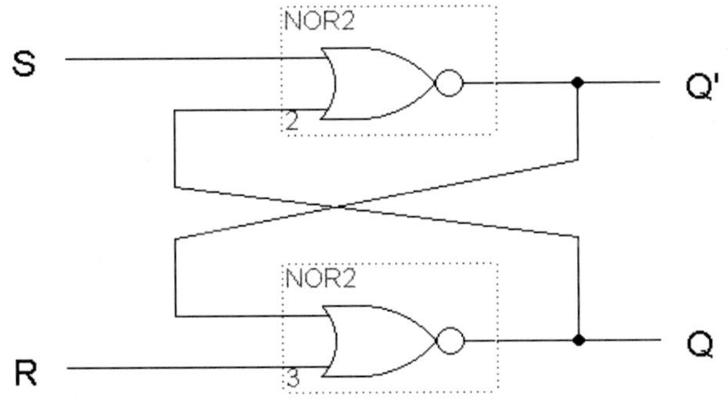

그림 8.1 NOR S-R 래치

0으로 바뀌게 된다. 이 경우를 active high 래치라 한다. 대표적인 래치로는 NOR 소자로 구성된 S-R 래치가 있다.

(1) Setting

먼저 래치를 setting하는 경우를 살펴보자.

■ $Q=0$이고 $Q'=1$일 경우

R(reset) 입력을 0으로 고정하고 S(set) 입력에 펄스를 인가했을 때 출력을 조사해 보자.

① 초기에 S = R = 0일 때 $Q=0$, $Q'=1$을 만족한다.

② S = 1로 바뀌면 $Q=1$, $Q'=0$으로 바뀐다.

③ S = 0으로 바뀌면 $Q=1$, $Q'=0$으로 바뀌지 않는다.

결과적으로 S = 1로 set되어 있고, R = 0으로 되어 있으면 출력은 1로 set된다.

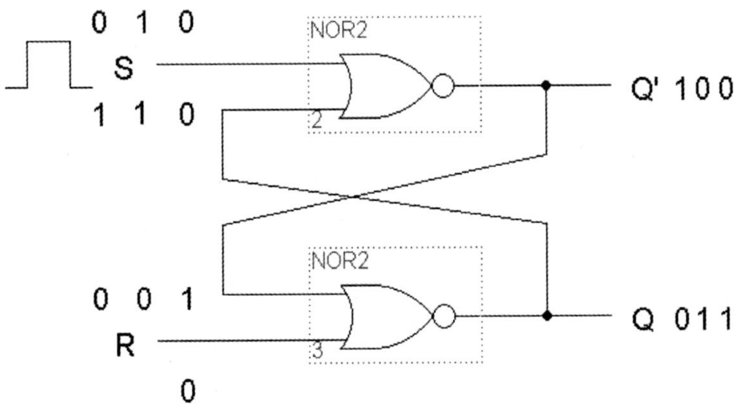

■ $Q=1$이고 $Q'=0$일 경우

R(reset) 입력을 0으로 고정하고 S(set) 입력에 펄스를 인가했을 때 출력을 조사해 보자.

① 초기에 S = 0, R = 0일 때 $Q=1$, $Q'=0$을 만족한다.

② S = 1로 바뀌면 $Q=1$, $Q'=0$으로 바뀌지 않는다.

③ S = 0으로 바뀌면 $Q=1$, $Q'=0$으로 바뀌지 않는다.

따라서 R = 0이고 S = 1이면 1로 set된다.

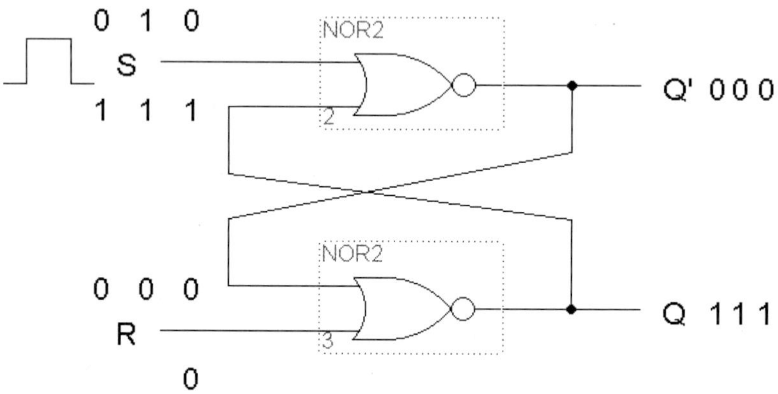

결과적인 진리표는 다음과 같다.

S	R	Q	Q'
0	0	0	1
1	0	1	0

(2) Resetting

■ $Q=0$이고 $Q'=1$일 경우

S(set) 입력을 0으로 고정하고 R(reset) 입력에 펄스를 인가했을 때 출력을 조사해 보자.

① 초기에 S = 0, R = 0일 때 $Q=0$, $Q'=1$을 만족한다.

② R = 1로 바뀌면 $Q=0$, $Q'=1$로 바뀌지 않는다.

③ R = 0으로 바뀌면 $Q=0$, $Q'=1$로 바뀌지 않는다.

R = 1로 바뀌어도 출력은 그대로 reset된 상태 0이다.

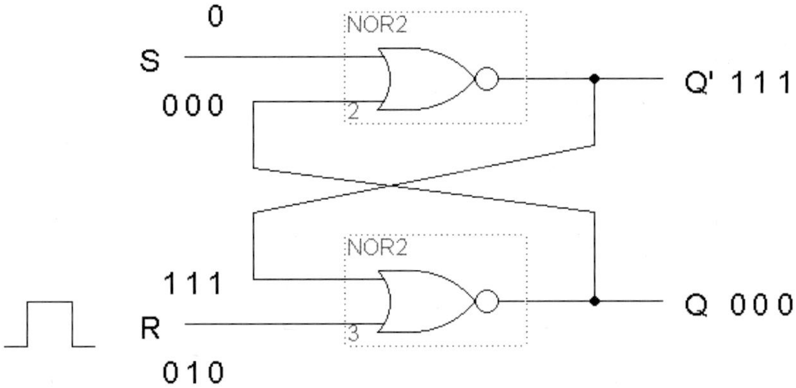

■ $Q=1$**이고** $Q'=0$**일 경우**

S(set) 입력을 0으로 고정하고 R(reset) 입력에 펄스를 인가했을 때 출력을 조사해 보자.

① 초기에 S = R = 0일 때 $Q=1$, $Q'=0$을 만족한다.

② R = 1로 바뀌면 $Q=0$, $Q'=1$로 바뀐다.

③ R = 0으로 바뀌면 $Q=0$, $Q'=1$로 바뀌지 않는다.

R = 1로 바뀌면 출력이 0으로 reset된다.

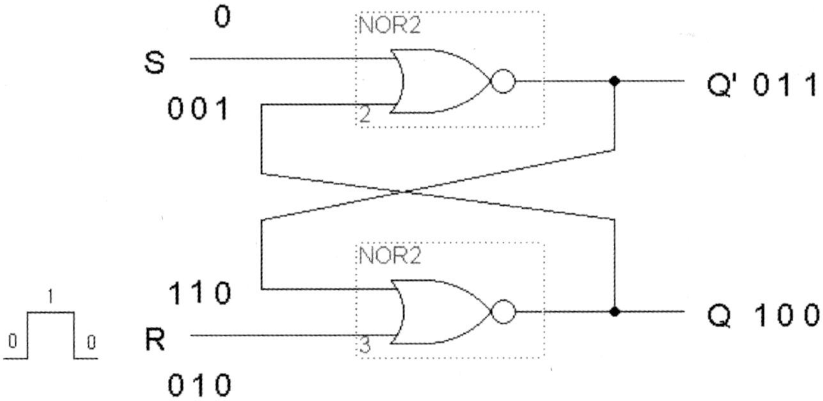

S	R	Q	Q'
0	1	0	1
1	1	N/A	N/A

S−R 래치의 진리표는 다음과 같다.

표 8.1 S−R 래치의 진리표

S	R	Q
0	0	변화 없음
0	1	0
1	0	1
1	1	사용 안함

입력 신호로 S와 R을 조절하여 출력 신호 Q를 원하는 대로 만들 수가 있다. 래치 회로는 기계적인 스위치에서 오는 불안정한 신호를 안정하게 잡아주는 디바운싱(debouncing) 회로에서 유용하게 쓰인다.

2. NAND 게이트로 된 S−R 래치

NAND 게이트의 경우 NOR와 출력이 다름을 주의한다. 결과적으로 Set과 Reset이 바뀌어 진리표가 반대가 된다.

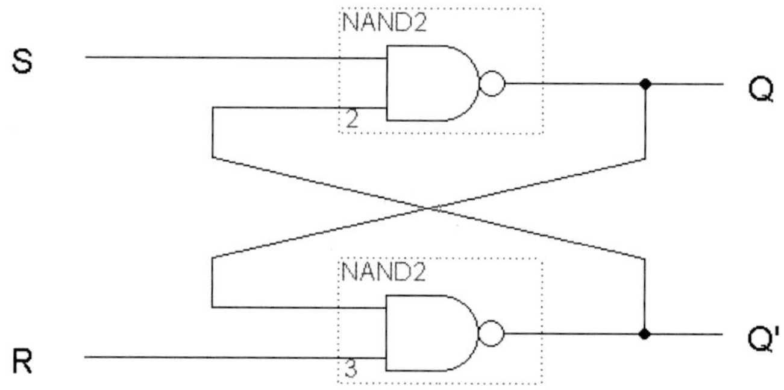

그림 8.2 NAND로 된 S−R 래치

(1) Setting

■ $Q=0$이고 $Q'=1$일 경우

R(reset) 입력을 1로 고정하고 S(set) 입력에 펄스를 인가했을 때 출력을 조사해 보자.

① 초기에 S = 1, R = 1일 때 $Q=0$, $Q'=1$을 만족한다.

② S = 0으로 바뀌면 $Q=1$, $Q'=0$으로 바뀐다.

③ S = 1로 바뀌면 $Q=1$, $Q'=0$으로 바뀌지 않는다.

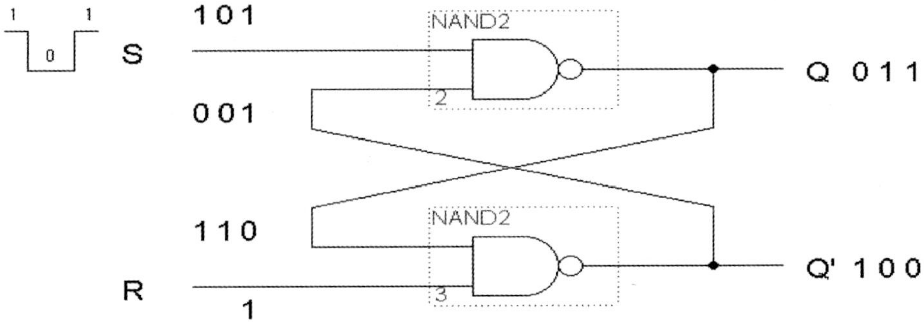

■ $Q=1$이고 $Q'=0$일 경우

R(reset) 입력을 1로 고정하고 S(set) 입력에 펄스를 인가했을 때 출력을 조사해 보자.

① 초기에 S＝1, R＝1일 때 $Q=1$, $Q'=0$을 만족한다.

② S＝0으로 바뀌면 $Q=1$, $Q'=0$으로 바뀌지 않는다.

③ S＝1로 바뀌면 $Q=1$, $Q'=0$으로 바뀌지 않는다.

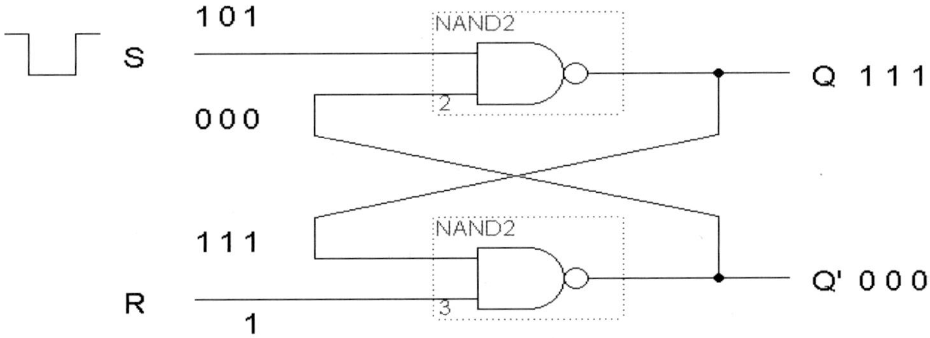

정리하면 진리표는 다음과 같다.

S	R	Q
0	1	1

(2) Clearing

■ $Q=0$이고 $Q'=1$일 경우

S(set) 입력을 1로 고정하고 R(reset) 입력에 펄스를 인가했을 때 출력을 조사해 보자.

① 초기에 S=1, R=1일 때 $Q=0$, $Q'=1$을 만족한다.

② R=0으로 바뀌면 $Q=0$, $Q'=1$로 바뀌지 않는다.

③ R=1로 바뀌면 $Q=0$, $Q'=1$로 바뀌지 않는다.

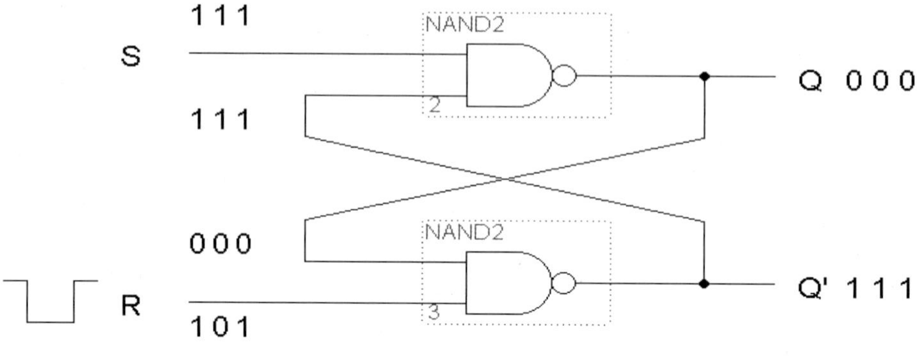

■ $Q=1$이고 $Q'=0$일 경우

S(set) 입력을 1로 고정하고 R(reset) 입력에 펄스를 인가했을 때 출력을 조사해 보자.

① 초기에 S=1, R=1일 때 $Q=1$, $Q'=0$을 만족한다.

② R=0으로 바뀌면 $Q=0$, $Q'=1$로 바뀐다.

③ R=1로 바뀌면 $Q=0$, $Q'=1$로 바뀌지 않는다.

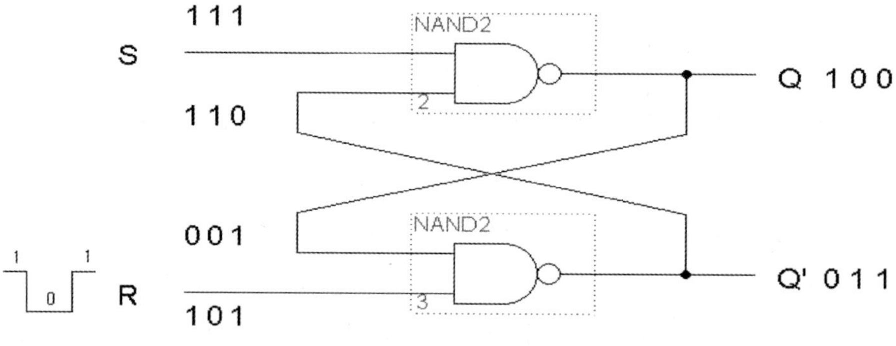

S	R	Q
1	0	0

(3) No change

■ **$Q=0$이고 $Q'=1$일 경우**

S = R = 1이면 출력은 변하지 않고 $Q=0$, $Q'=1$이다.

■ **$Q=1$이고 $Q'=0$일 경우**

S = R = 1이면 출력은 변하지 않고 $Q=1$, $Q'=0$이다.

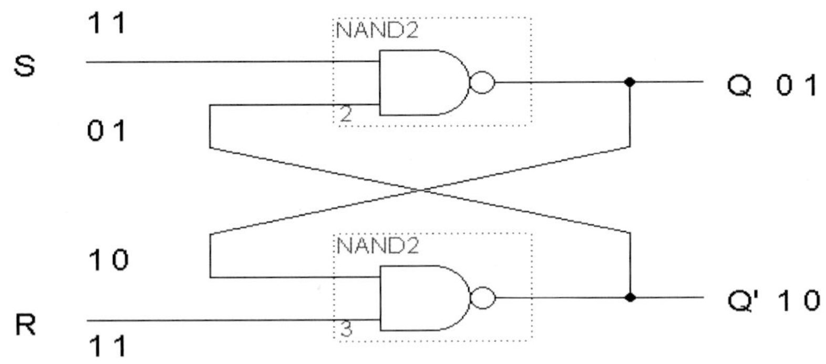

S	R	Q
1	1	no change

결과적으로 정리하면 다음과 같은데 NOR 소자의 래치와 다름을 알 수 있다. NAND의 경우에 S = 0일 경우에 set되는 것이 다르다.

S	R	Q
0	0	사용 안함
0	1	1
1	0	0
1	1	변화 없음

따라서 NAND 게이트를 사용한 래치의 심벌과 진리표는 다음과 같이 동등 회로로 표현될 수 있다.

이 경우의 래치를 active low 래치라 한다.

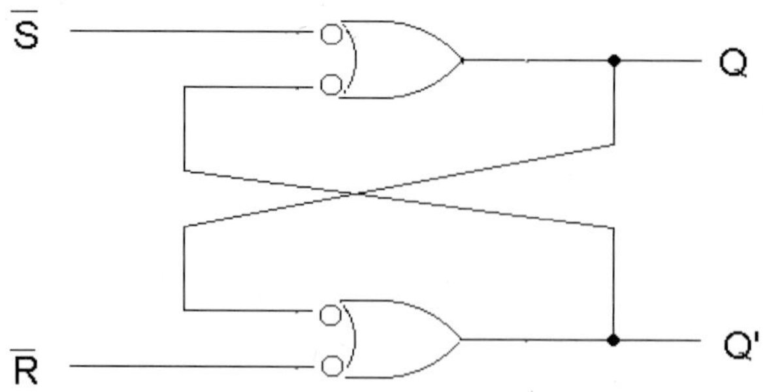

그림 8.3 NAND 래치와 동등 회로

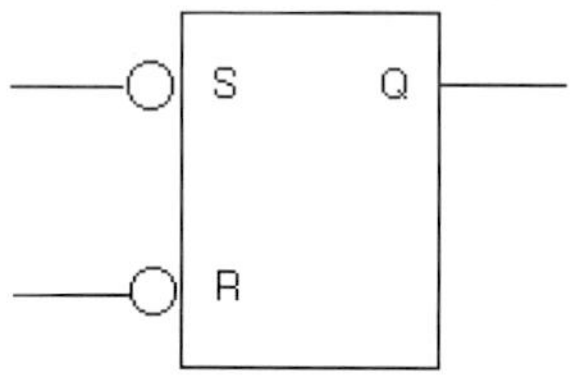

$\overline{S}$	$\overline{R}$	Q
1	1	변화 없음
1	0	0
0	1	1
0	0	사용 안함

그림 8.4 NAND 래치의 심벌과 진리표

결과적으로 NOR와 NAND 래치의 진리표를 비교하면 다음과 같다.

NAND 래치

$\overline{S}$	$\overline{R}$	Q
1	1	변화 없음
1	0	0
0	1	1
0	0	사용 안함

NOR 래치

$\overline{S}$	$\overline{R}$	Q
0	0	변화 없음
0	1	0
1	0	1
1	1	사용 안함

3. 게이트가 있는 래치

앞에서 배운 SR 래치나 $\overline{S}\,\overline{R}$ 래치는 입력이 주어지면 그에 따른 출력이 항상 나타난다. 하지만 때에 따라서는 입력이 주어지더라도 출력을 바꿀 필요가 없는 경우라든지 원하는 시간에 출력을 바꿀 필요가 발생한다. 이러한 경우에 입력 신호를 enable 신호와 게이트 처리하여 조절하면 되는데, 이를 gated SR 래치라 한다. 그림 8.5는 gated SR 래치를 나타낸다. 앞부분의 enable이 있는 게이트를 steering gate라 한다.

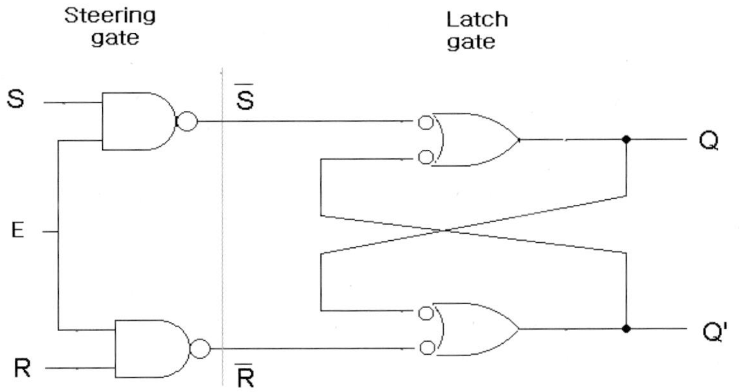

그림 8.5 Gated 래치

아래 표는 gated SR 래치의 진리표를 나타낸다.

E	S	R	$\overline{S}$	$\overline{R}$	Q
1	0	0	1	1	변화 없음
1	0	1	1	0	1
1	1	0	0	1	0
1	1	1	0	0	사용 안함
0	x	x	x	x	x

4. 래치의 VHDL

래치는 간단히 enable 신호에 의해 데이터를 저장하는 소자이므로 다음과 같이 VHDL로 나타낼 수 있다. enable 신호가 활성화되면 데이터를 출력하도록 한다. Enable 신호 대신에 클록을 사용하면 플립플롭이 된다.

```
PROCESS (enable, data)
BEGIN
        IF (enable = '1') THEN
                Q <= data;
        END IF;
END PROCESS;
```

5. 래치의 응용

(1) Contact 디바운싱 회로

기계적인 스위치를 작동하다 보면 접촉면의 바운싱에 의해 출력으로 나타나는 신호가 떠는 현상, 즉 chattering이 발생한다. 스위치로부터 입력 신호를 받아들일 때 이런 현상이 발생하면 출력값의 on-off가 반복되므로 올바른 값을 출력하지 못하게 된다. 이런 경우 바운싱을 방지하는 회로가 필요한데, 이를 디바운싱 회로라 한다. 그림 8.5는 간단한 스위치 회로와 chattering 현상을 나타낸다. 스위치가 닫혔을 경우에 나타나는 현상이다.

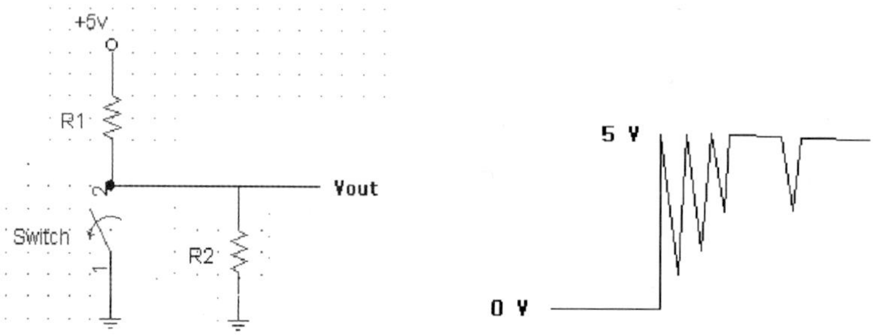

그림 8.5 스위치 회로와 chattering 현상

좀 더 안정적인 디지털 값을 출력하기 위해 아날로그 입력 신호를 디지털 출력 신호로 바꾸어 준다. 이러한 경우 래치를 사용하면 입력 신호를 받아들여 정확한 디지털 값을 출력하게 되므로 해결 가능해진다. 그림 8.6은 스위치 디바운싱 회로의 예를 나타낸다.

초기에 스위치가 1의 위치에 있다고 가정하자. $\overline{\mathrm{S}}=1$, $\overline{\mathrm{R}}=0$이므로 출력은 $Q=0$이다.

스위치가 2의 위치로 가면 $\overline{\mathrm{S}}=0$, $\overline{\mathrm{R}}=1$로 바뀌어 출력은 $Q=1$이 된다.

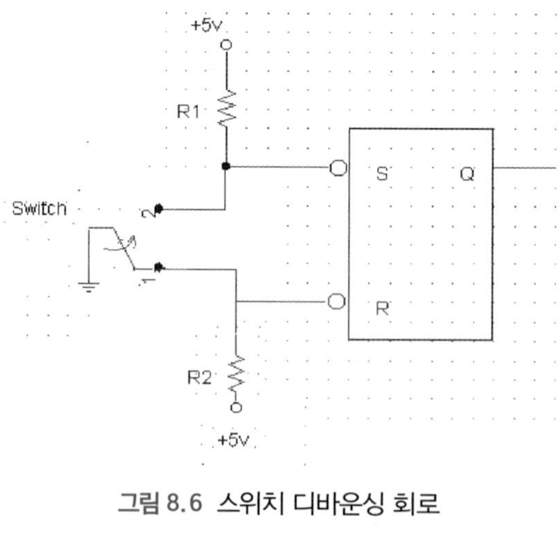

그림 8.6 스위치 디바운싱 회로

(2) 래치를 이용한 알람 회로

래치는 기계적 스위치를 사용하는 회로에서 발생하는 떨림을 제거하고, 깨끗한 신호를 얻고자 할 때 사용된다. 그림 8.7은 외부로부터 침입을 막는 간단한 보안 회로이다. 광트랜지스터는 빛을 받으면 전기가 통하는 소자이므로 침입자가 없을 경우에는 on되어 S = low가 된다. 초기에 스위치는 닫혀 있어 R = low가 된다. 초기 출력은 알람이 꺼져 있는 상태이므로 $Q = 0$이다. 침입자가 들어오면 광트랜지스터를 가리게 되어 순간적으로 트랜지스터가 off되고 S = high로 된다. 진리표에 의해 S = 1, R = 0이면 출력 $Q = 1$이 되므로 알람은 울리게 된다. 알람이 울리면 스위치를 열어 R = high가 되고, 이때 S = low이므로 출력은 $Q = 0$이 되어 알람은 다시 꺼지게 된다. 다시 스위치를 원위치로 닫아놓으면 R = low가 되어 S = 0, R = 0이므로 변화가 없이 알람은 꺼져 있게 된다. 정리하면 반복되는 순서는 다음과 같다.

- S = 0, R = 0, $Q = 0$ alarm off
- S = 1, R = 0, $Q = 1$ alarm on
- S = 0, R = 1, $Q = 0$ alarm off
- S = 0, R = 0, $Q = 0$ alarm off

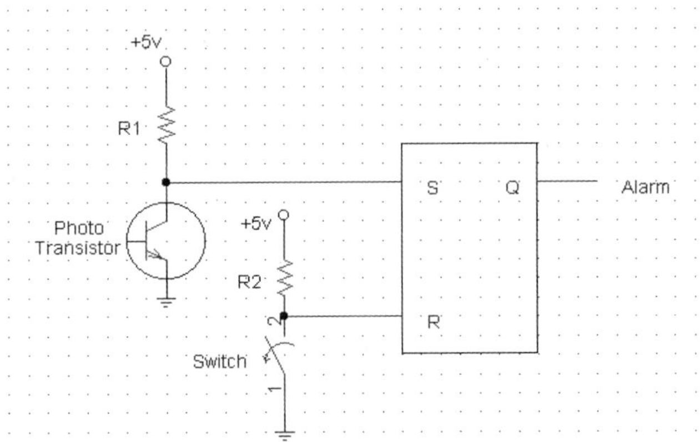

그림 8.7 래치를 이용한 알람 회로

8.3 클록 플립플롭

1. 클록

클록 플립플롭은 클록의 변화에 의해서만 출력 상태가 바뀌는 플립플롭을 말한다. 앞장에서 배운 것처럼 클록은 일정한 주기로 계속적으로 펄스 파형을 만들어 내므로 플립플롭에서는 에지를 검출하는 회로가 내장되어 있어 클록의 파형이 PGT인지 NGT인지를 판별해 낸다. 이때 PGT에서 작동하는 플립플롭을 positive edge triggered 플립플롭이라 하고, NGT에서 작동하는 플립플롭을 negative edge triggered 플립플롭이라 한다.

(a) Positive edge triggered (b) Negative edge triggered

그림 8.8 클록 플립플롭 구조

그림 8.9는 간단하게 inverter를 사용하여 비교하므로 에지를 검출하는 회로를 나타낸다.

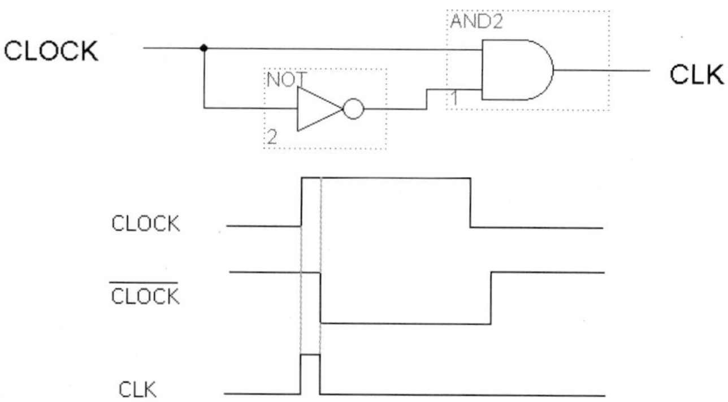

그림 8.9 Positive edge 검출 회로

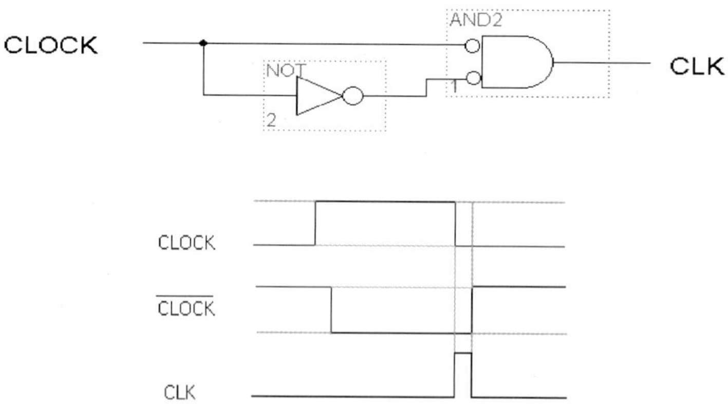

그림 8.10 Negative edge 검출 회로

2. 클록과 신호와의 관계

클록에 의해 action이 취해지는 회로에서는 데이터나 입력 신호가 미리 대기하는 것이 중요하다. 미리 준비하지 못하면 클록이 뒬 때 action이 취해지지 않는 경우가 발생하게 되어 한 주기가 지연되는 경우가 발생한다. 이러한 경우가 발생하는 것을 방지하기 위해서 데이터는 set up 시간과 hold 시간을 충분히 유지하여 안정한 상태를 만족해야 한다.

- **Set up 시간** 클록이 적용되기 전에 신호가 안정하기 위한 시간
- **Hold 시간** 클록이 적용된 후에도 신호가 안정한 상태로 머무르는 시간

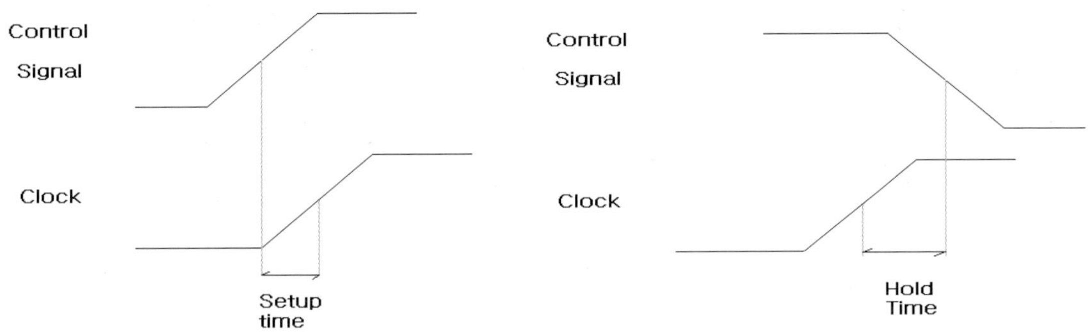

3. S-R 플립플롭

래치는 클록 없이 입력의 조합 변화에 의해 출력 상태가 변화하였다. 클록을 사용하는 플립플롭의 경우 클록이 0에서 1로 변화할 때, 즉 PGT일 경우나 1에서 0으로 변할 때 NGT일 경우에만 출력이 변화할 수 있다. SR 플립플롭의 경우 S와 R은 control 입력 신호이고, PRN과 CLRN은 asynchronous control 신호로 클록에 상관없이 작동하게 한다. CLRN은 플립플롭을 초기화할 경우에 사용하는 clear이다. PRN은 플립플롭의 우선순위로 선택할 때 사용한다.

표 8.2 S-R 플립플롭의 PGT의 경우

S	R	클록	*Q*
0	0	↑	변화 없음
0	1	↑	0
1	0	↑	1
1	1	↑	사용 안함

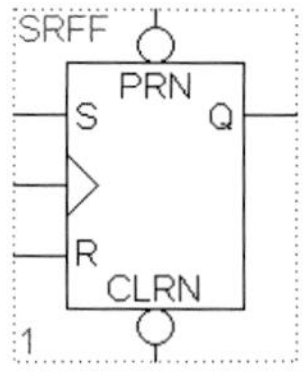

그림 8.11 S-R 플립플롭

그림 8.12는 S-R 플립플롭의 작동에 대한 간단한 예를 보여준다.

t_1에서 R=S=0이므로 출력이 변화가 없이 Q=0이고

t_2에서 S=1, R=0이므로 Q=1로 바뀌었다.

t_3에서는 R=1, S=0이므로 Q=0이 된다.

t_4에서는 S=0, R=1이므로 Q=0이다.

t_5에서는 S=1, R=0이므로 Q=1로 바뀌었다.

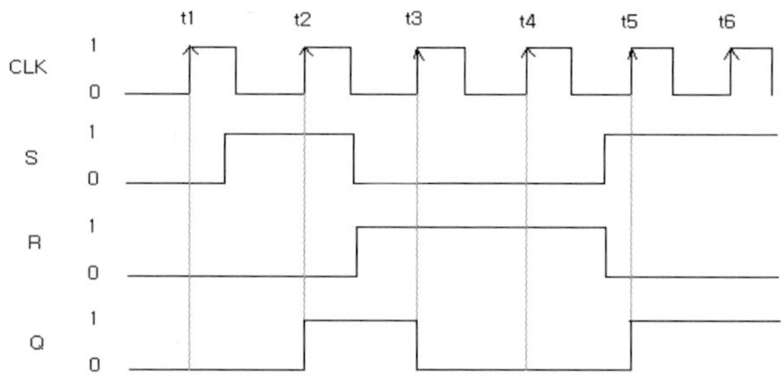

그림 8.12 타이밍 선도

4. JK 플립플롭

SR 플립플롭의 경우 입력이 "11"일 경우는 사용하지 않았다. 하지만 JK 플립플롭은 SR과 같지만, 입력이 "11"일 경우에 출력이 반대가 되는 상태로 바뀐다. 따라서 SR 플립플롭보단 더 효율적으로 사용할 수 있다. 이러한 이유로 순차 회로를 설계하는 데 있어 JK 플립플롭을 많이 사용한다. JK 플립플롭인 경우에 진리표는 다음과 같다.

표 8.3 J-K 플립플롭의 PGT

J	K	클록	Q
0	0	↑	Q
0	1	↑	0
1	0	↑	1
1	1	↑	Q'

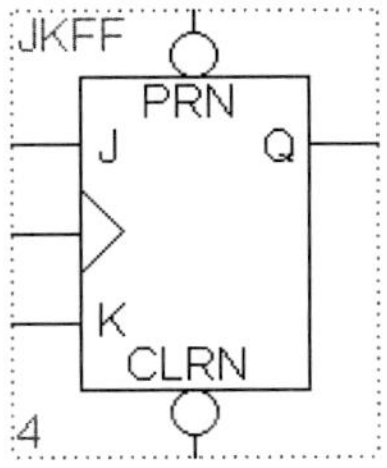

그림 8.13 JK 플립플롭

7473은 JK 플립플롭을 나타내는 IC로 2개의 플립플롭이 내장되어 있다. 입력 1J1K에 대한 출력은 1Q이고, 입력 2J2K에 대한 출력은 2Q이다. 1CLRN은 1Q 출력을 0으로 clear시킨다.

그림 8.14 JK 플립플롭 IC 7473

그림 8.15는 JK 플립플롭의 타이밍 선도를 보여준다.

t_1에서 J$=$0, K$=$1이므로 출력 $Q=0$이고,

t_2에서는 J$=$K$=$1이므로 출력이 반대로 바뀌어 $Q=1$이 된다.

$t_3 t_4$에서는 J$=$K$=$0이므로 출력이 변하지 않아 그대로 $Q=1$이고

t_5에서는 J$=$K$=$1이므로 $Q=0$으로 바뀐다.

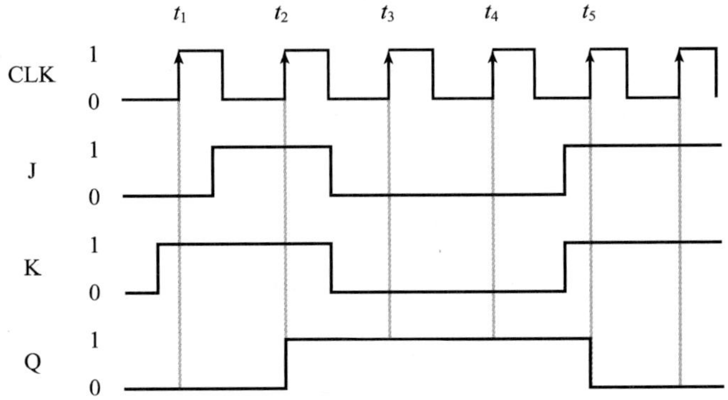

그림 8.15 타이밍 선도

JK 플립플롭을 VHDL로 나타내면 다음과 같다.

```
LIBRARY IEEE;
USE IEEE.std_logic_1164.all;
ENTITY JK_flipflop IS
        PORT (JK        : IN     STD_LOGIC_VECTOR(1 downto 0);
        CLK, RESET      : IN     STD_LOGIC;
        Q               : BUFFER     STD_LOGIC);
END JK_flipflop;
ARCHITECTURE Behavior of JK_flipflop IS
BEGIN
        PROCESS (CLK, RESET)
        BEGIN
                IF        RESET = '0' THEN
                          Q <= '0';
                ELSIF CLK'EVENT and CLK = '1' THEN
                          CASE      JK      IS
                                    when "00" => Q <= Q;
                                    when "01" => Q <= '0';
                                    when "10" => Q <= '1';
                                    when others => Q <= not Q;
                          END CASE;
                END IF;
        END PROCESS;
END Behavior;
```

점검문제 8.1 S-R 플립플롭의 VHDL을 작성하고 결과를 출력하시오.

5. D 플립플롭

D 플립플롭의 경우에는 입력값이 클록이 변할 때 그대로 출력되는 것을 알 수 있다. 이러한 특성으로 D 플립플롭은 한 클록 동안 바이너리 데이터를 저장하는 버퍼로 많이 사용된다. 대표적인 버퍼로는 D 플립플롭을 여러 개 묶어놓은 레지스터가 있다. D 플립플롭인 경우에 진리표는 다음과 같다.

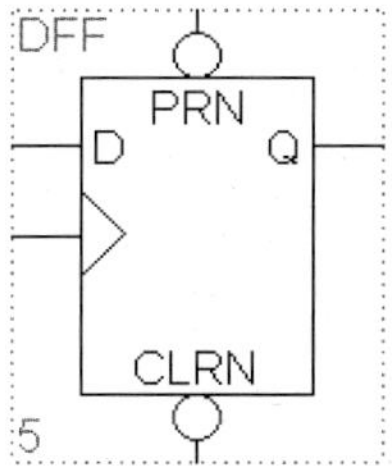

D	클록	Q
0	↑	0
1	↑	1

그림 8.16 D 플립플롭과 구조

7474는 D 플립플롭을 나타내며 2개의 플립플롭이 내장되어 있다.

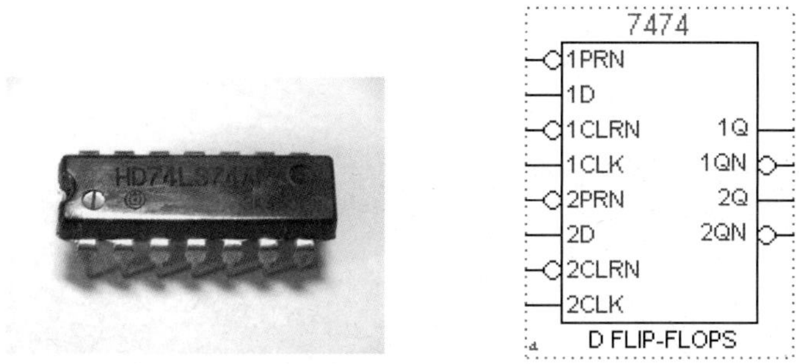

그림 8.17 IC 7474

그림 8.18은 D 플립플롭의 예를 보여준다.
t_1에서 D = 0이므로 $Q = 0$이고, t_2에서 D = 1이므로 $Q = 1$이 된다.
t_3에서는 D = 0이므로 $Q = 0$이 되고, t_5에서는 D = 1이므로 $Q = 1$이 된다.

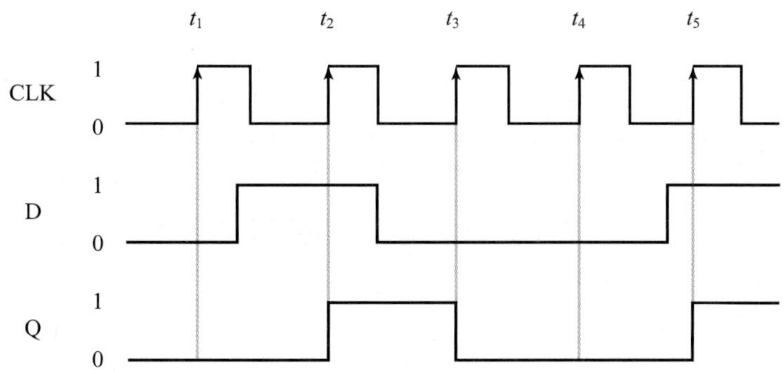

그림 8.18 타이밍 선도

D 플립플롭을 VHDL로 나타내면 다음과 같다.

```
LIBRARY IEEE;
USE IEEE.std_logic_1164.all;
ENTITY D_flipflop IS
        PORT (D, CLK, RESET   : IN    STD_LOGIC;
              Q               : OUT   STD_LOGIC);
END D_flipflop;
ARCHITECTURE Behavior of D_flipflop IS
BEGIN
        PROCESS (CLK, RESET)
        BEGIN
              IF       RESET = '0' THEN
                       Q <= '0';
              ELSIF CLK'EVENT and CLK = '1' THEN
                       Q <= D;
              END IF;
       END PROCESS;
END Behavior;
```

6. T 플립플롭

T 플립플롭의 경우에 입력이 0이면 클록이 PGT이 될 경우 출력은 바뀌지 않고 그대로이다. 입력이 1일 경우 PGT이 되면 출력은 현재 상태와 반대가 된다. T 플립플롭인 경우에 진리표는 다음과 같다.

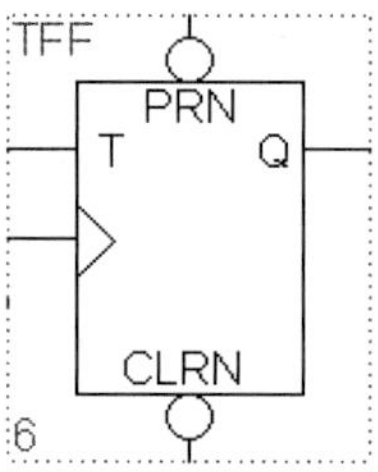

T	클록	Q
0	↑	Q
1	↑	Q'

그림 8.19 T 플립플롭 구조

그림 8.20에서 살펴보면

t_1에서 T = 0이므로 $Q=0$, t_2에서 T = 1이므로 $Q=1$로 바뀌었다.

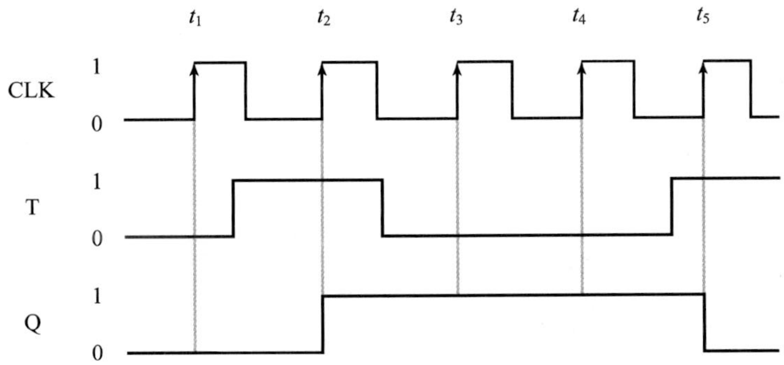

그림 8.20 타이밍 선도

$t_3 t_4$에서는 $T=0$이므로 $Q=1$로 유지되고, t_5에서 $T=1$이므로 $Q=0$으로 바뀐다.

점검문제 8.2 T 플립플롭을 나타내는 VHDL을 작성하시오.

8.4 플립플롭의 응답

다음 각 플립플롭의 경우 출력을 살펴보자.

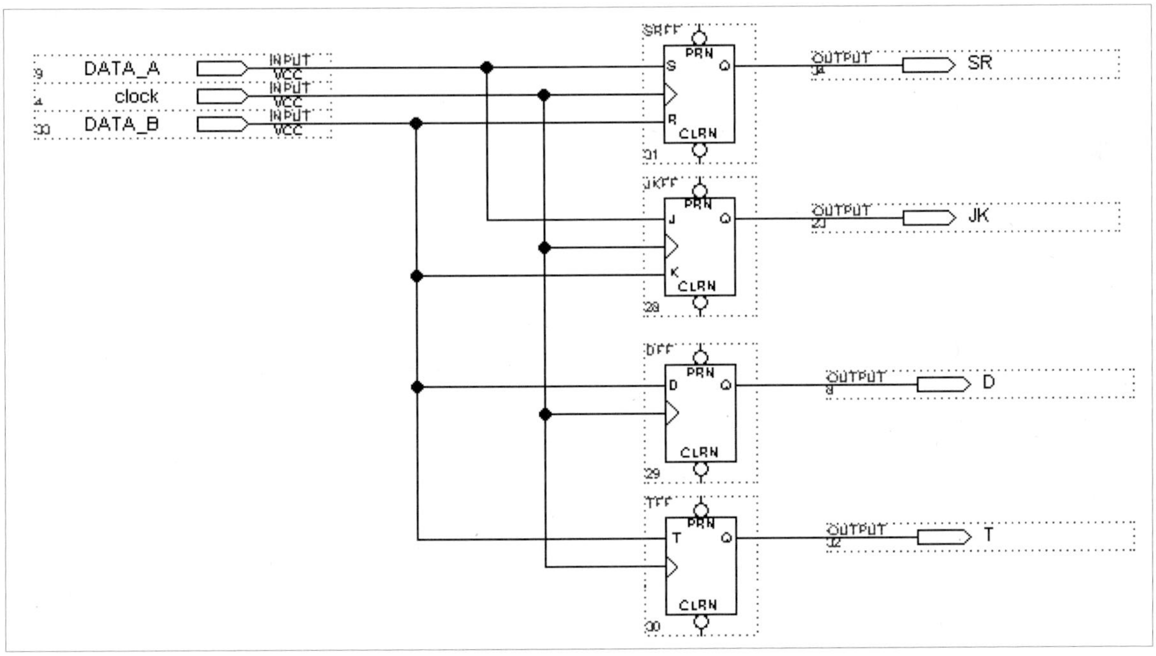

그림 8.21 각 플립플롭의 응답

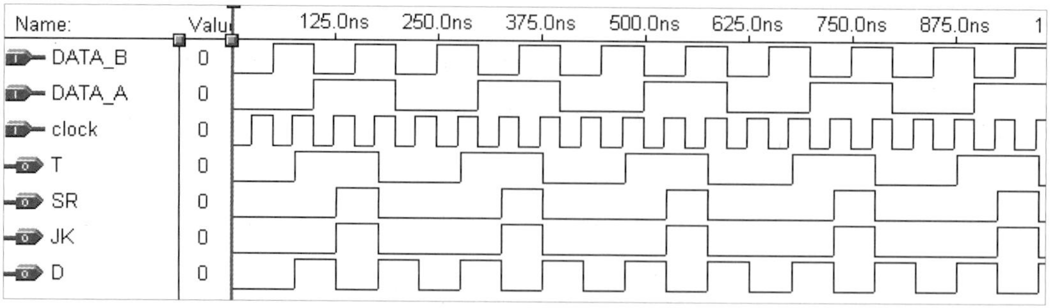

그림 8.22 각 플립플롭의 출력

8.5 플립플롭 관련 IC

1. 래치

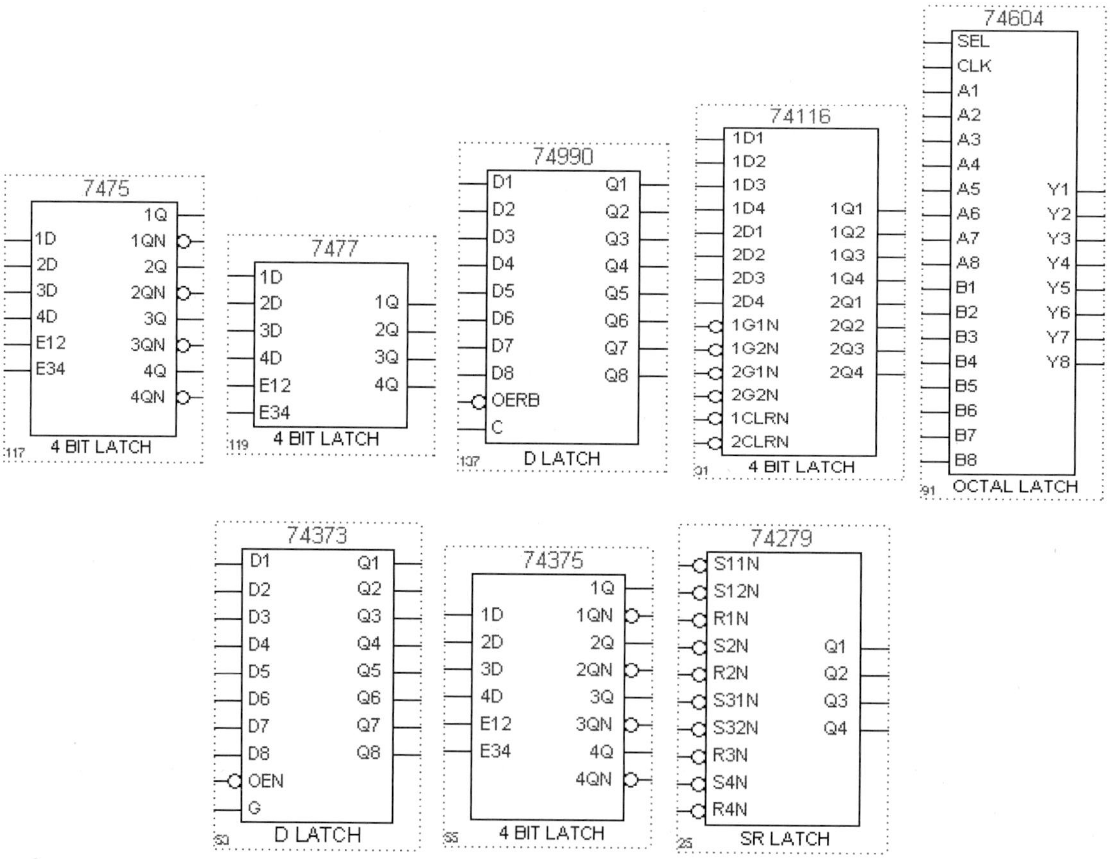

그림 8.23 래치 IC

2. SR 플립플롭

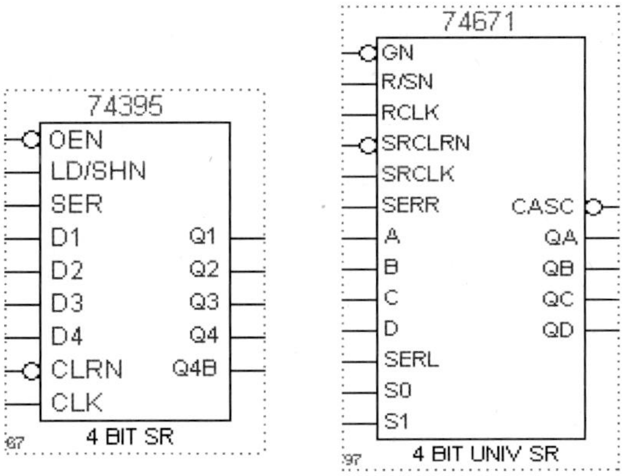

그림 8.24 SR 플립플롭 IC

3. D 플립플롭

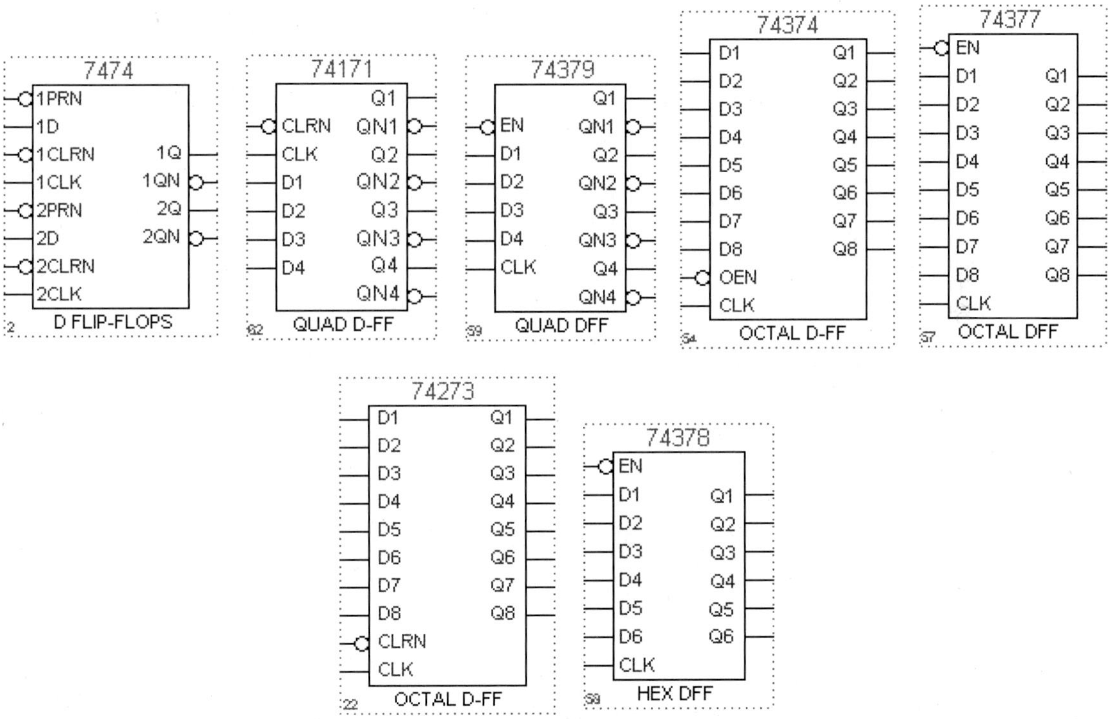

그림 8.25 D 플립플롭 IC

4. JK 플립플롭

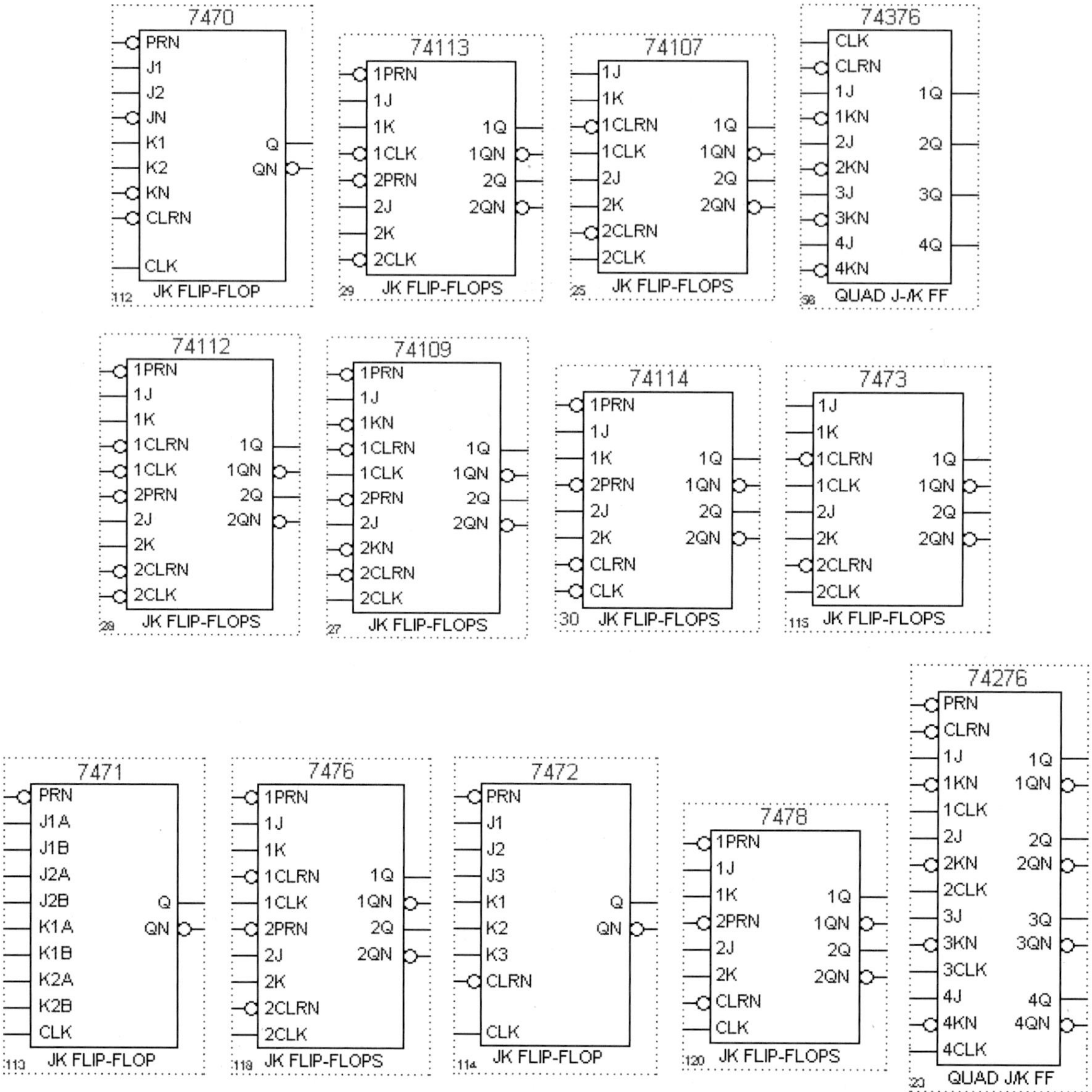

그림 8.26 JK 플립플롭 IC

실험 08 래치와 플립플롭

01 | S-R 래치 회로

NOR 소자와 스위치 그리고 LED를 사용해서 S-R 래치 회로를 구성하고 진리표를 확인하시오.

02 | 디바운싱 회로 연결

다음 스위치 회로를 연결하고 출력되는 파형을 오실로스코프로 확인하시오.

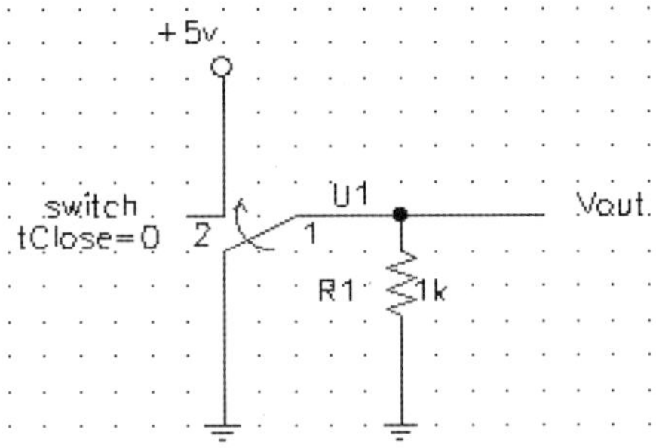

03 | 다음 스위칭 회로에서 작동을 설명하고 스위치를 1위치에서 2위치로 바꿀 때의 출력을 오실로스코프로 측정하시오.

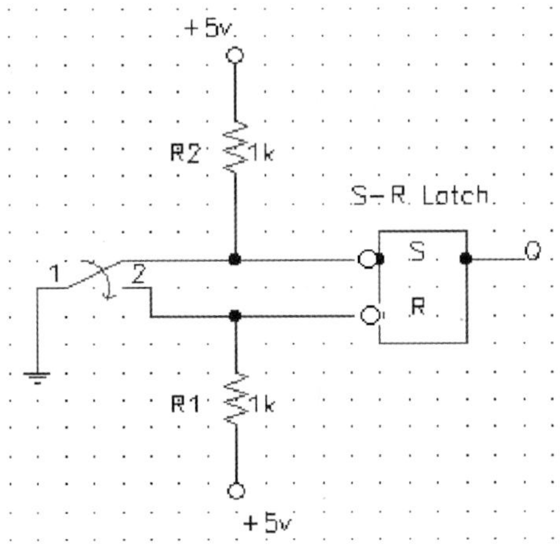

$\overline{S}$(V)	$\overline{R}$(V)	Q(V)
0	0	
0	1	
1	0	
1	1	N/A

04 | JK 플립플롭을 사용하여 진리표를 구하시오.

J(V)	K(V)	Q(V)
0	0	
0	1	
1	0	
1	1	

05 | D 플립플롭을 사용하여 진리표를 구하시오.

D(V)	Q(V)
0	
1	

06 | T 플립플롭을 사용하여 진리표를 구하시오.

T(V)	Q(V)
0	
1	

07 | S-R 래치나 플립플롭에서 파워를 켰을 때 현재 출력하는 상태는 얼마인가? 만약 출력의 상태를 결정할 수 없다면 어떻게 원하는 상태로 설정해야 하는가?

날짜	
검인	

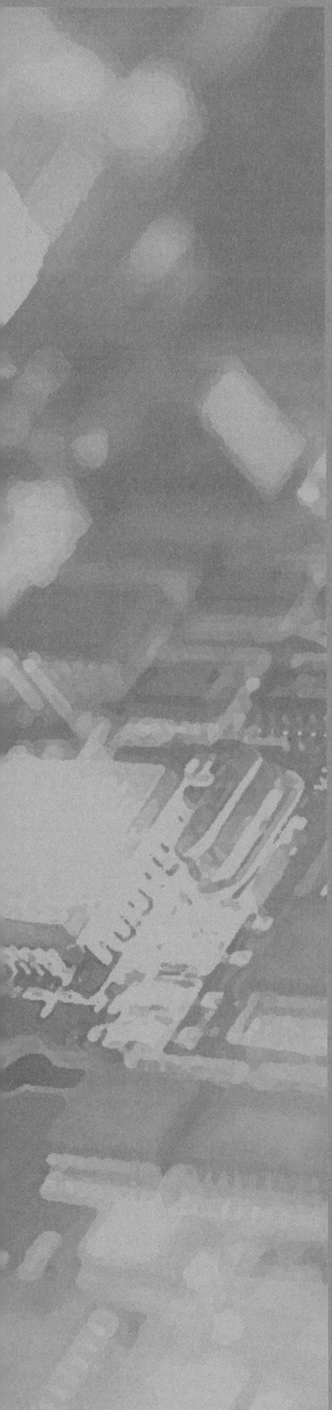

Chapter 9

순차 회로

9.1 소개

우리가 주변을 돌아보면 LED가 여러 개 조합되어 만들어진 광고판을 쉽게 찾을 수 있다. LED로 글자를 만들어 깜박이기도 하고 움직이기도 하면서 다양한 형태를 나타낸다. 보기에는 매우 어려워 보이지만 그 원리를 알면 매우 쉽다는 것을 깨달을 것이다. 이번에 배울 내용이 바로 이러한 디지털 회로 설계이다.

6장까지는 입력이 그대로 출력으로 연결되어 시간적인 지연으로 인한 메모리가 없는 조합논리 회로에 대해 알아보았다. 이 장에서는 메모리가 있는 회로, 즉 순차 회로를 공부한다. 메모리가 있다는 말은 회로가 일정 시간 동안 데이터를 저장할 수 있다는 것을 뜻한다. 가장 기본적인 메모리 소자는 플립플롭이다. 컴퓨터의 SRAM (Static RAM)의 경우는 플립플롭으로 만들어진 대표적인 메모리 장치이다. 따라서 조합논리 회로는 입력과 출력으로 구성되어 있는 반면, 순차 회로에서는 시간과 관계되는 입력, 출력 그리고 현 상태(state)를 포함한다. 상태는 출력으로 되기도 하지만 입력으로도 사용하여 순차적인 결과를 만들기도 한다. 어느 한 시간에 메모리 소자에 저장된 바이너리 값을 상태라 한다. 시간에 따라 현재 상태 변수(present state)와 과거 상태 변수(previous state), 다음 상태 변수(next state) 등이 정의된다. 따라서 순차 회로의 출력은 시간에 따른 입력값과 내부 상태 변수의 값, 그리고 출력에 의해 결정된다.

순차 회로의 출력은 입력 변수의 값뿐만 아니라 메모리 소자의 현재 상태에 의존한다. 원하는 출력을 얻기 위해 플립플롭의 입력을 설계해야 하는데, 이때 설계한 부울함수를 입력 방정식(input equation)이라 한다. 따라서 순차 회로에서는 원하는 목적에 맞게 입력 방정식을 설계하여 플립플롭의 입력에 연결하는 것이 설계 목적이다.

상태 변수의 변화에 의존하여 출력이 변화하는 회로를 비동기 회로(asynchronous circuit)라 하고, 클록을 사용하여 출력을 변화하는 회로를 동기 회로(synchronous circuit)라 한다.

순차 회로의 설계는 플립플롭과 조합논리 회로에 의해 구성된다. 플립플롭 수는 회로에서 상태가 몇 개 있는지에 따라 결정된다. n개의 플립플롭은 2^n 상태를 표현할 수 있다.

순차 회로를 설계하는 순서는 다음과 같다.

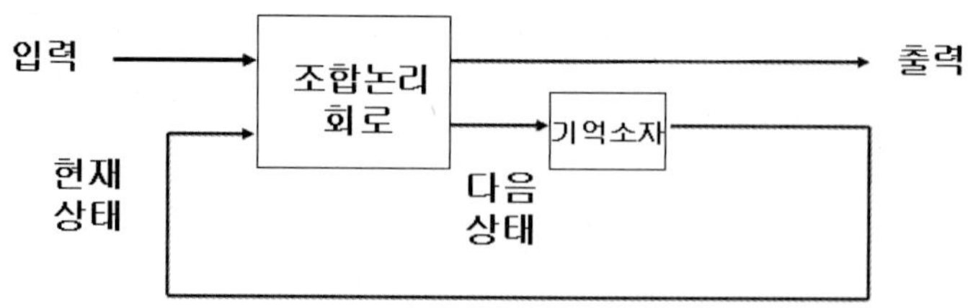

그림 9.1 순차 회로 구조

① 주어진 문제로부터 상태 다이어그램을 그린다.
② 상태 다이어그램으로부터 상태 테이블을 그린다.
③ 상태 테이블의 다음 상태값으로부터 입력 방정식을 구한다.
④ 상태 테이블의 출력값으로부터 출력 방정식을 구한다.
⑤ 입력 방정식과 출력 방정식을 최적화한다.
⑥ 논리 회로를 그린다.

순차 회로를 설계할 때 주의할 점은 다음과 같다.

- 반드시 시작 상태로 시작해서 다시 시작 상태로 돌아오도록 설계해야 한다. 그렇지 않으면 중간에 멈추게 되는 결과를 낳게 된다.
- 사용하지 않는 상태라 할지라도 don't care 상태를 포함하여 모든 상태를 나타낸다.
- Don't care 상태의 경우는 될 수 있으면 시작 상태로 연결하여 다시 시작하도록 한다.

이러한 상황을 미연에 방지하도록 도식적으로 보여 주는 그림이 바로 상태 다이어그램이다.

9.2 상태 다이어그램

순차 회로를 설계할 때 제일 먼저 해야 하는 과정은 주어진 문제를 해결하기 위한 상태 변화의 흐름을 나타내는 것이다. 현 상태란 플립플롭의 현재 출력을 말하고 다음 상태란 다음 시간에 변하게 되는 플립플롭의 출력을 말한다. 각 상태는 플립플롭으로 나타낼 수 있는데, n개의 플립플롭은 2^n개의 상태를 나타낼 수 있다. 예를 들어, 2개의 플립플롭으로 나타낼 수 있는 모든 상태는 00, 01, 10, 11의 4개이다. 입력과 출력에 의해 상태의 천이를 도식적으로 나타내는 것을 상태 다이어그램이라 한다. 하나의 플립플롭으로 나타낼 수 있는 상태를 그려보면 다음과 같다. 여기서 x는 입력, y는 출력을 나타낸다.

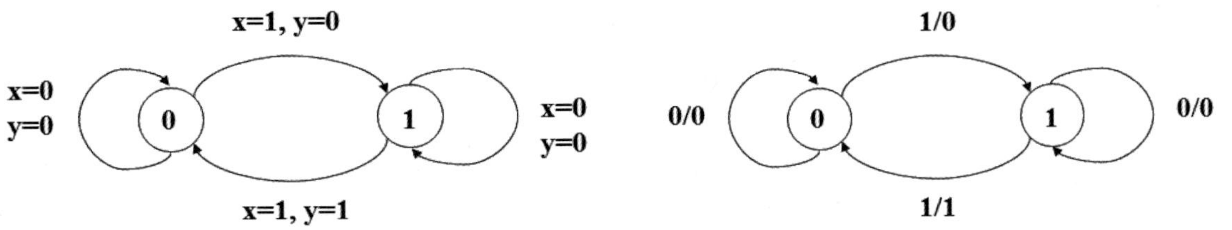

그림 9.2 상태 변수가 하나인 다이어그램의 예

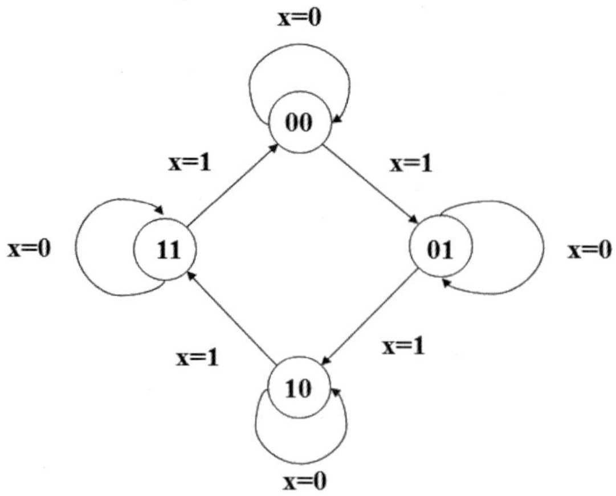

그림 9.3 상태 변수가 둘인 다이어그램의 한 예

상태 변수가 둘인 경우, 즉 플립플롭이 둘인 경우의 한 예는 다음과 같다. 입력이 0이면 현 상태 그대로이고 입력이 1이면 다음 상태로 천이되며, 상태 11에서 00으로 천이될 때만 출력이 1이고 나머지는 모두 0이고, 00 → 01 → 10 → 11로 천이되는 상태 다이어그램을 고려해 보자. 그림 9.3은 2개의 플립플롭을 사용하는 상태 다이어그램을 나타낸다.

그림 9.3에서 보면 입력 x가 0일 때 상태는 바뀌지 않고 1일 경우에는 상태가 0에서 1로 천이되고, 그때의 출력은 1이 되는 것을 나타낸다. 상태가 1일 경우에 입력이 1이면 상태 0으로 천이되고 출력은 0이며, 입력이 0이면 상태는 그대로이고, 출력은 1을 나타낸다. 이러한 입력과 출력 그리고 상태의 변환은 설계자에 달려 있다.

9.3 상태 테이블

상태 다이어그램을 테이블로 옮겨 입력과 출력 현 상태와 다음 상태의 관계를 나타낸 테이블을 상태 테이블이라 한다. 아래 테이블에서 출력값을 마지막에 1로 한 것은 11 상태에서 00 상태로 천이되었음을 나타내기 위함이다. 그림 9.3의 상태 다이어그램을 상태 테이블로 옮겨보자.

표 9.1 순차 회로의 예

현 상태 Q(t)		입력	다음 상태 Q(t+1)		출력
A	B	x	A	B	y
0	0	0	0	0	0
0	0	1	0	1	0

(계속)

현 상태 Q(t)		입력	다음 상태 Q(t+1)		출력
A	B	x	A	B	y
0	1	0	0	1	0
0	1	1	1	0	0
1	0	0	1	0	0
1	0	1	1	1	0
1	1	0	1	1	0
1	1	1	0	0	1

9.4 입출력 방정식

입력 방정식은 플립플롭의 입력에 연결되는 회로를 나타내는 부울함수를 말하고, 출력 방정식은 출력을 나타내는 부울함수를 말한다. 입력 방정식을 구하기 위해서 먼저 해야 할 것이 어떤 플립플롭을 사용해서 설계를 할 것인지를 결정해야 한다. 활성화 테이블로부터 가장 간단한 D 플립플롭을 사용한 예를 살펴보자. D 플립플롭의 입력은 다음 상태와 같으므로 아주 간단하다.

현 상태 Q(t)		입력	다음 상태 Q(t+1)		플립플롭 입력	
A	B	x	A	B	DA	DB
0	0	0	0	0	0	0
0	0	1	0	1	0	1
0	1	0	0	1	0	1
0	1	1	1	0	1	0
1	0	0	1	0	1	0
1	0	1	1	1	1	1
1	1	0	1	1	1	1
1	1	1	0	0	0	0

위의 테이블로부터 입력 방정식은 다음과 같이 구할 수 있다.

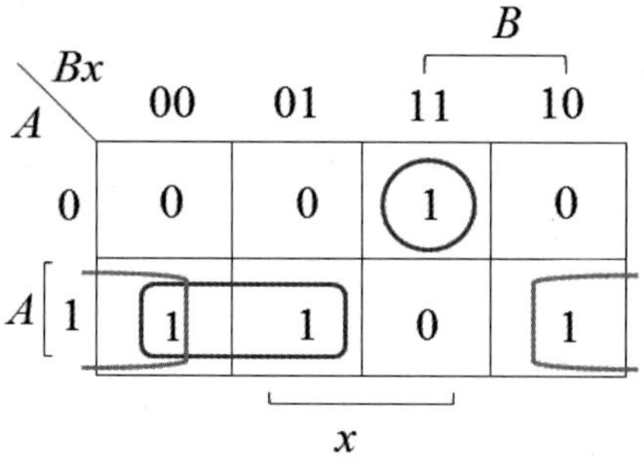

$$DA = \overline{A}Bx + A\overline{B} + A\overline{x}$$

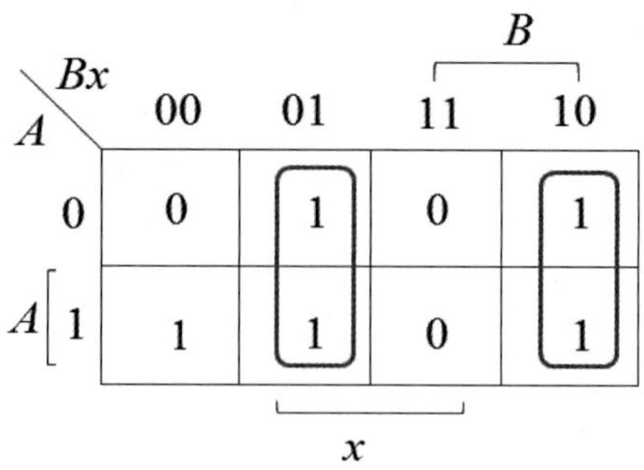

$$DB = \overline{B}x + B\overline{x} = B \oplus x$$

출력 방정식은 다음과 같다.

$$y = ABx$$

9.5 회로 구성

이제 회로를 구성하면 된다. 회로를 구성할 때 주의해야 하는 점은 A와 B는 입력 변수가 아니라 플립플롭의 출력인 상태 변수를 나타낸다는 것이다. 아래 출력 그림에서 A와 B 그리고 x값을 잘 살펴보면 상태 다이어그램의 천이 순서에 따라 출력됨을 알 수 있다.

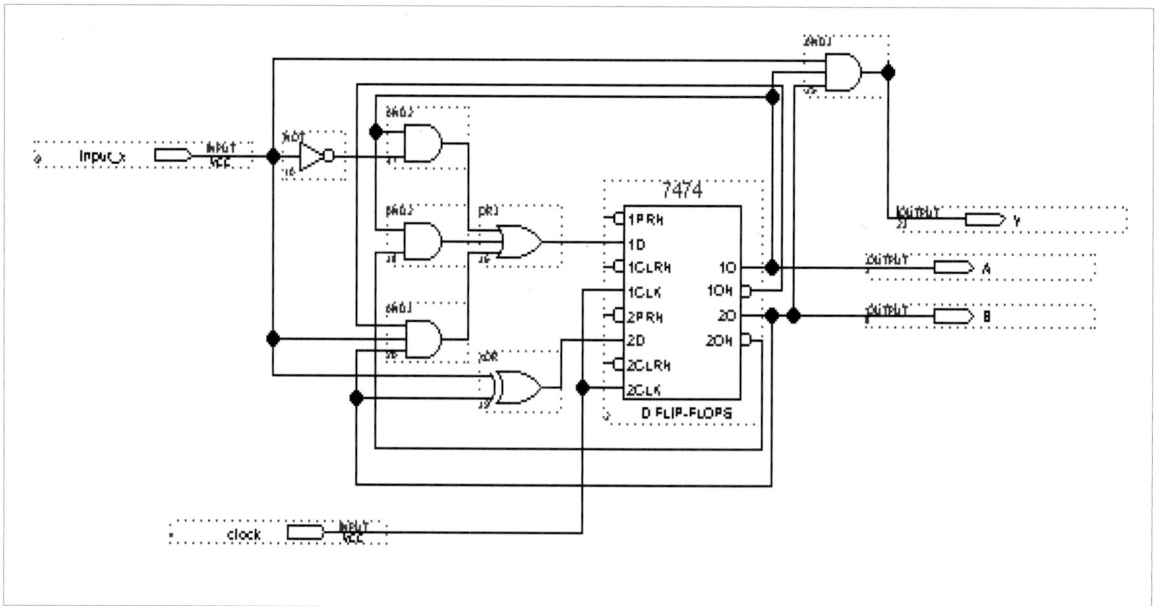

그림 9.4 순차 회로 설계

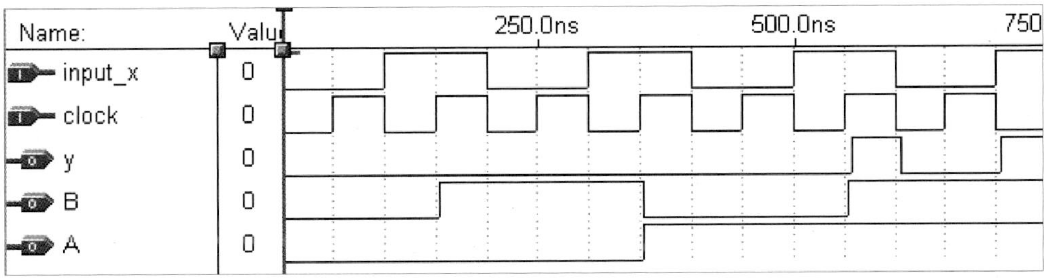

그림 9.5 출력 파형

그림 9.5에서 보면 $A=B=0$에서 $x=1$이면 클록이 틸 때(150 ns에서) $A=0$, $B=1$로 바뀌는 것을 알 수 있다. $A=0$, $B=1$일 때 $x=1$이면 클록이 틸 때(350 ns에서) $A=1$, $B=0$으로 바뀐다.

9.6 플립플롭의 활성화 테이블

1. S-R 플립플롭

플립플롭을 사용해서 순차 회로를 설계하려면 플립플롭의 입력에 연결되는 회로를 구성해야 하는데, 이때 필요한 것이 입력 방정식이다. 입력 방정식은 플립플롭의 상태 변수들과 입력 변수들의 조합에 의해 이루어진다. 이 입력 방정식을 구하기 위해서는 현재 상태와 다음 상태값이 필요하고, 이 두 상태에 의해 플립플롭의 입력이 결정되는데, 이때 필요한 것이 활성화 테이블이다. 활성화 테이블은 플립플롭의 진리표에 의해 구해진다. S-R 플립플롭일 경우를 살펴보자.

왼쪽 테이블은 SR 플립플롭의 진리표이고 오른쪽 테이블은 활성화 테이블을 나타낸다. 활성화 테이블을 만들기 위해 먼저 현재 상태 $Q(t)$가 주어졌을 때 나타나는 다음 상태 $Q(t+1)$의 관계를 살펴보자.

- $Q(t)=0$일 때 다음 상태 $Q(t+1)=0$일 경우의 입력 S와 R의 값을 진리표에서 살펴보면 S=R=0이거나 S=0, R=1인 경우이다. 따라서 S=0으로 같지만 R의 값은 0과 1로 바뀌므로 don't care로 설정한다.
- $Q(t)=0$일 때 다음 상태가 $Q(t+1)=1$로 바뀔 경우의 입력 S와 R의 값을 진리표에서 살펴보면 S=1, R=0인 경우이다.
- $Q(t)=1$일 때 다음 상태가 $Q(t+1)=0$으로 바뀔 경우의 입력 S와 R의 값을 진리표에서 살펴보면 S=0, R=1인 경우이다.

표 9.2 S-R 플립플롭의 활성화 테이블

S	R	Q
0	0	변화 없음
0	1	0
1	0	1
1	1	사용 안함

Q(t)	Q(t+1)	SR	S	R
0	0	00 또는 01	0	X
0	1	10	1	0
1	0	01	0	1
1	1	00 또는 10	X	0

- $Q(t)=1$일 때 다음 상태가 그대로 $Q(t+1)=1$일 경우의 입력 S와 R의 값을 진리표에서 살펴보면 S = R =0이거나 S =1, R =0인 경우이다. 따라서 R =0으로 같지만 S의 값은 0과 1로 바뀌므로 don't care로 설정한다.

2. JK 플립플롭

JK 플립플롭인 경우에 활성화 테이블은 다음과 같다.

- $Q(t)=0$일 때 다음 상태 $Q(t+1)=0$일 경우의 입력 J와 K의 값을 진리표에서 살펴보면 J = K =0이거나 J =0, K =1인 경우이다. 따라서 $J=0$으로 같지만 K의 값은 0과 1로 바뀌므로 don't care로 설정한다.
- $Q(t)=0$일 때 다음 상태가 $Q(t+1)=1$로 바뀔 경우의 입력 J와 K의 값을 진리표에서 살펴보면 J =1, K =0인 경우와 J =1, K =1인 경우이다. 따라서 J =1로 같지만 K의 값은 0과 1로 바뀌므로 don't care로 설정한다.
- $Q(t)=1$일 때 다음 상태가 $Q(t+1)=0$으로 바뀔 경우의 입력 J와 K의 값을 진리표에서 살펴보면 J =1, K =1인 경우와 J =0, K =1인 경우이다. 따라서 K =1로 같지만 J의 값은 0과 1로 바뀌므로 don't care로 설정한다.
- $Q(t)=1$일 때 다음 상태가 그대로 $Q(t+1)=1$일 경우의 입력 J와 K의 값을 진리표에서 살펴보면 J =0, K =0인 경우와 J =1, K =0인 경우이다. 따라서 K =0으로 같지만 J의 값은 0과 1로 바뀌므로 don't care로 설정한다.

표 9.3 JK 플립플롭의 활성화 테이블

J	K	Q
0	0	Q
0	1	0
1	0	1
1	1	Q′

Q(t)	Q(t+1)	JK	J	K
0	0	00 또는 01	0	X
0	1	10 또는 11	1	X
1	0	11 또는 01	X	1
1	1	00 또는 10	X	0

3. D 플립플롭

D 플립플롭인 경우에는 다음과 같다. D 플립플롭의 경우 활성화 테이블은 매우 간단하다. D 플립플롭의 입력이 그대로 출력이 되므로

- $Q(t)$가 0일 때 $Q(t+1)$이 0이 되는 경우는 $\mathrm{D}=0$인 경우이다.
- $Q(t)$가 0일 때 $Q(t+1)$이 1이 되는 경우는 $\mathrm{D}=1$인 경우이다.
- $Q(t)$가 1일 때 $Q(t+1)$이 0이 되는 경우는 $\mathrm{D}=0$인 경우이다.
- $Q(t)$가 1일 때 $Q(t+1)$이 1이 되는 경우는 $\mathrm{D}=1$인 경우이다.

표 9.4 D 플립플롭의 활성화 테이블

D	Q
0	0
1	1

Q(t)	Q(t+1)	D
0	0	0
0	1	1
1	0	0
1	1	1

4. T 플립플롭

T 플립플롭인 경우에는 다음과 같다.

- $Q(t)$가 0일 때 $Q(t+1)$이 0이 되는 경우는 no change인 $\mathrm{T}=0$인 경우이다.
- $Q(t)$가 0일 때 $Q(t+1)$이 1이 되는 경우는 toggle인 $\mathrm{T}=1$인 경우이다.
- $Q(t)$가 1일 때 $Q(t+1)$이 0이 되는 경우는 toggle인 $\mathrm{T}=1$인 경우이다.
- $Q(t)$가 1일 때 $Q(t+1)$이 1이 되는 경우는 no change인 $\mathrm{T}=0$인 경우이다.

표 9.5 T 플립플롭의 활성화 테이블

T	Q
0	Q
1	Q′

Q(t)	Q(t+1)	T
0	0	0
0	1	1
1	0	1
1	1	0

9.7 순차 회로 설계 예

9.1 예 제

다음은 순차 회로의 상태 다이어그램을 나타낸다. D 플립플롭으로 설계해 보자.

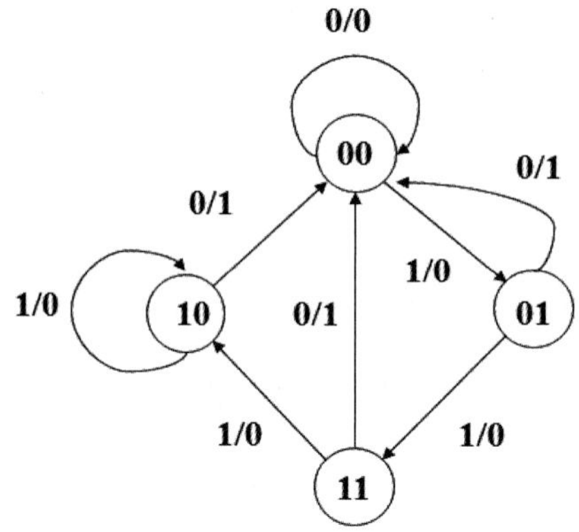

상태 테이블은 한 순차 회로의 입력과 출력 그리고 플립플롭의 상태 사이의 함수적인 관계를 나타내는 테이블이다. 테이블은 현재 상태, 입력, 다음 상태 그리고 출력 등의 변수로 이루어져 있다. 입력을 x라 하고 출력을 y 그리고 현 상태를 A, B라 할 경우 다음 입력 방정식을 고려해 보자. 현 상태 A, B라 함은 플립플롭의 현 출력을 말하는 것에 주의한다.

현 상태와 입력이 주어지면 다음 상태와 출력을 알 수 있다. 상태 테이블은 다음과 같다.

현 상태		입력	다음 상태		출력
A	B	x	A	B	y
0	0	0	0	0	0
0	0	1	0	1	0
0	1	0	0	0	1
0	1	1	1	1	0
1	0	0	0	0	1
1	0	1	1	0	0
1	1	0	0	0	1
1	1	1	1	0	0

위의 예를 D 플립플롭을 사용해서 설계해 보자. D 플립플롭의 경우 다음 상태는 현 상태와 같다. 여기서 $(t+1)$은 다음 상태를 나타낸다.

$$A(t+1) = Ax + Bx$$

$$B(t+1) = \overline{A}x$$

$$y = (A+B)\overline{x}$$

9.2 예 제

다음 상태 다이어그램을 JK 플립플롭으로 설계해 보자.

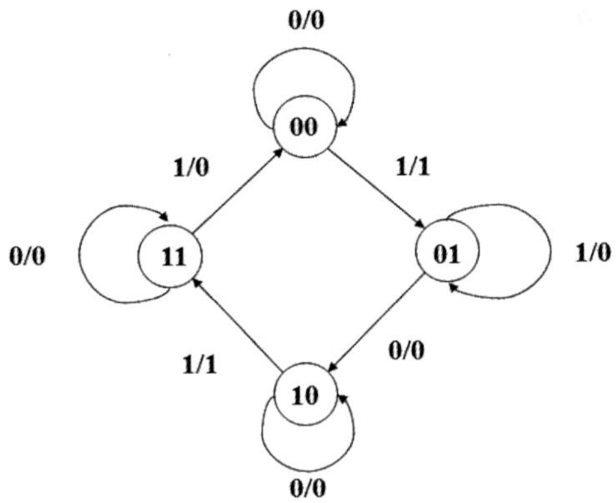

상태 변수는 A, B이고, 입력 변수가 x로 각 입력의 상태에 따라 상태가 천이된다.
00 상태에서 입력이 0이면 그대로 00이 되고, 1이면 01 상태로 옮겨간다.
01 상태에서 입력이 0이면 10 상태로 가고, 1이면 01 상태로 그대로 머무른다.
10 상태에서 입력이 0이면 그대로 10이 되고, 1이면 11 상태로 옮겨간다.
11 상태에서 입력이 0이면 그대로 11이 되고, 1이면 00 상태로 옮겨간다.

현 상태 Q(t)		입력	다음 상태 Q(t+1)		플립플롭 입력			
A	B	x	A	B	J_A	K_A	J_B	K_B
0	0	0	0	0	0	×	0	×
0	0	1	0	1	0	×	1	×
0	1	0	1	0	1	×	×	1
0	1	1	0	1	0	×	×	0
1	0	0	1	0	×	0	0	×
1	0	1	1	1	×	0	1	×
1	1	0	1	1	×	0	×	0
1	1	1	0	0	×	1	×	1

A \ Bx	00	01	11	10
0	0	0	0	1
1	×	×	×	×

$JA = B\overline{x}$

A \ Bx	00	01	11	10
0	×	×	×	×
1	0	0	1	0

$KA = Bx$

A \ Bx	00	01	11	10
0	0	1	×	×
1	×	1	×	×

$J_B = x$

A \ Bx	00	01	11	10
0	×	×	0	1
1	×	×	1	0

$K_B = Ax + \overline{A}\,\overline{x}$

회로를 그리면 다음과 같다.

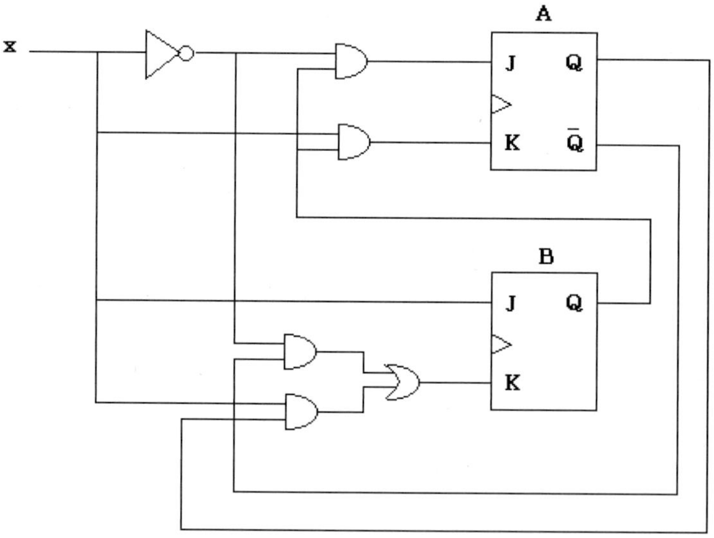

9.3 예 제

[Gray 코드 카운터] 3비트 Gray 코드 카운터를 D 플립플롭으로 설계해 보자.

Gray 코드란 매번 한 비트만 바뀌는 코드로 여러 개의 비트가 바뀌는 데서 오는 오차를 최소화하기 위해 사용되는 코드를 말한다. 대표적인 응용으로는 회전수를 카운트하는 엔코더의 순서에서 볼 수 있다. 엔코더는 모터의 회전을 카운트하기 위해 사용하는 센서 장치이다. 아래 그림은 3비트를 사용한 엔코더의 내부 슬롯을 나타낸다. 한 비트당 45°를 나타낸다. 따라서 1°의 정확도를 나타내려면 $2^8 < 360° < 2^9$이므로 9비트가 필요하다.

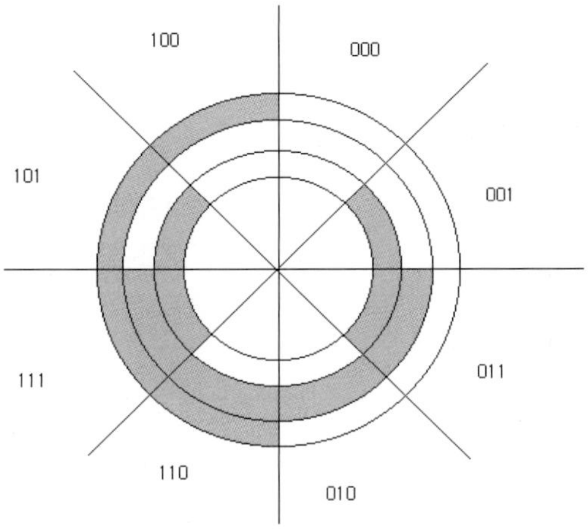

회전 영역	Gray 코드		
0 - 45도	0	0	0
45 - 90도	0	0	1
90 - 135도	0	1	1
135 - 180도	0	1	0
180 - 225도	1	1	0
225 - 270도	1	1	1
270 - 315도	1	0	1
315 - 360도	1	0	0

진리표를 보면 비트의 순서가 하나씩만 바뀌도록 구성되어 있음을 알 수 있다.

현재 상태			다음 상태			플립플롭 입력		
C	B	A	C	B	A	D_C	D_B	D_A
0	0	0	0	0	1	0	0	1
0	0	1	0	1	1	0	1	1
0	1	0	1	1	0	1	1	0
0	1	1	0	1	0	0	1	0
1	0	0	0	0	0	0	0	0
1	0	1	1	0	0	1	0	0
1	1	0	1	1	1	1	1	1
1	1	1	1	0	1	1	0	1

$$D_C = B\overline{A} + CA$$

$$D_B = B\overline{A} + \overline{B}A$$

$$D_A = \overline{C}\,\overline{B} + CB$$

▶ 점검문제 9.1 D 플립플롭을 사용하면 쉽게 순차 회로를 설계할 수 있다. 그렇다면 D 플립플롭을 사용하지 않고 JK 플립플롭을 사용하는 이유는 무엇인가?

▶ 점검문제 9.2 4비트 gray 코트 카운터를 D 플립플롭으로 설계하시오.

㉰

Q_3	Q_2	Q_1	Q_0
0	0	0	0
0	0	0	1
0	0	1	1
0	0	1	0
0	1	1	0
0	1	1	1
0	1	0	1
0	1	0	0
1	1	0	0
1	1	0	1
1	1	1	1
1	1	1	0
1	0	1	0
1	0	1	1
1	0	0	1
1	0	0	0

$$D_3 = Q_3Q_0 + Q_3Q_1 + Q_2\overline{Q_1}\,\overline{Q_0}$$

$$D_2 = Q_2\overline{Q_1} + Q_2Q_0 + \overline{Q_3}Q_1\overline{Q_0}$$

$$D_1 = Q_1\overline{Q_0} = Q_3\overline{Q_2}Q_0 + Q_3Q_2Q_0$$

$$D_0 = \overline{Q_3}\,\overline{Q_2}\,\overline{Q_1} + Q_3Q_2\overline{Q_1} + \overline{Q_3}Q_2Q_1 + Q_3\overline{Q_2}Q_1$$

9.8 순차 회로의 VHDL

순차 회로란 상태가 매시간 정의되며 입력과 출력의 값이 달라지는 회로이다. 이러한 순차 회로를 VHDL로 나타내 보자.

9.4 예 제

다음 그림은 상태가 6개인 상태 다이어그램을 나타낸다.

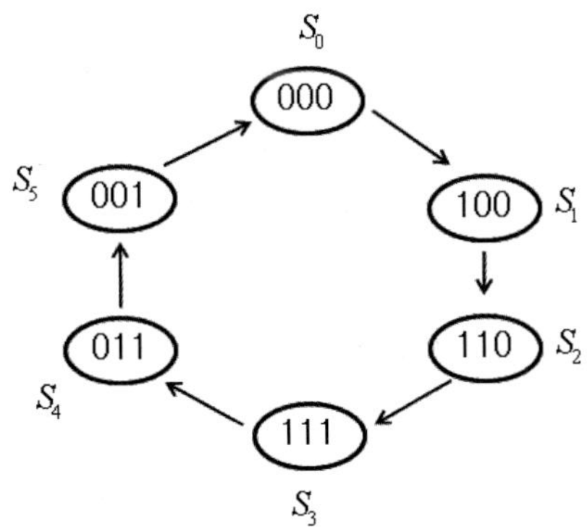


```
LIBRARY ieee;
USE ieee.std_logic_1164.ALL;
ENTITY state_machine IS
    PORT(
            clk : IN        STD_LOGIC;
            Q   : OUT       STD_LOGIC_VECTOR(2 downto 0));
END state_machine;
ARCHITECTURE a OF state_machine IS
        TYPE  sequence IS (s0, s1, s2, s3, s4, s5);
        SIGNAL state : sequence;
BIGIN
        PROCESS (clk)
        BEGIN
                IF (clk'EVENT and clk = '1') THEN
                        CASE state IS
                                WHEN s0 =>
                                        state <= s1;
                                        Q <= "000";
                                WHEN s1 =>
                                        state <= s2;
```

(계속)

```
                        Q <= "100";
                    WHEN s2 =>
                        state <= s3;
                        Q <= "110";
                    WHEN s3 =>
                        state <= s4;
                        Q <= "111";
                    WHEN s4 =>
                        state <= s5;
                        Q <= "011";
                    WHEN s5 =>
                        state <= s0;
                        Q <= "001";
                    WHEN others =>
                        state <= s0;
                        Q <= "000";
                END CASE;
            END IF;
        END PROCESS;
END a;
```

9.5 예 제

그림 9.2의 상태 변수가 하나인 경우를 살펴보자. 먼저 상태를 s_0와 s_1로 정의하고 입력 변수를 x, 출력 변수를 y로 설정하자. 다음을 VHDL로 프로그램해 보자.

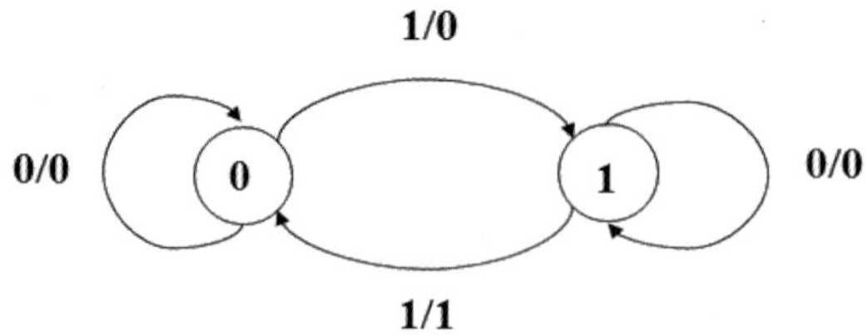

```
LIBRARY ieee;
USE ieee.std_logic_1164.ALL;
ENTITY two_state_machine IS
        PORT(
                x, clk   : IN      STD_LOGIC;
                y        : OUT     STD_LOGIC);
END two_state_machine;
ARCHITECTURE a OF two_state_machine IS
        TYPE  sequence IS (s0, s1);
        SIGNAL state : sequence;
BEGIN
        PROCESS (clk)
        BEGIN
                IF (clk'EVENT and clk = '1') THEN
                        CASE state IS
                                WHEN s0 =>
                                        IF x = '1' THEN
                                                state <= s1;
                                                y <= "0";
                                        ELSE
                                                state <= s0;
                                                y <= "0";
                                        END IF;
                                WHEN others =>
                                        IF x = '1' THEN
                                                state <= s0;
                                                y <= "1";
                                        ELSE
                                                state <= s1;
                                                y <= "0";
                                        END IF;
                        END CASE;
```

(계속)

```
            END IF;
        END PROCESS;
END a;
```

▶ 점검문제 9.3 다음 상태 다이어그램을 VHDL로 프로그램하시오.

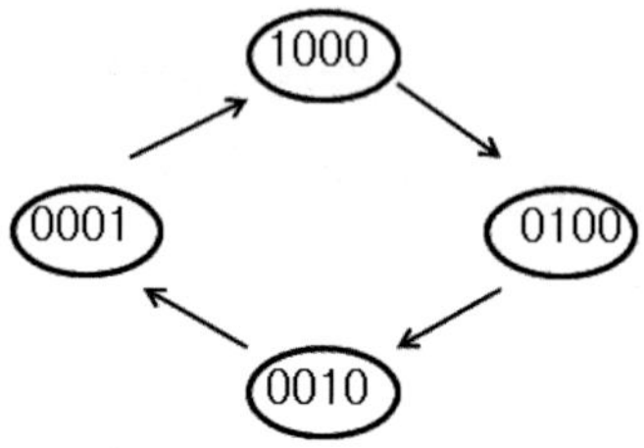

실험 09 순차 회로의 설계

예비 실험

01 | 그림 9.4 회로의 출력을 출력하시오. 50 ns의 클록의 주기를 40 ns로 바꾸고 출력하시오.

02 | 표 9.1의 순차 회로를 JK 플립플롭으로 설계하고자 한다. 활성화 테이블을 참조하여 입출력 식을 구하시오.

현 상태		입력	다음 상태		플립플롭 입력			
A	B	x	A	B	J_A	K_A	J_B	K_B
0	0	0	0	0				
0	0	1	0	1				
0	1	0	0	1				
0	1	1	1	0				
1	0	0	1	0				
1	0	1	1	1				
1	1	0	1	1				
1	1	1	0	0				

03 | 위의 회로를 VHDL로 설계하시오. 클록의 주기는 50 ns로 하시오.

04 | 실제 JK 플립플롭을 가지고 실험한 뒤에 시뮬레이션 결과와 비교하시오. 각 플립플롭의 출력에 저항과 LED를 연결하여 깜박이는 순서를 확인하시오. 클록은 LED의 움직임을 보기 위해 적절하게 설정하시오.

05 | D 플립플롭으로 설계할 경우와의 차이점은 무엇인가?

날짜	
검인	

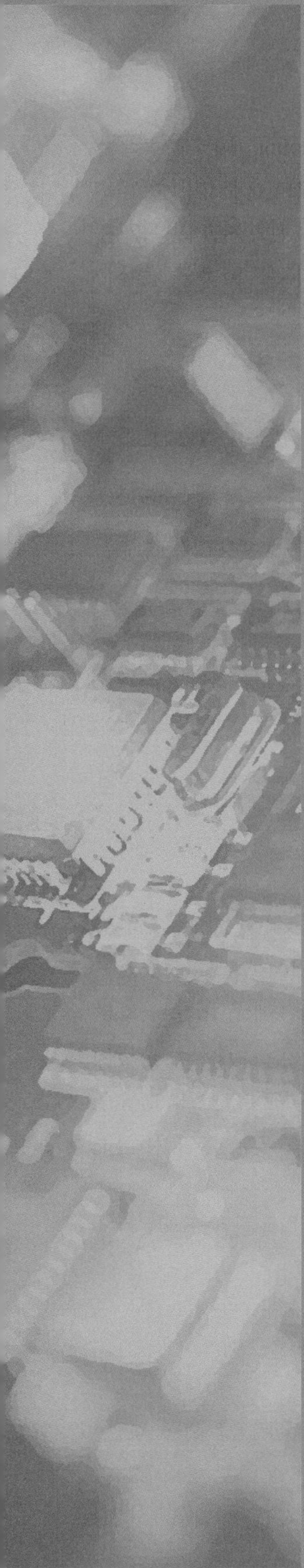

Chapter 10

레지스터

10.1 소개

플립플롭의 조합으로 이루어진 대표적인 메모리 소자로는 레지스터가 있다. 플립플롭의 개수에 따라 레지스터의 용량이 커지게 된다. 레지스터는 데이터를 일정 시간 저장하였다가 어느 시간에 출력하는 소자이다. 데이터의 출력은 클록이 담당하며 계속적인 클록의 움직임에 따라 출력이 된다. 레지스터 용도에 가장 잘 맞는 플립플롭은 D 플립플롭이다. D 플립플롭은 입력된 값이 다음 클록 후에는 출력되므로 버퍼 역할을 한다.

클록이 매번 튈 때마다 데이터가 출력되기보다는 때에 따라서 출력이 원하는 일정 시간을 유지하기를 원할 때가 있을 것이다. 이러한 경우 클록을 다른 소자와 조합하여 구성하는 방법이 있는데, 이를 클록게이팅(clock gating)이라 한다. 하지만 클록의 변화는 매우 빠르므로 클록을 조작해서 원하는 바를 얻기보다는 다른 방법으로 처리하는 것이 낫다. 이 경우에는 새로운 제어 신호를 사용하여 플립플롭에 입력되는 값을 조절하는 것이다.

10.2 4비트 레지스터

다음은 4개의 플립플롭으로 이루어진 4비트 레지스터를 나타낸다. 클록이 튈 때마다 입력 데이터 $D_0D_1D_2D_3$는 출력 $Q_0Q_1Q_2Q_3$로 출력된다. $\overline{CLEAR}$를 0으로 set함으로써 초기화를 할 수 있다.

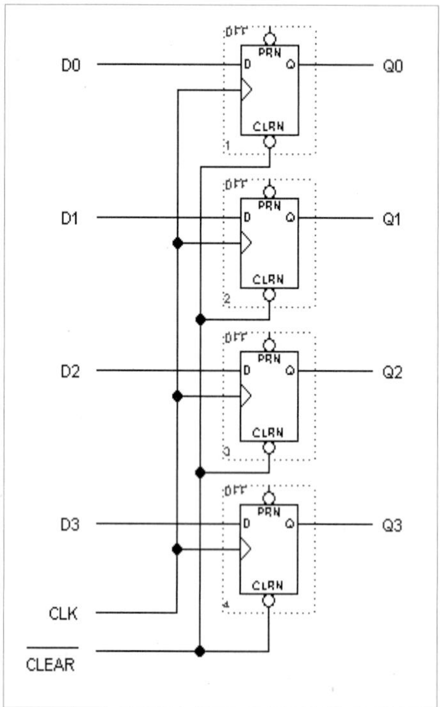

그림 10.1 4비트 병렬 레지스터

4비트 병렬 레지스터를 나타내는 VHDL은 다음과 같다. D는 4비트 입력 벡터이고 Q는 4비트 출력 벡터이다.

```
LIBRARY ieee;
USE ieee.std_logic_1164.ALL;
ENTITY 4bit_register IS
        PORT(
                clk, CLEAR    : IN     STD_LOGIC;
                D             : IN     STD_LOGIC_VECTOR (3 downto 0));
                Q             : OUT    STD_LOGIC_VECTOR (3 downto 0));
END 4bit_register;
ARCHITECTURE a OF 4bit_register IS
BEGIN
        PROCESS (clk, CLEAR)
        BEGIN
                        IF CLEAR = '0' THEN Q <= "0000";
                        ELSIF (clk'EVENT AND clk = '1') THEN
                                Q <= D;
                        END IF;
        END PROCESS;
END a;
```

여기서 주의해야 하는 것은 클록의 활성화인데 양수끝, 즉 클록이 상승할 때 트리거가 발생하는 경우(PGT)에는 다음과 같다.

CLK'EVENT and CLK = '1'

반대로 음수끝, 클록이 떨어질 때 트리거가 발생하면(NGT)

CLK'EVENT and CLK = '0'

이 된다. 여기서 CLK는 사용자가 정의한 클록의 변수이다.

그림 10.2는 2비트 레지스터 7474를 사용한 예를 보여준다.

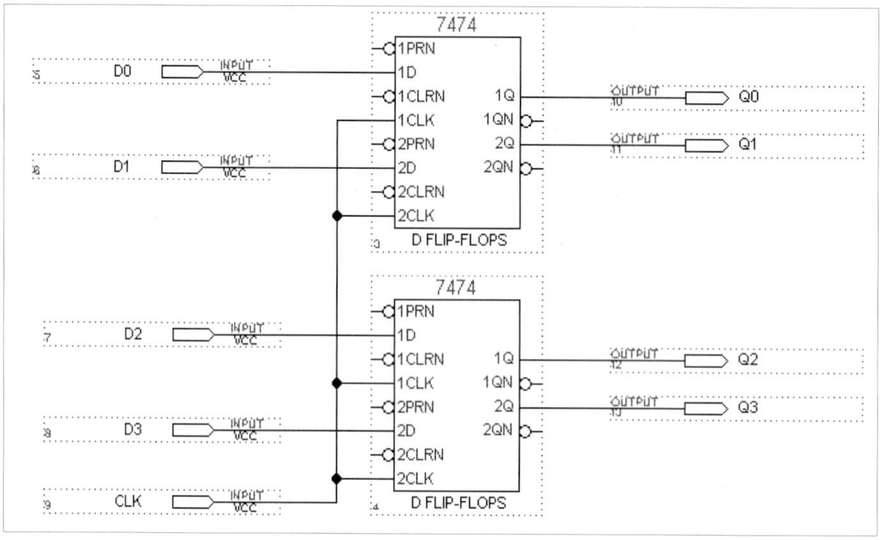

그림 10.2 4비트 병렬 레지스터

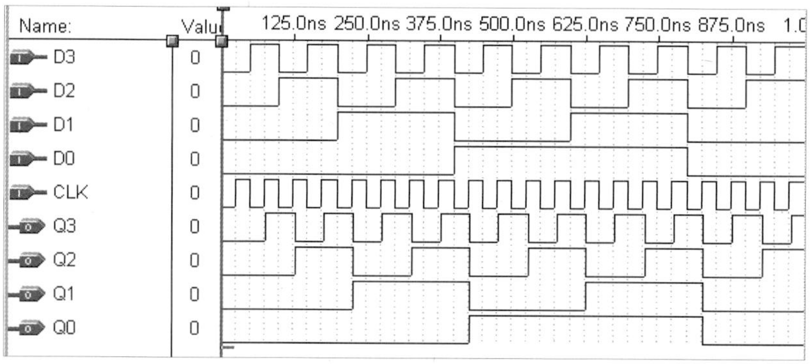

그림 10.3 출력 파형

그림 10.3은 입력 데이터가 주어졌을 경우 클록이 튈 때마다 출력으로 나타나는 것을 알 수 있다. 한 클록 뒤에 같은 파형으로 나타난다. 따라서 레지스터는 한 클록 동안 데이터를 저장하고 있는 것이다.

10.3 로드 신호가 있는 4비트 병렬 레지스터

4비트 레지스터의 경우 클록이 튀면 항상 입력이 출력으로 천이되었다. 하지만 때에 따라서 데이터를 원하는 클록시간 동안 유지하는(hold) 것이 필요하다. 이 경우에 LOAD 신호를 만들어 입력 신호와 조합시키므로 출력되는 시간을 조절하는 효과를 볼 수 있다.

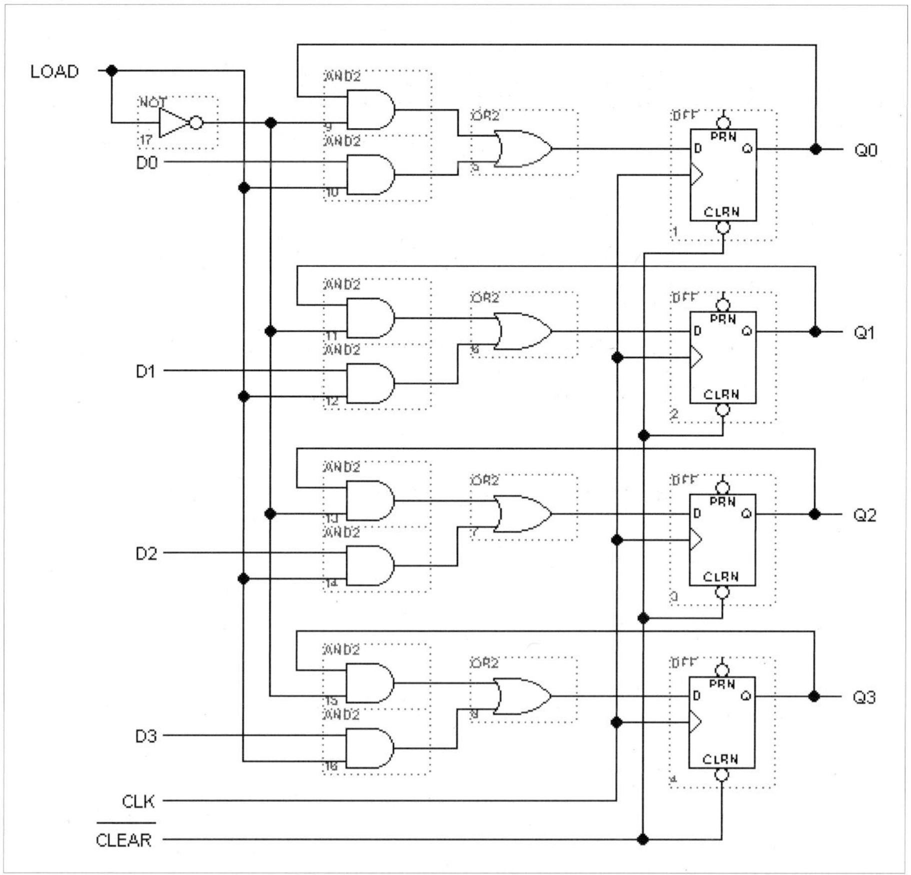

그림 10.4 로드 신호가 있는 4비트 병렬 레지스터

그림 10.4에서 $LOAD=1$이면 입력 신호들 $D_0 \sim D_3$는 그대로 플립플롭에 연결되는 것을 알 수 있다. $LOAD=0$이면 입력 신호들 $D_0 \sim D_3$는 블록이 되고 현재 데이터 $Q_0 \sim Q_3$가 입력되어 데이터가 바꾸지 않음을 알 수 있다. 결국 새로운 데이터를 입력하기 위해서는 $LOAD$ 신호를 high로 설정해야 한다.

입력을 4비트의 D라 하고 출력을 4비트 Q라 하면 VHDL로 작성하면 다음과 같다.
여기서 Q는 버퍼(buffer)로 정의해야 한다.

```
LIBRARY ieee;
USE ieee.std_logic_1164.ALL;
ENTITY 4bit_register_load IS
    PORT(
            clk, CLEAR, LOAD     : IN        STD_LOGIC;
```

(계속)

```
            D               : IN       STD_LOGIC_VECTOR (3 downto 0));
            Q               : BUFFER   STD_LOGIC_VECTOR (3 downto 0));
END 4bit_register_load;
ARCHITECTURE a OF 4bit_register_load IS
BEGIN
    PROCESS (clk, CLEAR, LOAD)
    BEGIN
            IF CLEAR = ‘0’ THEN Q <= “0000”;
            ELSIF (CLK’EVENT AND CLK = ‘1’) THEN
                    IF LOAD = ‘1’ THEN Q <= D;
                    ELSE Q <= Q;
            END IF;
    END PROCESS;
END a;
```

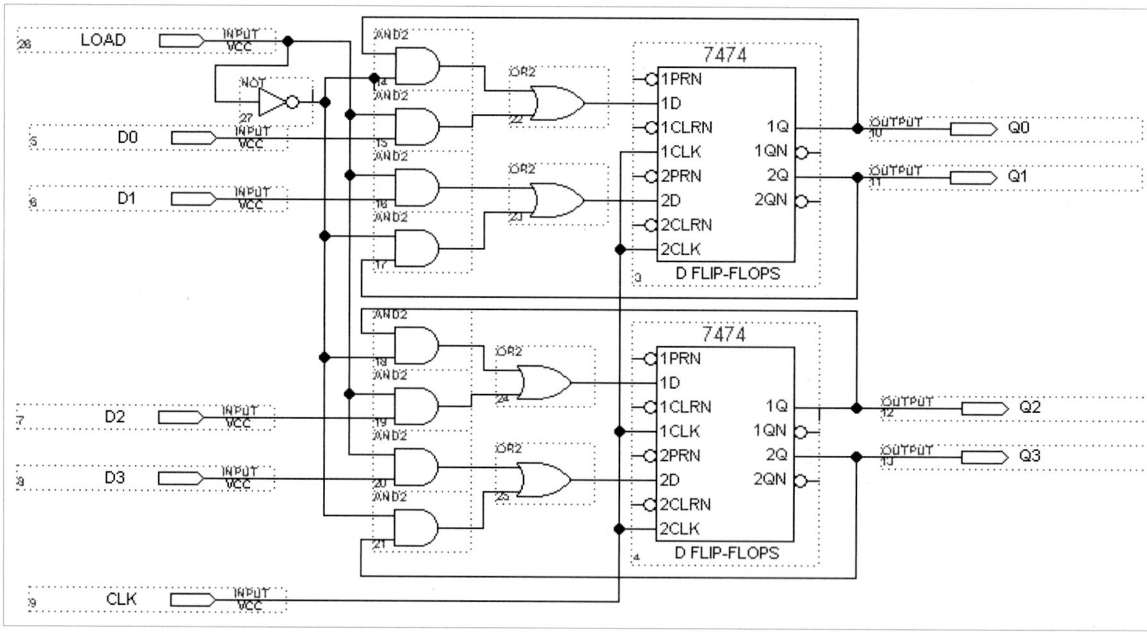

그림 10.5 로드 신호가 있는 4비트 병렬 레지스터

그림 10.6에서 살펴보면 로드 신호가 high일 때 데이터가 출력된 것을 알 수 있다.

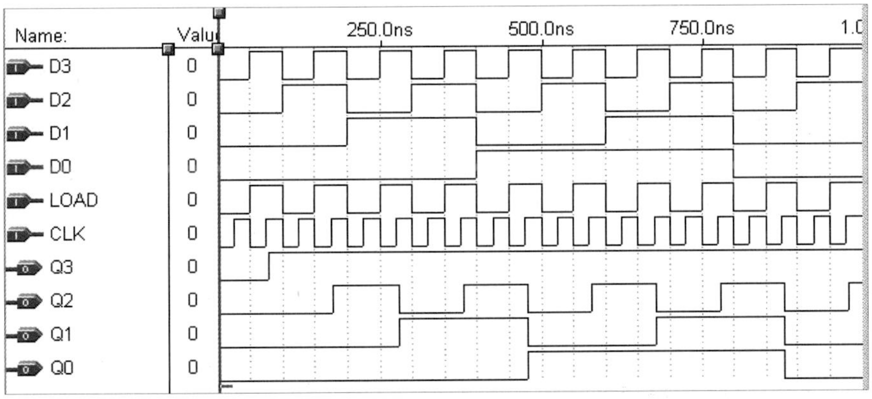

그림 10.6 출력 파형

10.4 4비트 시프트 레지스터

그림 10.7은 4비트 시프트 레지스터를 나타낸다. 클록이 공통으로 연결되어 있어 데이터 입력이 첫 번째 D 플립플롭의 입력으로 들어가면 매번 클록이 튈 때마다 다음 플립플롭으로 이동한다. 이 회로의 응용은 메시지가 계속 움직이면서 디스플레이되는 전광판 같은 것이 있다.

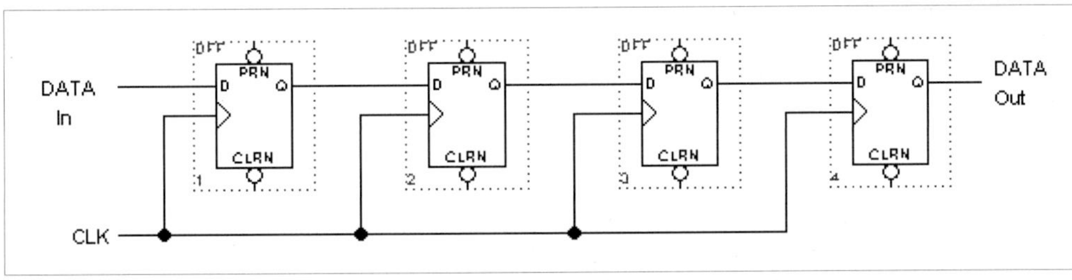

그림 10.7 시프트 레지스터

각 D 플립플롭의 출력을 4비트의 Q라 하면 VHDL 코드는 다음과 같다.

```
LIBRARY ieee;
USE ieee.std_logic_1164.ALL;
ENTITY 4bit_shift_register_ IS
        PORT(
```

(계속)

```
            clk, CLEAR      : IN        STD_LOGIC;
            DATA            : IN        STD_LOGIC_VECTOR (3 downto 0));
            Q               : BUFFER    STD_LOGIC_VECTOR (3 downto 0));
END 4bit_shift_register;
ARCHITECTURE a OF 4bit_shift_register IS
BEGIN
        PROCESS (clk, CLEAR, DATA)
        BEGIN
                    IF CLEAR = '0' THEN Q <= "0000";
                    ELSIF (CLK'EVENT AND CLK = '1') THEN
                            Q(0) <= Q(1);
                            Q(1) <= Q(2);
                            Q(2) <= Q(3);
                            Q(3) <= DATA;
                    END IF;
        END PROCESS;
END a;
```

그림 10.8은 7474칩을 사용한 시프트 레지스터를 나타낸다.

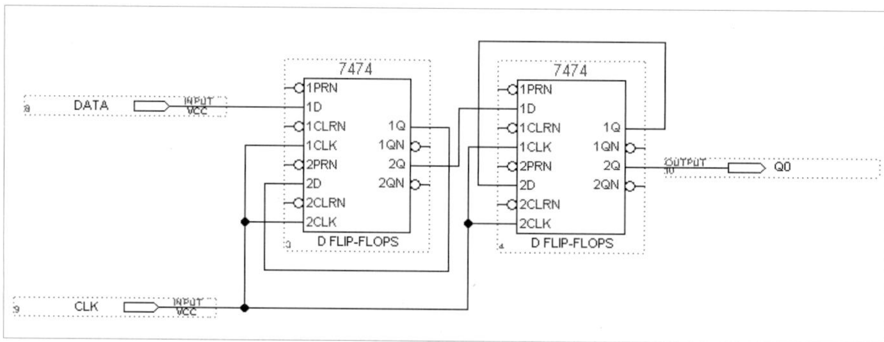

그림 10.8 시프트 레지스터

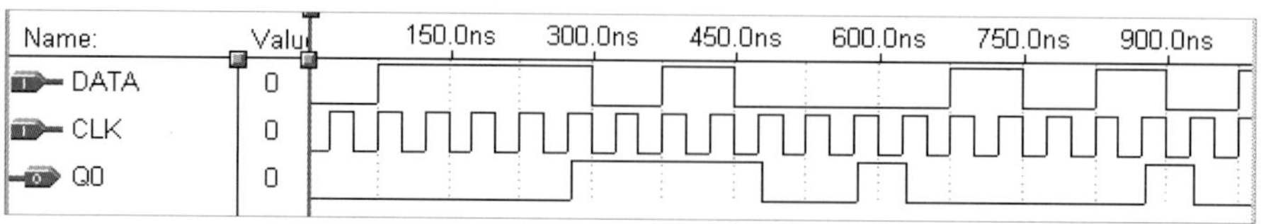

그림 10.9 시프트 레지스터의 출력

10.5 레지스터 관련 IC

1. 레지스터

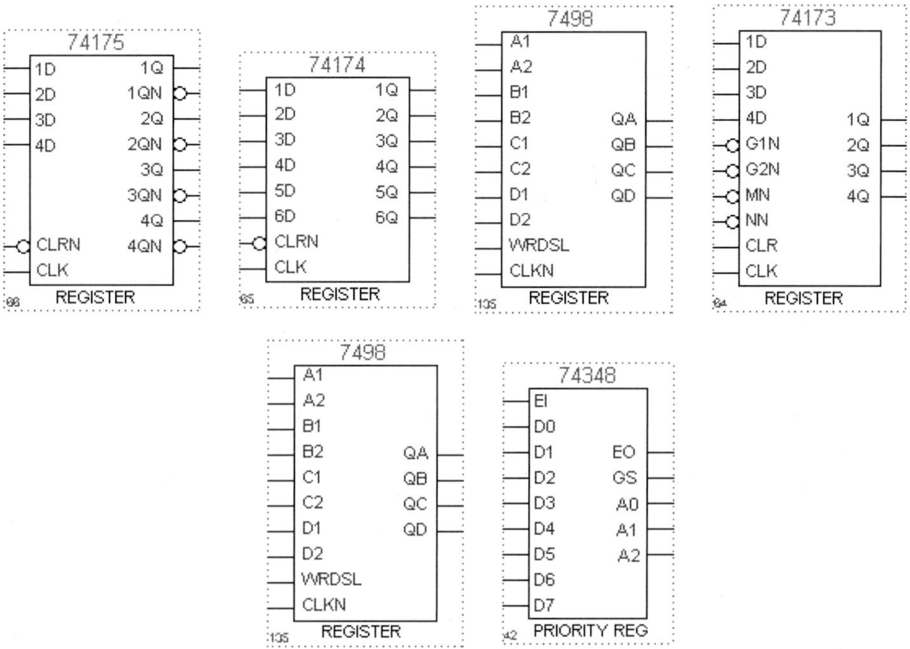

그림 10.10 레지스터 IC

2. 시프트 레지스터

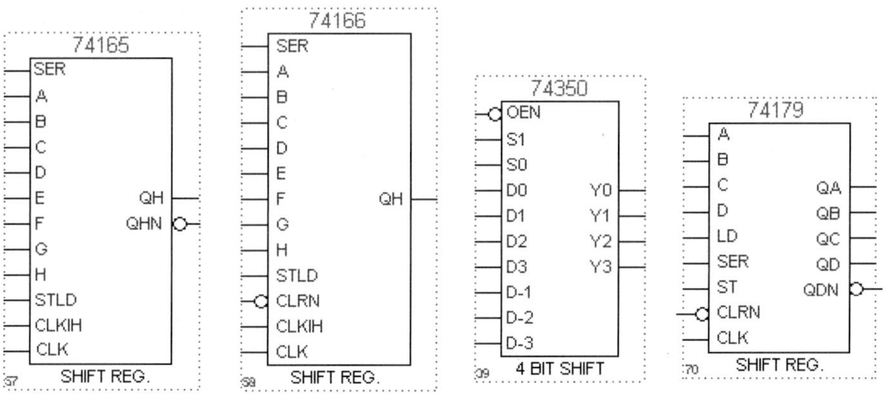

(계속)

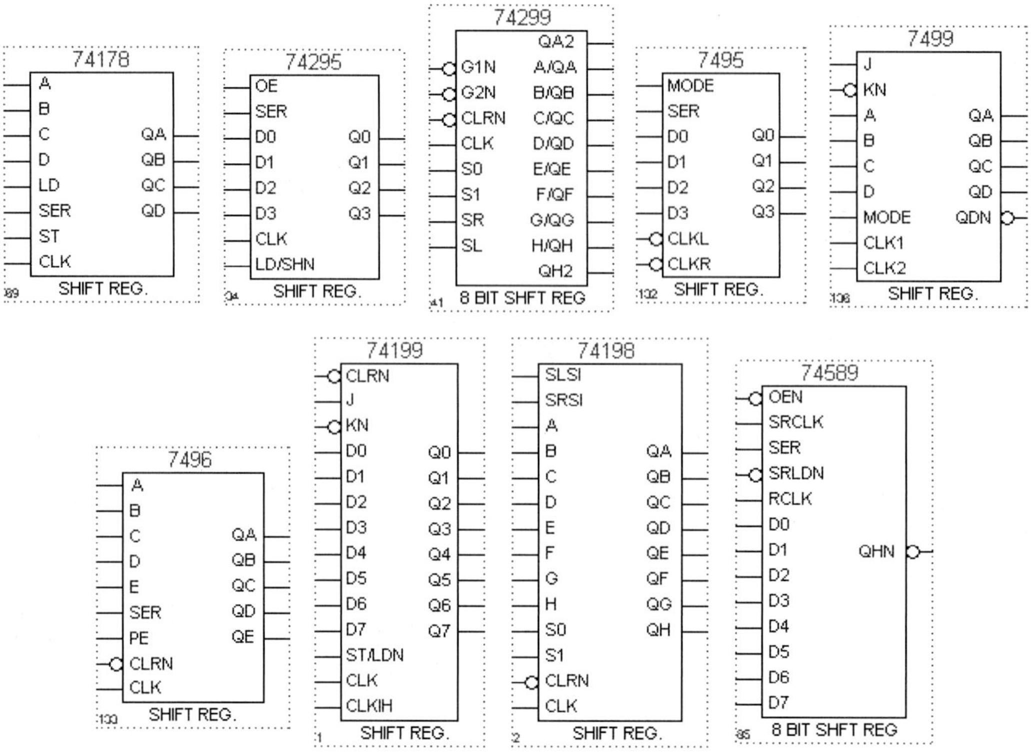

그림 10.11 시프트 레지스터 IC

점검문제 10.1 IC 74348의 작동을 설명하시오.

점검문제 10.2 레지스터를 구성하기 위해서는 D 플립플롭이 좋은 점을 설명하시오.

실험 10 레지스터

예비 실험: VHDL

01 | 그림 10.1의 4비트 레지스터를 VHDL로 설계하고 회로를 구성하시오. 클록의 주기를 60 ns로 하시오.

02 | 그림 10.5의 로드가 있는 레지스터 회로를 VHDL로 설계하고 회로를 구성하여 출력을 확인하시오. 클록의 주기를 60 ns로 하시오.

03 | 그림 10.8의 시프트 레지스터를 VHDL로 설계한 후에 구성하고 출력을 확인하시오. 클록의 주기를 60 ns로 하시오.

예비 실험

01 | 그림 10.1의 4비트 레지스터를 회로를 구성하시오. 각 플립플롭의 출력은 LED에 연결하여 확인하시오. 이때의 클록은 임의로 느리게 설정하여 LED의 움직임을 관찰하시오.

02 | 그림 10.5의 로드가 있는 레지스터 회로를 구성하여 출력을 확인하시오.

03 | 그림 10.8의 시프트 레지스터를 설계한 후에 구성하고 출력을 확인하시오. LED로 연결하여 출력을 조사하시오.

날짜	
검인	

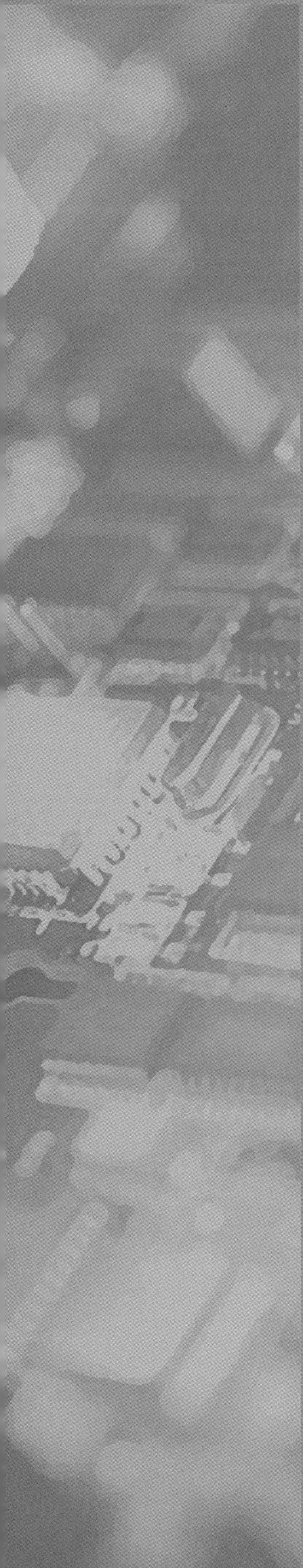

Chapter 11

비동기 카운터

11.1 소개

카운터는 일종의 레지스터 형태로서 입력값에 대해 미리 설정한 상태의 순서를 실행하는 소자이다. n개의 플립플롭은 0에서 2^n-1까지의 바이너리 수를 카운트할 수 있다. 카운터에는 카운트하는 방법에 따라 크게 두 가지 방식이 있다. 리플 카운터라 불리는 비동기식 카운터와 동기식 카운터가 있다. 리플 카운터는 클록에 의해 플립플롭의 출력이 트리거되는 것이 아니라 플립플롭의 출력이 다음 플립플롭을 활성화시킨다. 반면에 동기식 카운터는 클록에 의해 모든 플립플롭이 트리거된다.

11.2 비동기 제어 입력

클록은 대표적인 동기 신호로서 순차적으로 진행하는 것을 돕는다. 하지만 동기 신호인 클록보다 우선권이 있는 신호가 있는데, 이것이 비동기 신호(asynchronous signal)이다. 비동기 신호는 동기 신호와는 독립적으로 작동하여 입력 신호에 상관없이 출력 상태를 결정한다. 따라서 비동기 신호는 클록보다 우선순위에 있으며, 클록이 PGT, NGT에 상관없이 언제든지 플립플롭의 출력 상태를 바꿀 수 있다.

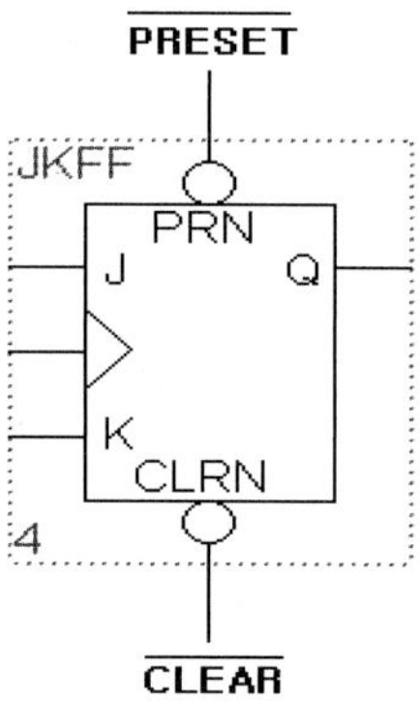

$\overline{PRESET}$	$\overline{CLEAR}$	동작
1	1	클록 동작
1	0	0
0	1	1
0	0	사용 안함

11.3 4비트 리플 업 카운터

그림 11.1은 4비트 리플 카운터 회로를 나타낸다. 클록이 튈 때마다 카운트되는 회로로 0000에서 1111까지 위로 카운트된다. 각 JK 플립플롭의 입력은 high(1)로 설정되어 있어 클록이 튈 때마다 출력이 바뀌도록 토글된다. $\overline{CLEAR}$ 신호는 asynchronous로 플립플롭을 초기화하는 데 사용한다.

$\overline{CLK}$는 NGT를 나타낸다. 플립플롭은 0으로 초기화하였다고 가정한다. 카운트 과정을 조사해 보면 다음과 같다.

- 첫 번째 플립플롭에 클록이 NGT가 되면 $Q_0 = 1$로 바뀐다. 나머지 플립플롭의 출력은 변화가 없다. $Q_1 = Q_2 = Q_3 = 0$
- 다음 클록에서 NGT이면 $Q_0 = 0$으로 바뀌게 되고 이것이 두 번째 플립플롭의 NGT로 작용하여 두 번째 플립플롭의 출력이 토글되어 $Q_0 = 1$이 된다. 따라서 매번 Q_0가 1에서 0으로 바뀌면 Q_1이 바뀐다.
- 매번 Q_1이 1에서 0으로 바뀌면 Q_2가 토글된다.
- 매번 Q_2이 1에서 0으로 바뀌면 Q_3가 토글된다.

이런 방식으로 클록이 16번 튀면 1111까지 카운트된다.

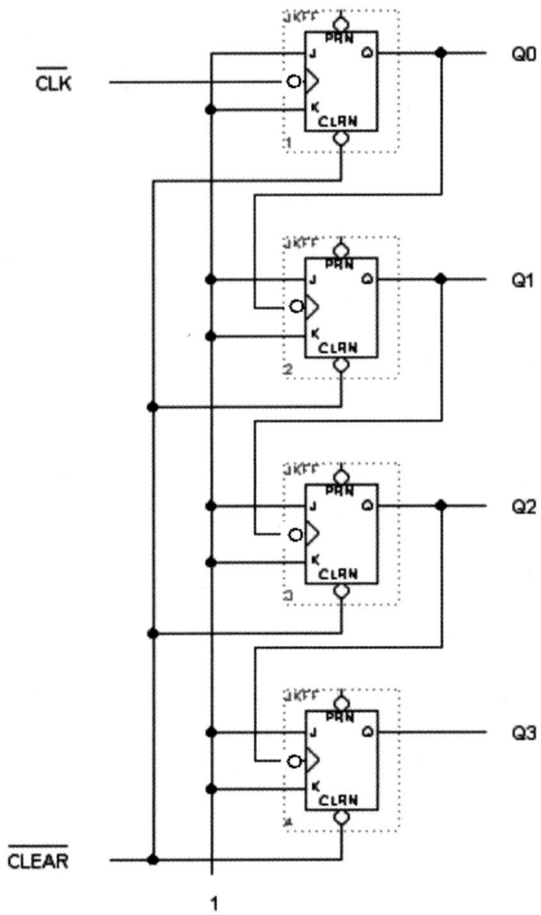

그림 11.1 4 비트 리플 카운터

그림 11.1에서 클록은 NGT이다. 타이밍 선도를 보면 다음과 같다.

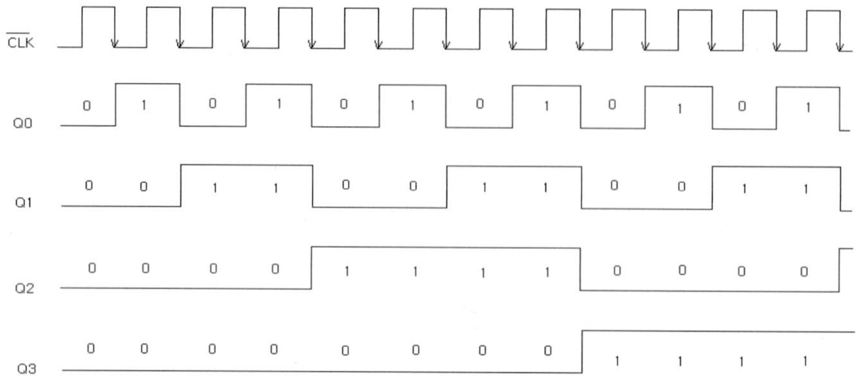

그림 11.2 타이밍 선도

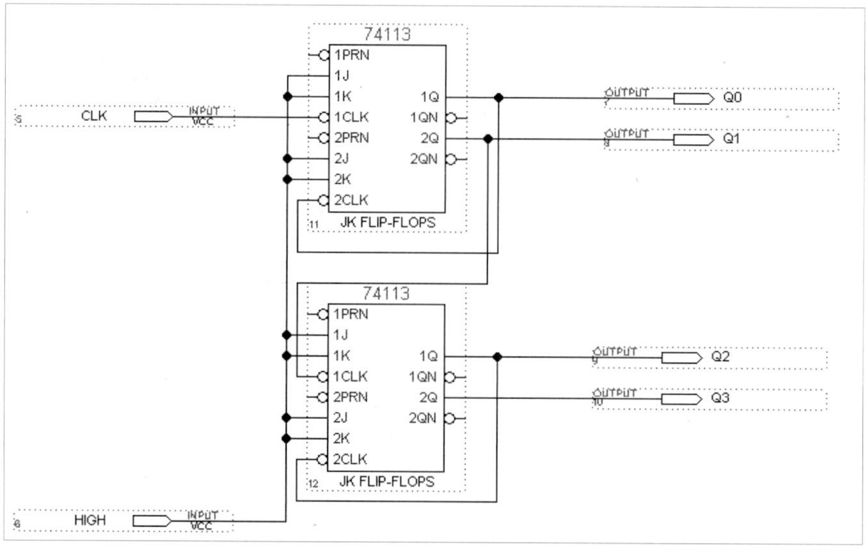

그림 11.3 4 비트 리플 업 카운터

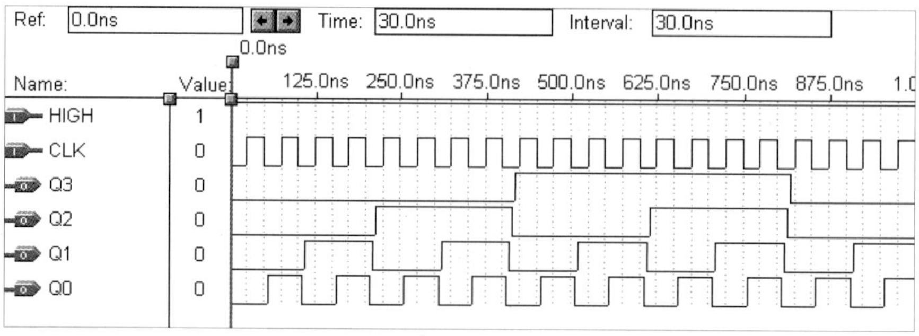

그림 11.4 4 비트 리플 업 카운터 출력 파형

11.4 4비트 리플 다운 카운터

리플 카운터는 이전 플립플롭의 출력의 상태 변화가 다음 플립플롭의 클록을 트리거시켜 출력의 상태를 변화시킨다. 다운 카운터의 경우에는 PGT를 사용하여 플립플롭을 토글시킨다.

카운트 과정을 조사해 보면 다음과 같다.

- 첫 번째 플립플롭에 클록이 PGT가 되면 $Q_0 = 1$로 바뀐다. 나머지 플립플롭의 출력도 모두 $Q_1 = Q_2 = Q_3 = 1$로 바뀐다.
- 다음 클록에서 PGT이면 $Q_0 = 0$으로 바뀌게 되는데 이것은 아무 영향을 주지 않는다.
- 다시 다음 클록에서 PGT이면 $Q_0 = 1$로 바뀌게 되는데 이는 두 번째 플립플롭의 PGT로 작용하여 두 번째 플립플롭의 출력이 토글되어 $Q_0 = 0$이 된다. 따라서 매번 Q_0가 0에서 1로 바뀌면 Q_1이 바뀐다.
- 매번 Q_1이 0에서 1로 바뀌면 Q_2가 토글된다.
- 매번 Q_2이 0에서 1로 바뀌면 Q_3가 토글된다.

이런 방식으로 클록이 16번 튀면 1111에서 0000까지 다운 카운트된다.

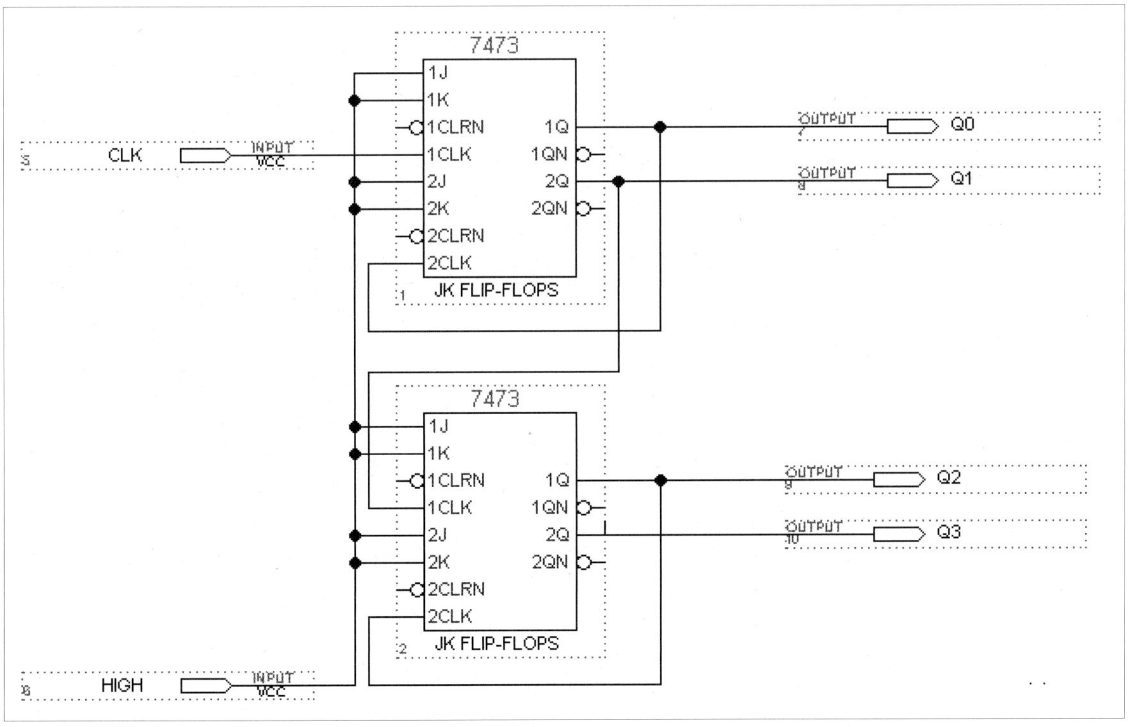

그림 11.3 4 비트 리플 다운 카운터

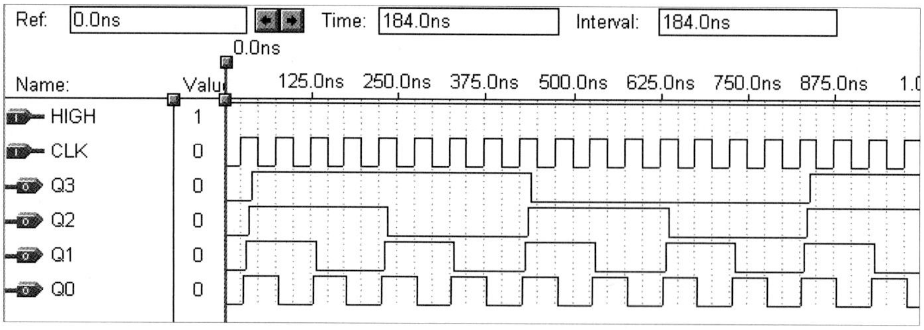

그림 11.4 4 비트 리플 다운 카운터 출력 파형

11.5 Mod-n 카운터 설계

Mod-n 카운터는 0에서 n－1까지 카운터하는 소자를 말한다. 예를 들어, mod-6 카운터는 0에서 5까지 세는 카운터를 말한다. 따라서 mod-6 카운터를 설계하기 위해서는 3개의 플립플롭이 필요하다. 먼저 상태 다이어그램을 그리면 다음과 같다. 3개의 플립플롭으로 8개의 상태를 나타낼 수 있으나 사용하지 않는 상태인 110, 111의 두 상태가 발생했을 경우에 000으로 천이되도록 설계하도록 한다.

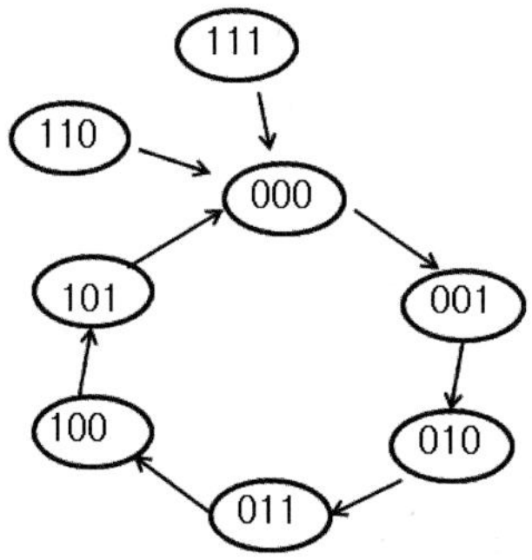

그림 11.5 상태 다이어그램

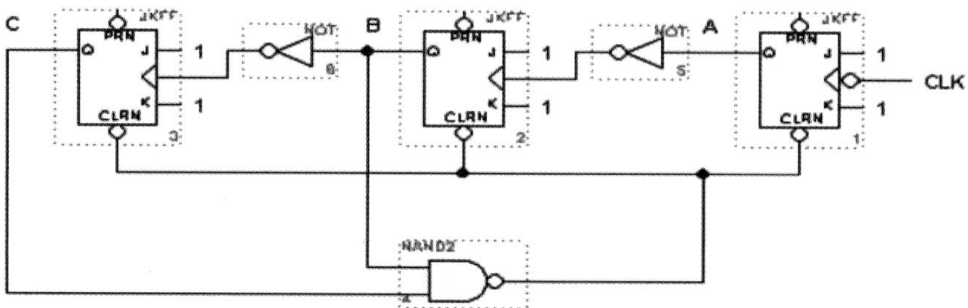

그림 11.6 Mod-6 비동기 카운터

그림 11.6에서 플립플롭 A에 들어가는 클록은 $\overline{CLK}$ 이다. 그림에서 보면 0에서 5까지는 업 카운터처럼 하나씩 증가한다. 플립플롭은 $x=\overline{BC}$ 에 의해 clear되는 것을 알 수 있다. 5에서 6으로 바뀔 때의 과정을 살펴보자. 101(5)일 때 클록이 NGT가 되면 A는 토글되어 0으로 바뀌고, 이는 B를 토글시켜 1로 만들고 C는 그대로 유지되어 110이 되다가 $\overline{BC}=0$이 되어 $x=0$으로 모든 플립플롭을 clear를 하게 하므로 다시 000으로 바뀐다.

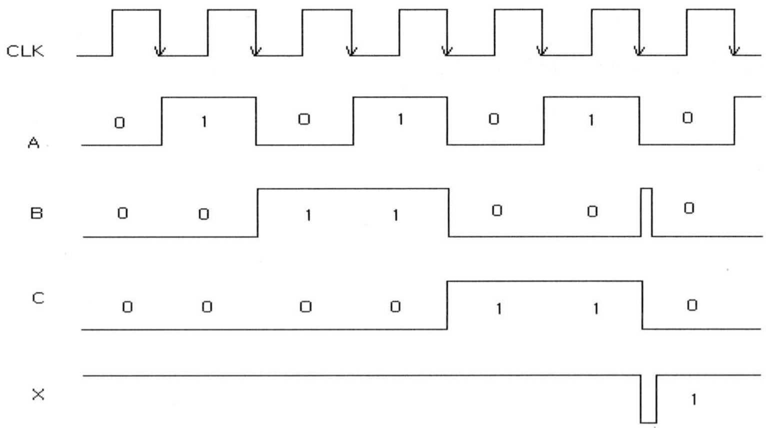

그림 11.7 Mod-6의 타이밍 선도

점검문제 11.1 그림 11.6의 mod-6 업 카운터를 다운 카운터로 설계하시오.

111 − 110 − 101 − 100 − 011 − 010 − 001 − 000

11.6 BCD 리플 카운터/Mod-10 카운터

BCD 리플 카운터는 0000에서 1001까지 카운트하는 소자이다.

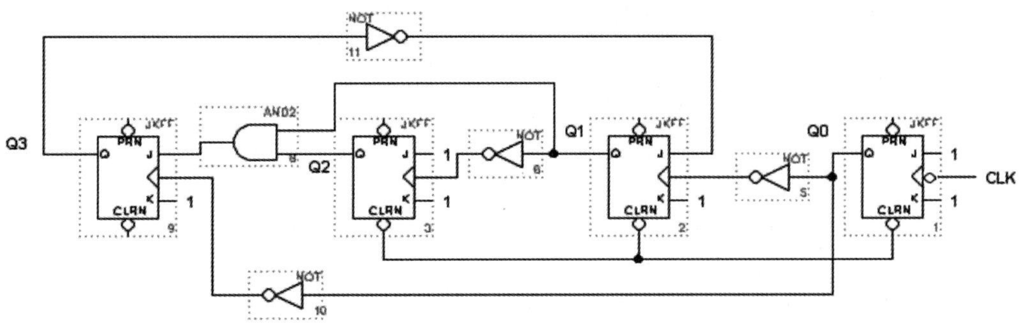

그림 11.8 BCD 비동기 카운터(CLK는 NGT라 가정)

그림 11.8에서 플립플롭 Q_0에 들어가는 클록은 $\overline{CLK}$ 이다. 그림 11.8의 BCD 카운터의 작동을 설명하면 다음과 같다.

- 클록이 매번 NGT이 될 때 Q_0가 토글된다.
- $Q_3 = 0$이면 인버트되어 $J_1 = 1$이 되고, Q_0가 1에서 0으로 NGT되면 Q_1이 토글된다.
- $Q_3 = 1$이고 Q_0가 1에서 0으로 되면 Q_1은 0이 된다.
- Q_1이 1에서 0으로 NGT로 바뀌면 Q_2가 토글된다.
- $Q_1 Q_2 = 11$이고 Q_0가 1에서 0으로 NGT로 바뀌면 Q_3가 토글된다.
- Q_2 또는 Q_1이 0이고 Q_0가 1에서 0으로 바뀌면 Q_3는 0으로 된다.

결과적으로 1001에서 다시 0000으로 바뀌는 것을 알 수 있다.

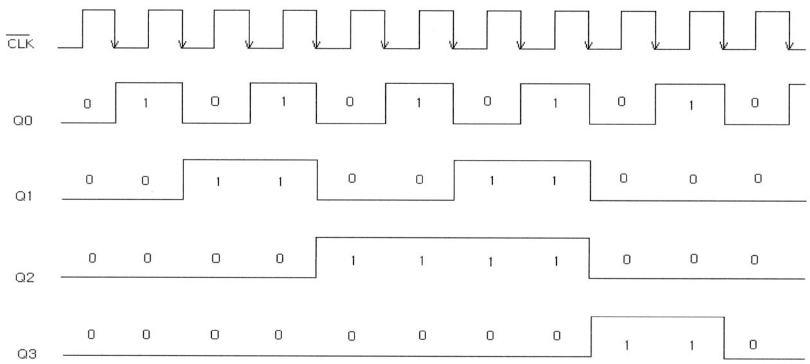

그림 11.9 타이밍 선도

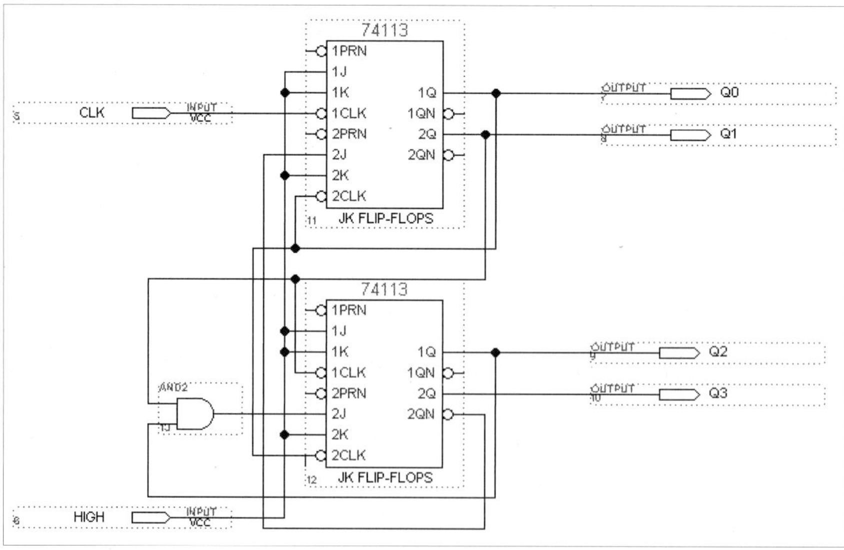

그림 11.10 BCD 카운터

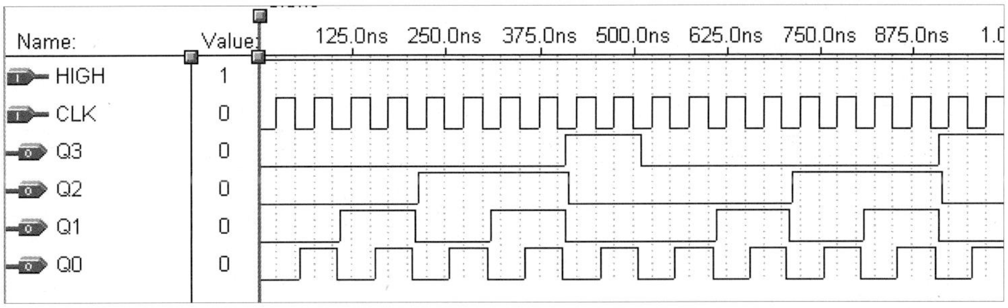

그림 11.11 BCD 카운터 출력 파형

▶ 점검문제 11.2 다음 카운터의 타이밍 선도를 그리시오. 무슨 카운터인가?

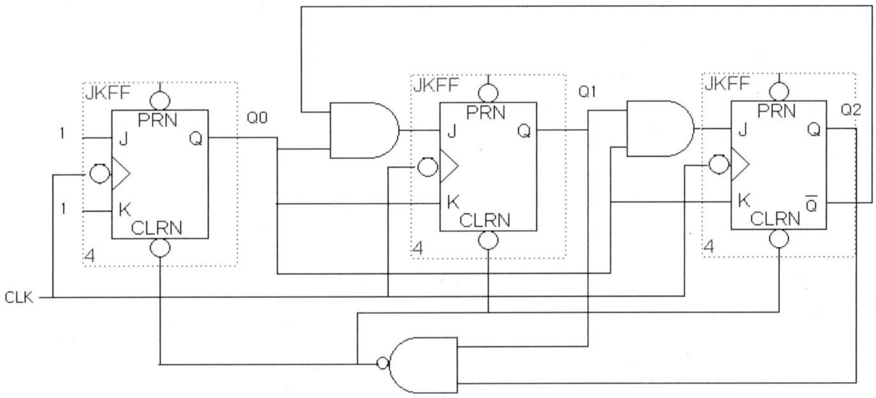

실험 11 비동기 카운터

4비트 리플 업 카운터

01 | 4비트 리플 업 카운터를 설계하시오. 클록의 주기는 100 ns로 하시오. RESET 신호를 만들어 250 ns에서 한 주기 동안 RESET 신호를 활성화시켜 카운트를 다시 시작하도록 설계하시오.

02 | 회로를 설계하여 카운트가 되는지 LED를 연결하여 확인하시오. 클록 주기는 적당하게 설정하시오.

BCD 리플 카운터

01 | BCD 리플 카운터를 설계하시오. 클록 주기는 100 ns로 하시오.

02 | BCD 리플 카운터 회로를 구성하고 출력을 LED에 연결하여 확인하시오.

날짜	
검인	

Chapter **12**

동기 카운터

12.1 소개

비동기 카운터는 설계가 매우 어렵고 이전 상태의 변화에 의해 상태가 변하므로 게이트의 시간 지연에 의한 영향에 민감하다. 동기 카운터는 비동기 카운터보다 설계하기가 매우 쉽다. 따라서 VHDL도 동기 카운터를 쉽게 설계하도록 되어 있다.

동기 카운터를 설계하는 순서를 정리하면 다음과 같다.

- 원하는 카운트 순서에 따라 플립플롭 수를 정한다.
- 모든 가능한 상태 다이어그램을 그린다. 사용하지 않는 상태도 포함한다.
- 현재 상태와 다음 상태를 나타내는 상태 테이블을 그린다.
- 활성화 테이블을 사용하여 각 플립플롭 입력 방정식을 최적화하고 구한다.
- 시뮬레이션한다.
- 회로를 구성한다.

12.2 4비트 동기식 카운터

동기식 카운터는 비동기식 카운터보다 간단하다. 각 플립플롭의 출력 상태는 클록에 의해 동기화된다. 아래는 JK 플립플롭을 이용한 4비트 동기식 카운터를 나타낸다. 4비트이므로 플립플롭이 4개 필요하고, 0000에서 1111까지 카운트하므로 16진 바이너리 카운터라고 하기도 한다. CE는 count enable 신호로 카운트를 제어한다. CE가 1이면 클록이 NGT일 때 Q_0가 토글되어 1로 되고, 이는 and 게이트를 거쳐 다음 플립플롭의 J = K = 1로 된다. 다음 클록에서 Q_1이 토글되고 이는 다시 and 게이트를 거쳐 다음 플립플롭의 J = K = 1로 만든다. 이러한 과정이 반복되면서 0000에서 1111까지 카운트된다. 그림 12.1에서 $\overline{CLK}$ 는 NGT의 클록을 나타낸다.

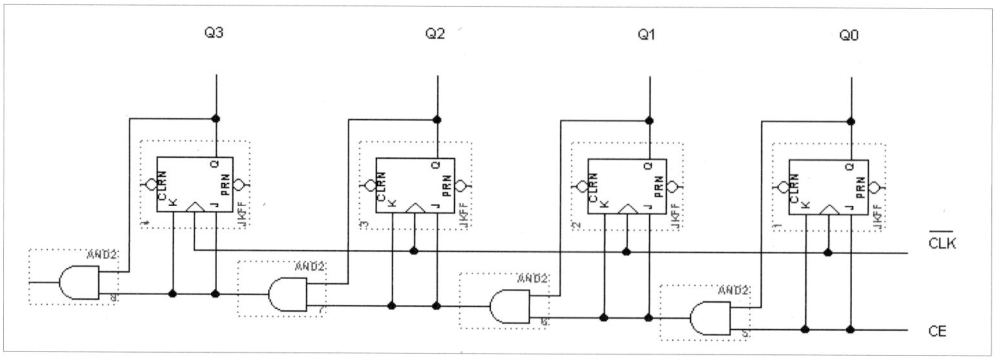

그림 12.1 4비트 동기 카운터

그림 12.1의 회로를 MAX+Plus II로 시뮬레이션하면 다음과 같다.

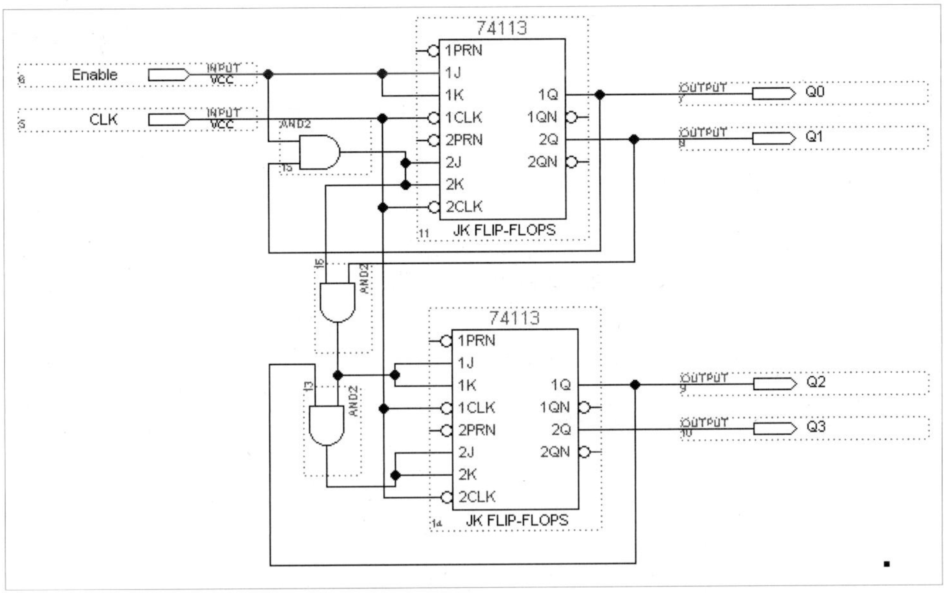

그림 12.2 4비트 동기 카운터

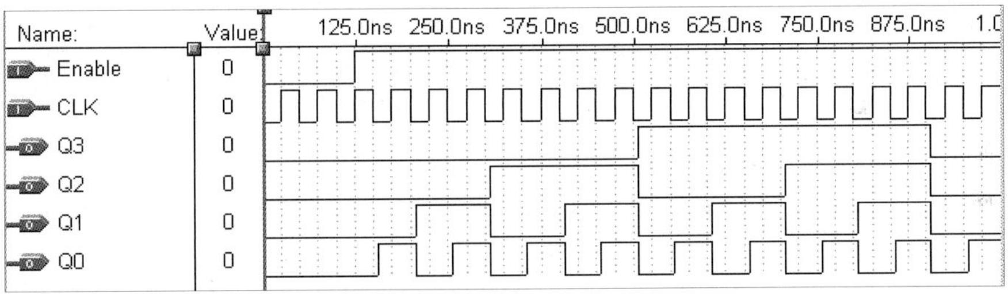

그림 12.3 4비트 동기 카운터의 출력

여기서 주의해야 하는 것은 클록의 활성화인데 양수끝, 즉 클록이 상승할 때 트리거가 발생하는 경우에는 다음과 같다.

CLK'EVENT and CLK = '1'

반대로 음수끝, 클록이 떨어질 때 트리거가 발생하면

CLK'EVENT and CLK = '0'

이 된다. 여기서 CLK는 사용자가 정의한 클록의 변수이다.

또 출력 Q를 버퍼로 설정하였다.

```
LIBRARY IEEE;
USE IEEE.STD_LOGIC_1164.ALL;
USE IEEE.STD_LOGIC_UNSIGNED.ALL;

ENTITY counter4 IS
  PORT (CLK,CLEAR : IN STD_LOGIC;
        Q   : BUFFER STD_LOGIC_VECTOR (3 DOWNTO 0));
END counter4;
ARCHITECTURE LOGIC_OUT OF counter4 IS
BEGIN
  PROCESS(CLK,CLEAR)
  BEGIN
     IF CLEAR = '1' THEN Q<="0000";
     ELSIF (CLK'EVENT AND CLK='1') THEN
          Q <= Q + 1;
     END IF;
  END PROCESS;
  END LOGIC_OUT;
```

그림 12.3 4비트 동기 카운터 VHDL

그림 12.4에서 CLEAR 신호가 high일 때 출력이 0이 되는 것을 알 수 있다.

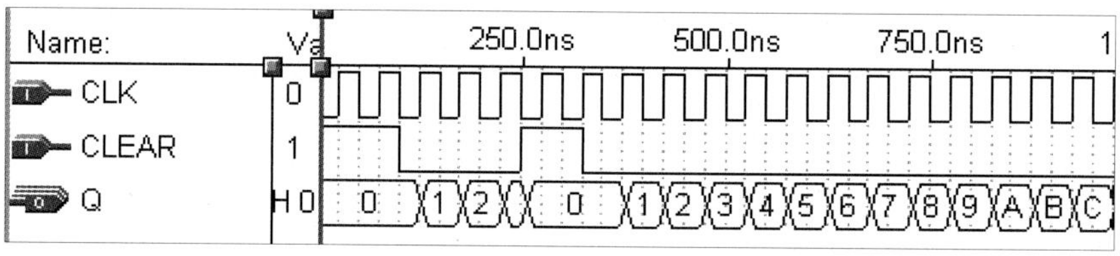

그림 12.4 비트 동기 카운터 VHDL의 응답

12.3 Mod-n 동기 카운터 설계

앞장에서 mod-n 카운터는 0에서 $n-1$까지 카운터하는 소자임을 알아보았다. 예를 들어, mod-6 카운터는 0에서 5까지 세는 카운터를 말하고, 3개의 플립플롭이 필요하였다. 먼저 상태 다이어그램을 그리면 다음과 같다. 3개의 플립플롭으로 8개의 상태를 나타낼 수 있으나 사용하지 않는 상태인 110, 111의 두 상태가 발생했을 경우에 000으로 천이되도록 설계한다. 비동기 카운터보다 동기 카운터는 설계가 쉬운 장점이 있다. 동기 카운터를 설계할 경우에는 상태 테이블을 근거로 설계하면 쉽다.

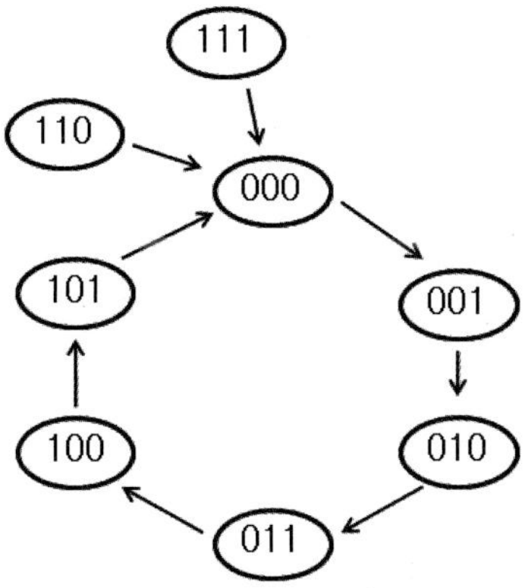

그림 12.5 상태 다이어그램

먼저 상태 테이블을 적어보면 다음과 같다.

표 12.1 Mod-6 카운터

현 상태			다음 상태			플립플롭의 입력					
C	B	A	C	B	A	J_C	K_C	J_B	K_B	J_A	K_A
0	0	0	0	0	1	0	x	0	x	1	x
0	0	1	0	1	0	0	x	1	x	x	1
0	1	0	0	1	1	0	x	x	0	1	x
0	1	1	1	0	0	1	x	x	1	x	1
1	0	0	1	0	1	x	0	0	x	1	x
1	0	1	0	0	0	x	1	0	x	x	1
1	1	0	0	0	0	x	1	x	1	0	x
1	1	1	0	0	0	x	1	x	1	x	1

각 플립플롭의 입력을 입력 방정식으로 나타내기 위해 최적화하면 다음과 같다.

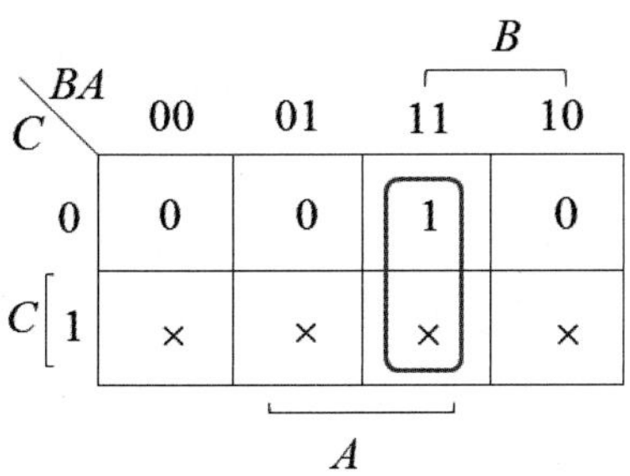

$J_C = AB$

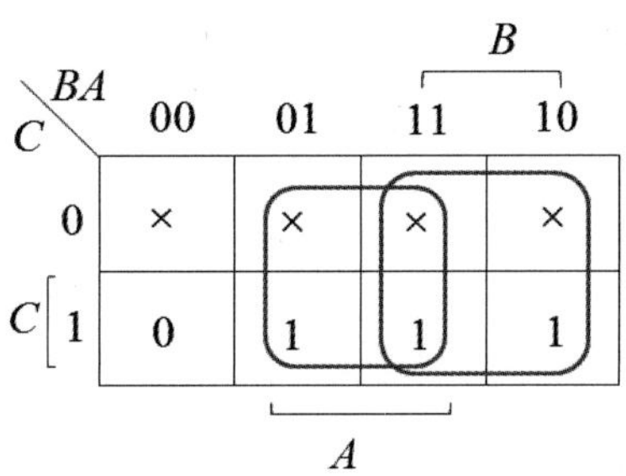

$K_C = A + B$

(계속)

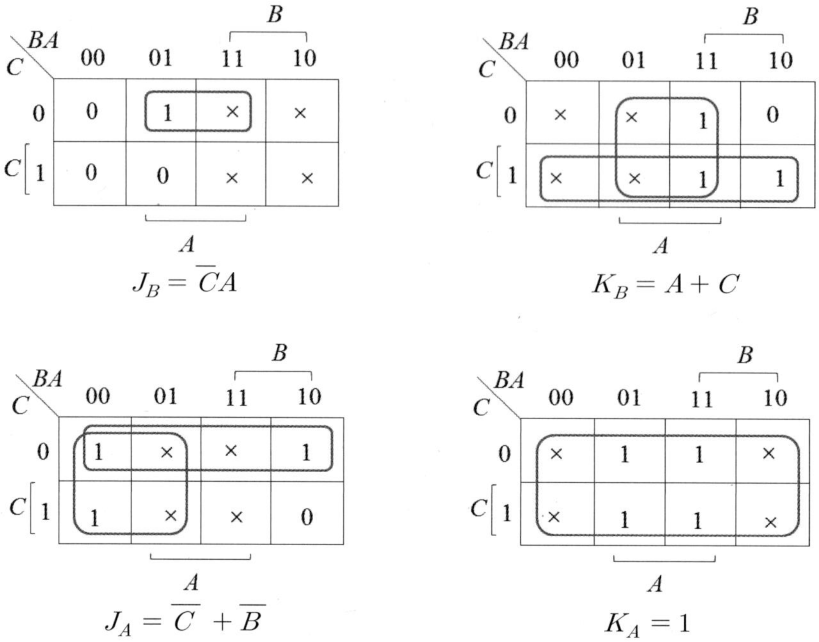

그림 12.6 게이트의 최소화

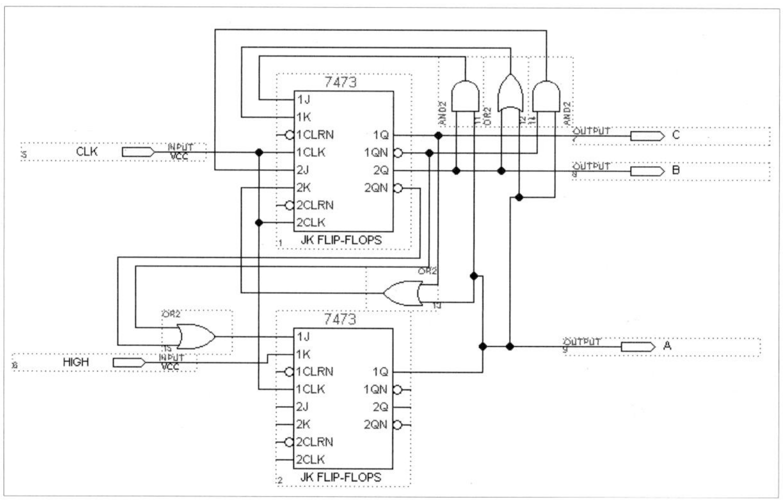

그림 12.7 Mod-6 카운터

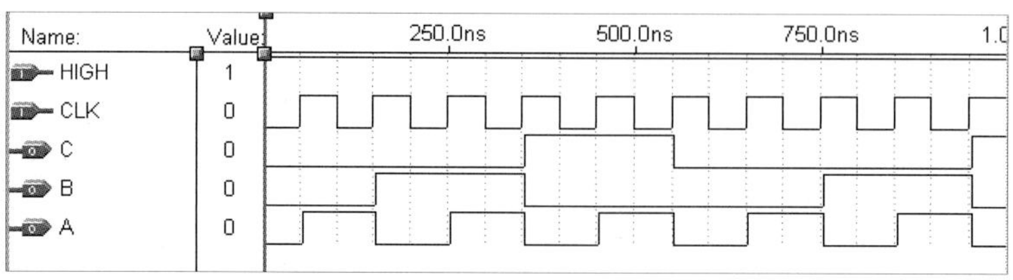

그림 12.8 Mod-6 카운터의 응답

```
LIBRARY IEEE;
USE IEEE.STD_LOGIC_1164.ALL;
USE IEEE.STD_LOGIC_UNSIGNED.ALL;

ENTITY counter6 IS
  PORT (CLK,CLEAR : IN STD_LOGIC;
        Q  : BUFFER STD_LOGIC_VECTOR (2 DOWNTO 0));
END counter6;
ARCHITECTURE LOGIC_OUT OF counter6 IS
BEGIN
  PROCESS(CLK,CLEAR)
  BEGIN
     IF CLEAR = '1' THEN Q<="000";
     ELSIF (CLK'EVENT AND CLK='1') THEN
        IF Q = "101" THEN Q <= "000";
        ELSE  Q <= Q + 1;
        END IF;
      END IF;
  END PROCESS;
  END LOGIC_OUT;
```

그림 12.9 Mod-6 카운터의 VHDL

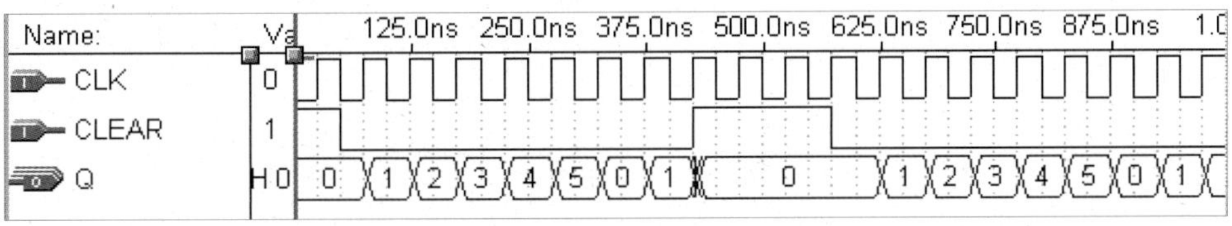

그림 12.10 Mod-6 카운터의 응답

점검문제 12.1 다음 상태 다이어그램이 나타내는 상태 테이블을 그리고 JK 플립플롭으로 회로를 구성하시오.

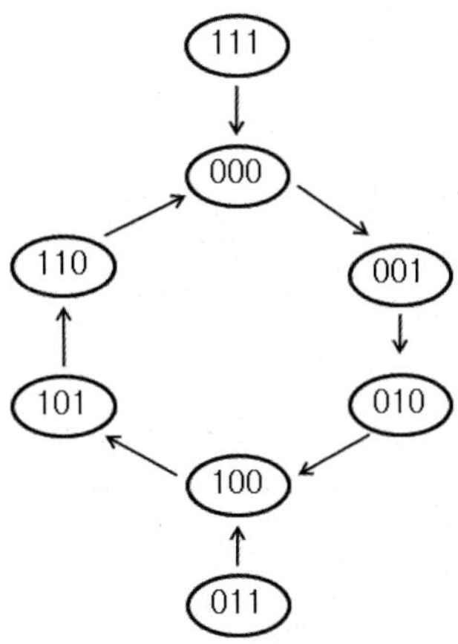

㉱ $J_A = B,\ K_A = B,\ J_B = C,\ K_B = 1,\ J_C = \overline{B},\ K_C = 1$

12.4 시프트 레지스터 카운터(링 카운터)

시프트 레지스터는 클록이 뛸 때마다 출력이 다음 플립플롭으로 천이되며 카운팅되는 것을 말한다. 시프트 레지스터의 마지막 플립플롭의 출력을 처음 플립플롭의 입력으로 귀환하여 입력하면 링 카운터가 된다. 링 카운터는 동기 카운터의 일종으로 클록이 뛸 때마다 계속적으로 움직인다. 각 플립플롭의 출력에 LED를 연결하면 성탄절 때 트리에 장식하는 깜박이를 모방할 수 있다. 일반적인 카운터에서는 n비트, 즉 n개의 플립플롭을 사용하면 2^n개를 카운트할 수 있는 반면 링 카운터는 n개를 카운트한다.

VHDL에서는 비동기 카운터보다는 동기 카운터를 중심으로 설계하도록 되어 있다.

첫 번째 플립플롭에 초기값으로 1을 설정하고 나머지 플립플롭에는 0을 설정하면 클록이 뛸 때마다 오른쪽으로 1의 값이 천이되어 다음과 같은 상태 다이어그램을 얻게 된다.

VHDL에서 카운터를 설계할 경우에는 출력을 output이라고 설정하는 대신에 버퍼로 설정해야 한다. 그 이유는 output으로 설정한 변수는 항상 <=의 왼쪽에 놓여야만 하지만 카운트의 특성상 Q <= $Q+1$처럼 이전 값을 저장하면서 계속 더해야 하므로, <=의 오른쪽과 왼쪽 모두에 나타나게 된다. 이런 경우에는 버퍼로 설정해야 한다.

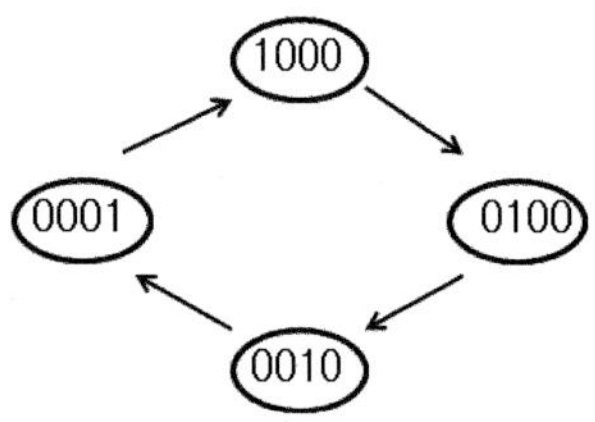

그림 12.9 상태 다이어그램

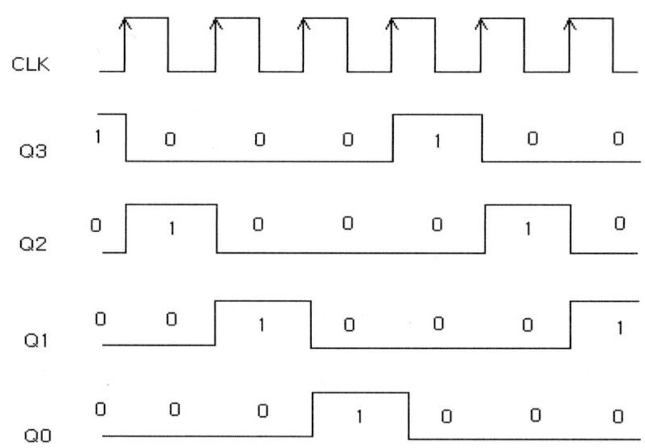

그림 12.10 타이밍 선도

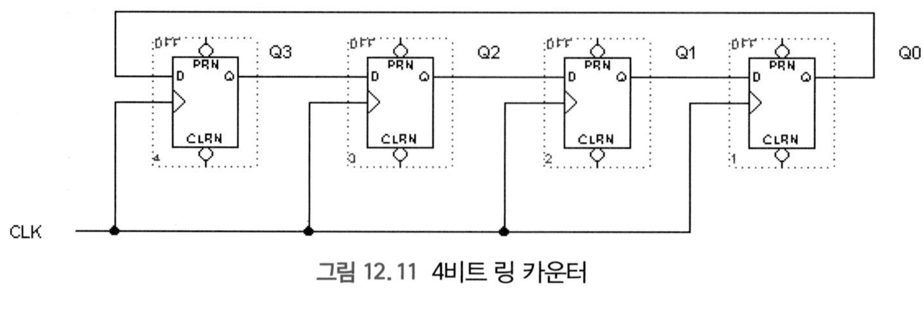

그림 12.11 4비트 링 카운터

동기 카운터를 구현하기 위해서는 클록을 설정해야 한다. 클록이 상승일 때 트리거가 생기면 다음과 같이 설정한다.

CLK'EVENT AND CLK = '1'

아래 카운터에서 RESET이 high일 때는 카운터가 되지 않고 초기화된다. 초기에 시작값은 1000000로 매번 클록이 될 때마다 오른쪽으로 이동하게 된다.

IF문은 다음과 같은 형태를 이룬다.

```
PROCESS(input)
BEGIN
        IF      condition  THEN  statement;
        ELSIF   condition  THEN  statement;
        END IF;
END PROCESS;
```

```
LIBRARY IEEE;
USE IEEE.STD_LOGIC_1164.ALL;
USE IEEE.STD_LOGIC_UNSIGNED.ALL;

ENTITY ring_counter IS
  PORT (CLK,RESET : IN STD_LOGIC;
        Q   : BUFFER STD_LOGIC_VECTOR (7 DOWNTO 0));
END ring_counter;
ARCHITECTURE LOGIC_OUT OF ring_counter IS
BEGIN
  PROCESS(CLK,RESET)
  BEGIN
     IF RESET = '1' THEN Q<="10000000";
     ELSIF (CLK'EVENT AND CLK='1') THEN
          Q <= Q(6 downto 0) & Q(7);
     END IF;
  END PROCESS;
  END LOGIC_OUT;
```

그림 12.12 링 카운터

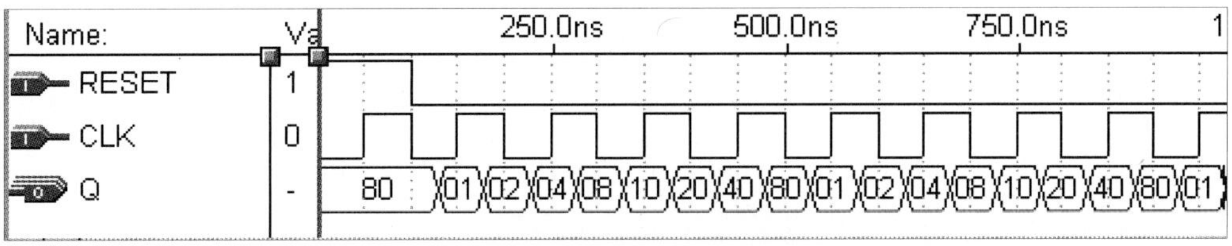

그림 12.13 링 카운터의 출력

12.5 존슨 카운터

존슨 카운터는 링 카운터와 비슷한 구조를 가지고 있는데 링 카운터에서 출력 Q를 귀환시키는 대신에 $\overline{Q}$를 귀환시키면 존슨 카운터가 된다.

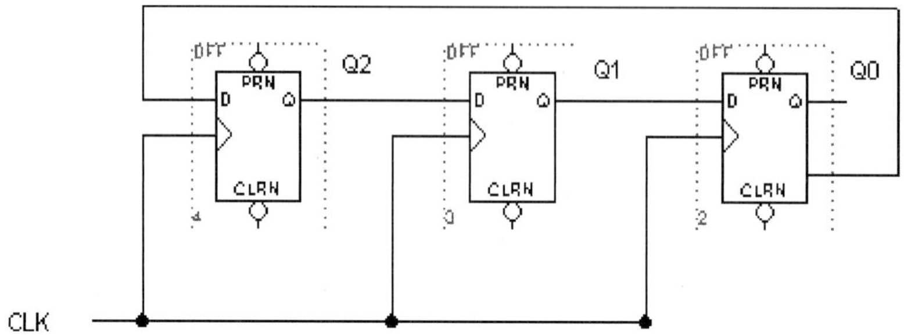

그림 12.14 4비트 존슨 카운터

링 카운터는 n비트로 n개의 카운트를 할 수 있지만 존슨 카운터는 n비트를 가지고 $2n$의 순서를 만들어 낸다. 예를 들어, $n=3$이면 링 카운터는 3개의 순서를 만들어 내지만 존슨 카운터는 6가지의 순서를 만든다. 순서는 000 – 100 – 110 – 111 – 011 – 001 – 000이다. 아래는 mod – 6 존슨 카운터의 상태 다이어그램을 보여준다.

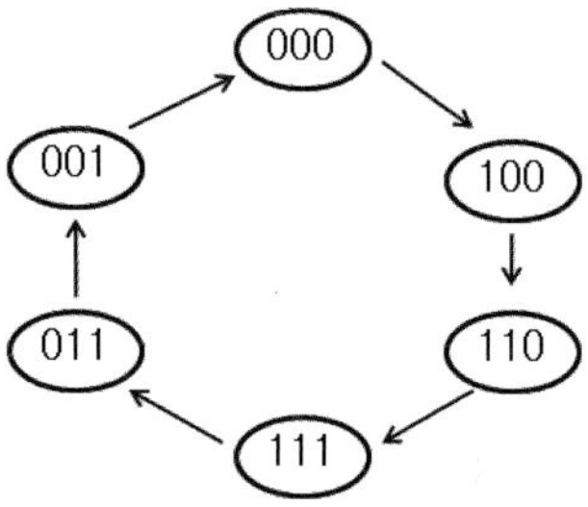

그림 12.15 존슨 카운터 상태 다이어그램

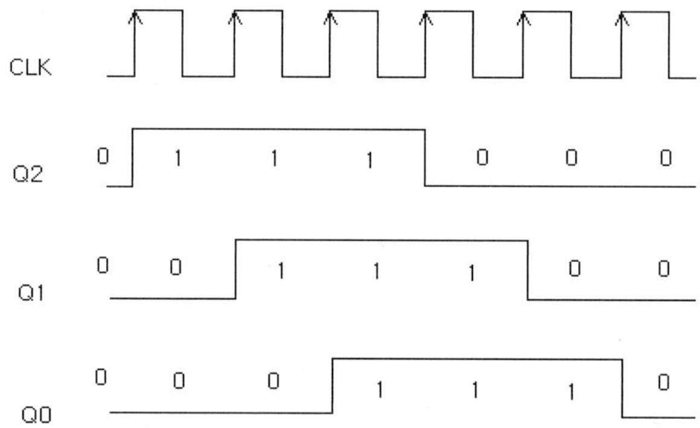

그림 12.16 3비트 존슨 카운터의 타이밍 선도

그림 12.16에서 보는 것처럼 존슨 카운터의 경우에는 카운트하는 순서가 한 비트씩 카운트되는 것이 아니다. 만약 존슨 카운터를 링 카운터처럼 순차적으로 바뀌는 카운터로 사용하려면 적절한 디코딩 회로가 필요하게 된다. 이 디코딩 회로를 통하면 링 카운터처럼 순차적으로 천이되는 카운터가 된다. 링 카운터에서는 n개를 카운트하기 위해 디코딩 회로가 필요 없으나, 존슨 카운터에서는 $2n$개를 카운트하기 위해서는 디코딩 회로가 필요하게 된다. 표 12.2는 3비트 존슨 카운터의 디코딩

로직을 나타낸다. 디코딩 로직은 각 상태를 유일하게 인식하기 위한 로직으로 순서 0은 $\overline{Q_2}\,\overline{Q_0}$를 함으로써 두 비트를 11로 만들고자 하였고, 순서 2는 $Q_1\overline{Q_0}$를 함으로써 11을 만든 것을 볼 수 있다. 이는 AND 게이트를 통과시켜 각각 그 상태만 1로 만들기 위함이다. 따라서 n비트의 존슨 카운터의 경우에는 $2n$개의 AND 게이트의 디코딩 회로가 필요하게 된다. 예를 들어, $n=8$의 존슨 카운터의 디코딩 회로는 모두 16개의 AND 게이트로 구성된다.

표 12.2 디코딩 로직

순서	상태			디코딩 로직
	Q_2	Q_1	Q_0	
0	0	0	0	$\overline{Q_2}\,\overline{Q_0}$
1	1	0	0	$Q_2\overline{Q_1}$
2	1	1	0	$Q_1\overline{Q_0}$
3	1	1	1	Q_2Q_0
4	0	1	1	$\overline{Q_2}Q_1$
5	0	0	1	$\overline{Q_1}Q_0$

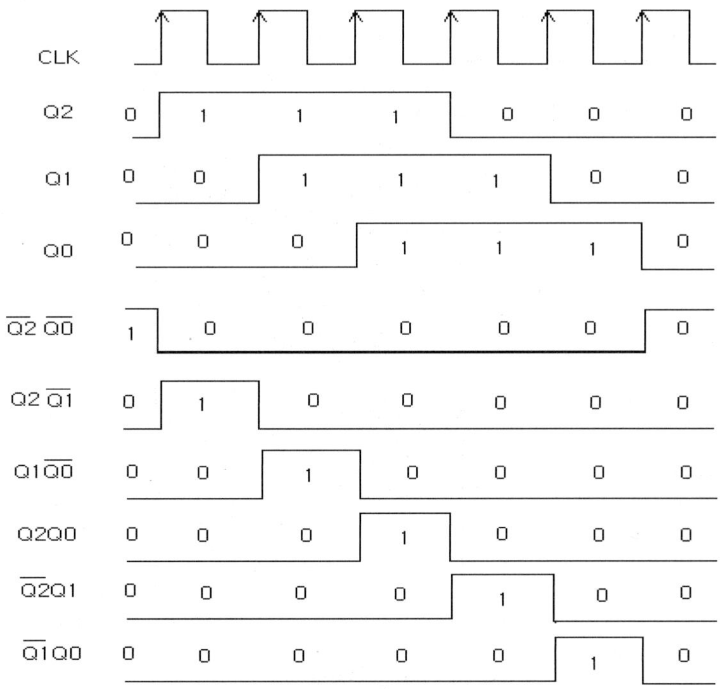

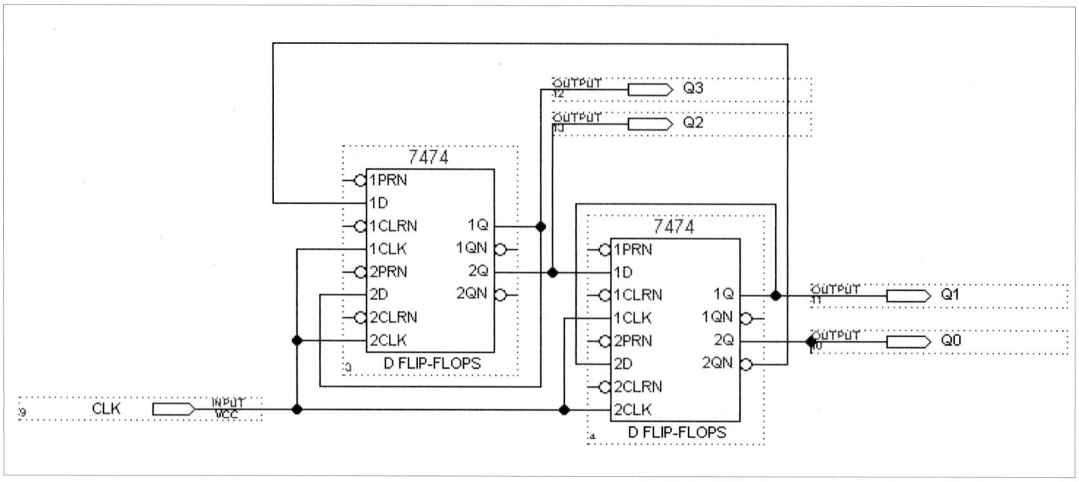

그림 12.17 존슨 카운터의 설계

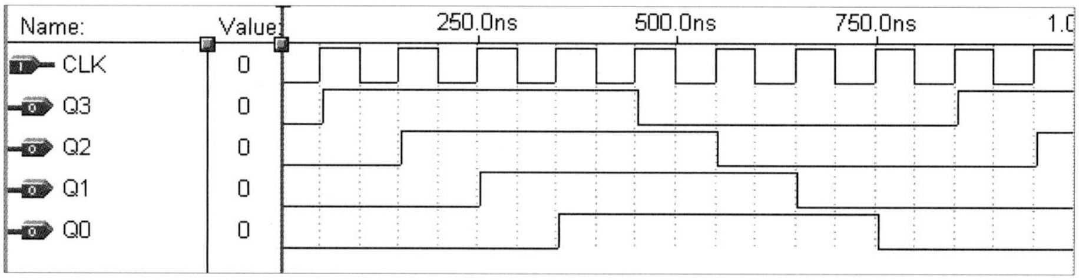

그림 12.18 존슨 카운터의 응답

점검문제 12.2 그림 12.17에 나타난 $n=3$일 때 존슨 카운터에 디코딩 회로를 첨가하여 출력하시오.

점검문제 12.3 $n=4$일 때 존슨 카운터의 순서를 적어보고 회로를 설계하시오.

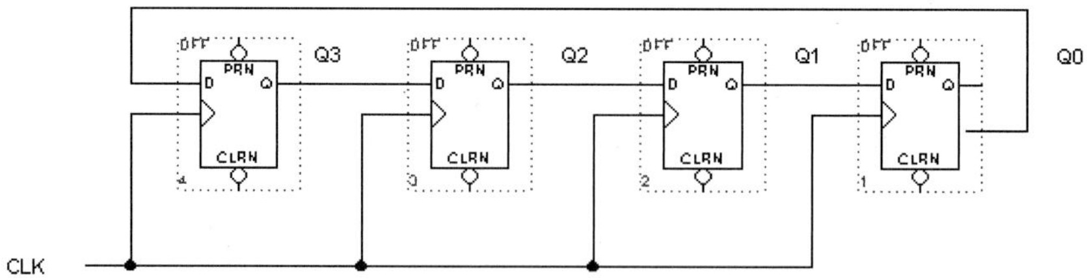

답 0000 − 1000 − 1100 − 1110 − 1111 − 0111 − 0011 − 0001 − 0000

점검문제 12.4 $n=4$일 때 존슨 카운터의 디코딩 로직을 구하고 회로를 설계하시오.

점검문제 12.5 $n=8$일 때 존슨 카운터의 순서를 정하고 디코딩 로직을 구한 뒤에 회로를 설계하시오.

12.6 업/다운 카운터 설계

하나의 카운터로 업과 다운 카운터를 모두 할 수 있다면 매우 효율적일 것이다. 우선 카운터를 설계하기 전에 어떻게 업과 다운을 설정할 것인지를 고려해야 한다. 업과 다운을 설정하기 위해서는 입력 신호 한 비트가 필요하다. 이전의 카운터에서는 무조건 카운터했었다. 하지만 입력을 추가함으로써 원하는 형태의 카운터를 만들 수 있다.

예를 들어, 업/다운 카운터를 만들고자 하는 경우에 입력 신호 x가 0이면 다운을, 1이면 업을 나타내도록 설계하면 된다. 아래는 T 플립플롭을 사용하여 업/다운 카운터를 설계한 것이다. 업/다운 카운터는 제어 신호 x에 의해 업 카운트와 다운 카운트를 할 수 있다.

표 12.3 업/다운 카운터의 진리표

현재 상태			입력	다음 상태			플립플롭 입력		
C	B	A	x	C	B	A	T_C	T_B	T_A
0	0	0	0	1	1	1	1	1	1
0	0	0	1	0	0	1	0	0	1
0	0	1	0	0	0	0	0	0	1
0	0	1	1	0	1	0	0	1	1
0	1	0	0	0	0	1	0	1	1
0	1	0	1	0	1	1	0	0	1
0	1	1	0	0	1	0	0	0	1
0	1	1	1	1	0	0	1	1	1
1	0	0	0	0	1	1	1	1	1
1	0	0	1	1	0	1	0	0	1
1	0	1	0	1	0	0	0	0	1
1	0	1	1	1	1	0	0	1	1
1	1	0	0	1	0	1	0	1	1
1	1	0	1	1	1	1	0	0	1
1	1	1	0	1	1	0	0	0	1
1	1	1	1	0	0	0	1	1	1

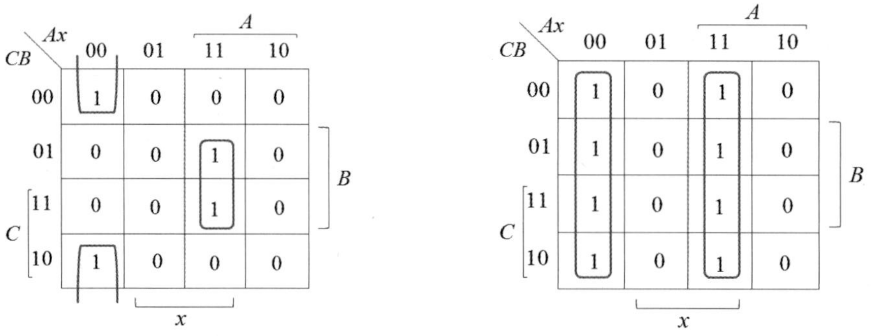

$$T_C = \overline{B}\,\overline{A}\,\overline{x} + BAx \qquad T_B = Ax + \overline{A}\,\overline{x} \qquad T_A = 1$$

그림 12.19 게이트의 최소화

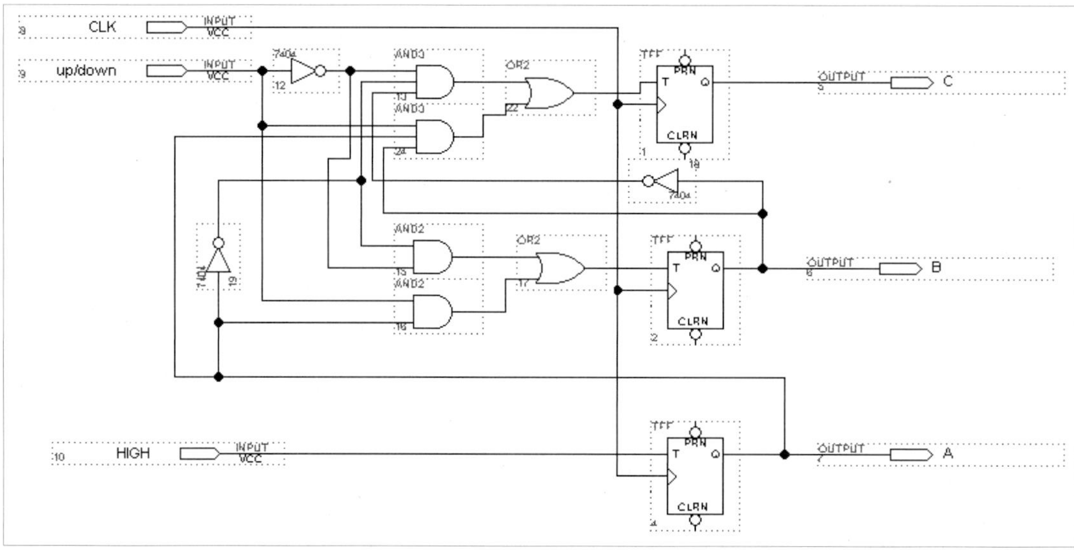

그림 12.20 업/다운 카운터

그림 12.21에서 보면 업/다운 제어신호가 high일 때는 업 카운트를, low일 때는 다운 카운트를 실행한다.

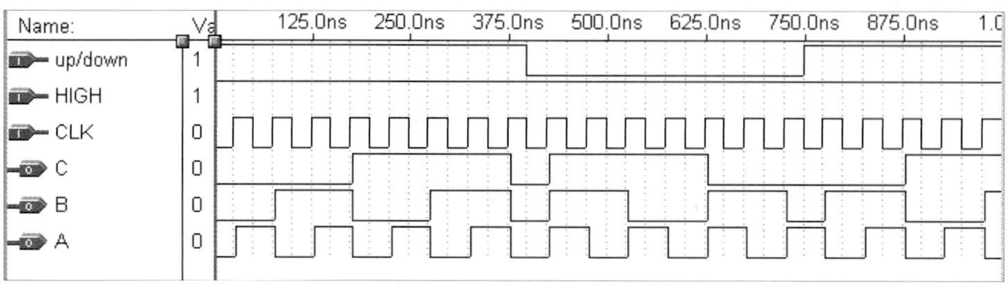

그림 12.21 업/다운 카운터의 응답

아래는 VHDL로 업/다운 카운터를 다시 설계한 것이다.

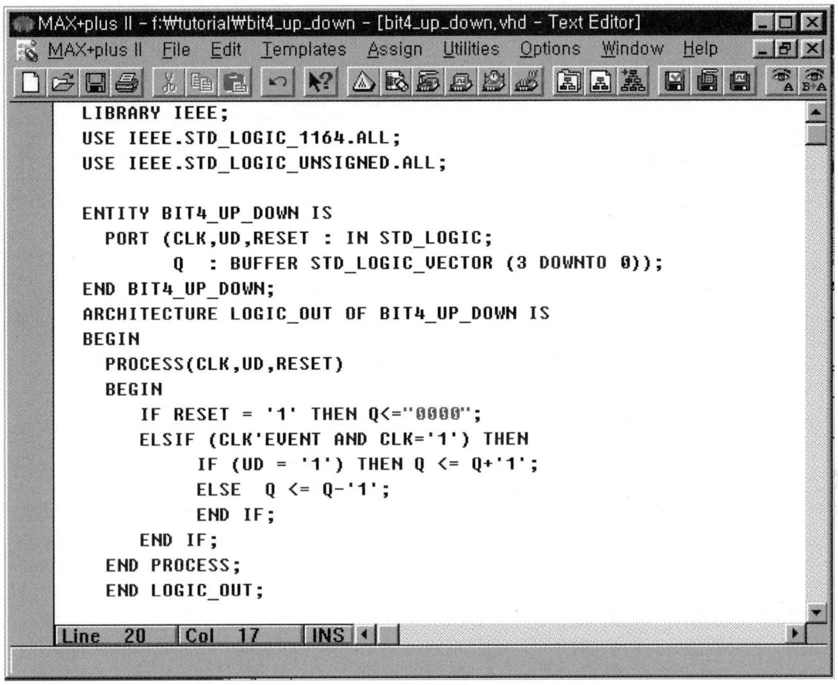

```
LIBRARY IEEE;
USE IEEE.STD_LOGIC_1164.ALL;
USE IEEE.STD_LOGIC_UNSIGNED.ALL;

ENTITY BIT4_UP_DOWN IS
  PORT (CLK,UD,RESET : IN STD_LOGIC;
        Q   : BUFFER STD_LOGIC_VECTOR (3 DOWNTO 0));
END BIT4_UP_DOWN;
ARCHITECTURE LOGIC_OUT OF BIT4_UP_DOWN IS
BEGIN
  PROCESS(CLK,UD,RESET)
  BEGIN
     IF RESET = '1' THEN Q<="0000";
     ELSIF (CLK'EVENT AND CLK='1') THEN
          IF (UD = '1') THEN Q <= Q+'1';
          ELSE  Q <= Q-'1';
          END IF;
     END IF;
  END PROCESS;
  END LOGIC_OUT;
```

그림 12.22 업/다운 카운터의 VHDL 설계

Asynchronous 제어 신호인 RESET이 high일 경우에는 다시 0에서 시작하도록 하고 UD이 high일 경우에는 업 카운트를 low일 경우에는 다운 카운터를 한다. 매우 간단하게 설계됨을 알 수 있다.

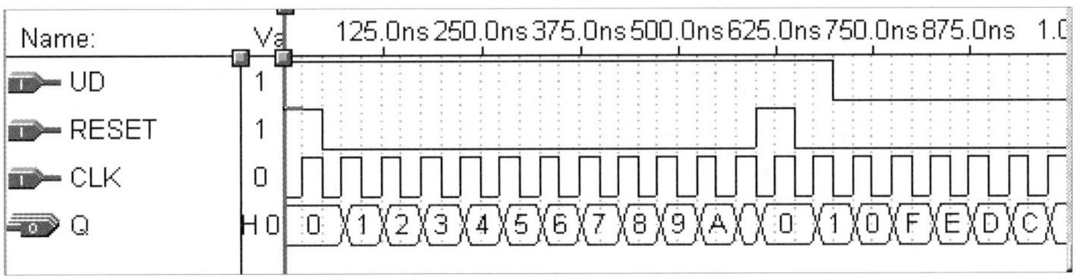

그림 12.23 업/다운 카운터의 응답

12.7 카운터 관련 IC

1. 바이너리 카운터

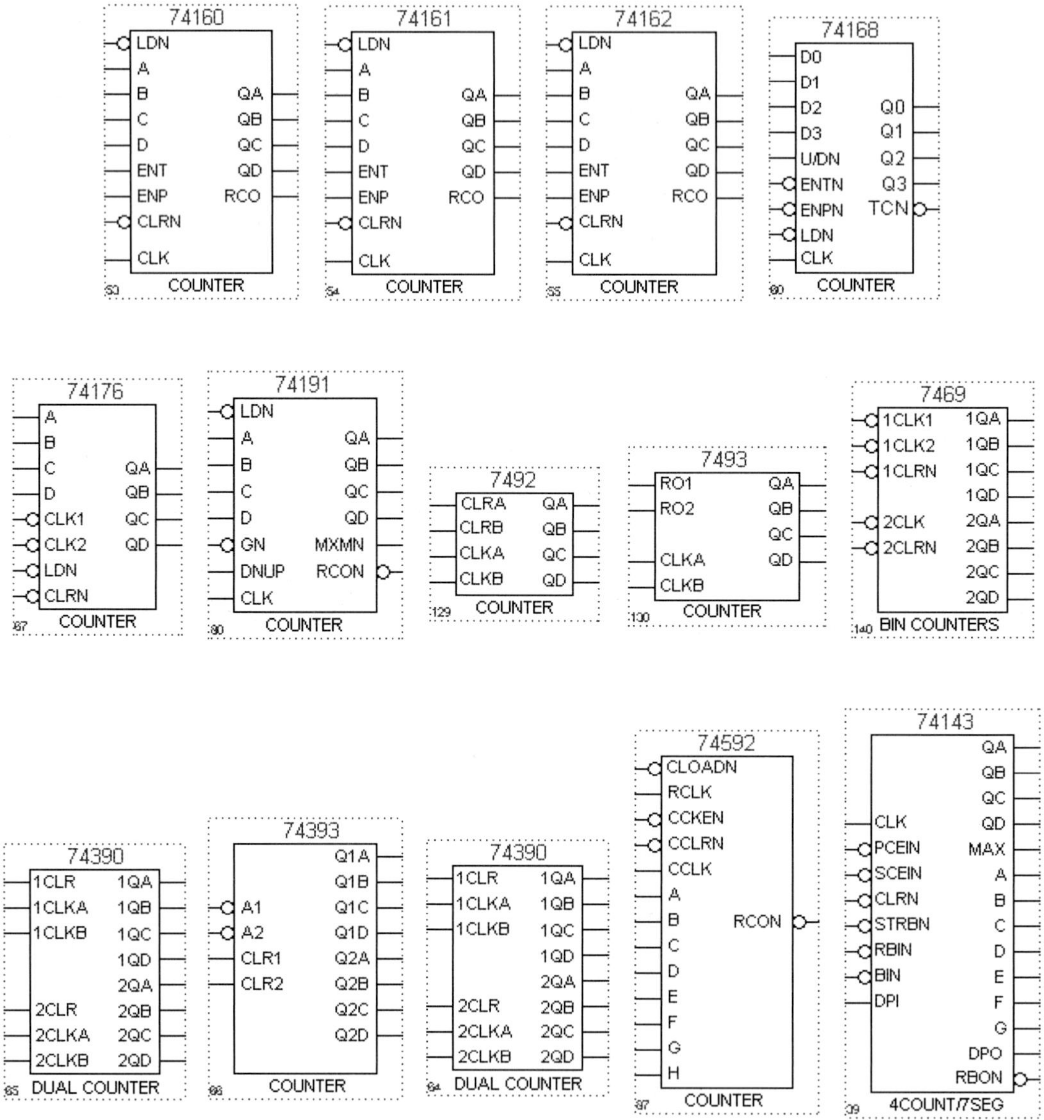

그림 12.24 바이너리 카운터 IC

2. 업/다운 카운터

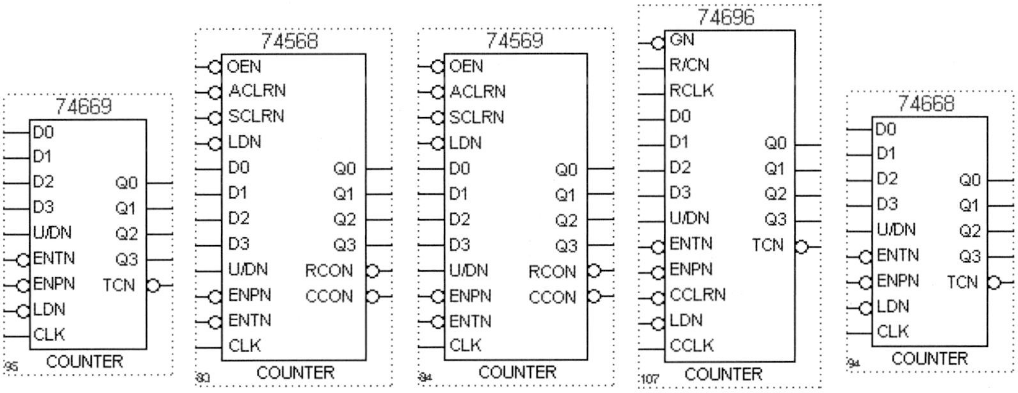

그림 12.25 업/다운 카운터 IC

3. BCD 카운터

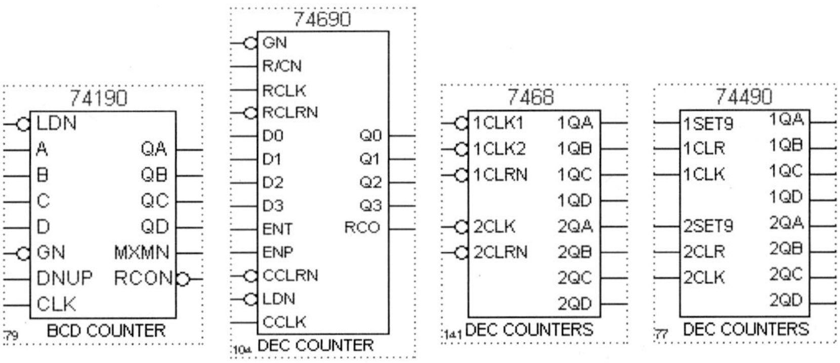

그림 12.26 BCD 카운터 IC

▶ 점검문제 12.6 74143의 작동법을 설명하시오.

▶ 점검문제 12.7 7468과 74190과의 차이점은 무엇인가?

실험 12 동기 카운터

업/다운 카운터의 VHDL

01 | 그림 12.16의 업/다운 카운터를 JK 플립플롭으로 설계하기 위한 테이블을 그리고 입력식을 구하시오.

02 | Graphic editor로 설계하여 출력하시오.

03 | VHDL 언어로 다시 설계하여 비교하시오.

04 | 실제 회로를 구성하여 결과를 확인하시오.

Mod-9 카운터

01 | Mod-9 카운터를 VHDL로 설계하시오.

02 | 회로를 구성하여 결과를 확인하시오.

존슨 카운터

01 | 그림 12.9의 존슨 카운터를 VHDL로 설계하시오.

02 | 디코딩 로직을 함께 설계하고 출력을 나타내시오.

03 | 회로를 구성하여 출력을 확인하시오.

점검문제

01 | 점검문제 12.6과 12.7에 답하시오.

날짜	
검인	

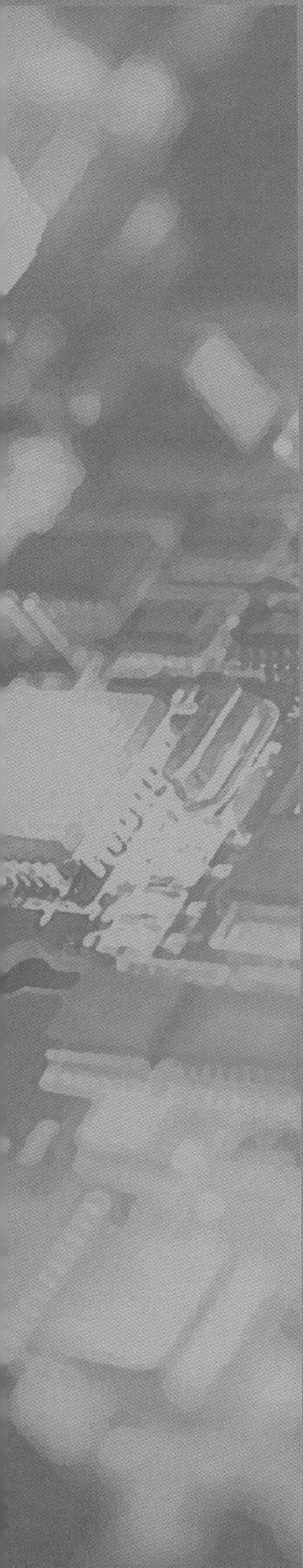

Chapter 13

BCD 카운터 설계 및 응용

13.1 소개

BCD는 십진법에 맞게 고려한 바이너리 수이다. BCD 카운터는 0에서 9까지 카운트하는 회로이다. 자릿수가 늘어남에 따라 BCD 카운터를 늘려가면 된다. BCD를 사용하는 대표적인 응용의 예는 디지털 시계이다. BCD 카운터의 상태 다이어그램은 다음과 같다.

J/K 플립플롭으로 BCD 카운터를 설계해 보자. BCD를 나타내기 위해서는 4비트가 필요하므로 $Q_3Q_2Q_1Q_0$를 J/K 플립플롭의 상태를 나타내고자 한다. BCD는 0000에서 1001까지 카운트하므로 1010에서 1111까지의 수는 유효하지 않다. 따라서 게이트 수를 줄이기 위해 don't care로 처리한다.

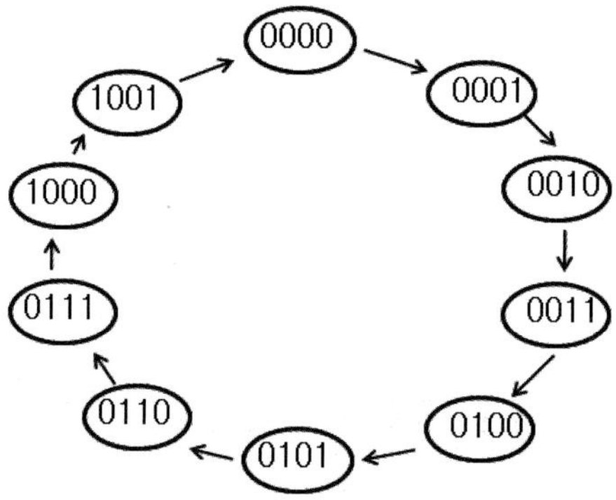

그림 13.1 BCD 카운터의 상태 다이어그램

13.2 상태 테이블

표 13.1 BCD 카운터의 상태 테이블

현재 상태				다음 상태				플립플롭 입력							
Q_3	Q_2	Q_1	Q_0	Q_3	Q_2	Q_1	Q_0	J_{Q3}	K_{Q3}	J_{Q2}	K_{Q2}	J_{Q1}	K_{Q1}	J_{Q0}	K_{Q0}
0	0	0	0	0	0	0	1	0	×	0	×	0	×	1	×
0	0	0	1	0	0	1	0	0	×	0	×	1	×	×	1
0	0	1	0	0	0	1	1	0	×	0	×	×	0	1	×
0	0	1	1	0	1	0	0	0	×	1	×	×	1	×	1
0	1	0	0	0	1	0	1	0	×	×	0	0	×	1	×
0	1	0	1	0	1	1	0	0	×	×	0	1	×	×	1
0	1	1	0	0	1	1	1	0	×	×	0	×	0	1	×

(계속)

현재 상태				다음 상태				플립플롭 입력							
Q_3	Q_2	Q_1	Q_0	Q_3	Q_2	Q_1	Q_0	J_{Q3}	K_{Q3}	J_{Q2}	K_{Q2}	J_{Q1}	K_{Q1}	J_{Q0}	K_{Q0}
0	1	1	1	1	0	0	0	1	×	×	1	×	1	×	1
1	0	0	0	1	0	0	1	×	0	0	×	0	×	1	×
1	0	0	1	0	0	0	0	×	1	0	×	0	×	×	1

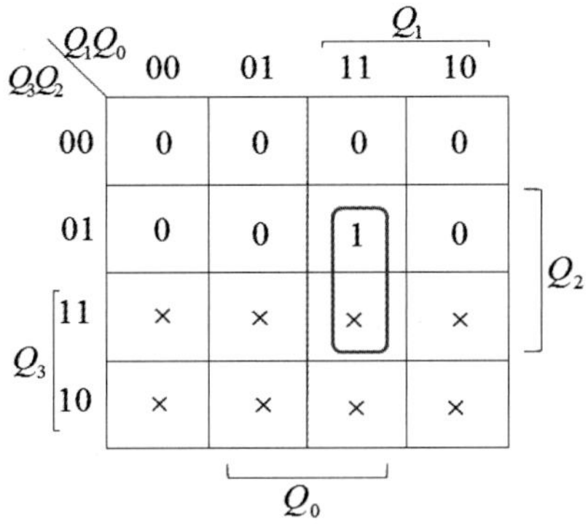

$JQ_3 = Q_2Q_1Q_0$

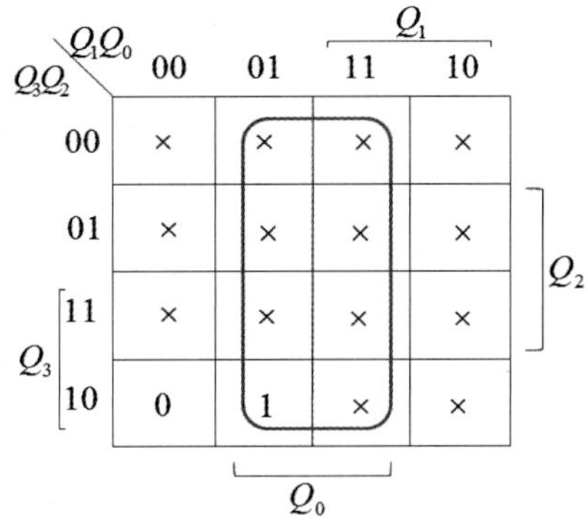

$KQ_3 = Q_0$

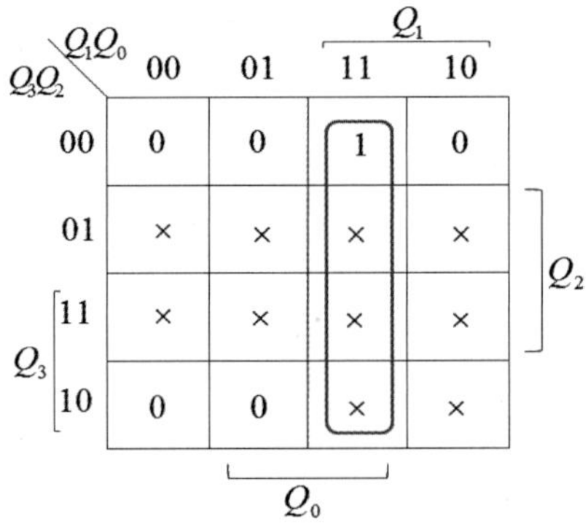

$JQ_2 = Q_1Q_0$

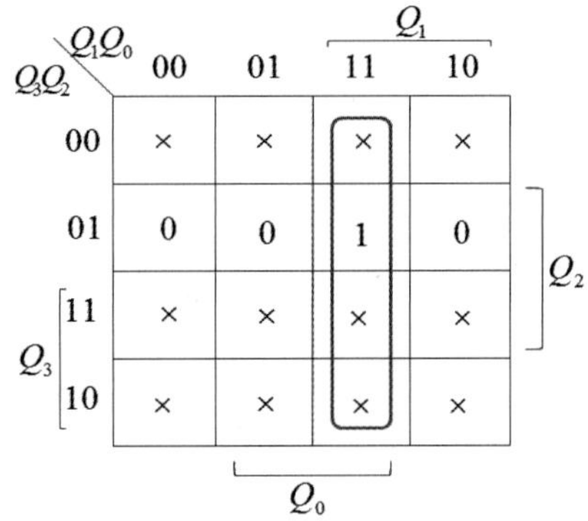

$KQ_2 = Q_1Q_0$

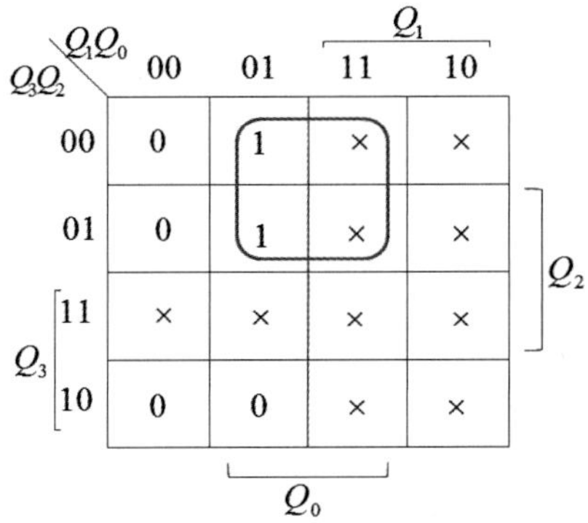

$JQ_1 = \overline{Q_3}Q_0$

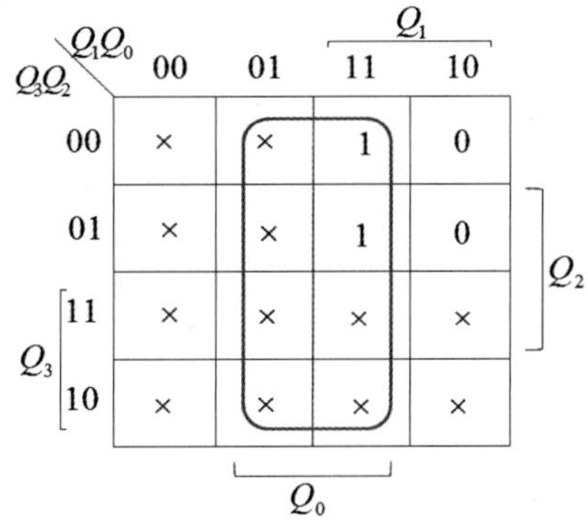

$KQ_1 = Q_0$

Q_3Q_2 \ Q_1Q_0	00	01	11	10
00	1	×	×	1
01	1	×	×	1
11	1	×	×	1
10	1	×	×	1

$JQ_0 = 1$

Q_3Q_2 \ Q_1Q_0	00	01	11	10
00	×	1	1	×
01	×	1	1	×
11	×	1	1	×
10	×	1	1	×

$KQ_0 = 1$

13.3 회로 구성

그림 13.2는 BCD 카운터를 JK 플립플롭으로 설계한 회로이다.

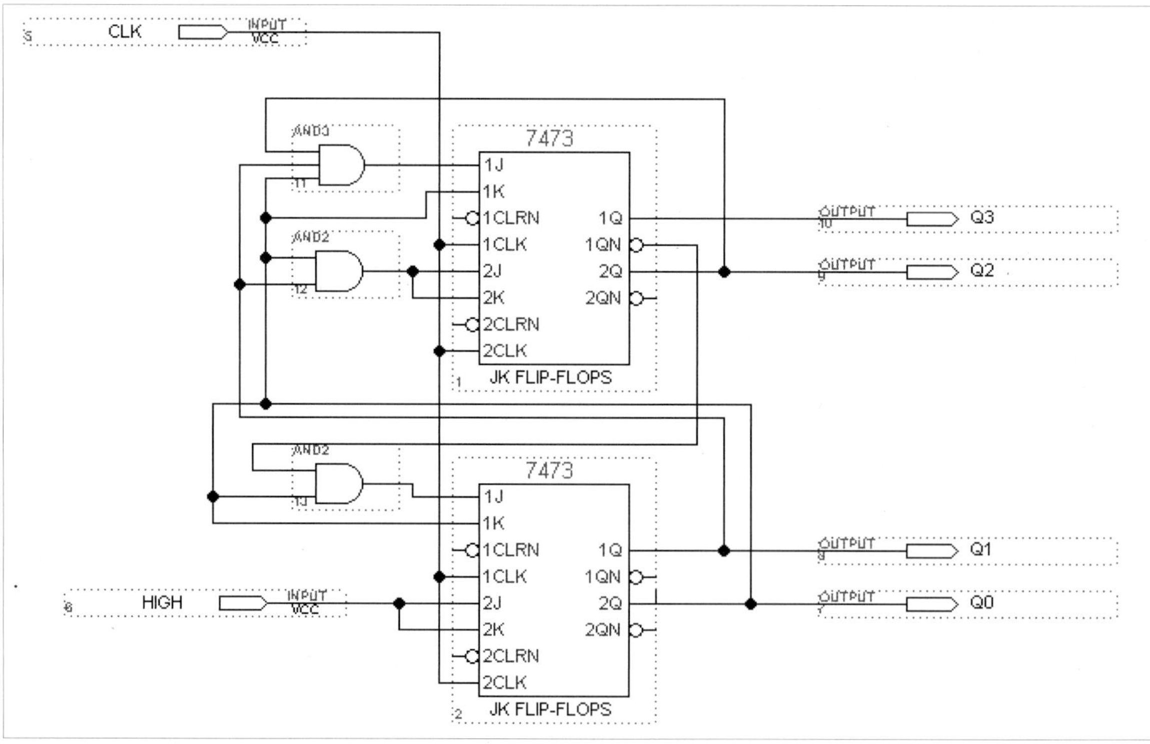

그림 13.2 BCD 카운터

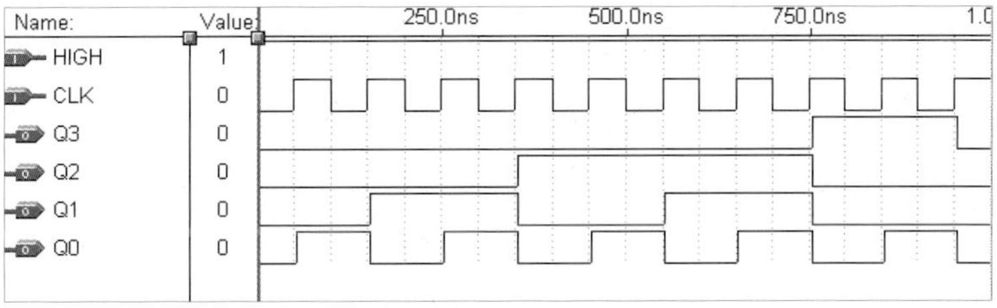

그림 13.3 BCD 카운터의 응답

▶ 점검문제 13.1 BCD 카운터 회로를 T 플립플롭으로 설계하시오.

(답) $TQ_3 = Q_0Q_3 + Q_2Q_1Q_0$

$TQ_2 = Q_1Q_0$

$TQ_1 = \overline{Q_3}Q_1$

$TQ_0 = 1$

13.4 BCD to 7-segment 응용

앞에서 BCD 카운터를 설계하였다. BCD의 출력을 7-segment로 출력하기 위해서는 BCD 코드를 7-segment 코드로 변환해야 한다.

1. Active low 설계 방식

표 13.2 상태 테이블

십진수	Input				Output						
	D	C	B	A	$\overline{a}$	$\overline{b}$	$\overline{c}$	$\overline{d}$	$\overline{e}$	$\overline{f}$	$\overline{g}$
0	0	0	0	0	0	0	0	0	0	0	1
1	0	0	0	1	1	0	0	1	1	1	1
2	0	0	1	0	0	0	1	0	0	1	0
3	0	0	1	1	0	0	0	0	1	1	0
4	0	1	0	0	1	0	0	1	1	0	0
5	0	1	0	1	0	1	0	0	1	0	0
6	0	1	1	0	0	1	0	0	0	0	0
7	0	1	1	1	0	0	0	1	1	1	1
8	1	0	0	0	0	0	0	0	0	0	0
9	1	0	0	1	0	0	0	0	1	0	0

십진수 10 이후의 수는 don’t care로 처리하고 각 출력을 최적화하면 다음과 같다.

$$\overline{a} = C\overline{B}\,\overline{A} + \overline{D}\,\overline{C}\,\overline{B}A$$

$$\overline{b} = (A + B)C$$

$$\overline{c} = \overline{C} \cdot B \cdot \overline{A}$$

$$\overline{d} = \overline{D} \cdot \overline{C} \cdot \overline{B}A + C \cdot \overline{B} \cdot \overline{A} + CBA$$

$$\overline{e} = C\overline{B} + A$$

$$\overline{f} = BA + \overline{D} \cdot \overline{C}A + \overline{D} \cdot \overline{C}B$$

$$\overline{g} = \overline{B}\,\overline{C}\,\overline{D}$$

IC 7447은 BCD to 7-Segment 디코더 칩으로 위의 진리표를 만족한다. 출력 부분에 OA로 표현된 것은 active low이기 때문이다.

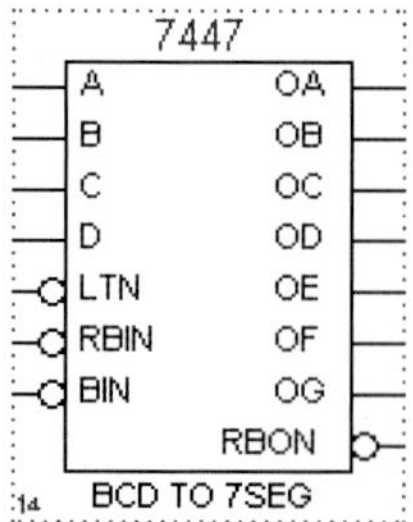

2. Acitve high 설계 방식

표 13.3 상태 테이블

십진수	Input				Output						
	D	C	B	A	a	b	c	d	e	f	g
0	0	0	0	0	1	1	1	1	1	1	0
1	0	0	0	1	0	1	1	0	0	0	0
2	0	0	1	0	1	1	0	1	1	0	1
3	0	0	1	1	1	1	1	1	0	0	1
4	0	1	0	0	0	1	1	0	0	1	1
5	0	1	0	1	1	0	1	1	0	1	1
6	0	1	1	0	1	0	1	1	1	1	1
7	0	1	1	1	1	1	1	0	0	0	0
8	1	0	0	0	1	1	1	1	1	1	1
9	1	0	0	1	1	1	1	1	0	1	1

$$a = B + D + AC + \overline{A} \cdot \overline{C}$$

$$b = D + \overline{C} + \overline{A} \cdot \overline{B} + AB$$

$$c = \overline{B} + A + C$$

$$d = D + A\overline{B}C + \overline{A} \cdot \overline{C} + B\overline{C} + \overline{A}B$$

$$e = \overline{A} \cdot \overline{C} + \overline{A}B$$

$$f = D + \overline{A} \cdot \overline{B} + \overline{B}C + \overline{A}C$$

$$g = B + C + D$$

13.5 BCD 카운터 회로

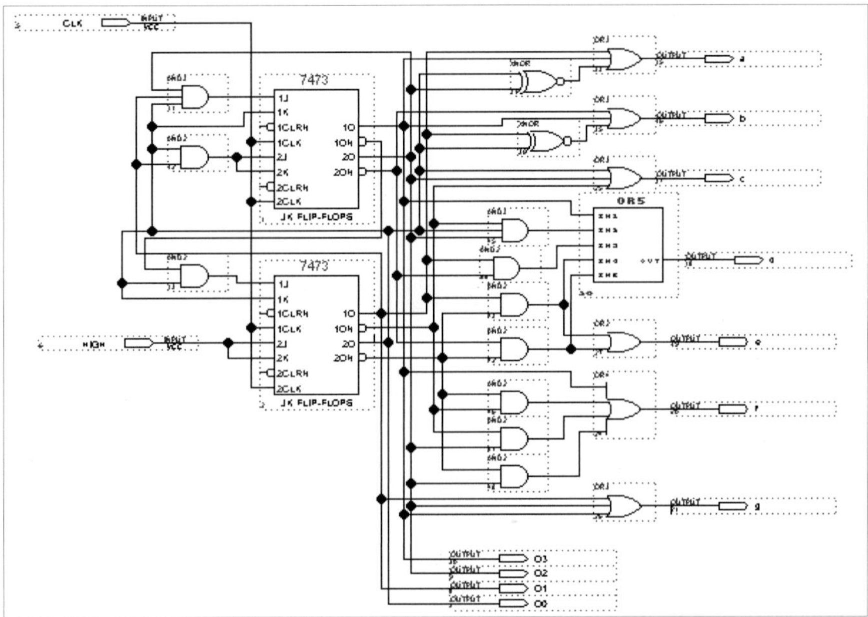

그림 13.4 BCD 카운터의 7-segment 연결 회로

그림 13.5는 BCD 카운터와 7-segment와의 연결을 나타낸 회로이다.

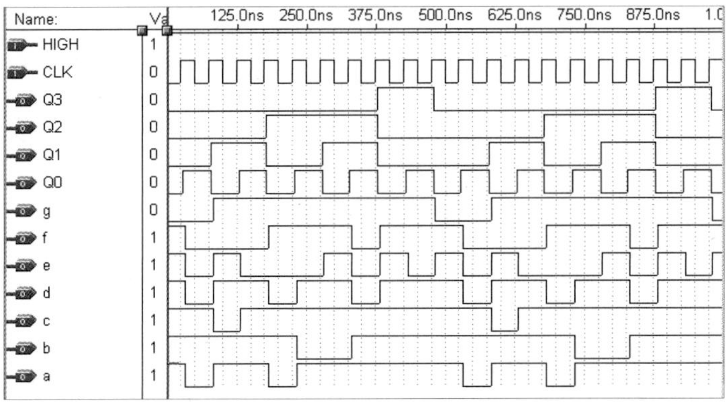

그림 13.5 BCD 카운터의 응답과 7-segment의 출력

13.6 BCD 카운터와 7-segment 회로의 VHDL

```
PROCESS (CLK, RESET)
BEGIN
        IF RESET = '0' THEN BCD <= "0000";                    - BCD 초기화
        ELSIF ( CLK'EVENT AND CLK = '1') THEN
                IF BCD = "1001" THEN
                        BCD <= "0000";                        - BCD가 9면 0으로
                ELSE    BCD <= BCD + 1;                       - BCD 카운트
                END IF;
         END IF;
END PROCESS;
```

```
bcd_count_to_seg.vhd - Text Editor
USE IEEE.STD_LOGIC_UNSIGNED.ALL;

ENTITY BCD_count_to_seg IS
        PORT(CLK, RESET : IN    STD_LOGIC;
             Seg     : OUT   STD_LOGIC_VECTOR(6 downto 0));
END BCD_count_to_seg;
ARCHITECTURE logic_out OF BCD_count_to_seg IS
    SIGNAL  BCD : STD_LOGIC_VECTOR (3 DOWNTO 0);
    BEGIN
    PROCESS(CLK, RESET)
    BEGIN
      IF RESET='0' THEN BCD <= "0000";
      ELSIF (CLK'EVENT AND CLK = '1') THEN
          IF BCD = "1001" THEN BCD <= "0000";
          ELSE   BCD <= BCD + 1;
          END IF;
       END IF;
    END PROCESS;
    PROCESS(BCD)
    BEGIN
      IF BCD = "0000" THEN Seg<="1111110";
      ELSIF BCD = "0001" THEN Seg<="0110000";
      ELSIF BCD = "0010" THEN Seg<="1101101";
      ELSIF BCD = "0011" THEN Seg<="1111001";
      ELSIF BCD = "0100" THEN Seg<="0110011";
      ELSIF BCD = "0101" THEN Seg<="1011011";
      ELSIF BCD = "0110" THEN Seg<="1011111";
      ELSIF BCD = "0111" THEN Seg<="1110000";
      ELSIF BCD = "1000" THEN Seg<="1111111";
      ELSIF BCD = "1001" THEN Seg<="1110011";
    ELSE
      Seg<="0000000";
      END IF;
    END PROCESS;
END Logic_out;
Line 20   Col 17   INS
```

그림 13.6 BCD 카운터와 7-segment 회로의 VHDL

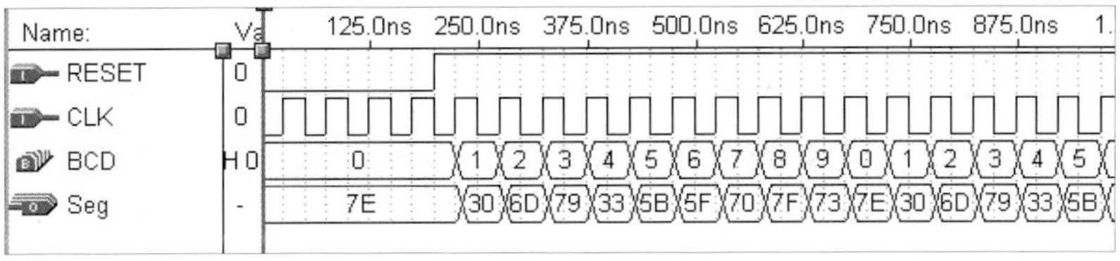

그림 13.7 BCD 카운터의 7-segment 출력

13.7 BCD 카운터 응용 사례

1. Stop watch

다음은 0초에서 59초까지 카운트하는 간단한 초시계에 대해서 알아보자. 먼저 1의 자리를 나타내는 BCD 카운터와 10의 자리를 나타내는 mod-6 카운터를 사용한다. 각각 카운터는 7-segment와 연결되어 있으므로 decoder 회로와 연결되어 있다. 비동기 제어 신호로는 St 카운트의 시작과 멈춤을 제어하는 start/stop 신호, 초기화하는 clear 신호가 있다. 동기 신호로는 클록이 있다.

설계 특성은 다음과 같다.

- **RESET** 1이면 0으로 초기화한다.
- **ST** 1이면 카운트를 시작하고 0이면 카운트를 멈춘다.

```
stop_watch.vhd - Text Editor
LIBRARY IEEE;
USE IEEE.std_logic_1164.ALL;
USE IEEE.STD_LOGIC_UNSIGNED.ALL;

ENTITY stop_watch IS
        PORT(CLK, RESET, ST          :  IN  STD_LOGIC;
             SEC_Seg1, SEC_Seg_10    :  OUT STD_LOGIC_VECTOR(6 downto 0));
END stop_watch;

ARCHITECTURE logic_out OF stop_watch IS
    SIGNAL  SEC_BCD     : STD_LOGIC_VECTOR (3 DOWNTO 0);
    SIGNAL  SEC_mod6    : STD_LOGIC_VECTOR (2 DOWNTO 0);

    BEGIN
    PROCESS(CLK, RESET,ST)
    BEGIN
      IF RESET='1' THEN
            SEC_BCD <= "0000";
            SEC_mod6 <= "000";
      ELSIF (CLK'EVENT AND CLK = '1') THEN
          IF ST = '1' THEN
             IF (SEC_BCD = "1001") THEN
                SEC_BCD <= "0000";
                IF (SEC_mod6 = "101") THEN
                    SEC_mod6 <= "000";
                ELSE SEC_mod6 <= SEC_mod6 + 1;
                END IF;
             ELSE   SEC_BCD <= SEC_BCD + 1;
             END IF;
          END IF;
       END IF;
    END PROCESS;
Line 33  Col 1  INS
```

```
PROCESS(SEC_mod6)
BEGIN
  IF    SEC_mod6 = "000" THEN SEC_Seg_10<="1111110";
  ELSIF SEC_mod6 = "001" THEN SEC_Seg_10<="0110000";
  ELSIF SEC_mod6 = "010" THEN SEC_Seg_10<="1101101";
  ELSIF SEC_mod6 = "011" THEN SEC_Seg_10<="1111001";
  ELSIF SEC_mod6 = "100" THEN SEC_Seg_10<="0110011";
  ELSIF SEC_mod6 = "101" THEN SEC_Seg_10<="1011011";
  ELSE
        SEC_Seg_10 <= "0000000";
  END IF;
END PROCESS;

PROCESS(SEC_BCD)
BEGIN
  IF SEC_BCD = "0000" THEN SEC_Seg1<="1111110";
  ELSIF SEC_BCD = "0001" THEN SEC_Seg1<="0110000";
  ELSIF SEC_BCD = "0010" THEN SEC_Seg1<="1101101";
  ELSIF SEC_BCD = "0011" THEN SEC_Seg1<="1111001";
  ELSIF SEC_BCD = "0100" THEN SEC_Seg1<="0110011";
  ELSIF SEC_BCD = "0101" THEN SEC_Seg1<="1011011";
  ELSIF SEC_BCD = "0110" THEN SEC_Seg1<="1011111";
  ELSIF SEC_BCD = "0111" THEN SEC_Seg1<="1110000";
  ELSIF SEC_BCD = "1000" THEN SEC_Seg1<="1111111";
  ELSIF SEC_BCD = "1001" THEN SEC_Seg1<="1110011";
  ELSE
    SEC_Seg1<="0000000";
  END IF;
END PROCESS;
END Logic_out;
```

그림 13.9 초시계의 VHDL 설계

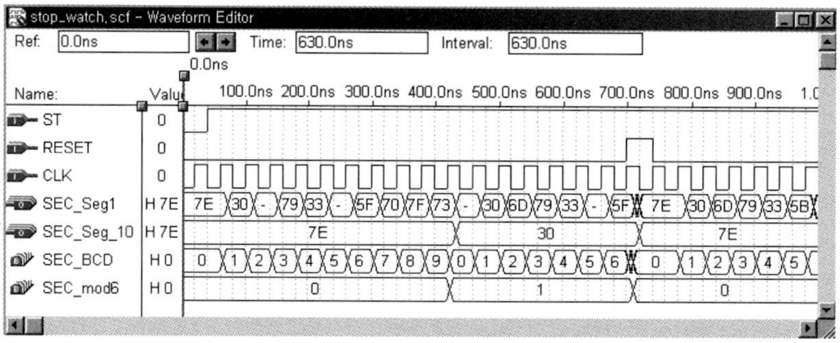

그림 13.10 초시계의 출력 파형

2. 디지털 클록 설계

(1) Graphic Editor 설계

디지털 시계는 우리 생활에서 가장 많이 사용되는 디지털 기술의 하나이다. 디지털 시계는 시와 분 그리고 초를 나타낸다. 앞 절에서 초시계 설계를 바탕으로 초와 분은 0에서 59까지 카운트하는 같은 작동을 하므로 쉽게 설계할 수 있다. 하지만 시간을 나타내기 위해서는 잠시 생각을 해야 한다.

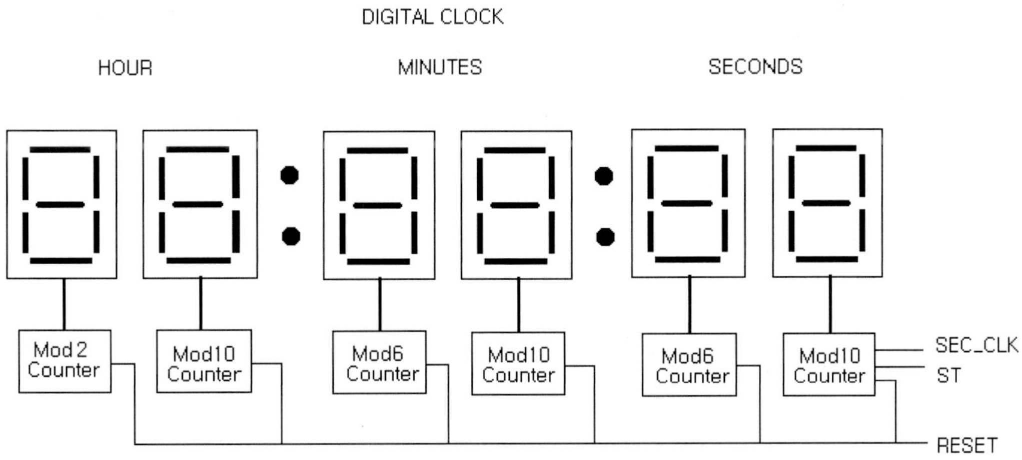

그림 13.11 디지털 시계의 블록

그림 13.11의 디지털 시계는 시간을 1에서 12시까지 나타낼 수 있다. 우선 BCD 카운터인 74LS192 칩 3개와 모드 6 카운터 2개 그리고 모드 2 카운터로는 플립플롭 1개를 사용한다. 74192는 4비트 바이너리 카운터인 74193과 작동이 같고, 단지 차이점은 0에서 9까지 카운트한다는 것이다. 74192의 핀 다이어그램은 다음과 같다.

입력으로 4비트 $ABCD$ 그리고 출력으로 QA QB QC QD가 있다. LDN은 데이터를 로드하는 제어 신호이다. DN은 다운 카운터, UP는 업 카운터를 나타낸다. CLR은 clear를 하고 CON은 carry를, BON은 borrow를 나타낸다.

회로 구성에 대해 설명하면 다음과 같다.

- 초기에 CLR로 모든 칩을 0000으로 초기화한다.
- 초와 분은 0에서 59까지 카운트한다.
- 시에서는 0에서 9시까지는 정상적으로 카운트한다.

CL	LDN	UP	DN	동작
H	X	X	X	clear
L	L	X	X	데이터 로드
L	H	H	H	No change
L	H	↑	H	Count up
L	H	H	↑	Count down

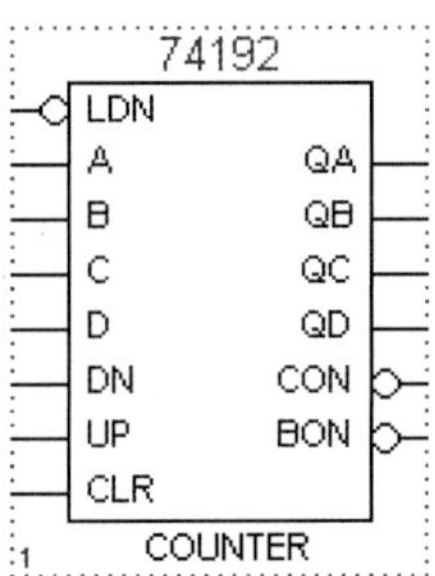

그림 13.12 74192의 동작과 심볼

- 10시를 나타내기 위해서는 1 0000으로 되어야 하므로 1001에서 0000으로 바뀔 때 QA가 NGT가 되므로 이를 J/K 플립플롭의 클록으로 연결하면 플립플롭은 토글되어 1로 바뀌게 된다. 결국 10시를 나타낸다.
- 11시 12시를 카운트하고 13시가 될 때 다시 1시로 세팅해 주어야 한다.

이 경우에는 1 0011이므로 플립플롭의 출력 $x=1$과 $QC\ QD=11$를 NAND하여 LDN에 연결하면 active low 출력이 생성되어 데이터가 로드된다. 이때 데이터 $ABCD=0001$로 하면 0001이 로드되어 1 0011(13)이 되었을 때 1시를 나타내게 된다.

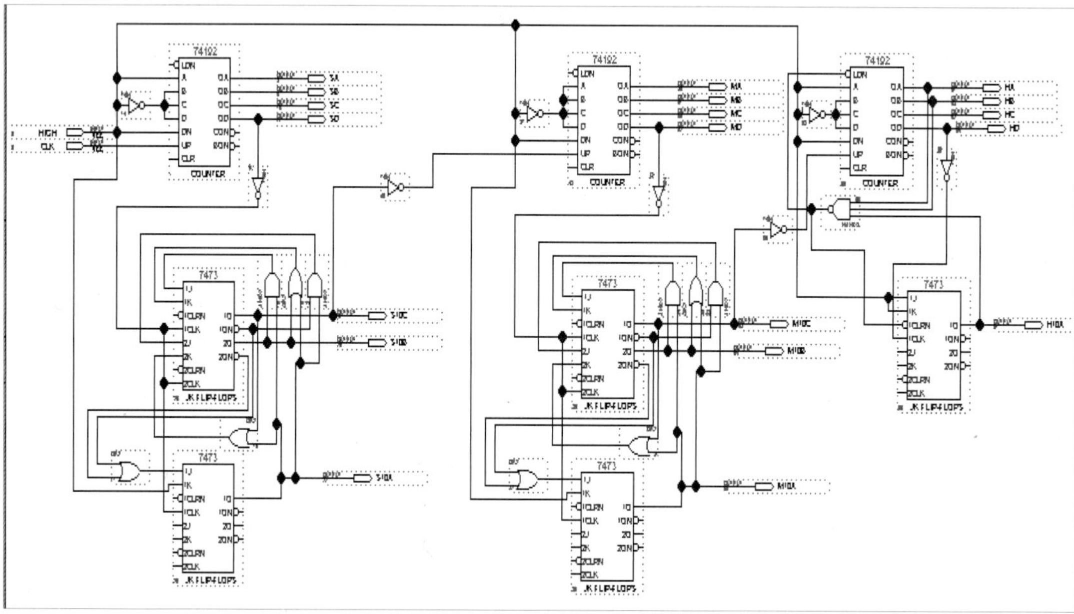

그림 13.13 디지털 클록 설계

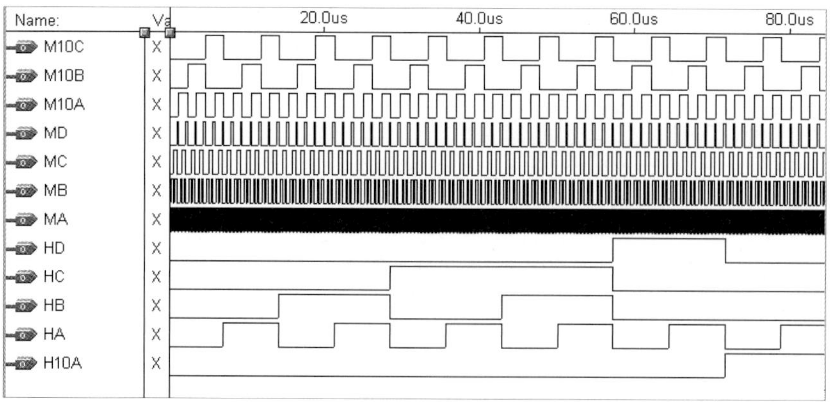

그림 13.14 디지털 클록 파형

(2) 디지털 시계의 VHDL 설계

디지털 시계를 VHDL로 설계해 보자. 그림 13.15는 디지털 클록의 구조를 나타낸다. 초와 분은 0에서 59까지 시는 0에서 23까지 나타낸다.

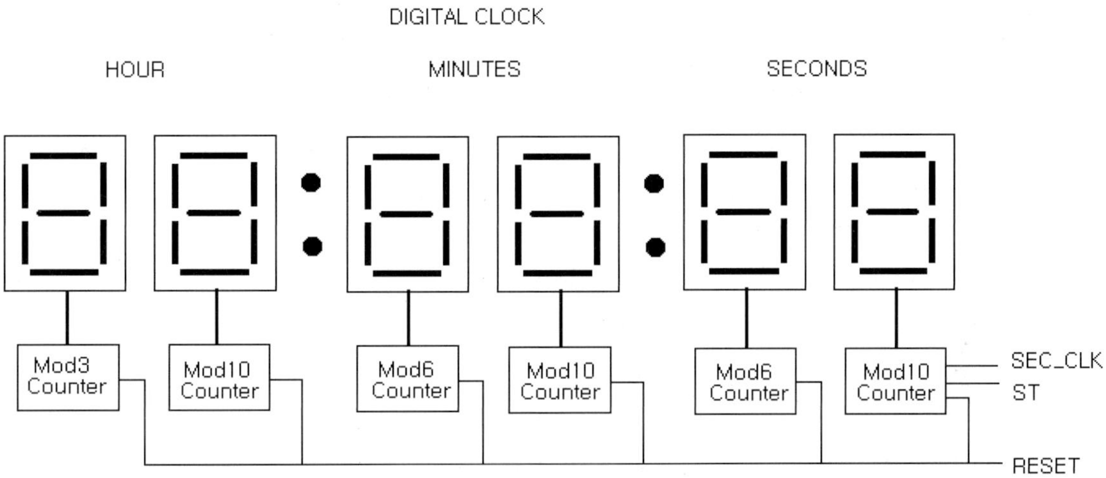

그림 13.15 디지털 클록

SEC_Seg1, SEC_Seg_10	: 초의 7-segments 출력
MIN_Seg1, MIN_Seg_10	: 분의 7-segments 출력
hour_Seg1, hour_Seg10	: 시의 7-segments 출력
SEC_BCD, SEC_mod6	: 초의 일의 자리와 십의 자리 숫자
MIN_BCD, MIN_mod6	: 분의 일의 자리와 십의 자리 숫자
hour_bcd, hour_mod3	: 시의 일의 자리와 십의 자리 숫자
count	: 주파수 분주하는 숫자
CLK	: 오실레이터부터의 기본 클록
SEC_CLK	: 1 Hz를 나타내는 분주된 클록
RESET	: High일 때 초기화한다.
ST	: High일 때 카운트를 시작한다.

7-segment의 display는 active low로 설정하였다.

```
LIBRARY IEEE;
USE IEEE.std_logic_1164.ALL;
USE IEEE.STD_LOGIC_UNSIGNED.ALL;
ENTITY digital_clock2 IS
    PORT(CLK, RESET, ST              : IN STD_LOGIC;
         SEC_Seg1, SEC_Seg_10        : OUT      STD_LOGIC_VECTOR(6 downto 0);
         MIN_Seg1, MIN_Seg_10        : OUT      STD_LOGIC_VECTOR(6 downto 0);
         hour_Seg1, hour_Seg_10      : OUT      STD_LOGIC_VECTOR(6 downto 0));
END digital_clock2;
ARCHITECTURE logic_out OF digital_clock2 IS
    SIGNAL  COUNT          : INTEGER RANGE 0 TO 9;
    SIGNAL  SEC_CLK        : STD_LOGIC;
    SIGNAL  SEC_BCD        : STD_LOGIC_VECTOR (3 DOWNTO 0);
    SIGNAL  SEC_mod6       : STD_LOGIC_VECTOR (2 DOWNTO 0);
    SIGNAL  MIN_BCD        : STD_LOGIC_VECTOR (3 DOWNTO 0);
    SIGNAL  MIN_mod6       : STD_LOGIC_VECTOR (2 DOWNTO 0);
    SIGNAL  hour_bcd       : STD_LOGIC_VECTOR (9 DOWNTO 0);
    SIGNAL  hour_mod3      : STD_LOGIC_VECTOR (1 DOWNTO 0);

BEGIN
    PROCESS(CLK)
    BEGIN
    IF (CLK'EVENT and CLK = '1') THEN
      IF count >= 9 THEN              -- frequency divider
        count <= 0;
        sec_clk <= not sec_clk;       -- set half clock high
      ELSE
        count <= count + 1;
      END IF;
    END IF;
    END PROCESS;
```

(계속)

```
PROCESS(sec_clk, RESET, ST)
     BEGIN
      IF RESET='1' THEN
           SEC_BCD <= "0000";        -- init. of ones of seconds
           SEC_mod6 <= "000";        -- init. of tens of seconds
           MIN_BCD <= "0000";        -- init. of ones of minutes
           MIN_mod6 <= "000";        -- init. of tens of minutes
           hour_bcd <= "0000";       -- init. of ones of hours
           hour_mod3 <= "00";        -- init. of tens of hours
      ELSIF (sec_CLK'EVENT AND sec_CLK = '1') THEN
          IF ST = '0' THEN           -- start clock
            IF (SEC_BCD = "1001") THEN
               SEC_BCD <= "0000";
               IF (SEC_mod6 = "101") THEN
                  SEC_mod6 <= "000";
                  IF (MIN_BCD = "1001") THEN
                      MIN_BCD <= "0000";
                      IF (MIN_mod6 = "101") THEN
                         MIN_mod6 <= "000";
                         IF (hour_bcd = "1001") THEN
                             hour_bcd <= "0000";
                             IF (hour_mod3 = "10") THEN
                                 hour_mod3 <= "00";
                             ELSE hour_mod3 <= hour_mod3 + 1;
                             END IF;
                         ELSE hour_bcd <= hour_bcd + 1;
                         END IF;
                     ELSE MIN_mod6 <= MIN_mod6 + 1;
                     END IF;
                 ELSE MIN_BCD <= MIN_BCD + 1;
                 END IF;
               ELSE SEC_mod6 <= SEC_mod6 + 1;
```

(계속)

```
            END IF;
          ELSE    SEC_BCD <= SEC_BCD + 1;
          END IF;
      END IF;
   END IF;
END PROCESS;

PROCESS(SEC_mod6)                    -- segment for tens of seconds
  BEGIN
    IF SEC_mod6 = "000" THEN SEC_Seg_10<="0000001";
    ELSIF SEC_mod6 = "001" THEN SEC_Seg_10<="1001111";
    ELSIF SEC_mod6 = "010" THEN SEC_Seg_10<="0010010";
    ELSIF SEC_mod6 = "011" THEN SEC_Seg_10<="0000110";
    ELSIF SEC_mod6 = "100" THEN SEC_Seg_10<="1001100";
    ELSIF SEC_mod6 = "101" THEN SEC_Seg_10<="0100100";
    ELSE
       SEC_Seg_10 <= "1111111";
    END IF;
END PROCESS;

PROCESS(SEC_BCD)                     -- segment for ones of seconds
  BEGIN
    IF SEC_BCD = "0000" THEN SEC_Seg1<="0000001";
    ELSIF SEC_BCD = "0001" THEN SEC_Seg1<="1001111";
    ELSIF SEC_BCD = "0010" THEN SEC_Seg1<="0010010";
    ELSIF SEC_BCD = "0011" THEN SEC_Seg1<="0000110";
    ELSIF SEC_BCD = "0100" THEN SEC_Seg1<="1001100";
    ELSIF SEC_BCD = "0101" THEN SEC_Seg1<="0100100";
    ELSIF SEC_BCD = "0110" THEN SEC_Seg1<="0100000";
    ELSIF SEC_BCD = "0111" THEN SEC_Seg1<="0001111";
    ELSIF SEC_BCD = "1000" THEN SEC_Seg1<="0000000";
    ELSIF SEC_BCD = "1001" THEN SEC_Seg1<="0000100";
```

(계속)

```
    ELSE
      SEC_Seg1<="1111111";
    END IF;
  END PROCESS;

PROCESS(MIN_mod6)                    -- segment for tens of minutes
  BEGIN
    IF MIN_mod6 = "000" THEN MIN_Seg_10<="0000001";
    ELSIF MIN_mod6 = "001" THEN MIN_Seg_10<="1001111";
    ELSIF MIN_mod6 = "010" THEN MIN_Seg_10<="0010010";
    ELSIF MIN_mod6 = "011" THEN MIN_Seg_10<="0000110";
    ELSIF MIN_mod6 = "100" THEN MIN_Seg_10<="1001100";
    ELSIF MIN_mod6 = "101" THEN MIN_Seg_10<="0100100";
    ELSE
       MIN_Seg_10 <= "1111111";
    END IF;
  END PROCESS;

  PROCESS(MIN_BCD)                   -- segment for ones of minutes
  BEGIN
    IF MIN_BCD = "0000"  THEN MIN_Seg1<="0000001";
    ELSIF MIN_BCD = "0001" THEN MIN_Seg1<="1001111";
    ELSIF MIN_BCD = "0010" THEN MIN_Seg1<="0010010";
    ELSIF MIN_BCD = "0011" THEN MIN_Seg1<="0000110";
    ELSIF MIN_BCD = "0100" THEN MIN_Seg1<="1001100";
    ELSIF MIN_BCD = "0101" THEN MIN_Seg1<="0100100";
    ELSIF MIN_BCD = "0110" THEN MIN_Seg1<="0100000";
    ELSIF MIN_BCD = "0111" THEN MIN_Seg1<="0001111";
    ELSIF MIN_BCD = "1000" THEN MIN_Seg1<="0000000";
    ELSIF MIN_BCD = "1001" THEN MIN_Seg1<="0000100";
    ELSE
       MIN_Seg1<="1111111";
```

(계속)

```
      END IF;
    END PROCESS;

  PROCESS(hour_bcd)                    -- segment for ones of hours
      IF hour_bcd = "0000"        THEN hour_Seg1<="0000001";
      ELSIF hour_bcd = "0001" THEN hour_Seg1<="1001111";
      ELSIF hour_bcd = "0010" THEN hour_Seg1<="0010010";
      ELSIF hour_bcd = "0011" THEN hour_Seg1<="0000110";
      ELSIF hour_bcd = "0100" THEN hour_Seg1<="1001100";
      ELSIF hour_bcd = "0101" THEN hour_Seg1<="0100100";
      ELSIF hour_bcd = "0110" THEN hour_Seg1<="0100000";
      ELSIF hour_bcd = "0111" THEN hour_Seg1<="0001111";
      ELSIF hour_bcd = "1000" THEN hour_Seg1<="0000000";
      ELSIF hour_bcd = "1001" THEN hour_Seg1<="0000100";
      ELSE
         hour_Seg1<="1111111";
      END IF;
  END PROCESS;

  PROCESS(hour_mod3)                   -- segement for tens of hours
    BEGIN
      IF  hour_mod3 = "00" THEN hour_Seg_10 <="0000001";
      ELSIF hour_mod3 = "01" THEN hour_Seg_10 <="1001111";
      ELSIF hour_mod3 = "10" THEN hour_Seg_10 <="0010010";
      ELSE
         hour_Seg_10 <= "1111111";
      END IF;
  END PROCESS;

END Logic_out;
```

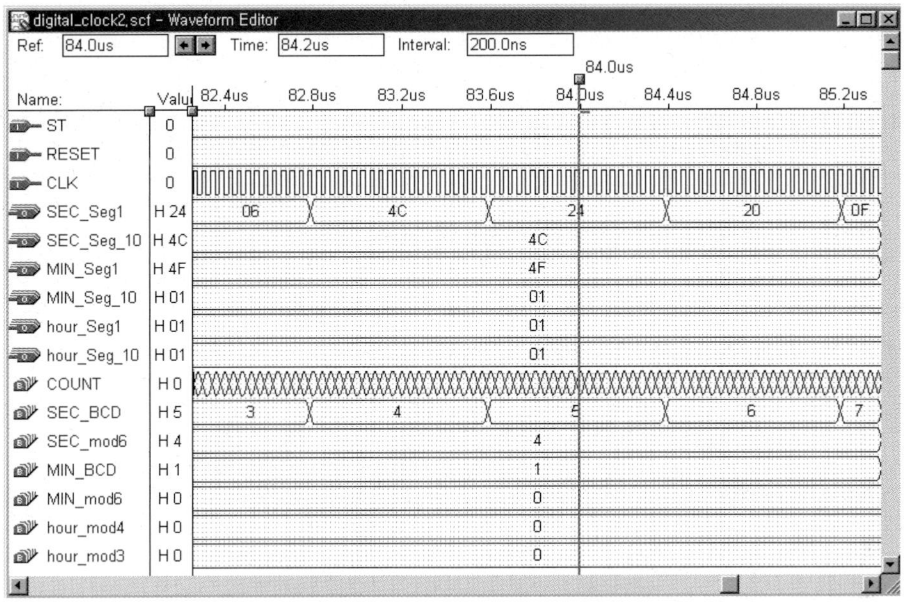

그림 13.16 디지털 클록 출력 파형

그림 13.16은 디지털 클록의 출력 파형을 나타낸다. 모든 파형을 나타내기 어려우므로 부분적인 파형을 나타내었다. 84 us에서 선이 나타내는 시간은 1분 45초이다. 따라서 초를 나타내는 segment의 출력은 5를 나타내는 24와 4를 나타내는 4C이고, 분을 나타내는 segment 출력은 1을 나타내는 4F와 0을 나타내는 01이다.

마스터 클록이 10번 카운트가 되면 SEC_CLK이 high로 되므로 SEC_CLK의 주기는 마스터 클록 CLK가 20번 튈 때 SEC_CLK이 한 번 튀는 것이다.

13.8 BCD 관련 IC

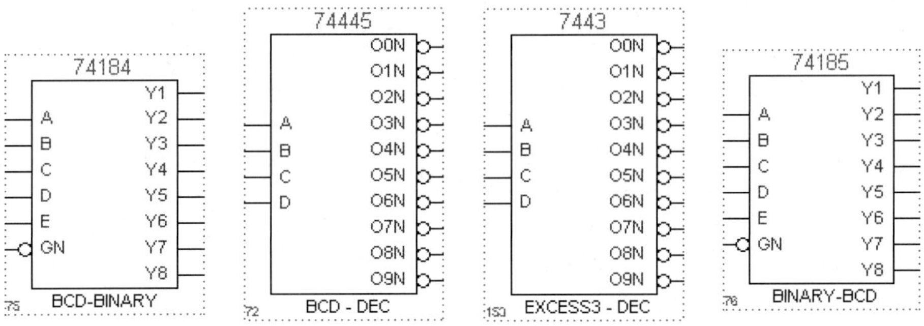

(계속)

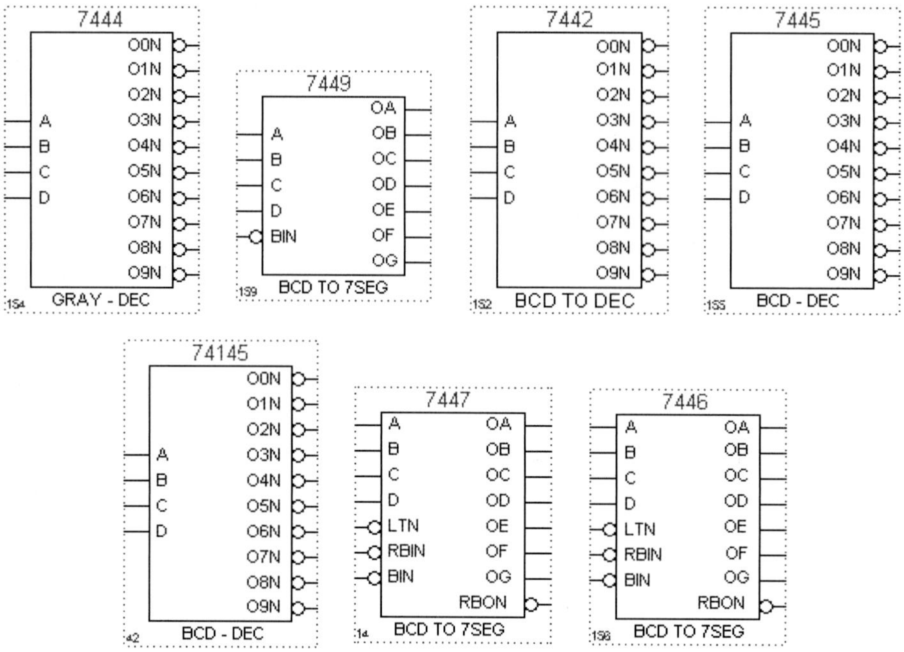

그림 13. 17 BCD 관련 IC

실험 13 BCD 카운터 및 응용

BCD 카운터

01 | BCD 카운터를 VHDL 언어로 프로그램하고 출력하시오.

02 | 실제 회로를 구성하시오.

BCD to 7 segment

01 | 표 13.2의 BCD to 7-segment를 active low로 설계하시오.

02 | 회로를 구성하여 카운트하시오.

카운트 회로

01 | IC 7447 BCD to 7-segment를 사용하여 카운트 회로를 구성하시오.

02 | Data sheet 찾아보기 : IC 74184를 찾아보시오.

날 짜	
검 인	

Chapter **14**

커피 자판기 설계

14.1 소개

자판기는 우리 일상생활에서 어느 곳에서나 찾아볼 수 있다. 한 미국인이 한국에 대해 쓴 책에서 한국은 어느 곳에서나 맛있는 커피를 구할 수 있으므로 야외 카페라고 하였다. 이러한 자판기는 우리 같은 공학도들에게는 하나의 도전적인 설계 대상으로 다가온다. 어떻게 자판기가 자동적으로 작동할까? 예를 들어, 커피와 코코아를 판매하는 자판기를 설계해 보자. 커피 가격은 주화 100원이고 코코아 가격은 150원이라 하자. 만족하는 돈을 넣으면 자판기 메뉴에 불이 들어오고 커피 버튼을 누르면 커피가 나옴과 동시에 잔돈이 있으면 나온다.

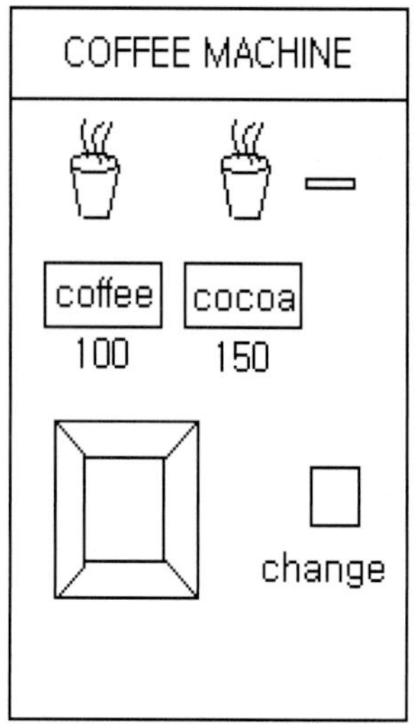

그림 14.1 자판기 외관

먼저 순서도를 그려보자.

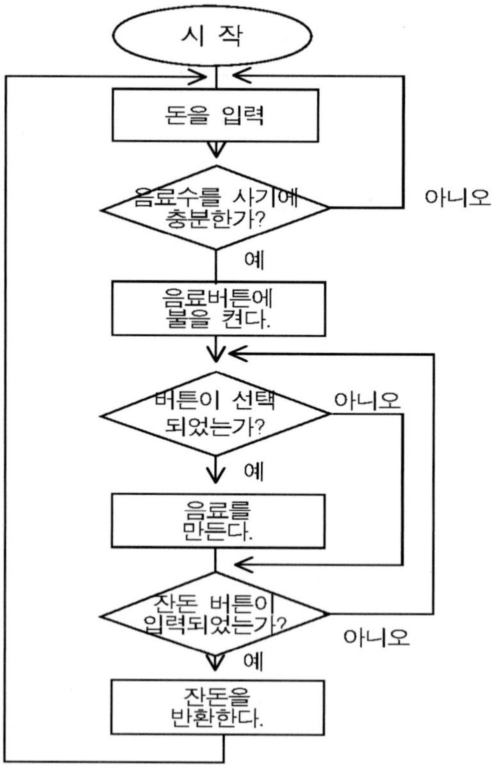

그림 14.2 순서도

입력으로는 돈과 커피와 코코아 버튼이 되며 돈의 액수에 따라 액션이 취해진다. 출력으로는 커피나 코코아 버튼에 불이 들어오는 것 그리고 잔돈이 된다. 다음은 각 변수를 설정한 것이다. 커피 가격은 100원, 코코아 가격은 150원이다.

in50won	: 50원짜리 주화 주입
in100won	: 100원짜리 주화 주입
won0	: 0원 있음
won50	: 50원 있음
won100	: 100원 있음
won150	: 150원 있음
won200	: 200원 있음
push_coffee	: 커피 버튼을 누름
push_cocoa	: 코코아 버튼 누름
change0	: 줄 거스름돈이 없음
change50	: 줄 거스름돈이 50원
change100	: 줄 거스름돈이 100원
change150	: 줄 거스름돈이 150원
change200	: 줄 거스름돈이 200원
change250	: 줄 거스름돈이 250원
change300	: 줄 거스름돈이 300원
light_coffee	: 커피 버튼에 불을 켠다.
light_cocoa	: 코코아 버튼에 불을 켠다.
make_coffee	: 커피를 만든다.
make_cocoa	: 코코아를 만든다.

Total이란 변수는 현재 입력된 돈의 액수를 말한다. 따라서 total에 현재 있는 액수에 따라 다르게 실행되므로 CASE문을 사용하면 쉽게 VHDL로 프로그램할 수 있다.

```
CASE total IS
    WHEN won0 =>                          - 돈이 없는 상태에서
        IF in50won = '1' THEN             - 50원이 입력되면
            total <= won50;               - 현재 50원이 있다.
        ELSIF in100won = '1' THEN         - 100원이 입력되면
            total <= won100;              - 100원이 있고
            light_coffee <= '1';          - coffee에 불이 들어온다.
        ELSE                              - 돈을 넣지 않으면
            total <= won0;                - 돈이 없다.
        END IF;

            ⋮
    WHEN won300 =>                        - 300원이 있는 상태에서
        IF push_coffee = '1' THEN         - 커피를 누르면
            make_coffee <= '1';           - 커피를 만들고
            total <= won200;              - 잔고는 200원이 된다.
        ELSIF push_cocoa = '1' THEN       - 코코아를 누르면
            make_cocoa <= '1';            - 코코아를 만들고
            total <= won150;              - 잔고는 150원이 된다.
        ELSE                              - 아무 버튼도 누르지 않으면
            light_coffee <= '1';          - 커피에 불이 켜있고
            light_cocoa <= '1';           - 코코아에 불이 켜있고
            total <= won300;              - 잔고는 그대로이다.
        END IF;
    WHEN others =>                        - 그 외는
          total <= won0;                  - 잔고는 0원이다.
    END CASE;
```

```
LIBRARY IEEE;
USE IEEE.std_logic_1164.ALL;
USE IEEE.STD_LOGIC_UNSIGNED.ALL;

ENTITY vending_machine IS
        PORT(CLK,in50won,in100won : IN STD_LOGIC;
             push_coffee, push_cocoa : IN   STD_LOGIC;
             light_coffee,light_cocoa,make_coffee, make_cocoa : OUT STD_LOGIC;
             change0,change50,change100,change150 : OUT STD_LOGIC;
             change200,change250,change300 : OUT STD_LOGIC);
END vending_machine;

ARCHITECTURE logic_out OF vending_machine IS
    TYPE STATES IS (won0, won50,won100,won150,won200,won250,won300);
    SIGNAL  total : states;

    BEGIN
    PROCESS(CLK)
    BEGIN
      IF (CLK'EVENT AND CLK = '1') THEN
         light_coffee<= '0';
         light_cocoa <= '0';
         make_coffee <= '0';
         make_cocoa <= '0';
         change0 <= '0';
         change50 <= '0';
         change100 <= '0';
         change150 <= '0';
         change200 <= '0';

          CASE total IS
              WHEN  won0 =>
                 IF  in50won = '1' THEN
                    total <= won50;
                 ELSIF in100won = '1' THEN
                    total <= won100;
                    light_coffee <= '1';
                 ELSE
                    total <= won0;
                 END IF;
             WHEN won50 =>
                 IF in50won = '1' THEN
                    total <= won100;
                    light_coffee <= '1';
                 ELSIF in100won = '1' THEN
                    total <= won150;
                    light_coffee <= '1';
                    light_cocoa <= '1';
                 ELSE
                    total <= won50;
                 END IF;
```

(계속)

```
WHEN won100 =>
    IF push_coffee = '1' THEN
       make_coffee <='1';
       total <= won0;
    ELSIF in50won = '1' THEN
       total <= won150;
       light_coffee <= '1';
       light_cocoa <= '1';
    ELSIF in100won = '1' THEN
       total <= won200;
       light_coffee <= '1';

       light_cocoa <= '1';
    ELSE
       total <= won100;
       light_coffee <= '1';
    END IF;
WHEN won150 =>
    IF push_coffee = '1' THEN
       make_coffee <='1';
       total <= won50;
    ELSIF push_cocoa = '1' THEN
       make_cocoa <= '1';
       total <= won0;
    ELSIF in50won = '1' THEN
       total <= won200;
       light_coffee <= '1';
       light_cocoa <= '1';
    ELSIF in100won = '1' THEN
       total <= won250;
       light_coffee <= '1';
       light_cocoa <= '1';
    ELSE
       total <= won150;
       light_coffee <= '1';
       light_cocoa <= '1';
    END IF;

WHEN won200 =>
    IF push_coffee = '1' THEN
       make_coffee <='1';
       total <= won100;
    ELSIF push_cocoa = '1' THEN
       make_cocoa <= '1';
       total <= won50;
    ELSIF in50won = '1' THEN
       total <= won250;
       light_coffee <= '1';
       light_cocoa <= '1';
    ELSIF in100won = '1' THEN
       total <= won300;
       light_coffee <= '1';
       light_cocoa <= '1';
```

(계속)

```
            ELSE
               total <= won200;
               light_coffee <= '1';
               light_cocoa <= '1';
            END IF;
        WHEN won250 =>
            IF push_coffee = '1' THEN
               make_coffee <='1';
               total <= won150;

            ELSIF push_cocoa = '1' THEN
               make_cocoa <= '1';
               total <= won100;
            ELSIF in50won = '1' THEN
               total <= won300;
               light_coffee <= '1';
               light_cocoa <= '1';
           ELSE
               total <= won250;
               light_coffee <= '1';
               light_cocoa <= '1';
            END IF;

          WHEN won300 =>
            IF push_coffee = '1' THEN
               make_coffee <='1';
               total <= won200;
            ELSIF push_cocoa = '1' THEN
               make_cocoa <= '1';
               total <= won150;
            ELSE
               total <= won300;
               light_coffee <= '1';
               light_cocoa <= '1';
            END IF;
          WHEN others=>
               total <= won0;
      END CASE;

      CASE total IS
          WHEN won50 => change50 <= '1';
          WHEN won100 => change100 <= '1';
          WHEN won150 => change150 <= '1';
          WHEN won200 => change200 <= '1';
          WHEN won250 => change250 <= '1';
          WHEN won300 => change300 <= '1';
          WHEN others =>change0 <= '1';
      END CASE;
    END IF;
  END PROCESS;
END Logic_out;
```

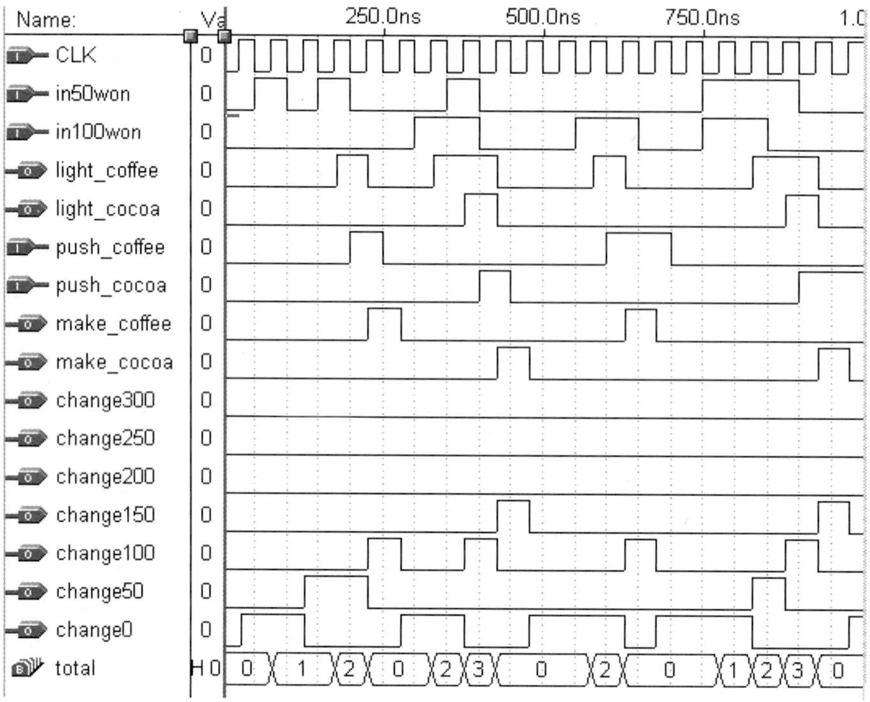

그림 14.3 자판기의 출력

▶ 점검문제 14.1 그림 14.2의 순서도에서 문제점은 무엇인가? 무엇을 보완해야 하는가?

Chapter 15

마우스 설계

15.1 소개

마우스는 컴퓨터의 입력 장치로 없어서는 안 될 필수품이 되었다. 마우스는 크게 PCI와 시리얼 형태 두 가지가 있는데, PCI가 주로 사용되는 추세이다. 최근에는 광마우스의 출현으로 휠 마우스의 시장이 작아졌다. 또 마우스 설계에 최첨단 기술을 접목하여 바람이 나와 땀을 식혀 주는 마우스가 있는가 하면, 손의 움직임과 집는 힘을 감지하는 햅틱 마우스도 곧 나올 예정이다.

15.2 마우스 내부 구조

마우스를 움직이면 화면에 화살표가 움직이듯이 마우스는 $x-y$ 평면에서 움직이며 위치를 나타낸다. 또 오른쪽 스위치를 누르면 리턴이 입력되고 왼쪽 스위치를 누르면 필요한 메뉴가 나타난다. 따라서 2개의 스위치가 내장되어 있음을 알 수 있다. 마우스를 움직이면 내부에 있는 볼이 움직이며, 볼에 연결된 엔코더 바퀴가 돌며 바퀴에 나 있는 슬롯에 빛이 통과하게 되므로 움직임이 감지된다. x와 y의 두 축의 움직임을 나타내기 위해 각 축에 2개씩 모두 4개의 광센서 쌍이 사용되었다. 각 축에 2개의 광센서가 사용된 이유는 방향성을 나타내기 위해서이다. x축의 움직임을 좌우라 하고, y축의 움직임을 아래위의 움직임이라 하면 각 센서의 응답에 의해 방향이 결정된다. PCI의 경우 모두 6핀이 있는데 2개는 사용하지 않고 하나는 클록, 하나는 Vcc와 접지 그리고 다른 하나는 데이터 선이다.

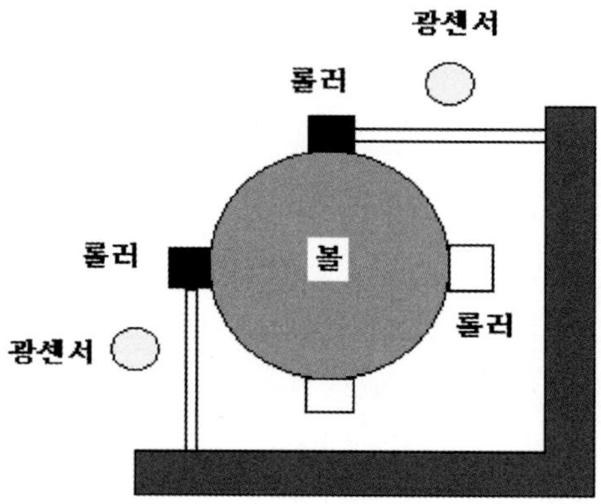

그림 15.1 마우스 구조

15.3 마우스 작동

각 엔코더에 연결된 센서 출력을 다음과 같이 정의하자.

UP : encoder_ud(1)
DOWN : encoder_ud(0)
RIGHT : encoder_rl(1)
LEFT : encoder_rl(0)

따라서 계속적인 위로의 움직임은 encoder_ud 신호가 다음과 같이 나타난다.

→ 00 → 10 → 11 → 01 →

반대로 아래로의 움직임은 위의 반대인 다음과 같다.

→ 00 → 01 → 11 → 10 →

마찬가지로 오른쪽의 움직임은 encoder_rl의 신호가 다음과 같이 나타난다.

→ 00 → 10 → 11 → 01 →

반대로 왼쪽으로의 움직임은 오른쪽의 반대인 다음과 같다.

→ 00 → 10 → 11 → 10 →

상태는 크게 두 가지로 state_ud과 state_rl로 정의한다. 현 상태와 새로 입력되는 엔코더의 상태 encoder_ud와 encoder_rl를 비교하므로 움직임을 파악할 수 있다. 예를 들어, 마우스가 위로 움직인 경우를 살펴보면 다음과 같다.

```
CASE state_ud IS
        when “00” =>
                if (encoder_ud = “10”) then move_up <= ‘1’;
```

(계속)

```
            elsif (encoder_ud = "01") then move_down <= '1';
            else move_up <= '0';
                 move_down <= '0';
            end if;
                    ⋮
END CASE;

CASE state_rl IS
        when "00" =>
            if (encoder_rl = "10") then move_right <= '1';
            elsif (encoder_rl = "01") then move_left <= '1';
            else move_right <= '0';
                 move_left <= '0';
            end if;
                    ⋮
END CASE;
```

15.4 VHDL 설계

```
LIBRARY IEEE;
USE IEEE.STD_LOGIC_1164.ALL;

ENTITY mouse IS
  PORT (CLK : IN STD_LOGIC;
        switch_l, switch_r : IN bit ;
        encoder_ud, encoder_rl : IN STD_LOGIC_VECTOR (1 DOWNTO 0);
        store_start, display_start : OUT bit;
        move_up, move_down, move_right, move_left : OUT STD_LOGIC);
END mouse;

ARCHITECTURE LOGIC_OUT OF mouse IS
  SIGNAL state_ud, state_rl : STD_LOGIC_VECTOR (1 DOWNTO 0);
  SIGNAL state_enter_l, state_enter_r : bit;

BEGIN
  PROCESS(CLK, state_enter_l, state_enter_r)
  BEGIN
    IF (CLK'EVENT AND CLK='1') THEN
```

(계속)

```
      state_ud <= encoder_ud;
      state_rl <= encoder_rl;
      state_enter_l <= switch_l;
      state_enter_r <= switch_r;
  END IF;
END PROCESS;

PROCESS(state_ud, state_rl)
BEGIN
   IF (state_enter_l = '1') THEN
       store_start <= '1';
   ELSIF (state_enter_r = '1') THEN
       display_start <= '1';
   ELSE store_start <= '0';
       display_start <= '0';
   END IF;

    CASE state_ud IS
       when "00" =>
          IF (encoder_ud = "10")  THEN move_up <= '1';
          ELSIF (encoder_ud = "01")  THEN move_down <= '1';
          ELSE move_up <= '0';
               move_down <= '0';
          END IF;
       when "01" =>
          IF (encoder_ud = "00")  THEN move_up <= '1';
          ELSIF (encoder_ud = "11")  THEN move_down <= '1';
          ELSE move_up <= '0';
               move_down <= '0';
          END IF;
       when "10" =>
          IF (encoder_ud = "11")  THEN move_up <= '1';
          ELSIF (encoder_ud = "00")  THEN move_down <= '1';
          ELSE move_up <= '0';
               move_down <= '0';
          END IF;
       when "11" =>
          IF (encoder_ud = "01")  THEN move_up <= '1';
          ELSIF (encoder_ud = "10")  THEN move_down <= '1';
          ELSE move_up <= '0';
               move_down <= '0';
          END IF;
       when others =>
          move_up <= '0';
          move_down <= '0';
    END CASE;

    CASE state_rl IS
       when "00" =>
          IF (encoder_rl = "10")  THEN move_right <= '1';
          ELSIF (encoder_rl = "01") THEN move_left <= '1';
          ELSE move_right <= '0';
               move_left <= '0';
          END IF;
```

(계속)

```
            when "01" =>
               IF (encoder_rl = "00")  THEN move_right <= '1';
               ELSIF (encoder_rl = "11") THEN move_left <= '1';
               ELSE move_right <= '0';
                    move_left <= '0';
               END IF;
            when "10" =>
               IF (encoder_rl = "11")  THEN move_right <= '1';
               ELSIF (encoder_rl = "00")  THEN move_left <= '1';
               ELSE move_right <= '0';
                    move_left <= '0';
               END IF;
            when "11" =>
               IF (encoder_rl = "01")  THEN move_right <= '1';
               ELSIF (encoder_rl = "10")  THEN move_left <= '1';
               ELSE move_right <= '0';
                    move_left <= '0';
               END IF;
            when others =>
               move_right <= '0';
               move_left <= '0';
         END CASE;
      END PROCESS;
   END LOGIC_OUT;
```

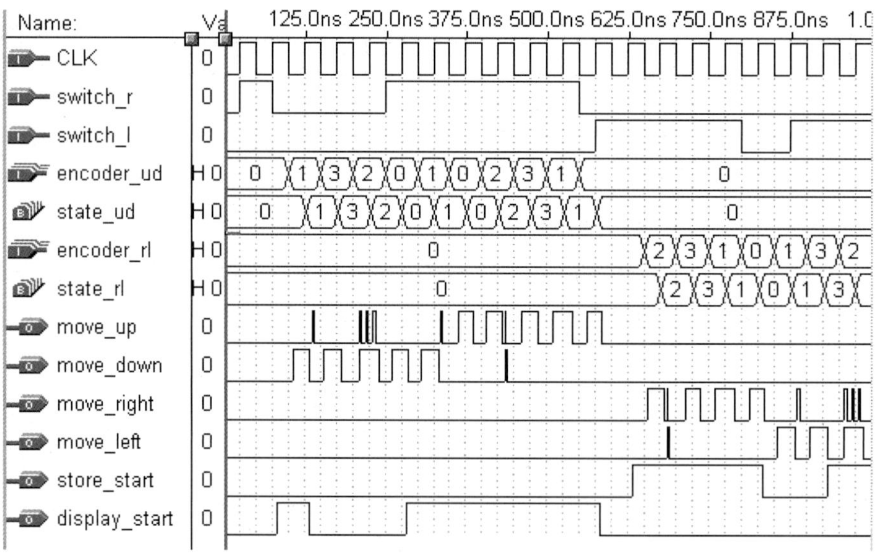

그림 15.2 마우스 출력

Chapter 16

네 거리 신호등 설계

16.1 소개

순차 회로 응용의 대표적인 예로 신호등 제어기가 있다. 신호등 제어기 중에서 4거리 신호등을 설계해 보자. 신호등은 모두 4개로 각각 RED, YELLOW, GREEN, LEFT 등 4개의 전등이 있다고 가정한다. 각각의 방향에 따라 신호등을 다음과 같이 정의하자.

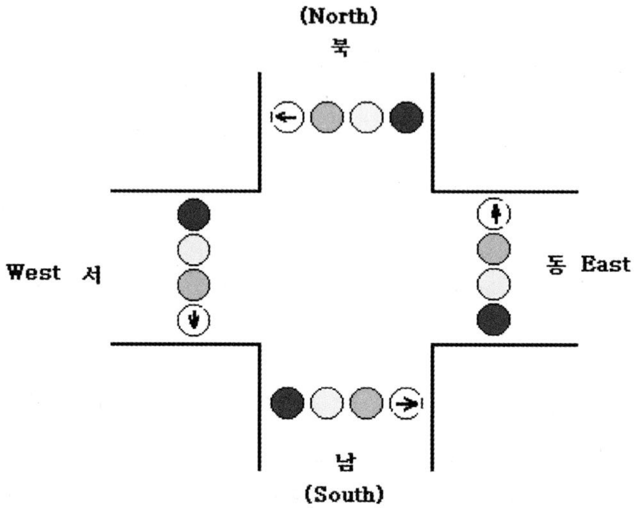

그림 16.1 신호등

NG : North Green, NY : North Yellow, NR : North Red, NL : North Left
SG : South Green, SY : South Yellow, SR : South Red, SL : South Left
WG : West Green, WY : West Yellow, WR : West Red, WL : West Left
EG : East Green, EY : East Yellow, ER : East Red, EL : East Left

우선 남북쪽 방향의 직진을 시작으로 가능한 모든 경우의 상태를 순서대로 정리하면 다음과 같다.

- NG, SG, WR, ER 남북방향 직진
- NY, SY, WR, ER 남북 방향 노란불
- NR, SR, WL, EL 동서방향 좌회전
- NR, SR, WG, EG 동서방향 직진
- NR, SR, WY, EY 동서방향 노란불
- NL, SL, WR, ER 남북방향 좌회전

16.2 작동 설명

남북과 동서방향에서 같은 시간에 발생하는 상태를 같이 묶으면 위는 다음과 같이 간단해질 수 있다. 먼저 출력 변수를 다음과 같이 간단하게 설정하자.

NG, SG => NSG : 남북방향 직진
WR, ER => EWR : 동서방향 정지
NY, SY => NSY : 남북방향 노란불
NR, SR => NSR : 남북방향 정지
WL, EL => EWL : 동서방향 좌회전
WG, EG => EWG : 동서방향 직진
WY, EY => EWY : 동서방향 노란불
NL, SL => NSL : 남북방향 좌회전

- NSG, EWR 남북방향 직진
- NSY, EWR 남북방향 노란불
- NSR, EWL 동서방향 좌회전
- NSR, EWG 동서방향 직진
- NSR, EWY 동서방향 노란불
- NSL, EWR 남북방향 좌회전

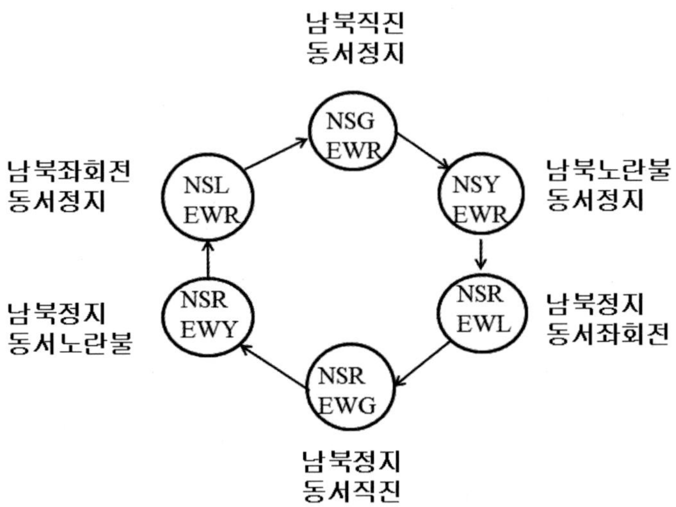

그림 16.2 사거리 신호등 상태 다이어그램

따라서 모든 가능한 상태는 다음과 같다.

상태		NSG	NSR	NSY	NSL	EWG	EWR	EWY	EWL	HEX
NSGEWR	000	1	0	0	0	0	1	0	0	84
NSYEWR	001	0	0	1	0	0	1	0	0	24
NSREWL	010	0	1	0	0	0	0	0	1	41
NSREWG	011	0	1	0	0	1	0	0	0	48
NSREWY	100	0	1	0	0	0	0	1	0	42
NSLEWR	101	0	0	0	1	0	1	0	0	14

16.3 하드웨어 설계

위의 상태 머신을 D 플립플롭으로 설계해 보자. 우선 각각의 상태를 나타내는 상태 테이블을 만든다.

현재 상태			다음 상태			플립플롭 입력			출력		
C	B	A	C	B	A	DC	DB	DA	y2	y1	y0
0	0	0	0	0	1	0	0	1	0	0	0
0	0	1	0	1	0	0	1	0	0	0	1
0	1	0	0	1	1	0	1	1	0	1	0
0	1	1	1	0	0	1	0	0	0	1	1
1	0	0	1	0	1	1	0	1	1	0	0
1	0	1	0	0	0	0	0	0	1	0	1
1	1	0	x	x	x	x	x	x	x	x	x
1	1	1	x	x	x	x	x	x	x	x	x

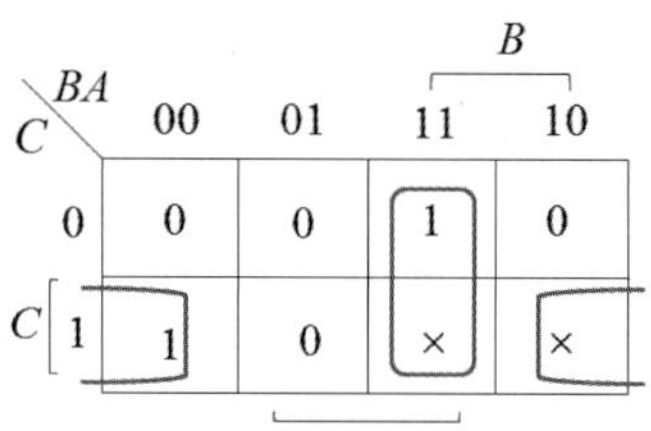

$D_C = C\overline{A} + BA$

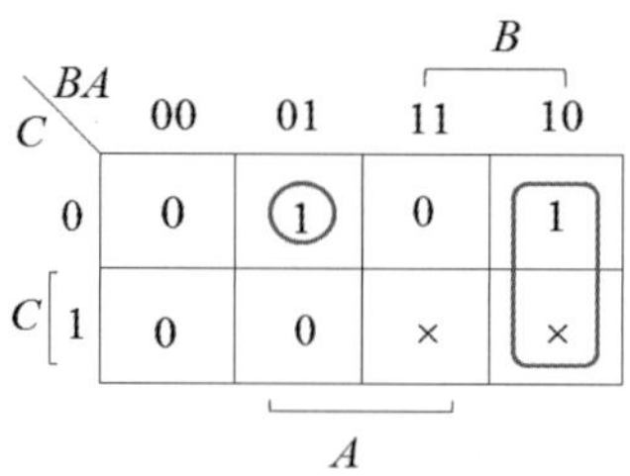

$D_B = \overline{C}\,\overline{B}A + B\overline{A}$

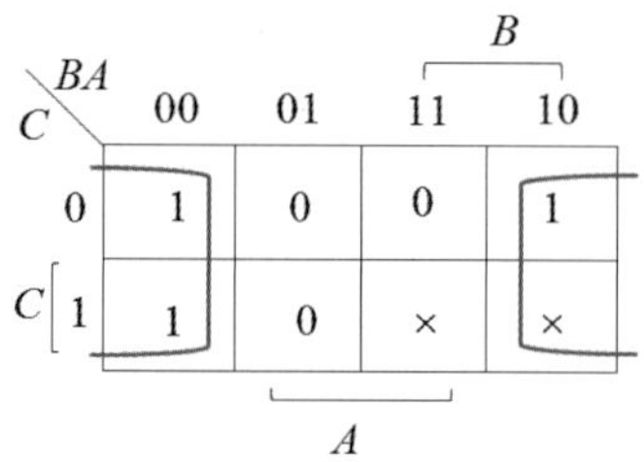

$D_A = \overline{A}$

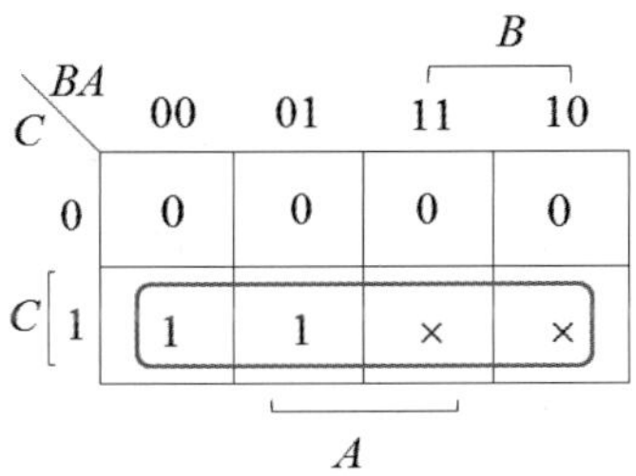

$y_2 = C$

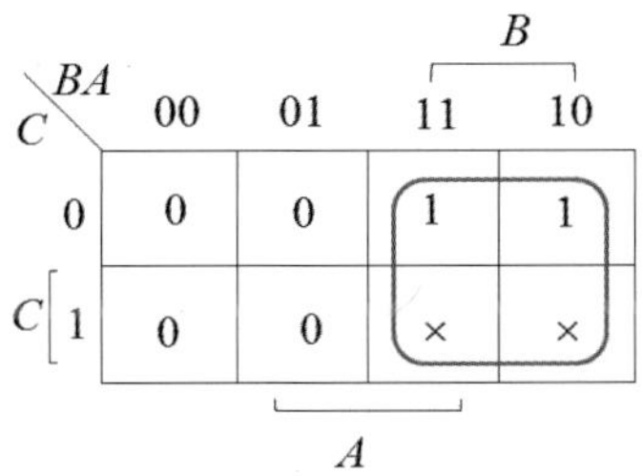

$y_1 = B$

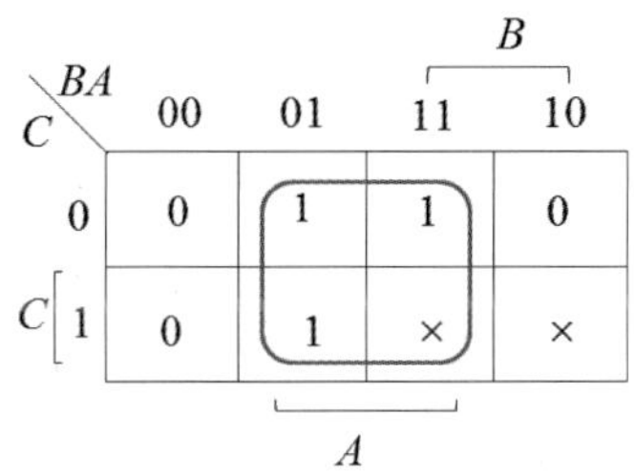

$y_0 = A$

각 신호등의 불을 켜기 위해서는 아래와 같은 디코더 테이블을 만들어 각 출력값에 의한 불을 켜면 된다. 예를 들어, 출력이 $y_2y_1y_0 = 000$일 경우에는 $NSG=1$, $EWR=1$로 하고, 나머지는 0으로 하면 된다.

상태	y2y1y0	NSG	NSR	NSY	NSL	EWG	EWR	EWY	EWL	HEX
NSGEWR	000	1	0	0	0	0	1	0	0	84
NSYEWR	001	0	0	1	0	0	1	0	0	24
NSREWL	010	0	1	0	0	0	0	0	1	41
NSREWG	011	0	1	0	0	1	0	0	0	48
NSREWY	100	0	1	0	0	0	0	1	0	42
NSLEWR	101	0	0	0	1	0	1	0	0	14

16.4 신호등 VHDL 설계

위 회로는 디코더 회로임을 알 수 있다. 또 직진일 때는 5초 동안 켜있게 하고 좌회전 시에는 2초 동안 켜있도록 설계한다.

상태가 계속적으로 천이하도록 설계하기 위해서는 다음과 같이 상태를 정의한다.

```
TYPE states IS   (s0, s1, s2, s3, s4, s5);
SIGNAL state    :  states;
SIGNAL tdelay   :  integer RANGE 0 TO 4;
```

그런 다음에 CASE문을 사용하여 각 상태에 대한 처리를 한다.

```
CASE state IS
    when s0 =>
        if tdelay <4 then
            light <= "10000100";
            tdelay <= tdelay + 1;
        else
            tdelay <= 0;
            state <= s1;
        end if;
          ⋮
END CASE;
```

16.5 신호등 설계를 위한 VHDL 코드

```
LIBRARY IEEE;
USE IEEE.std_logic_1164.ALL;
ENTITY traffic_light IS
        PORT(CLK    : IN    STD_LOGIC;
             light  : buffer    STD_LOGIC_VECTOR(7 downto 0));
END traffic_light;
ARCHITECTURE logic_out OF traffic_light IS
    TYPE states IS (s0,s1,s2,s3,s4,s5);
    SIGNAL state : states;
    SIGNAL tdelay : integer range 0 to 4;
    BEGIN
    PROCESS(CLK)
      BEGIN
          IF (CLK'EVENT AND CLK = '1') THEN
                CASE state IS
                    when s0 =>
                        if tdelay < 4 then
                            light <= "10000100";
                            tdelay <= tdelay + 1;
                        else
                            tdelay <=0;
                            state <= s1;
                        end if;
                    when s1 =>
                        if tdelay < 1 then
                            light <= "00100100";
                            tdelay <= tdelay + 1;
                        else
```

(계속)

```
                        tdelay <= 0;
                        state <= s2;
                    end if;


                when s2 =>
                    if tdelay < 4 then
                        light <= "01000001";
                        tdelay <= tdelay + 1 ;
                    else
                        tdelay <= 0;
                        state <= s3;
                    end if;
                when s3 =>
                    if tdelay <4 then
                        light <= "01001000";
                        tdelay <= tdelay + 1;
                    else
                        tdelay <= 0;
                        state <= s4;
                    end if;
                when s4 =>
                    if tdelay <1 then
                        light <= "01000010";
                        tdelay <= tdelay + 1;
                    else
                        tdelay <= 0;
                        state <= s5;
                    end if;
                when s5 =>
                    if tdelay <4 then
                        light <= "00010100";
                        tdelay <= tdelay + 1;
                    else
                        tdelay <= 0;
                        state <= s0;
                    end if;


                   when others =>
                       light <= "0000000";
                       state <= s0;
                   END CASE;
          end if;
      END PROCESS;
 END Logic_out;
```

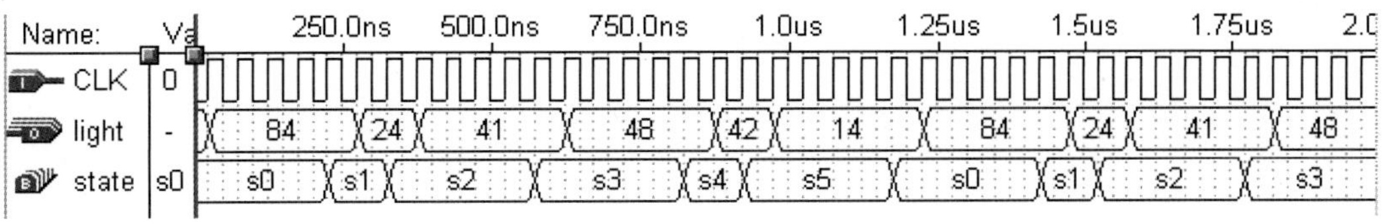

열심문제 16.1 신호등 체계가 다음과 같을 때 회로를 설계하시오.

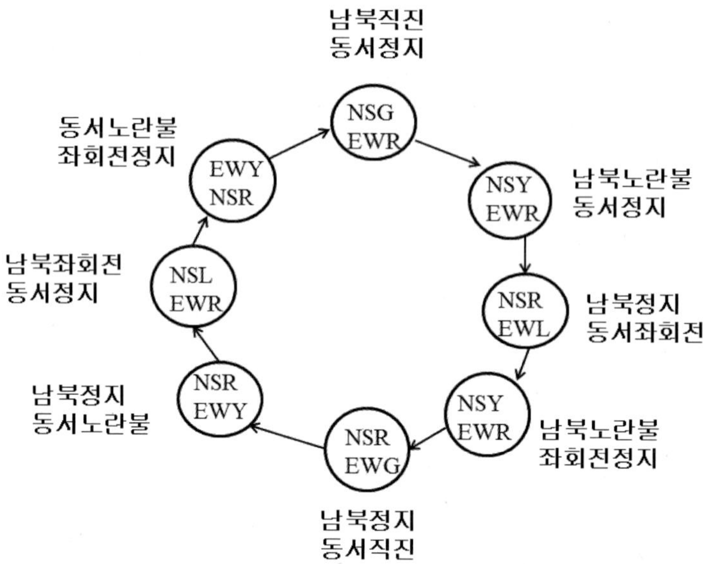

열심문제 16.2 삼거리의 신호등을 설계하시오.

열심문제 16.3 신호등에서 보행자를 고려하기 위해서 보행자 스위치가 있다고 하고 신호등을 다시 설계하시오.

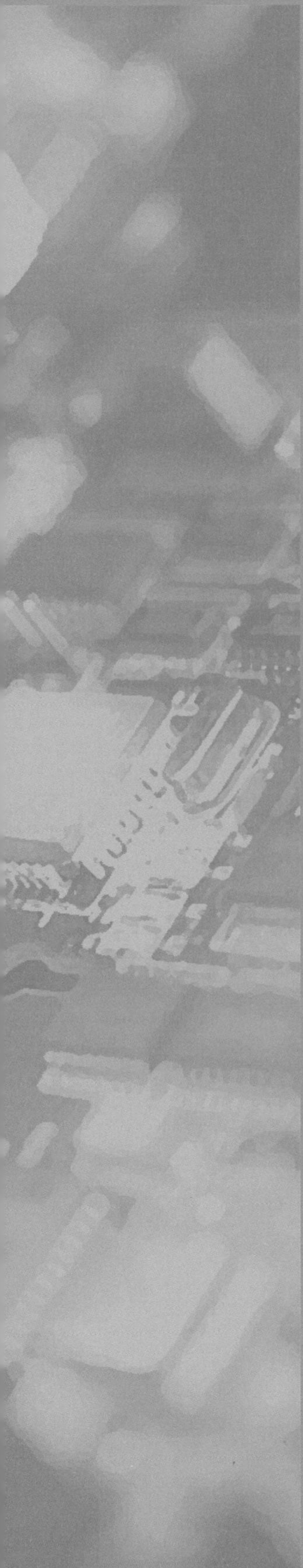

Chapter 17

엘리베이터 설계

17.1 소개

아파트에 사는 사람이면 누구나 하루에도 여러 번씩 사용하는 것이 엘리베이터이다. 고층 아파트일수록 엘리베이터의 필요성이 절실하다. 이러한 엘리베이터를 제어하는 제어기를 설계해 보자. 엘리베이터를 하나의 상태 시스템이라 하면 각 상태는 각 층이 된다. 간단히 하기 위해 4층 엘리베이터를 고려해 보자. 4층이면 모두 4개의 상태가 있다고 생각하면 된다. 또 입력은 각 층의 버튼이 된다. 버튼은 엘리베이터 안의 버튼만을 고려하면 안의 버튼은 모두 4개이다. 따라서 입력은 모두 2비트가 된다.

그림 17.1 4층 엘리베이터

상태 다이어그램을 그려보자.

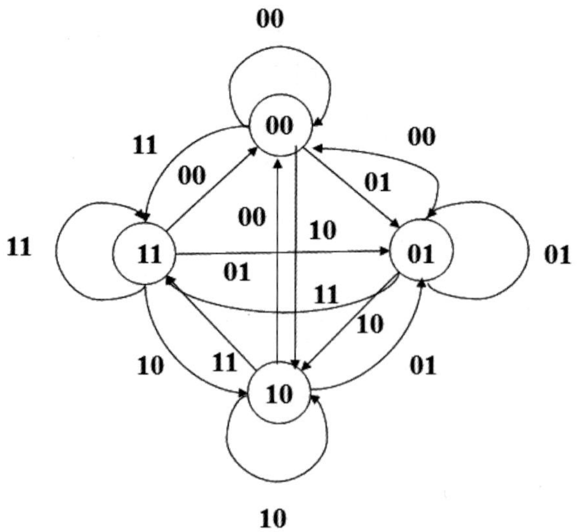

그림 17.2 상태 다이어그램

상태 테이블은 다음과 같다.

현재 상태 입력				다음 상태		입력식			
Q_1	Q_0	x_1	x_0	Q_1	Q_0	J_1	K_1	J_0	K_0
0	0	0	0	0	0	0	×	0	×
0	0	0	1	0	1	0	×	1	×
0	0	1	0	1	0	1	×	0	×
0	0	1	1	1	1	1	×	1	×
0	1	0	0	0	0	0	×	×	1
0	1	0	1	0	1	0	×	×	0
0	1	1	0	1	0	1	×	×	1
0	1	1	1	1	1	1	×	×	0
1	0	0	0	0	0	×	1	0	×
1	0	0	1	0	1	×	1	1	×
1	0	1	0	1	0	×	0	0	×
1	0	1	1	1	1	×	0	1	×
1	1	0	0	0	0	×	1	×	1
1	1	0	1	0	1	×	1	×	0
1	1	1	0	1	0	×	0	×	1
1	1	1	1	1	1	×	0	×	0

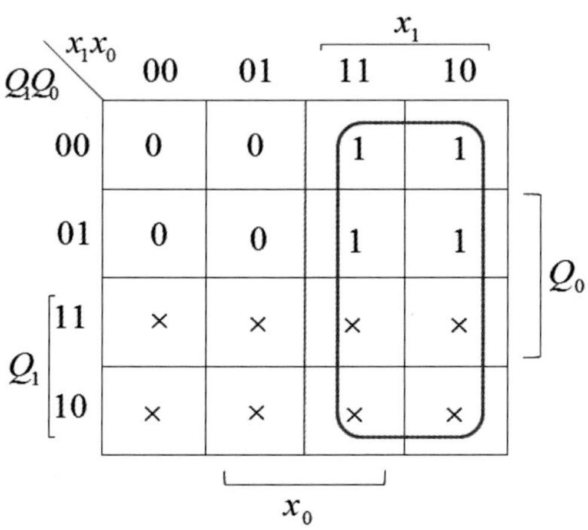

$J_1 = x_1$

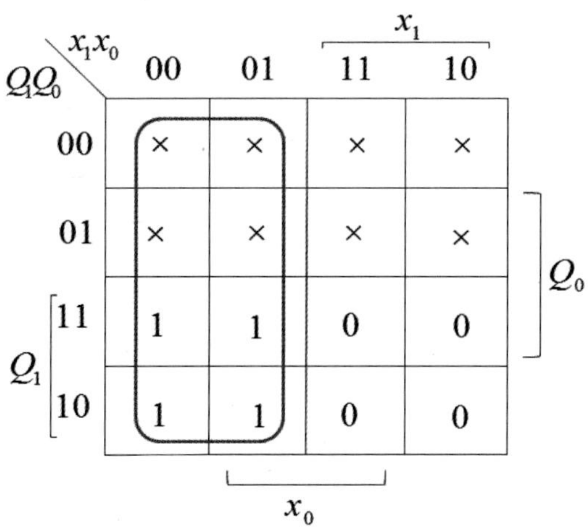

$K_1 = \overline{x_1}$

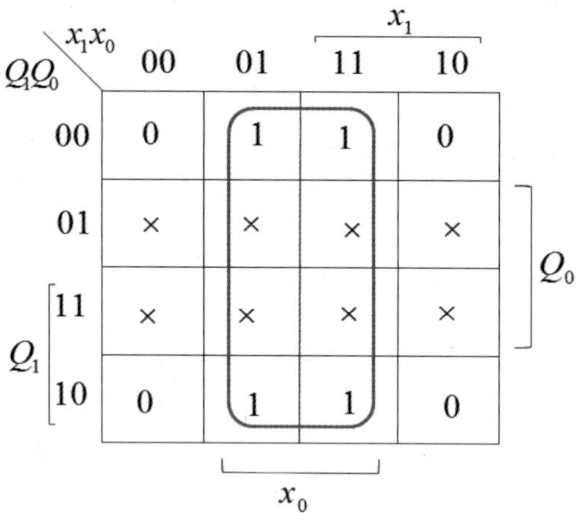

$J_0 = x_0$

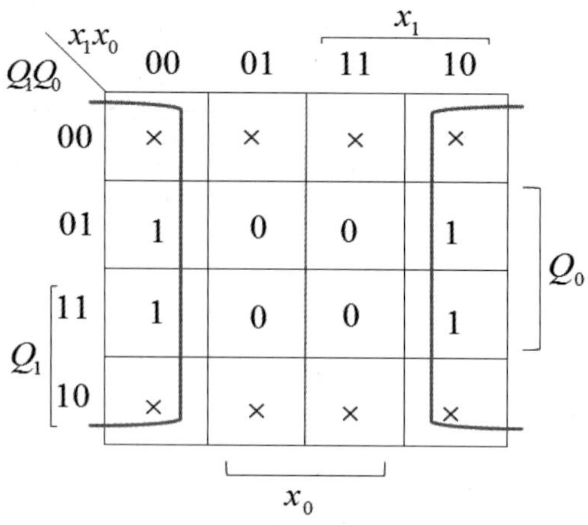

$K_0 = \overline{x_0}$

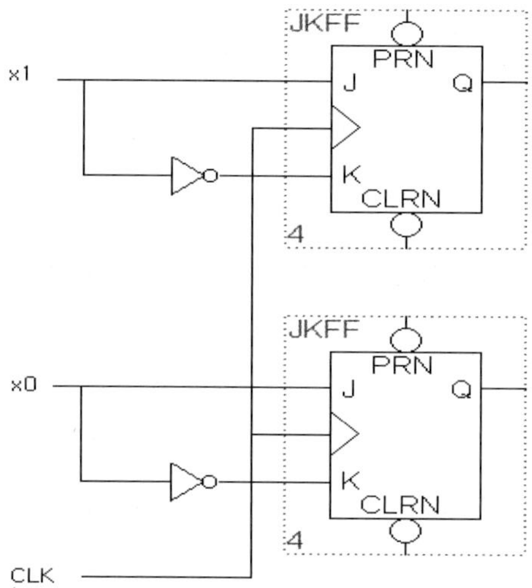

그림 17.3 설계된 회로

Chapter 18

이동 로봇 제어

18.1 소개

이동 로봇은 두 개의 바퀴로 직진, 후진, 우회전, 좌회전으로 움직이는 로봇을 말한다. 이동 로봇의 움직임을 정확하게 제어하기 위해서는 바퀴축에 연결되어 있는 모터의 회전을 정확하게 제어해야 한다. 제어란 원하는 입력만큼 출력되도록 만드는 것을 말한다. 따라서 모터 제어란 원하는 회전수를 정확하게 만들어 내는 것이다. 이동 로봇을 구성하고 있는 부품들을 살펴보자. 먼저 바퀴와 바퀴에 달린 모터, DC 모터의 경우 모터의 회전을 감지하는 엔코더, 그리고 모터를 구동하는 모터 드라이버, 모터 드라이버를 구동하는 PWM 발생기 등이 있다. 그림 18.1에는 모터를 제어하는 블록도가 나타나 있다. CPU에서 원하는 경로나 원하는 값을 제어기(LM629)에 주면 제어기에서 엔코더 신호와 값을 비교하여 오차값을 계산하여 PWM 신호를 발생한다. PWM 값은 모터 드라이버에 입력되고 모터 구동을 위한 전류값으로 바뀐다. 모터가 회전하게 되고 이 회전은 엔코더에 의해 카운트

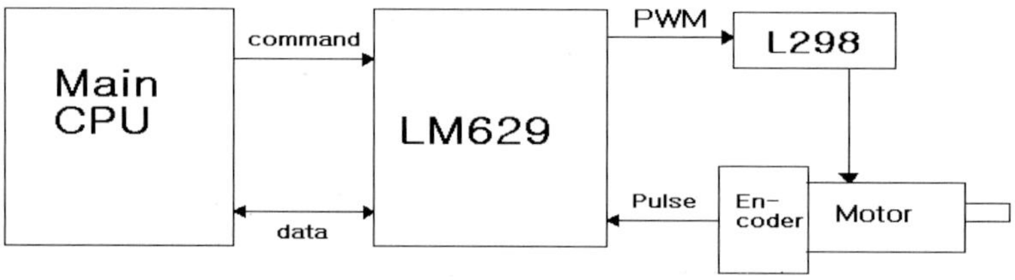

그림 18.1 모터 제어 블록 다이어그램

그림 18.2 LM629 외형

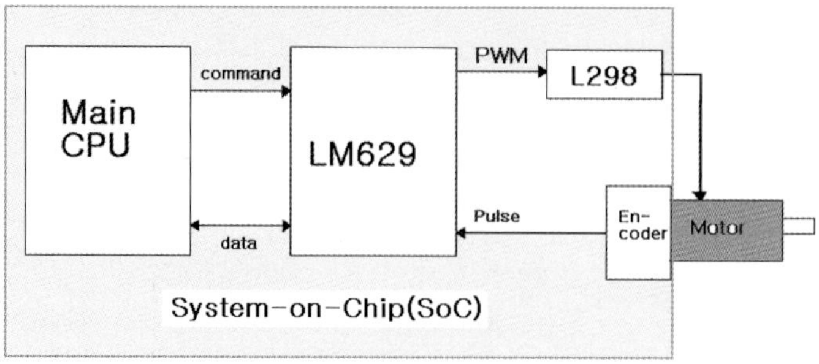

그림 18.3 시스템 온 칩으로 설계

된다. 따라서 LM629에는 PID 제어기만 내장되어 있는 것이 아니라 엔코더 카운터와 PWM 발생기도 내장되어 있다.

18.2 엔코더 카운터

엔코더는 절대형과 상대형이 있다. 절대형은 매번 초기화를 하지 않지만 증분형은 초기화를 해야 한다. 하지만 일반적으로 많이 사용되는 엔코더는 증분형이다. 증분형 엔코더는 상대적으로 값도 싸고 높은 정확도를 얻을 수 있기 때문에 많이 사용된다.

1. 절대형 엔코더

먼저 절대형에 대해 알아보자. 그림 18.4는 엔코더를 3비트 그레이 코드로 나타낸 경우이다. 360도를 8도 나누면 45도가 되는데 3비트로 나타낼 수 있는 정확도이다. 따라서 1도 정도의 정확도를 나타내려면 적어도 9비트가 필요하다.

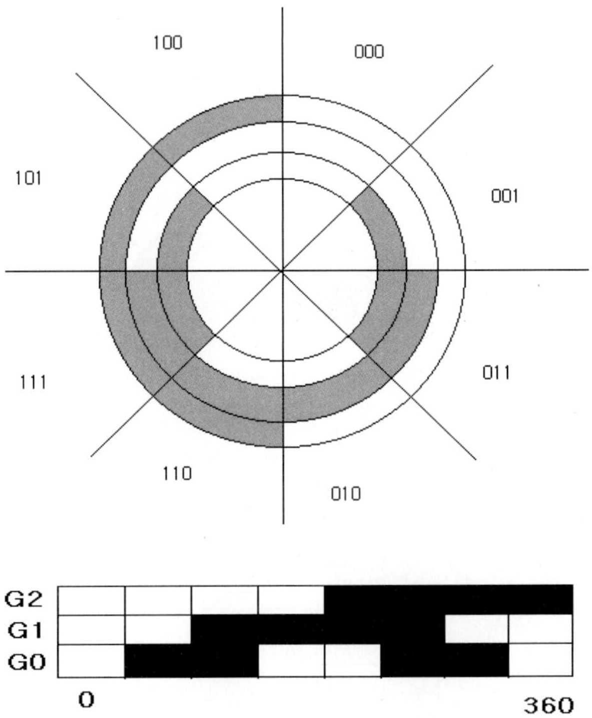

그림 18.4 그레이 코드와 각도

그레이 코드를 바이너리 코드로 바꾸기 위해서는 디코더 회로를 구성해야 한다. 아래 표는 디코더 회로를 구성한 것이다.

현재 상태			다음 상태		
G2	G1	G0	B2	B1	B0
0	0	0	0	0	0
0	0	1	0	0	1
0	1	0	0	1	1
0	1	1	0	1	0
1	0	0	1	1	0
1	0	1	1	1	1
1	1	0	1	0	1
1	1	1	1	0	0

$$B_2 = G_2$$
$$B_1 = G_2\,\overline{G_0} + \overline{G_2}\,G_0$$
$$B_0 = \overline{G_2}(\overline{G_1}\,G_0 + G_1\,\overline{G_0}) + G_2(\overline{G_1}\,\overline{G_0} + G_1\,G_0)$$

2. 증분형 엔코더

그림 18.5는 실제 증분형 엔코더이다.

그림 18.5 실제 엔코더 모습

엔코더는 A상과 B상으로 회전의 방향을 알 수 있다. 그림 18.6은 각 상에서 나오는 펄스의 형태에 따라 CW(clockwise)와 CCW(count clockwise)로 구별되는 것을 보여준다.

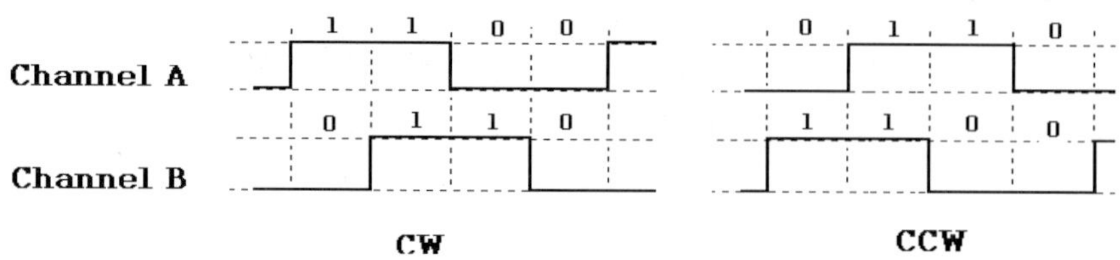

그림 18.6 엔코더의 A상과 B상의 파형

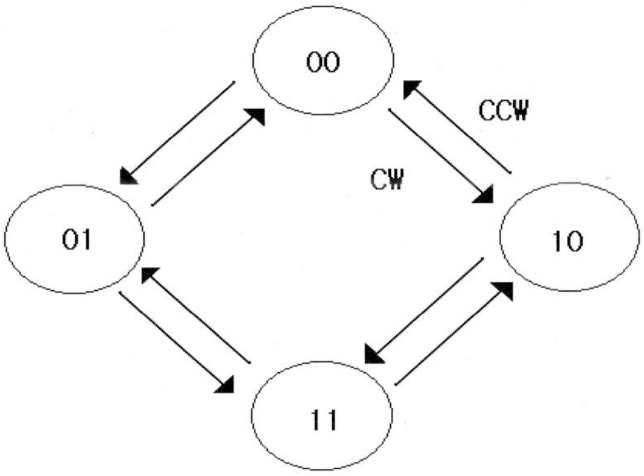

그림 18.7 상태 다이어그램으로 표현

3. 엔코더 카운터 설계

엔코더 신호를 카운트하는 회로를 구성해 보자.

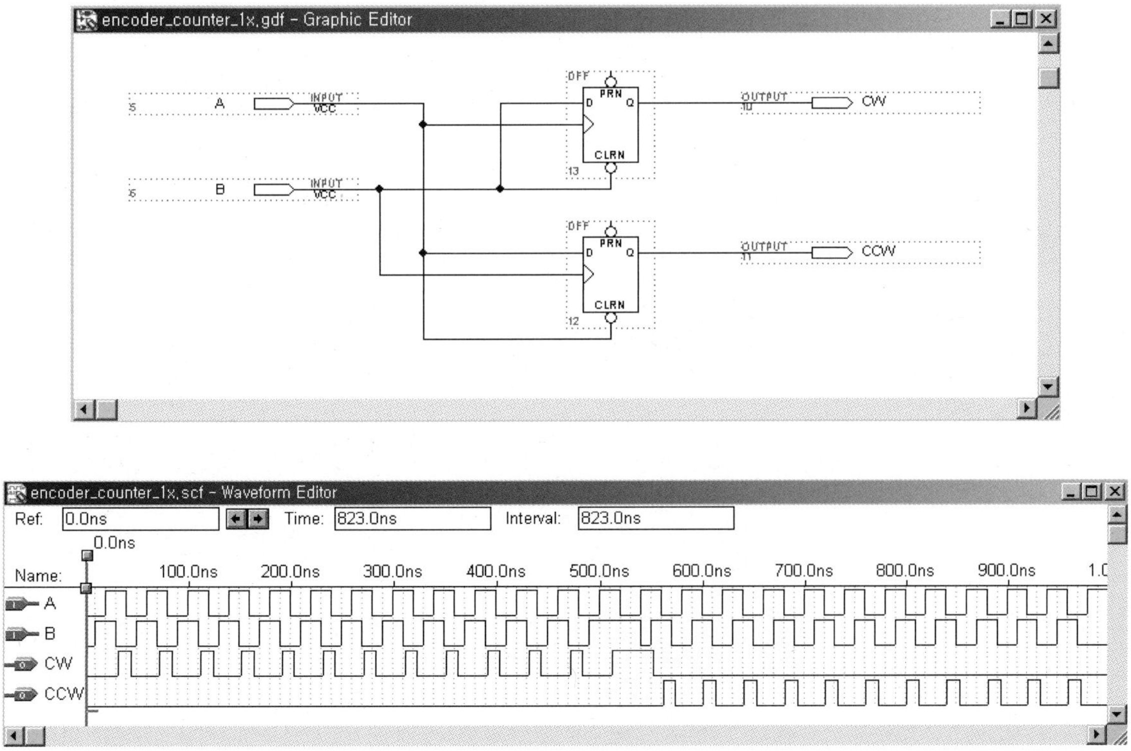

그림 18.8 D 플립플롭 사용

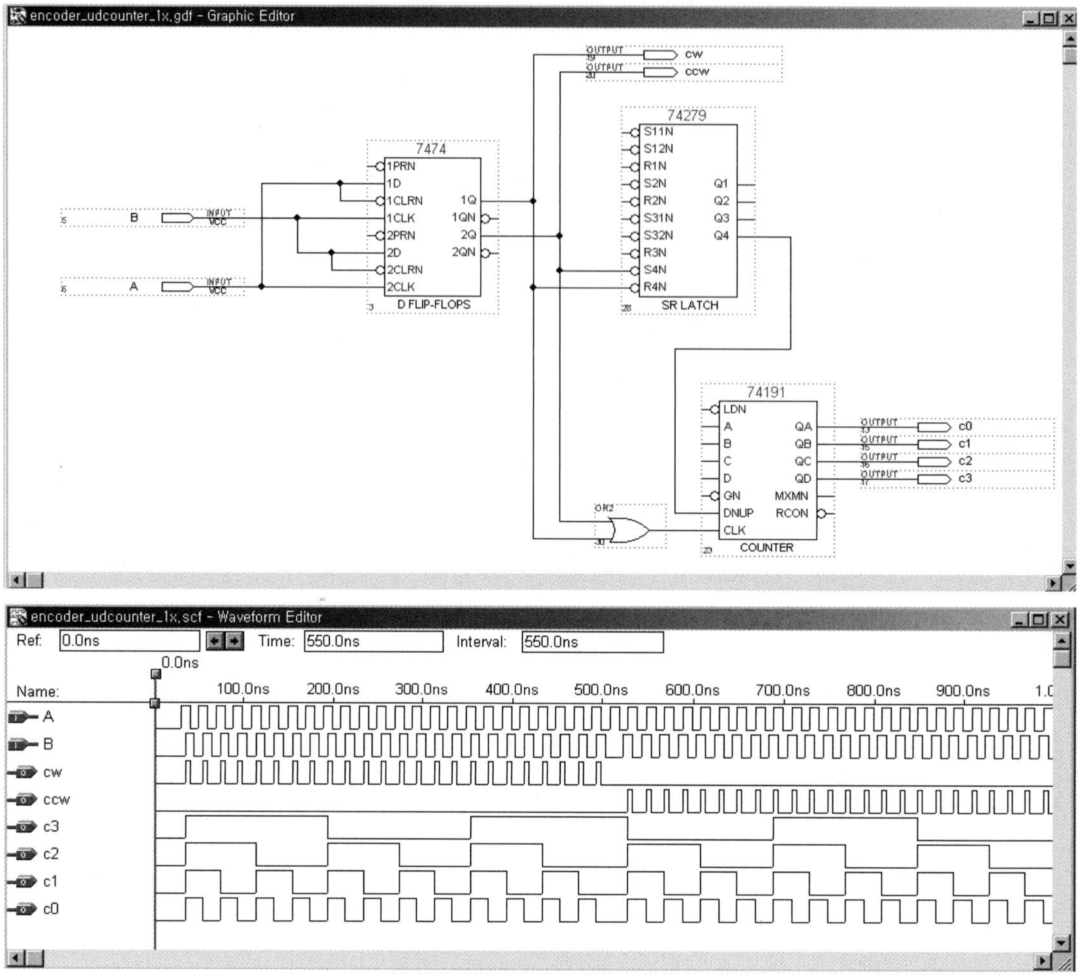

그림 18.9 엔코더 카운트

4. 잡음 필터링

엔코더 카운터의 경우 잡음에 의해 데이터가 왜곡되는 경우가 발생한다. 잡음 출처는 다양하지만 우선 모터와 같은 구동기로부터의 잡음이 있다. 특히 전원을 함께 사용하면 잡음이 많이 발생하므로 전원을 분리하여 사용하는 것이 바람직하다. 전원을 분리하여 사용했다 할지라도 잡음이 선을 타고 들어온다거나 자장에 의한 왜곡 등 문제가 발생하게 된다. 이를 방지하기 위해 간단히 필터 회로를 구성한다. 그림 18.10은 D 플립플롭을 사용하는 잡음 방지용 필터를 나타낸다. 기본적인 동작 원리는 다음과 같다. 각 채널의 엔코더 신호를 독립적으로 필터링하는 데 4개의 D 플립플롭을 순차적으로 통과하게 한다. 마지막 3개의 플립플롭 출력을 JK 플립플롭 입력으로 주어지는데, J 쪽에는 AND를, K 쪽에는 BAND 게이트를 통과하게 한다. 이는 펄스 중간에 잡음이 끼어 펄스가 왜곡되더라도 왜곡되지 않은 파형을 출력하기 위함이다.

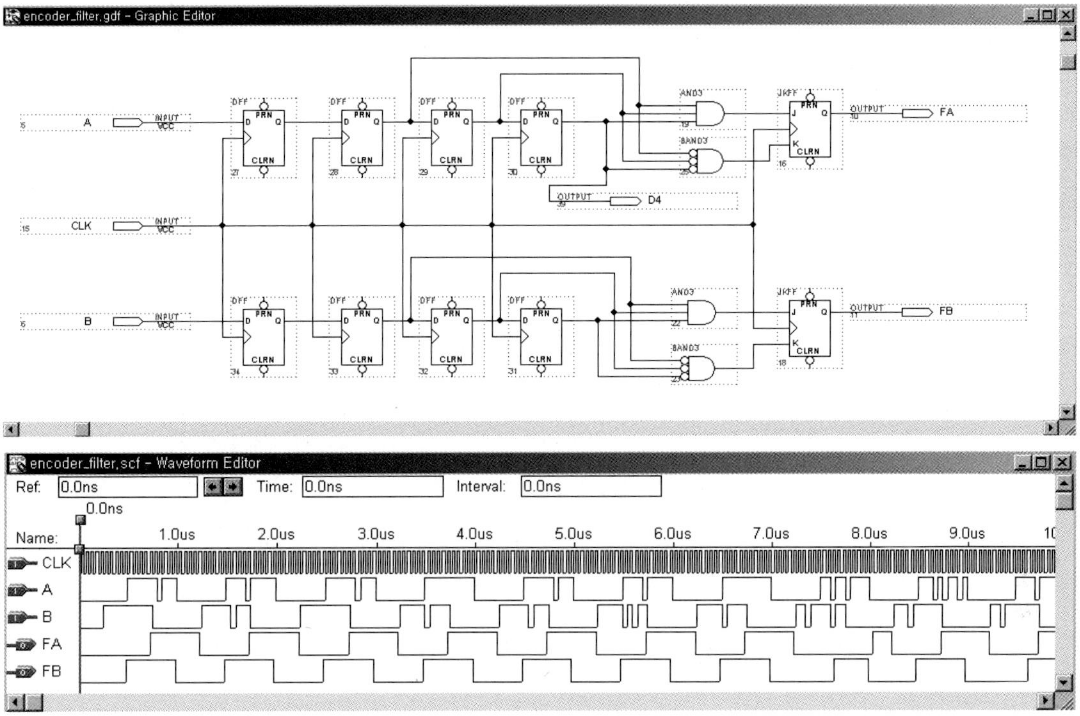

그림 18.10 잡음 필터링

5. 엔코더 카운터 VHDL 프로그램

이 경우에 CASE문을 사용하면 쉽게 프로그램할 수 있다. 현재 상태를 current_signal이라 하고, 이전 상태를 last_signal이라 할 때

```
en_signal := CHA & CHB;
case en_signal is
        when "00" =>
                if pre_signal = "01" then
                        up_down <= '0';              – 역방향
                        count_clock <= '1';          – 카운트
                elsif pre_signal = "10" then
                        updown <= '1';               – 정방향
                        count_clock <= '1';          – 카운트
                else
                        count_clock <= '0';          – 오류
                end if;
```

이처럼 4개의 모든 상태에서 처리를 해 주면 된다.

18.3 PWM 발생기

1. 소개

PWM(Pulse Width Modulation)이란 아날로그 신호를 디지털로 표현하기 위한 방법으로 펄스폭으로 아날로그 신호의 크기를 나타내는 것이다. 모터 제어에서 많이 사용하는 방법으로 디지털 제어를 할 때 필수적인 출력 방식이다. PWM 방식이란 펄스폭에 변조를 하여 다시 이를 모터 드라이버가 복조를 통해 아날로그 출력으로 환산하는 방식이다. 다시 말하면 PWM에서는 정보가 펄스폭에 숨겨져 있다는 것이다. 따라서 펄스폭의 크기에 따라 출력되는 값이 달라진다.

예를 들어, 한 주기의 듀티비가 50%일 때를 기준으로 50%보다 커지면 정방향이고 작아지면 역방향으로 설정할 수 있다.

그렇다면 디지털 회로로 PWM을 구성하려면 어떻게 해야 하는가? 그림 18.11을 참조하여 비교기를 사용하면 된다. 디지털에서는 PWM 값이 정수로 주어지므로 정수값에 따른 PWM 값을 만들어내도록 하면 된다. 디지털 회로에서 비교기를 사용하여 원하는 PWM의 정수값을 비교하여 그 크기만큼 펄스를 계속 1로 유지하고 나머지는 0으로 하면 PWM이 생성된다. 다음 PWM 값을 만들어내기 위해 또 다른 비교기가 필요한데, 이때의 비교기는 카운터 값과 비교하여 모두 카운트하였으면 다음 PWM 값을 입력하도록 하면 된다. 그림 18.12는 이러한 과정을 블록 다이어그램으로 나타내고 있다.

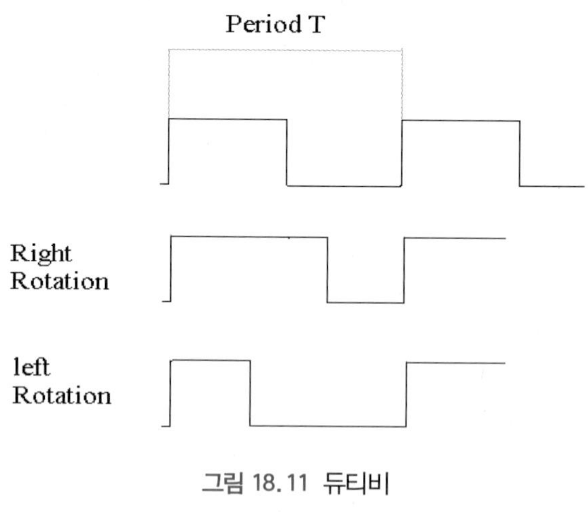

그림 18.11 듀티비

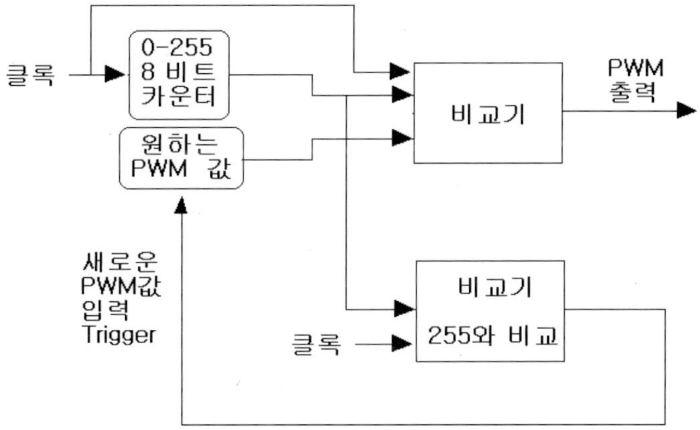

그림 18.12 PWM 발생 회로 블록도

2. PWM 발생기

다음은 약 12.2 kHz의 주파수를 가진 PWM을 발생하는 프로그램이다.

```
library ieee;
    use ieee.std_logic_1164.all;
    entity dc_pwm_gen is
      port(
              clk         :    in     std_logic;
              pwm_mag     :    in     integer range 0 to 255;
              pwm_sig     :    out    std_logic
          );
    end dc_pwm_gen;

architecture behav of dc_pwm_gen is
      signal      pwm_count     :     integer range 0 to 256*8-1;
      signal      pwm_buff      :     std_logic;
    begin
      process(clk)
          variable    mag    :    integer range 0 to 256*8-1;
      begin
```

(계속)

```
            if clk = '1' and clk'event then
                        mag := pwm_mag * 8;
                        if pwm_count >= mag then
                                    pwm_buff <= '0';
                        else
                                    pwm_buff <= '1';
                        end if;
                        pwm_count <= pwm_count + 1;
                        pwm_sig <= pwm_buff;
            end if;
   end process;
end behav;
```

열심문제 18.1 위의 PWM 발생기를 VHDL코드로 설계하시오.

열심문제 18.2 라인트레이서를 만들기 위해 필요한 부품들을 조사하고 연결을 그려보시오.

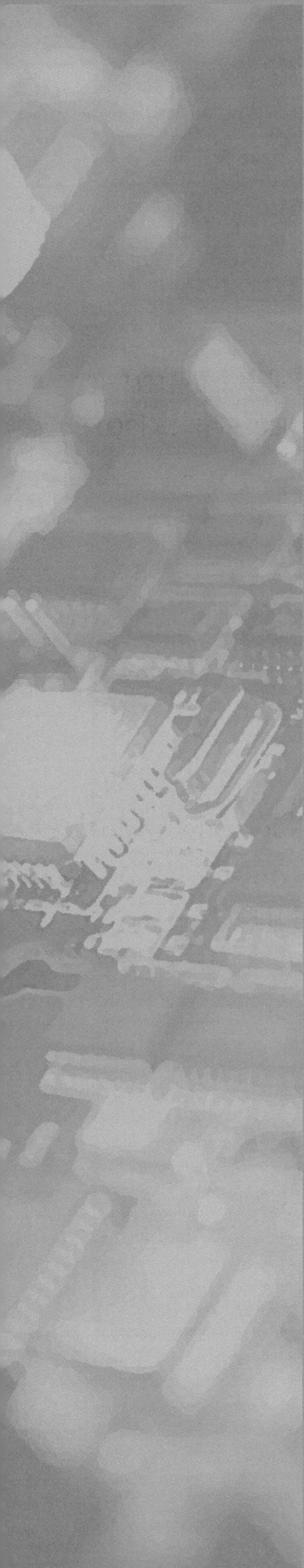

부록

01 프로그램 시작

1. 소개

MAX+Plus II Version 9.2는 디지털 회로를 설계하고 시뮬레이션할 수 있도록 하는 프로그램이다. 일반적으로 무료로 사용하는 학생 버전의 프로그램은 다소 제약이 있지만, 기본적인 도구들은 모두 사용할 수 있다.

우선 컴퓨터에 MAX+Plus II Version 9.2의 프로그램을 설치하는 방법을 알아보자.

2. MAX+Plus II Version 9.2 설치 순서

01 Set up 클릭 : 먼저 CD Rom을 넣은 뒤에 PC directory에 있는 Setup을 클릭한다.

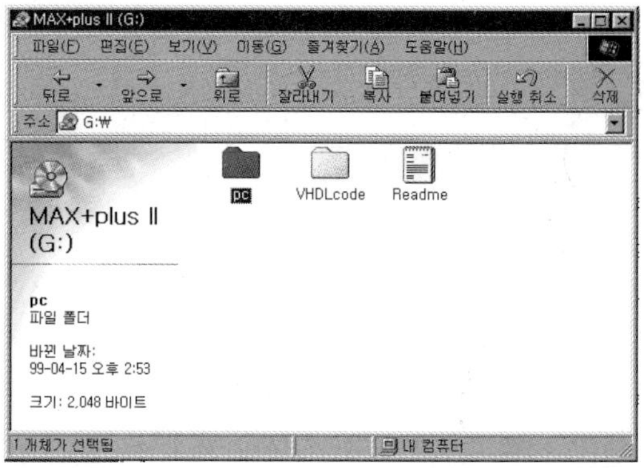

부록그림 1.1 Set up 프로그램

02 파일 설치 : 계속 나타나는 안내 창에서 next를 클릭하고 User Information을 입력하는 창에서는 이름과 소속을 입력하면 된다. 각 components를 설치하는 디렉토리를 default로 하면 C:\maxplus2라는 이름의 디렉토리에 설치된다. 다음에 tutorial을 설치하는 디렉토리는 default로 C:\max2work에 설치가 된다.

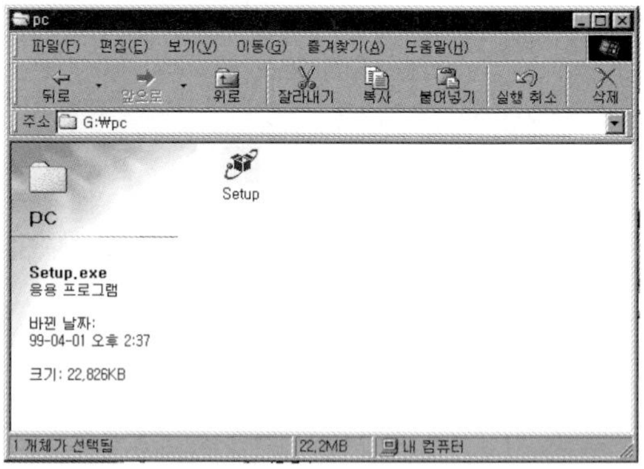

부록그림 1.2 Set up 설치

03 Maxstart 실행 : Setup이 끝난 뒤에는 maxplus2와 max2work folder가 생기는데, maxplus2 folder를 클릭하여 maxstart라는 icon을 실행하면 된다. 바로실행하기로 만들어 아이콘을 윈도우에 복사한다. 또는 윈도우 환경에서 시작 → 프로그램 → Atera → Max+Plus II

부록그림 1.3 아이콘 설치

03 License : 이때 설치된 프로그램은 매우 제한적인 요소만 취하므로 다른 유틸리티를 사용하기 위해서는 제작회사로부터 license를 받아 설치해야 한다.

04 Serial number : 인터넷에 접속하기 전에 serial number를 입력해야 한다. Serial number는 maxstart를 실행하여 MAX+plus II Manager 창을 띄운 뒤 Options 메뉴를 열고 Licence Setup 메뉴를 클릭한다.

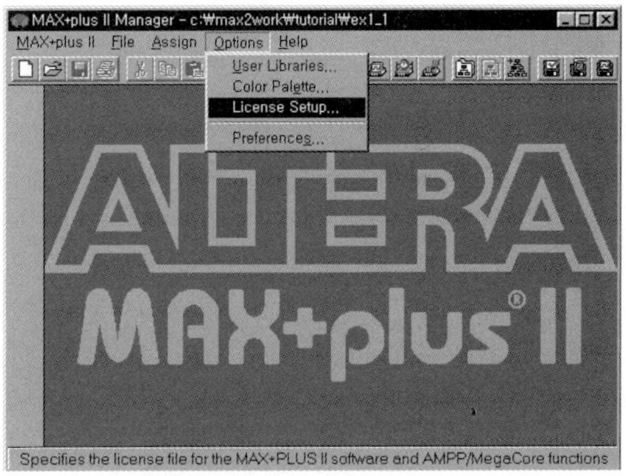

부록그림 1.4 License Setup

Licence setup 창이 뜨면 밑의 System Info를 클릭하면 serial number를 얻을 수 있다. Serial number는 hex로 표현되어 있으며 xxxx-xxxx의 형태로 되어 있다.

시리얼 번호는 C:drive serial number에 나타난 hex로 표현된 xxxxxxxx의 형태의 8자릿수를 적어 놓으면 된다.

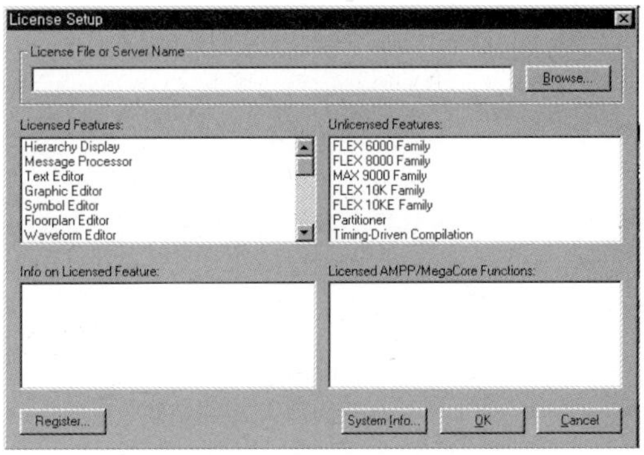

부록그림 1.5 License Setup

05 인터넷 접속 : 그 다음에 licence.dat 파일이 필요하다. 먼저 인터넷으로 http://www.altera.com에 접속한다.

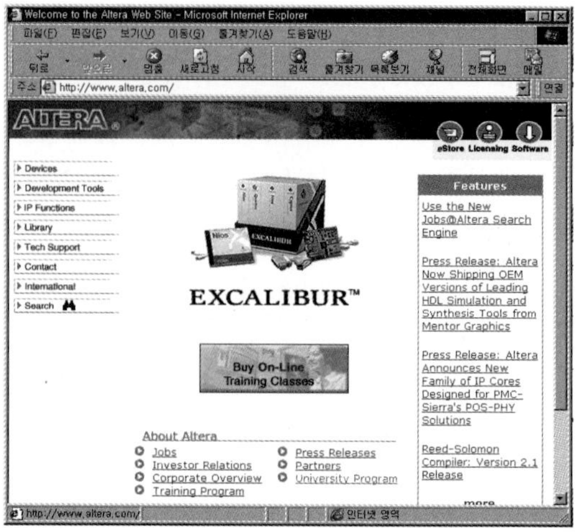

부록그림 1.6 ALTERA 웹링크

06 University Program을 클릭한다.

07 Student Authorization Code를 클릭한다.

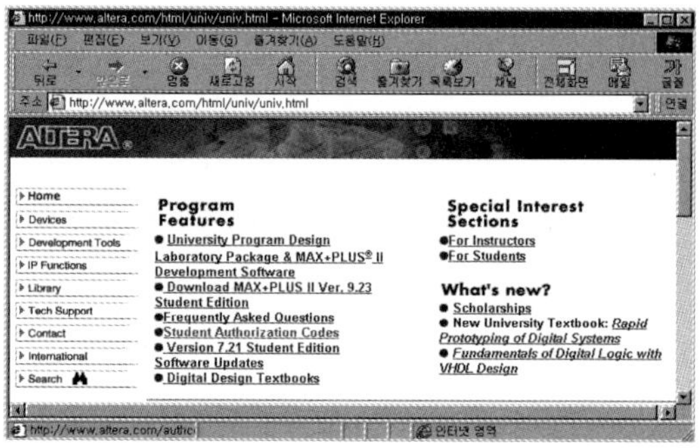

부록그림 1.7 University Program

직접 웹으로부터 프로그램을 다운받을 수도 있다.

08 I have a PC와 ver 9.23을 각각 클릭하고 continue 바를 클릭한다.

09 다음 창에서 serial number를 입력한다.

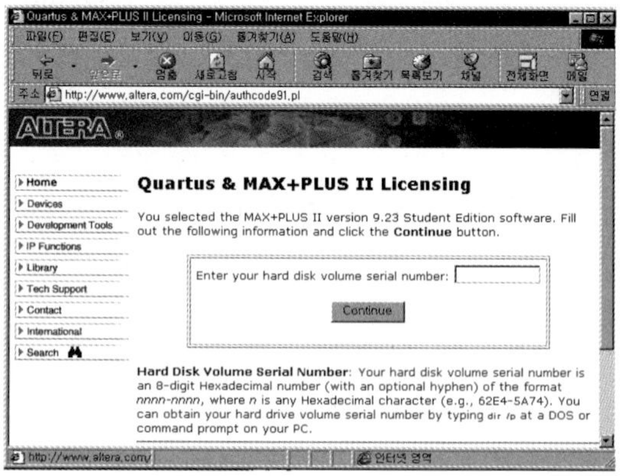

부록그림 1.8 시리얼 번호 입력

10 다음 창은 신상에 대한 정보를 입력하는 것으로 개인의 신상을 입력하면 자동적으로 e-mail을 통해 licence file을 보내준다.

11 E-mail을 통해 받은 licence.dat 파일을 다음과 같은 C:\mp2student 디렉토리를 만들고 C:\mp2student에 라이센스 파일을 저장한다.

12 Maxstart를 실행하여 MAX+plus II Manager 창을 띄운 뒤 Options 메뉴를 열고 Licence Setup 메뉴를 클릭한다.

13 Licence setup 창이 뜨면 Licence 파일이 있는 곳, C:\mp2student을 지정한다.

14 Maxstart를 다시 실행한다.

15 더 자세한 내용은 readme 파일을 참조하고, http:\\www.altera.com을 참조한다.

부록그림 1.9 License setup

주의할 것은 웹은 자주 바뀌므로 위의 윈도우와 정확하게 일치하지 않을 수 있다.

3. 프로그램 시작

먼저 MAX+plus 프로그램을 실행하면 다음의 manager 창이 뜬다.

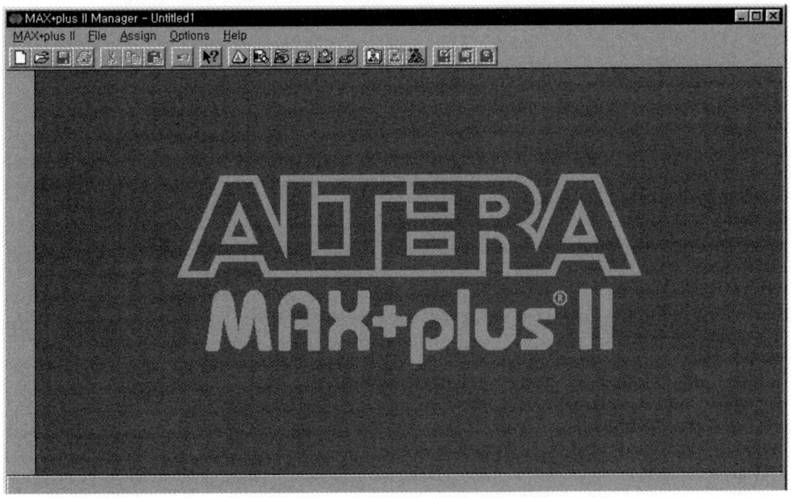

부록그림 1.10 MAX+Plus II 창

4. MAX+plus 메뉴

MAX+plus II를 클릭하면 아래와 같은 다양한 편집창들과 컴파일러, 시뮬레이터, 분석도구 등이 나타난다. 디지털 회로를 설계하는 방법으로는 먼저 Graphic Editor를 사용하여 회로를 설계하는 방법과 Text Editor를 사용해서 설계하는 방법이 있다.

Graphic Editor는 아이콘화된 각 소자를 라이브러리에서 끄집어내어 회로를 구성하는 편집기로 매우 편리하게 회로를 설계할 수 있다.

Symbolic Editor는 심벌로 표현된 각 소자의 외관을 수정하는 편집기인데 입출력 핀이나 소자의 모양 등을 용도에 맞게 편집한다.

Text Editor는 실제로 VHDL 언어로 회로를 설계하도록 해 주는 편집기를 말한다.

Compiler는 편집기로 작성한 파일을 실행하기 전에 컴파일시키는 것이다.

Waveform Editor는 입력 파형을 설계하는 편집기로 시뮬레이션을 실행하기 전에 반드시 만들어야 한다.

Simulator는 시뮬레이션을 실행한다.

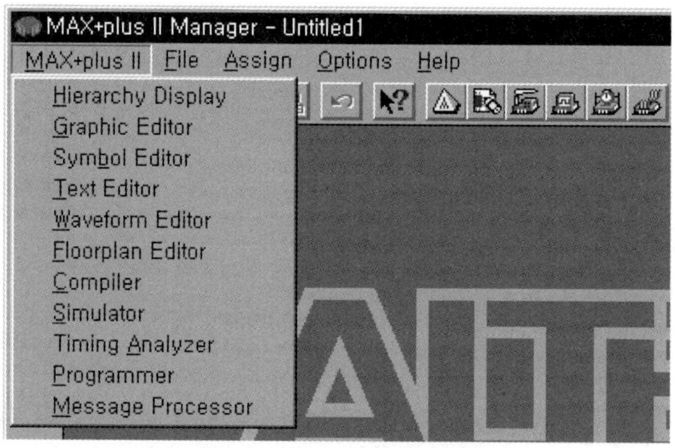

부록그림 1.11 MAX+Plus II 메뉴

각 편집기로 편집한 파일들은 project에서 설정한 같은 이름에 서로 다른 extension의 이름으로 저장된다.

Hierarchy Display

Graphic Editor .gdf의 extension을 갖는 파일로 저장한다.

Symbol Editor .sym의 extension을 갖는 파일로 저장한다.

Text Editor .tdf의 extension을 갖는 파일로 저장한다.

Waveform Editor .scf의 extension을 갖는 파일로 저장한다.

Floorplan Editor

Max + Plus II	응 용	생성파일
Hierarchy Display	현재 사용 중인 파일의 순서를 나타낸다.	
Graphic Editor	Schematic 설계를 한다.	.gdf
Symbol Editor	존재하는 소자의 모델을 수정하거나 새로운 소자를 만든다.	.sym
Text Editor	VHDL 프로그램을 한다.	.tdf
Waveform Editor	입력 파형을 만든다.	.scf
Floorplan Editor	소자에 핀을 설정한다.	
Compiler	컴파일한다.	
Simulator	프로그램을 실행한다.	
Timing Analyzer	설계한 회로의 수행을 분석한다.	
Programmer	Altera 소자들을 프로그램하고 실험하게 한다.	
Message Processor	에러를 나타내준다.	

5. File 메뉴

File 메뉴에는 파일에 관한 다양한 명령어가 있다.

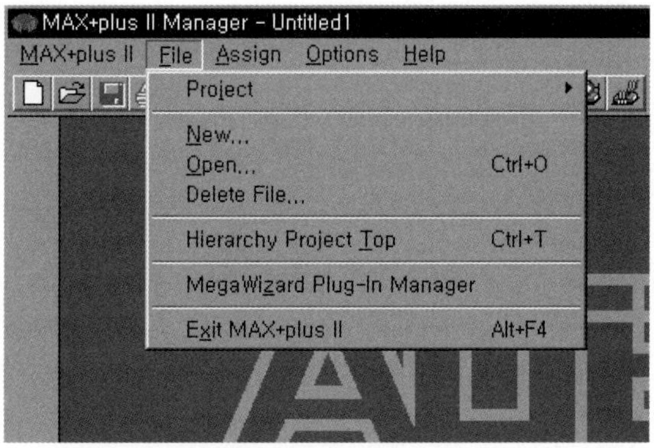

부록그림 1.12 File 메뉴 창

■ **Project** 프로젝트 이름을 설정한다.

Project로 파일 이름을 설정하면 Graphic Editor와 Symbol Editor 외의 다른 편집기를 사용하여 작업하면 그 파일들은 자동적으로 project에서 설정한 이름으로 저장되고, 각 편집기마다 다른 extension의 이름으로 저장된다.

부록그림 1.13은 Project를 클릭하고 Name을 클릭한 뒤에 Exercise1이란 이름의 project로, 파일을 c:\max2work\tutorial에 설정하는 예이다.

File ⇒ Project ⇒ Name

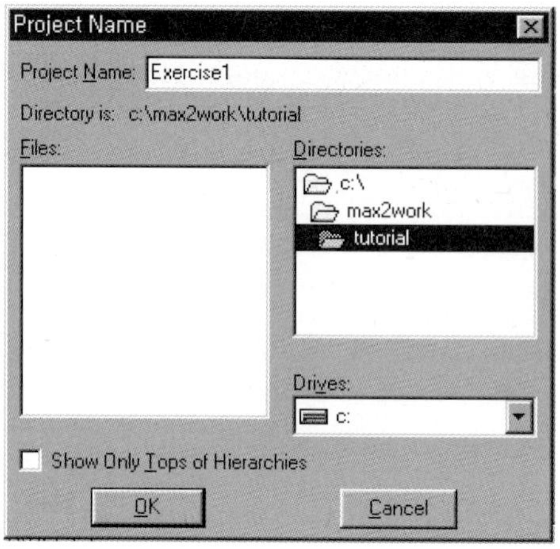

부록그림 1.13 Project Name

■ **New** 새로운 파일을 연다.

New 창에는 네 가지 파일 형태가 있다.

Graphic Editor file, Symbol Editor file, Text Editor file, Waveform Editor file

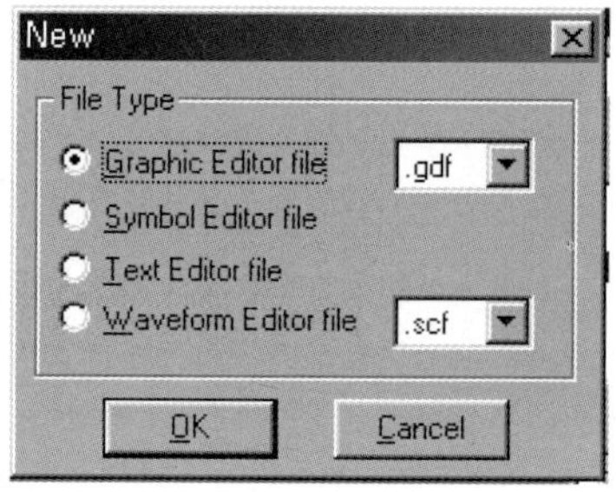

부록그림 1.14

■ **Open** 기존의 파일을 불러온다.

Open 창은 그림과 같으며 원하는 형태의 파일 리스트를 클릭한 뒤에 파일을 클릭하면 작업창으로 로드된다.

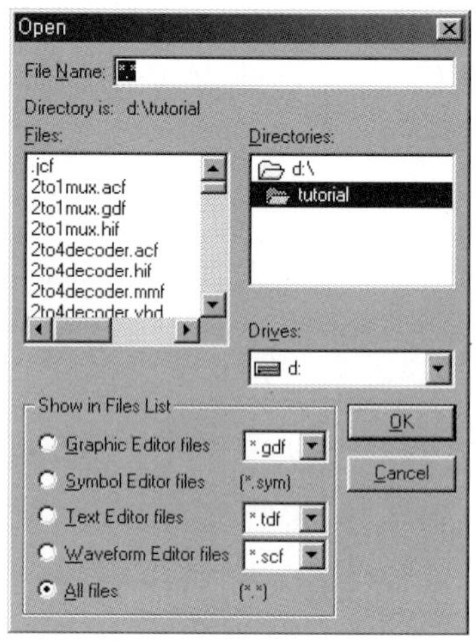

부록그림 1.15

■ **Delete File** 파일을 지운다.

6. Assign 메뉴

Assign 메뉴에는 칩 조작에 관한 다양한 명령어가 있다.

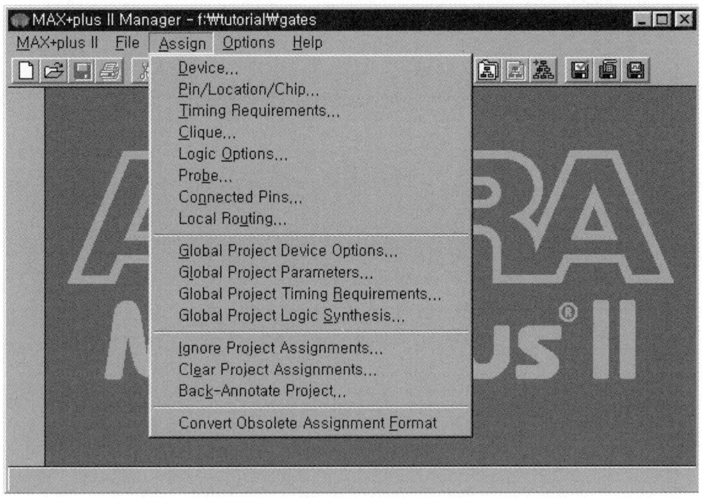

부록그림 1.16 Assign 메뉴 창

- **Device** MAX+Plus II에는 다양한 PLD 칩이 내장되어 있는데 AUTO로 설정해 놓으면 MAX700으로 설정된다. 하지만 프로그램 크기에 따라 게이트 수가 늘어나는데, 이때는 게이트 수가 많이 내장되어 있는 PLD 칩을 선택해야 한다.

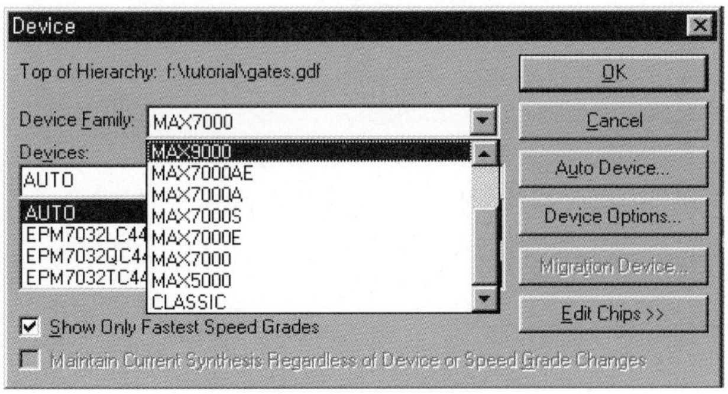

부록그림 1.17 Device 선택

7. Option 메뉴

Option 메뉴에는 User Libraries, Color Palette, License Setup, Preferences 등의 메뉴가 있다.

부록그림 1.18 Option 메뉴 창

■ **License Setup** 프로그램 설치 시 Browse를 클릭 후 License.dat 파일이 있는 곳을 찾아 설정하여 링크한다.

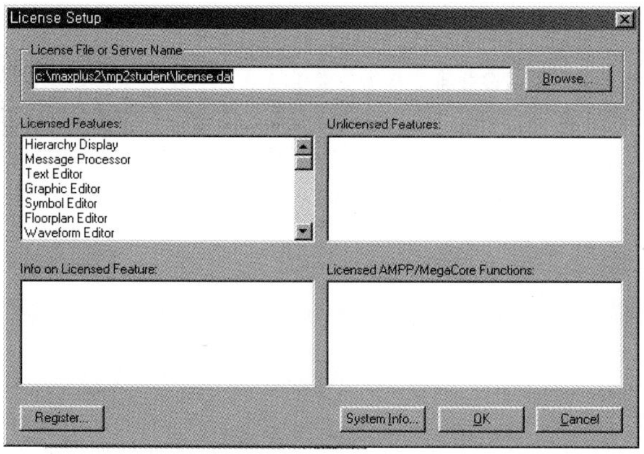

부록그림 1.19 License Setup 창

■ **Preferences** 아래와 같은 창에 다양한 option들이 있다.

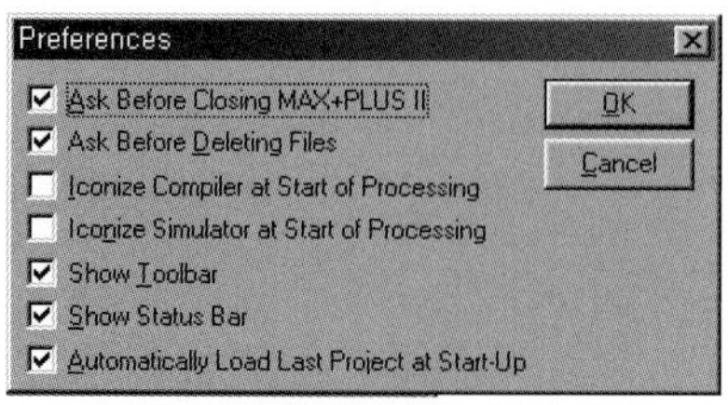

부록그림 1.20 Preference 창

8. MAX+plus II 구조

MAX+plus II 구조는 크게 세 부분으로 나눌 수 있다. 회로의 설계 부분, 회로의 시뮬레이션을 통한 검증 부분, 그리고 검증된 회로를 직접 다운로드해서 소자에 실행하는 부분으로 나뉘어진다. 부록그림 1.21은 MAX+plus II 구조를 잘 나타낸다. 설계 부분은 두 가지 방법으로 설계할 수 있는데 Graphic editor와 Text editor로 회로를 설계할 수 있다. 설계한 파일은 먼저 컴파일되고 이상이 없으면 시뮬레이션을 통해서 출력 파형을 검증할 수 있다. 시뮬레이션 결과가 만족스러우면 직접 CPLD 칩에 다운로드한다. 이때 칩의 입력이나 출력 등을 설정해 주어야 한다.

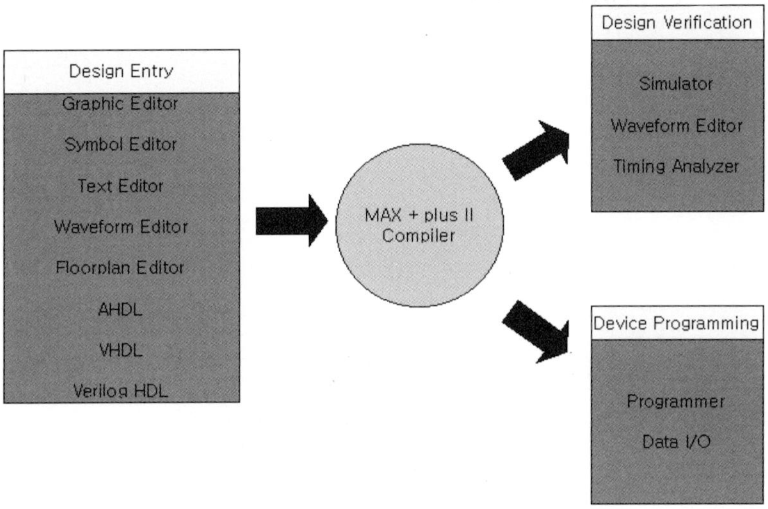

부록그림 1.21 MAX+plus 구조

02 Graphic Editor

1. Editor의 시작

MAX+plus II에서 회로를 구성하는 방법은 두 가지다. 하나는 그래픽 방법으로 라이브러리로부터 아이콘으로 된 각 소자를 가져와 선을 연결하는 방법이고, 다른 하나는 VHDL과 같은 프로그램언어로 프로그램을 직접 만드는 방법이다. 이때 그래픽 방법은 Graphic Editor를 사용하고 프로그램 방법은 Text Editor를 사용한다.

Graphic Editor는 아이콘화한 각 디지털 소자를 마우스로 연결하여 회로를 설계하고, 시뮬레이션 할 수 있도록 해주는 편집도구이다. Graphic Editor를 활성화하기 위해서는 Manager 창에서 MAX+

plusII를 클릭한 뒤에 Graphic Editor를 클릭하면 된다. 위 소절에서 먼저 project 이름을 exercise1으로 설정하였으므로 Manager 창 안에 아래와 같은 편집기가 뜬다.

편집기는 주 편집기인 MAX+plusII 안에 나타나게 되는데 아래의 편집기는 오른쪽 상단의 화면 확장 아이콘을 클릭하므로 화면 전체로 확장하여 나타낸 것이다.

MAX+plusII ⇒ Graphic Editor

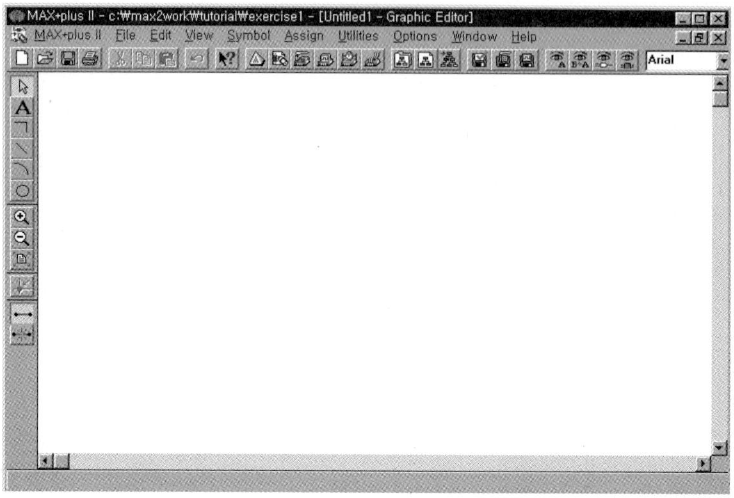

부록그림 2.1 Graphic Editor 창

2. Graphic Editor 창 메뉴

(1) File

파일에 관한 전반적인 작업, 생성, 저장, 제거 등을 한다.

- Project 현재 프로젝트 이름의 파일을 불러온다.
- Name 현재 프로젝트 이름에 관련된 파일을 불러온다.
- Set Project to Current File 현재 작업하고 있는 파일을 새로운 프로젝트로 간주한다. 작업하고 있는 파일 이름과 프로젝트 이름이 다를 경우 에러가 발생하므로 이 경우에는 현재 파일에 관련된 프로젝트 이름으로 설정하는 것이 중요하다.
- Save & Check 현재 작업 파일을 저장한다.
- Save & Compile 현재 작업 파일을 저장하고 컴파일한다.
- Save & Simulate 현재 작업 파일을 저장하고 시뮬레이션한다.
- Save, Compile, & Simulate 현재 작업 파일을 저장하고 컴파일한 뒤에 실행한다.

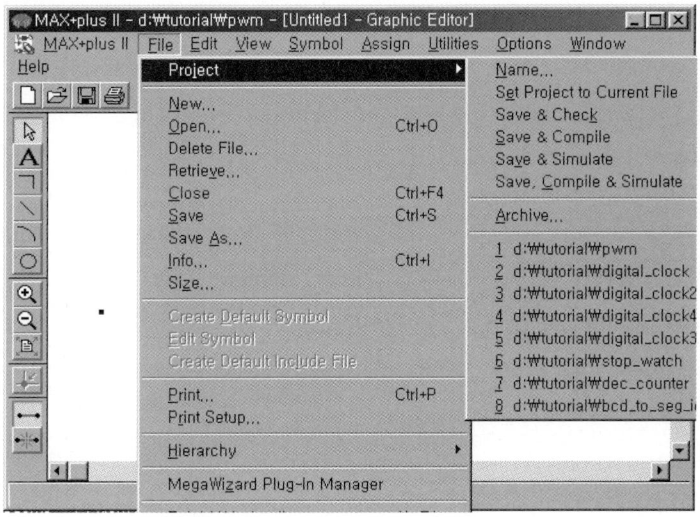

- **New** 새로운 파일을 생성한다.
- **Open** 파일을 open한다.
- **Delete File** 파일을 제거한다.

(2) Edit

파일 내용을 편집한다. 파일 안에 있는 소자의 아이콘을 편집하는 기능이다.

실행취소(Undo), 잘라내기(Cut), 복사하기(Copy), 넣기(Paste), 제거하기(Delete), 뒤집기(Flip), 회전하기(Rotate) 등의 기능이 있다.

(3) Symbol

소자의 그래픽 심볼을 라이브러리로부터 가져온다. Enter Symbol을 클릭하면 된다.

(4) Window

Window 메뉴는 MAX+plus II 작업창 안에 있는 모든 창의 조작을 한다. 새로운 창을 생성(New Window)하거나 수평으로 배열(Tile Horizontly), 수직으로 배열(Tile Vertically), 겹쳐서 배열(Cascade) 할 수 있다.

3. 디지털 소자 가져오기

그래픽 편집기는 소자들을 이이콘으로 만들어 서로 연결하여 회로를 구성하도록 되어 있으므로 우선 각 디지털 소자들을 가져와야 한다. 각 디지털 소자들은 c:\maxplus2\max2lib 디렉토리의 라이브러리 파일에 있다. 라이브러리에 있는 각 소자를 Graphic Editor로 가져오기 위해서는 Graphic Editor 창의 메뉴인 Symbol에서 Enter Symbol을 클릭한 뒤 symbol name을 입력하면 된다. 예를 들어, 입력이 둘인 and 소자를 고려해 보자. And 소자는 c:\maxplus2\ max2lib\prim 디렉토리, 즉 primitives 디렉토리에 있다.

c:\maxplus2\max2lib\prim	: and, or, nor , nand, latch, flip flops
c:\maxplus2\max2lib\mf	: mux, demux, 74series
c:\maxplus2\max2lib\mega_pin	: lpms
c:\maxplus2\max2lib\edif	: 74xxo, 74xxm

Symbol ⇒ Enter symbol ⇒ select c\maxplus2\max2lib\prim ⇒ OK ⇒
select and2 ⇒ OK

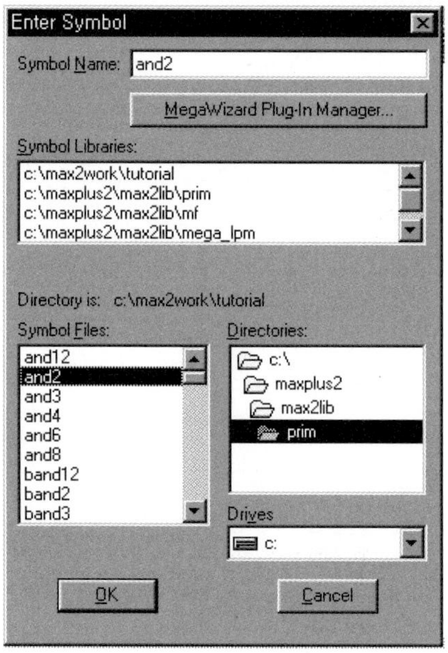

부록그림 2.2 심볼 찾기

또 다른 방법은 Symbol Name에 직접 소자 이름을 입력하는 것이다.

그래픽 편집기에 나타난 and 소자를 돋보기로 크게 하였다. 이 소자의 방향을 바꾸려면 먼저 and 소자를 클릭하여 활성화시킨 다음 마우스의 오른쪽 버튼을 누르면 아래의 소자 편집창이 뜬다. 소자를 지우고(Cut), 복사하고(Copy, Paste), 소자의 특성을 변경하고(Assign), timing 분석을 하고(Timing analysis), 수평으로 돌리고(Flip Horizontal), 수직으로 돌리고(Flip Vertical), 회전시키고(Rotate) 하는 등의 조작을 할 수 있다.

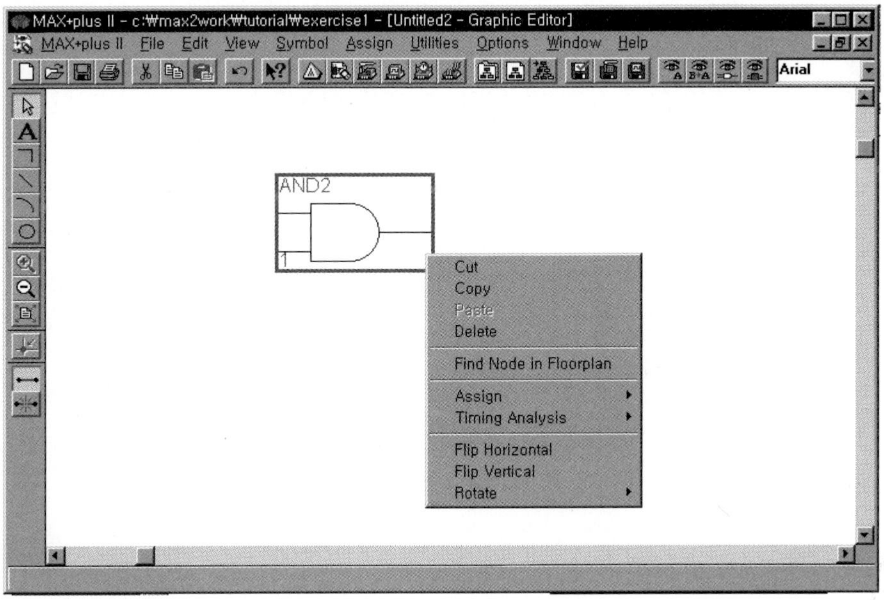

부록그림 2.3 Symbol 수정하기

4. 입력과 출력의 연결

회로 설계에 필요한 각 소자를 가져왔으면 각 소자의 입력과 출력을 연결해야 한다. 입력은 Primitives 라이브러리의 input을 선택하고 출력도 마찬가지로 output을 선택한다.

Symbol ⇒ Enter symbol ⇒ select c\maxplus2\max2lib\prim ⇒ OK ⇒ input ⇒ OK

Symbol ⇒ Enter symbol ⇒ select c\maxplus2\max2lib\prim ⇒ OK ⇒ output ⇒ OK

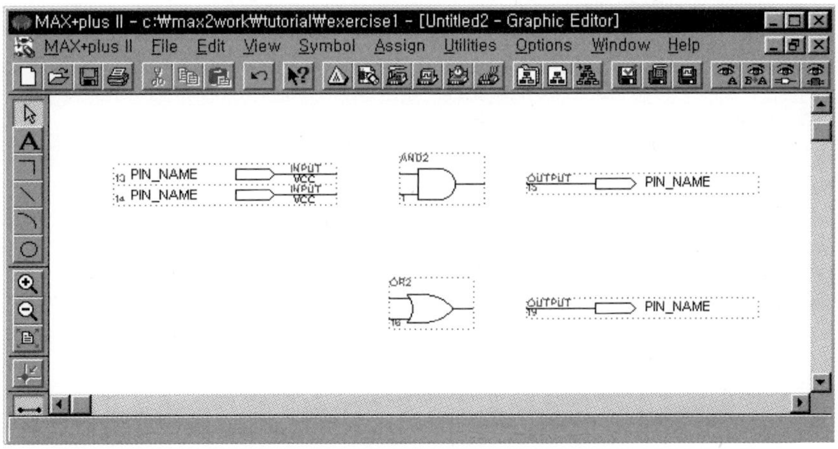

부록그림 2.4 입력과 출력의 선연결

5. 소자 이름 바꾸기

소자의 이름을 바꾸기 위해서는 우선 마우스로 소자의 PIN_NAME을 활성화시킨 다음 마우스의 오른쪽 버튼을 클릭한 뒤에 Edit Pin Name을 클릭하면 된다.

아래 그림에서는 입력 신호를 x1, x2로, 출력 신호를 y1, y2로 바꾸었다.

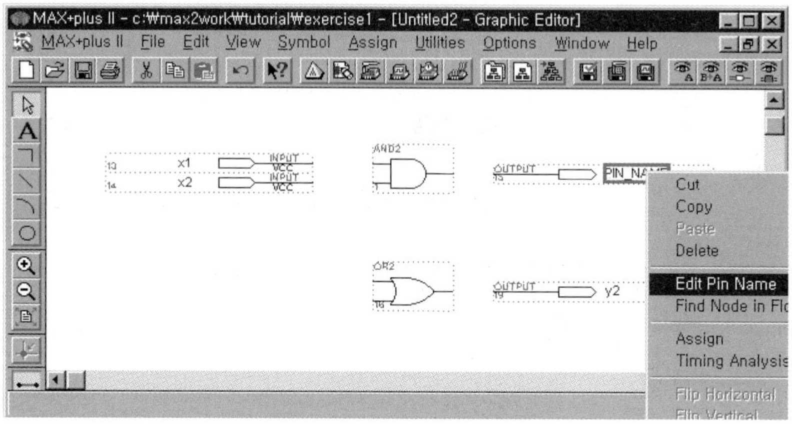

부록그림 2.5 소자 이름 바꾸기

6. 선 연결

각 소자들의 연결은 간단히 마우스로 시작점을 집어 연결하고자 하는 선까지 연결하면 된다. 만약 한 선에서 선을 따서 다른 소자에 연결하기 위해서는 직접 그 선에서 시작하지 말고 소자의 입력에서 마우스를 움직여 연결되었다는 점(·) 표시가 선에 나타날 때까지 선에 연결시킨다.

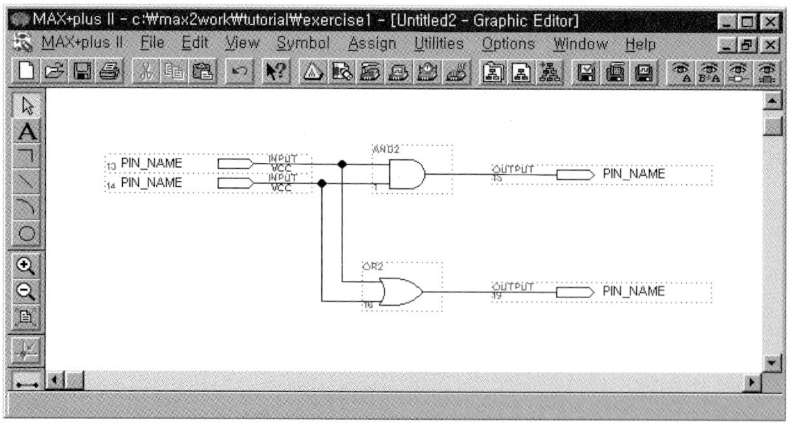

부록그림 2.6 선 연결

7. 파일 저장

회로 설계를 마친 뒤에 파일을 저장하기 위해서는 File 메뉴에서 Save As를 클릭한다.

File ⇒ Save As

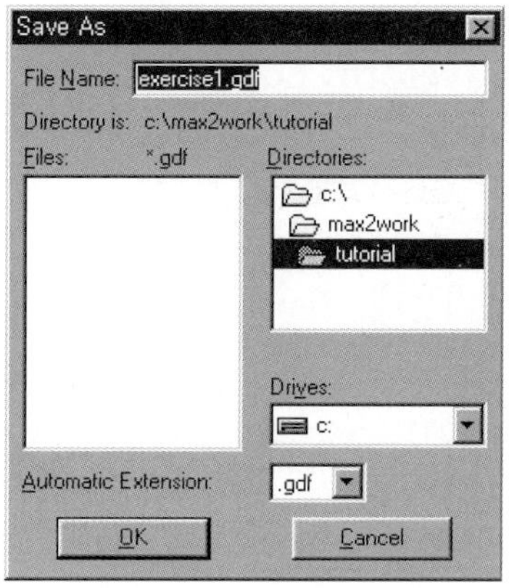

부록그림 2.7 파일 저장하기

8. 프로그램의 컴파일

회로를 설계해서 시뮬레이션을 하기까지는 다음과 같은 과정을 거쳐야 한다.

'gdf' 파일 생성 ⇒ 컴파일(Compiler) ⇒ 입력 파형 설계(Waveform Editor) : 'scf' 파일의 생성 ⇒ 시뮬레이션 실행(Simulator)

설계한 회로를 시뮬레이션하기 위해서는 먼저 컴파일을 해야 한다.
그래프 편집기에서 MAX+plus II를 열어 Compiler를 클릭한다.

MAX+plus II ⇒ Compiler ⇒ Start

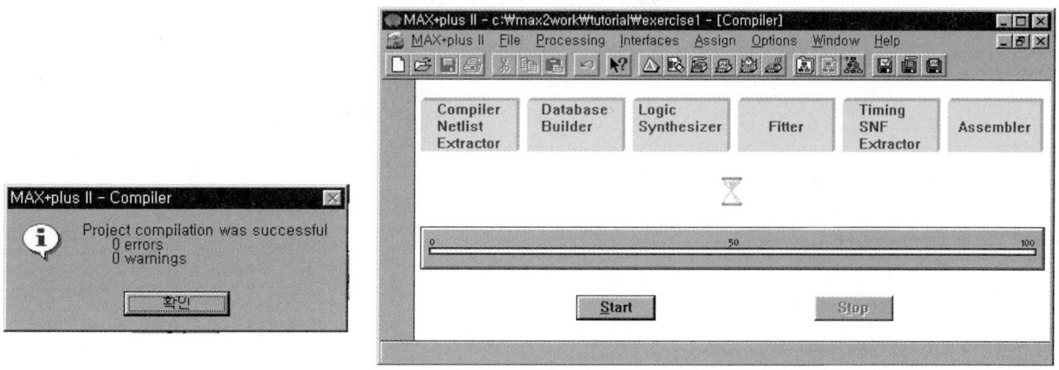

부록그림 2.8 컴파일

컴파일하는 중에 경고나 에러가 나타나는데 에러가 없으면 컴파일이 끝난 뒤에 컴파일 윈도우를 종식시킨다.

9. Waveform Editor

(1) 입력 파형 편집기의 실행(Waveform Editor)

컴파일 후에 실행하기 위해서는 Simulator를 클릭하면 되겠지만, 먼저 입력 파형을 만들어야 한다. 이때 사용하는 편집기가 입력 편집창(Waveform Editor)이다. 입력 파형 창에서 입력 파형을 만든 뒤에 저장하면 자동적으로 '.scf'이 생기는데, Simulator는 이 파일을 자동적으로 loading한다.

파형 창 편집기는 MAX+Plus II를 클릭한 뒤에 Waveform Editor를 클릭하면 아래와 같은 창이 뜬다. 먼저 각 입력을 설정하기 위해서는 Node를 설정해야 한다.

Waveform Editor ⇒ Node ⇒ Enter Nodes from SNF

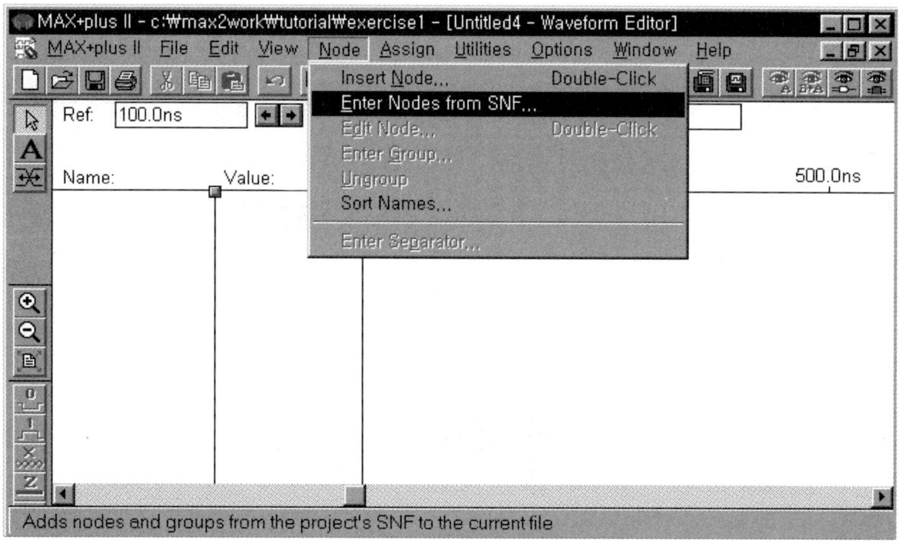

부록그림 2.9 Waveform Editor

(2) 입력 노드의 선택

각 입력 노드는 간단히 List를 클릭하므로 모든 입력과 출력의 변수들이 나타난다. 이때 원하는 입력 노드를 마우스로 집어 ⇒를 클릭하면 선택된 모드가 오른쪽으로 이동하게 된다.

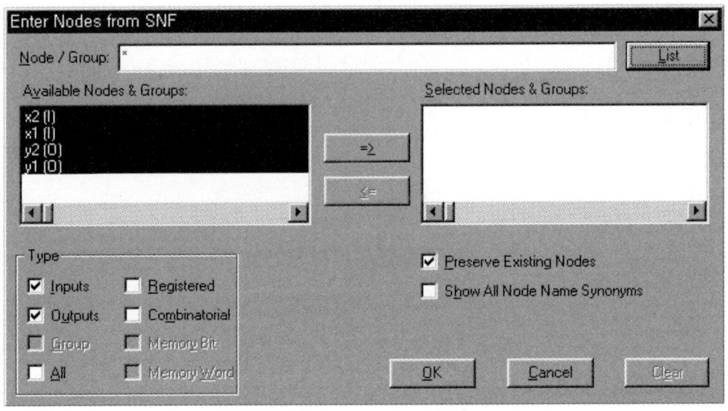

부록그림 2.10 입력 노드 선택

시뮬레이션을 위해 입력만 선택하면 다음과 같다.

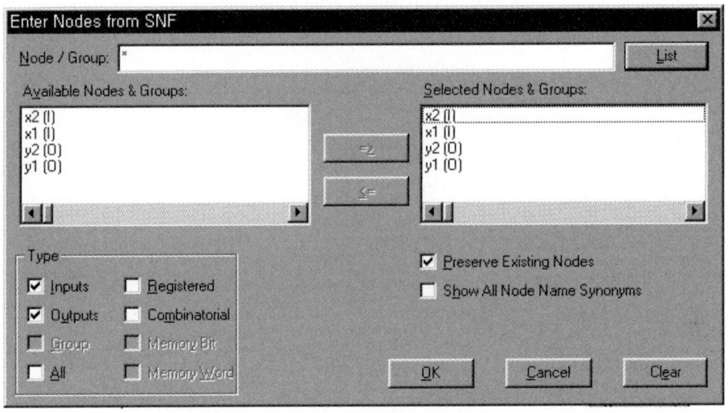

부록그림 2.11 SNF로부터 입력 노드 선택

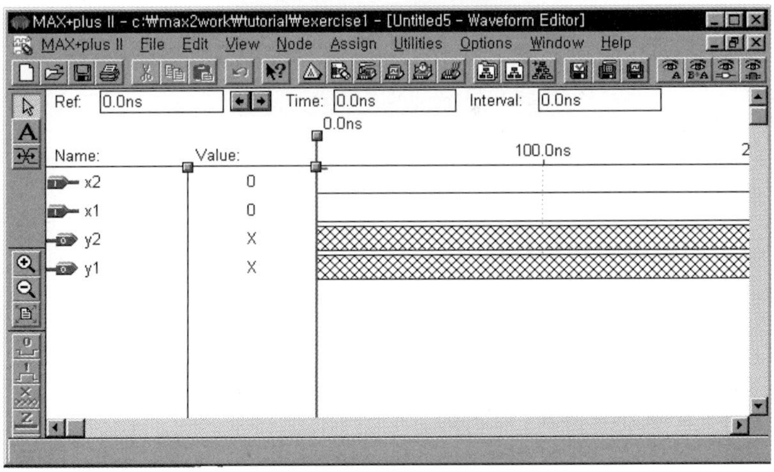

부록그림 2.12 입력 파형 창

OK 버튼을 집으면 아래와 같이 입력 파형 편집창에 변수들과 시간이 나타난다. 여기서 y1과 y2는 출력이라 x1과 x2와 다르게 나타났다. x1과 x2는 입력으로 우리가 편집해야 한다. y1과 y2는 시뮬레이션 실행 후에 파형이 나타난다.

(3) 입력 파형의 편집

위의 창에서 각 입력의 timing diagram을 선택해야 한다. Timing 신호를 선택할 경우에는 시작 시간과 끝시간 그리고 펄스폭(Grid Size)의 시간 등이 필요하다. 끝시간은 펄스폭을 40 ns라 하면 입력 파형이 2이므로 $40\ \text{ns} \times 2^2 = 160\ \text{ns}$이면 충분하다. 시뮬레이션의 끝시간은 File을 클릭하여 End Time을 클릭하면 다음과 같은 Box가 뜬다.

Waveform Editor ⇒ File ⇒ End Time

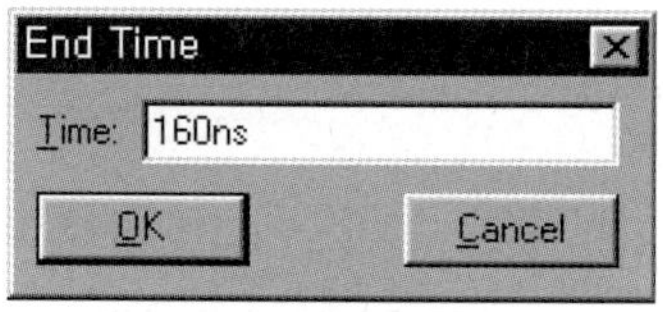

부록그림 2.13 End Time

또 default로 펄스폭의 시간은 100 ns로 정해있으나 변경하고 싶으면 Options의 Grid Size를 클릭한 뒤에 원하는 펄스폭을 입력하면 된다. 아래는 40 ns를 입력하였다.

Waveform Editor ⇒ Options ⇒ Grid Size

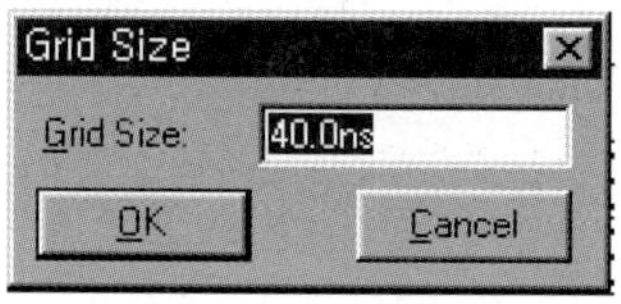

부록그림 2.14 Grid Size

Grid size를 40 ns로 설정하면 자동적으로 펄스폭을 40 ns로 설정한다. 각 입력 파형을 만들기 위해서는 각 펄스 파형을 마우스로 활성화시킨 다음 마우스의 오른쪽 버튼을 누르면 창이 생기는데, 이 창에서 Overwrite를 선택한 뒤에 High(1)인지 Low(0)인지 선택하면 timing 선이 정해진다. 다음 펄스폭도 마찬가지로 활성화시킨 다음 입력하면 된다.

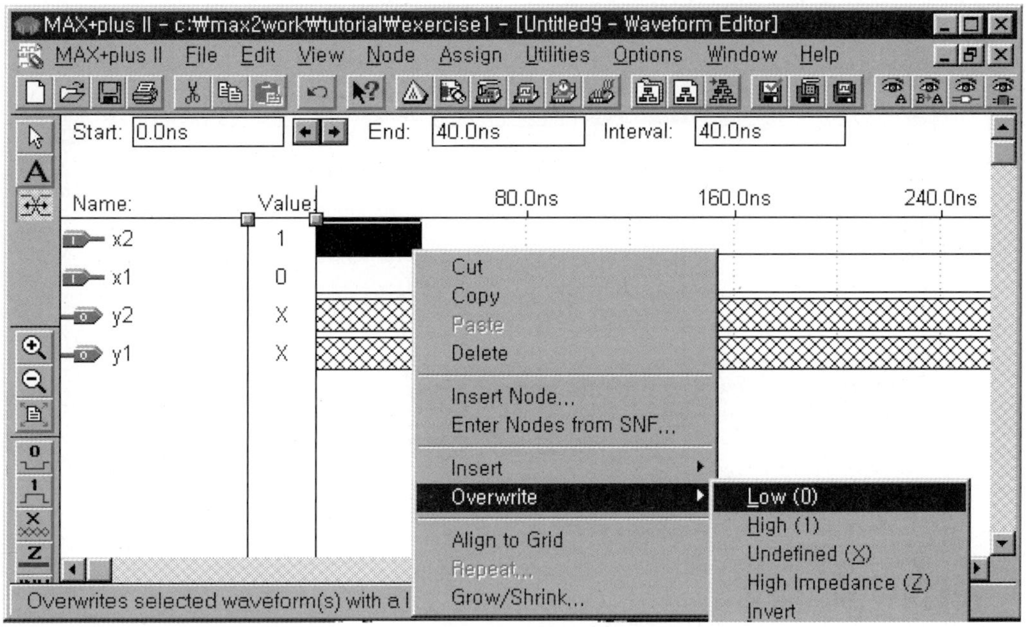

부록그림 2.15 입력 파형 넣기

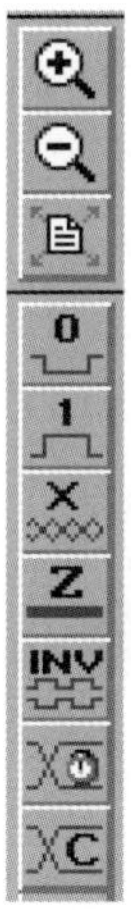

→ 확대시킨다.
→ 축소시킨다.

→ 펄스를 0으로 만든다.
→ 펄스를 1로 만든다.
→ 정의되어지지 않은 것으로 만든다.
→ high 임피던스를 만든다.
→ 펄스를 반대로 만든다.
→ Overwrite clock
→ 클록펄스를 만든다.

부록그림 2.16 입력 파형 조절 아이콘

부록그림 2.17은 두 입력의 timing 선도를 그린 결과이다. 입력으로 4개의 조합, 즉 00 01 10 11이 있으므로 다음과 같은 모양의 선도가 만들어졌다.

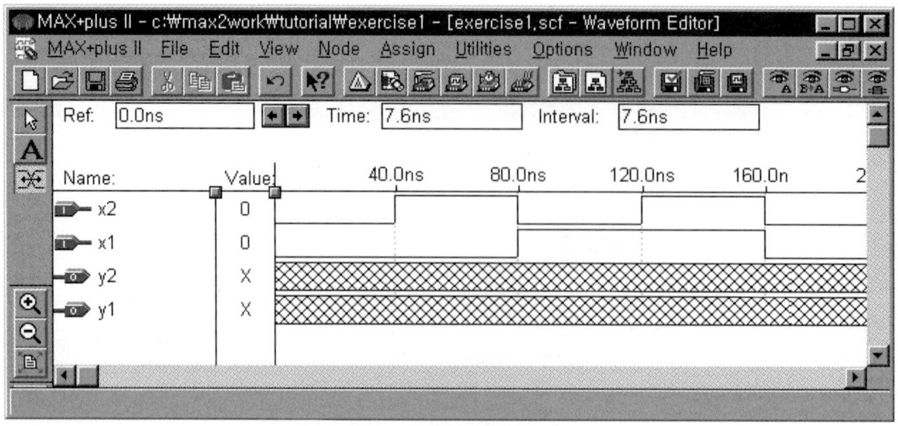

부록그림 2.17 입력 파형 만들기

10. 시뮬레이션 실행

시뮬레이션을 하기 위해 Simulator를 클릭하면 아래와 같은 창이 뜬다. 시작시간과 끝시간을 입력한 뒤에 Start 버튼으로 시뮬레이션을 시작한다.

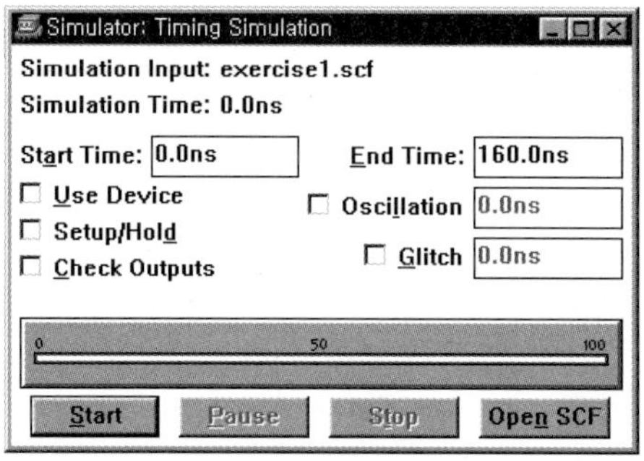

부록그림 2.18 시뮬레이션 실행창

시뮬레이션이 성공적으로 되었으면 다음과 같은 메시지가 나온다.

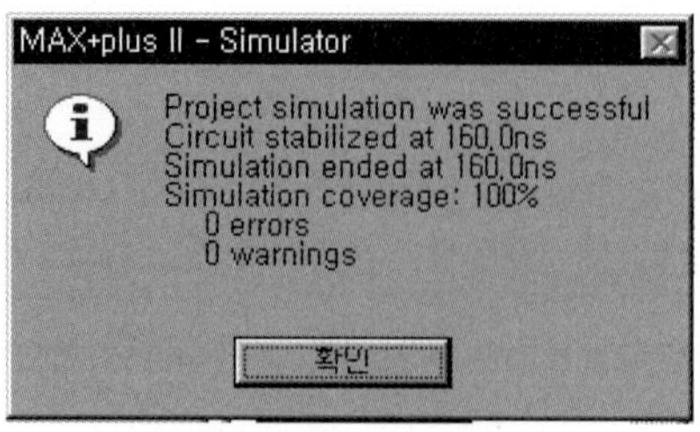

부록그림 2.19 확인창

Simulator 창의 Open SCF를 클릭하면 다음과 같은 출력의 timing 선도가 나타난다.
아래 그림에서 보면 출력 y1은 and 게이트 출력을 나타내고 y2는 or 게이트 출력을 나타낸다.

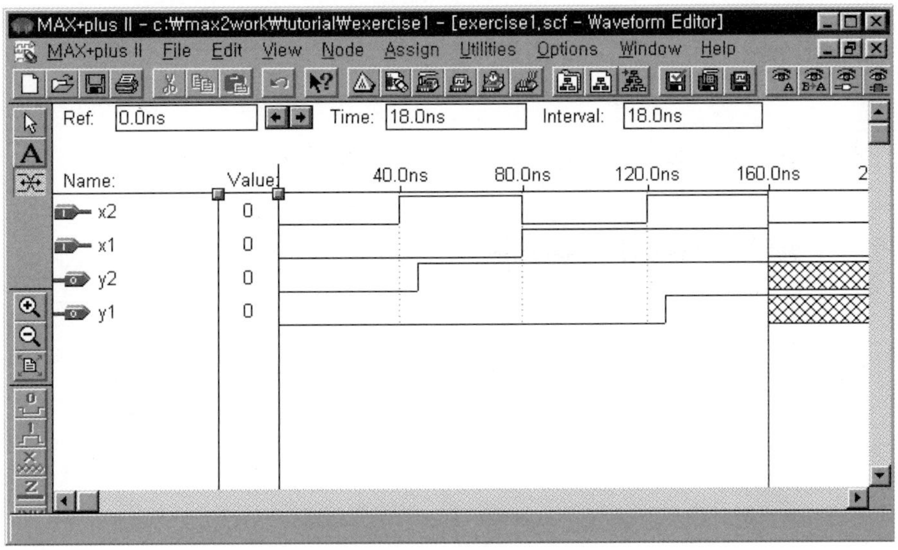

부록그림 2.20 출력 파형

2.1 부록예제

아래 NAND와 NOR 소자의 출력을 알아보자. 파형 주기는 20 ns로 하고 80 ns까지의 출력을 그려 보자.

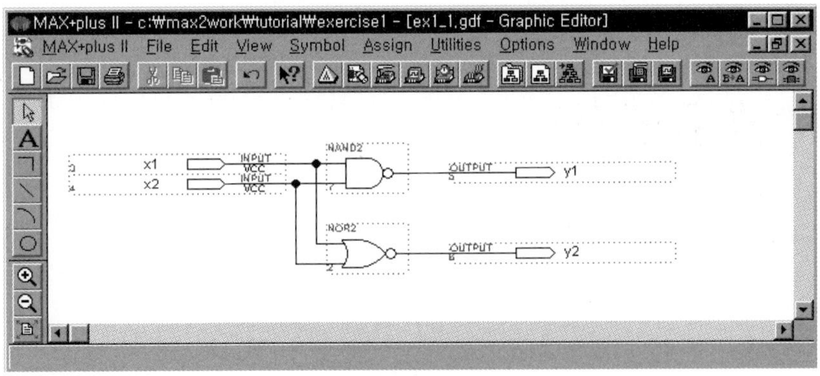

부록그림 2.21

풀이 1. 먼저 입력 파형 편집기로 파형을 편집한다.

Waveform Editor ⇒ Node ⇒ Enter Nodes from SNF

(계속)

2. 입력 파형을 저장한다.

File ⇒ Save As

3. 컴파일한다.

Compiler ⇒ Processing ⇒ Timing SNF Extractor ⇒ Start button

4. 실행한다.

Simulator ⇒ End Time 80 ns ⇒ Start button

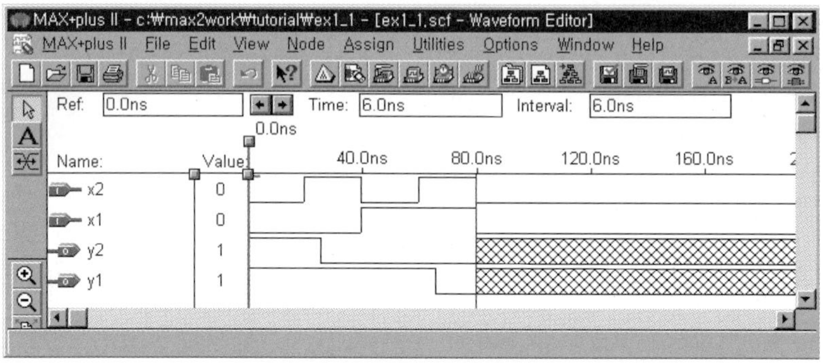

부록그림 2.22

03 LPM 사용법

1. 소개

디지털 회로를 설계하는 방법에는 앞에서 다룬 그래픽을 사용하는 방법과 VHDL을 사용해서 설계하는 방법이 있다. VHDL을 사용하려면 먼저 회로설계언어를 알아야 한다.

2. LPM

(1) 소개

LPM(Library of Parameterized Module)은 복합한 회로를 모듈화하여 사용자가 쉽게 사용할 수 있도록 편의를 제공하는 라이브러리다. 입력이나 출력 그리고 제어신호와 같은 변수들을 사용자가 설계 특성에 맞게 설정하여 사용한다.

다음 그림은 심볼을 가져오는 Enter Symbol 메뉴의 라이브러리창으로 LPM 함수들은 c:\maxplus2\max2lib\mega_lpm\에 내정되어 있다.

또 사용자가 다양한 LPM으로 설계한 회로를 또 다른 LPM과 같은 라이브러리 심볼로 저장하여 사용할 수도 있다. 이는 복잡한 회로를 입력과 출력과 같은 port와 제어 변수 parameters들만으로 구성된 모듈로 나타낼 수 있도록 해 준다.

(2) LPM 사용 순서

먼저 필요한 블록의 LPM을 구상한다.

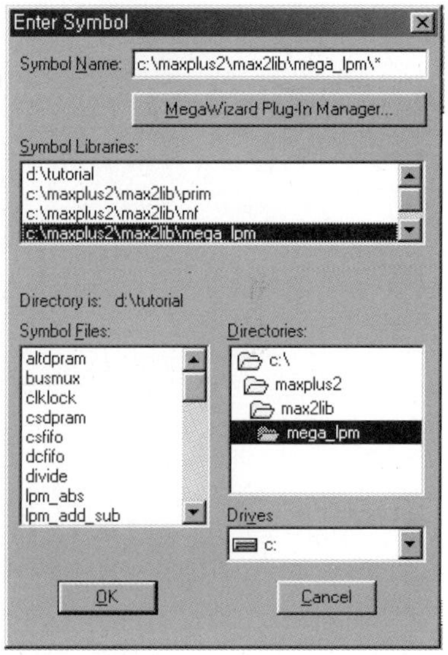

01 Graphic Editor 창을 연다.

02 Symbol → Enter Symbol을 클릭하여 라이브러리 창을 띄운다.

02 Symbol Libraries의 c:\maxplus2\max2lib\mega_lpm을 클릭한 뒤에 OK 버튼을 누른다.

04 Symbol Files에서 마우스로 움직이면서 원하는 LPM 블록을 클릭하고 OK 버튼을 누른다.

05 OK 버튼을 누르자마자 새로운 창 Edit Ports/Parameters란 창이 뜬다. 이는 LPM의 입력과 출력 그리고 제어 변수를 설정하는 창이다. 변수를 잘 모를 경우 창의 오른쪽에 있는 Help on *** 아이콘을 클릭하면 자세하게 설명되어 있다.

06 Ports 설정 변수들

aclr	asynchronous clear
cin	carry in : 캐리인
clken	clock enable
clock	클록
cout	carry out : 캐리아웃
dataa	input port(data) a : 입력 데이터
datab	input port(data) b : 입력 데이터
overflow	오버플로
result	output port(data) : 출력 데이터

07 Parameter 설정

LPM_DIRECTION	연산 설정
LPM_PIPELINE	
LPM_PRESENTATION	signed or unsigned

LPM_WIDTH 입력 데이터 크기
MAXMIZE_SPEED 속도 최적화
ONE_INPUT_IS_CONSTANT 한 입력이 상수이면 최적화

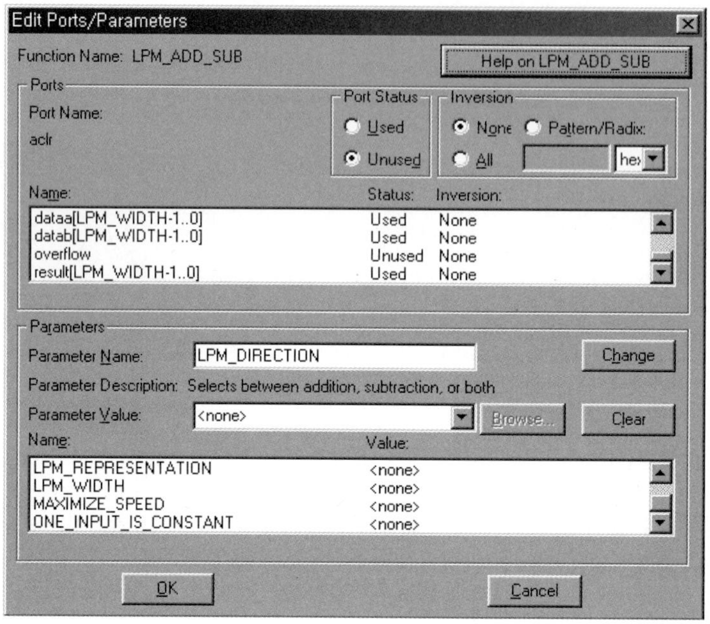

08 Port와 Parameter 설정 방법

- Port 설정

① Port는 used와 unused 두 가지 상태로 설정한다.

② 먼저 마우스로 원하는 Name를 클릭한다.

③ 그 다음 Port Status의 used 또는 unused를 클릭한다.

- Parameter 설정

① Parameter를 설정하기 위해서는 마우스로 name을 활성화시킨다.

② Parameter Value의 화살표를 누른 뒤에 맞는 설정을 한다.

09 회로를 선으로 연결한다.

(3) LPM 사용 예

간단한 예로 LPM_add_sub를 사용해 보자.
8비트 데이터의 덧셈과 뺄셈을 해 보자.

X = A + B

01 새로운 graphic 파일을 열고 심볼 라이브러리에서 lpm_add_sub 심볼을 넣는다.

Symbol → Enter Symbol → c:\maxplus2\max2lib\mega_lpm → OK
→ lpm_add_sub → OK

02 Edit Ports/Parameters 창이 생성되는데 덧셈과 뺄셈을 고려하면 두 개의 입력과 하나의 출력 그리고 캐리인과 아웃이 필요하다. 따라서 다음과 같이 입력한다.

LPM_ADD_SUB	PORTS	cout, OVERFLOW, dataa[], datab[], results[]
LPM_DFF	PORTS	aclr, sclr, data[], q[]

03 Parameter로는 다음과 같이 설정한다. 8비트 데이터의 덧셈을 하기 위해

LPM_ADD_SUB
  LPM_DIRECTION = “ADD”
  LPM_PRESENTATION = “UNSIGNED”
  LPM_WIDTH = 8

LPM_DFF
  LPM_WIDTH = 8

나머지는 그대로 놔둔다.

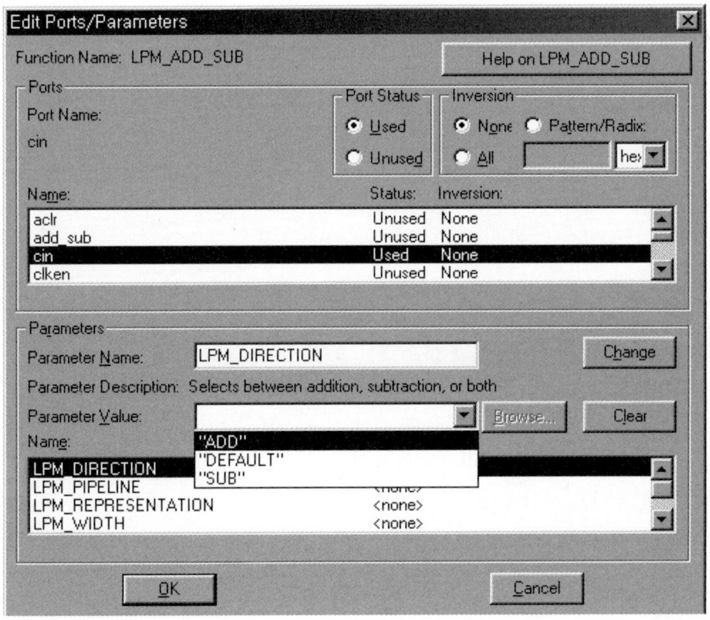

04 입력과 출력 포트를 연결한다.

05 컴파일한다.

Compiler → Processing → Functional SNF Extractor → Start

06 Waveform Editor를 사용하여 입력 파형을 만든다.

Waveform Editor → Node → Enter Nodes from NSF → List

그 다음에 변수를 선택하고 마우스로 입력 파형을 클릭한다. 마우스의 오른쪽 버튼을 누른 다음 overwrite를 클릭한다. CLK는 clock를 사용하고 입력 데이터 A, B에 대해서는 count value를 사용한다. 아래 예제에서는 입력 데이터 A, B 모두 00에서 시작하는 hex 데이터로 설정하였다.

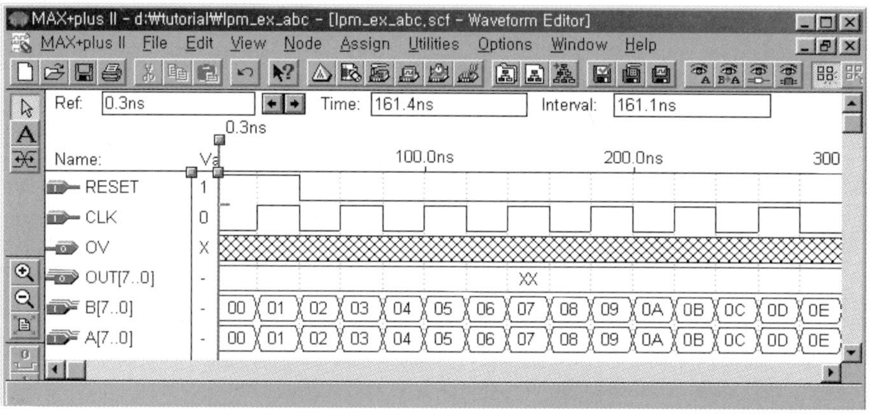

07 Waveform 파일을 저장한다.

08 시뮬레이션을 실행한다.

Simulator → Start → Open SCF

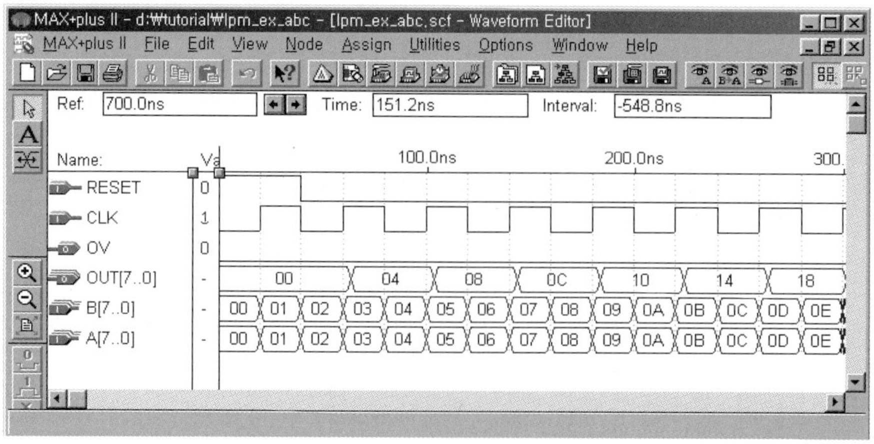

(4) 사용자 정의 lpm 만들기

lpm 라이브러리 심볼을 사용하면 매우 유용하였다. 하지만 원하는 lpm 심볼이 없는 경우 사용자가 직접 만들 수 있다. 사용자 정의의 lpm 심볼을 만들기 위해서는 만들기 원하는 그래픽 파일(.gdf)을 연 뒤 File → Create Default Symbol을 클릭한다.

이는 .sym의 extension을 갖는 심볼 파일을 생성한다. 예를 들어, 파일이름이 lpm_ex_abc.gdf이면 생성된 심볼 파일은 lpm_ex_abc.sym이 된다. 이 심볼 파일은 lpm 라이브러리의 다른 블록처럼 사용하면 된다.

예를 들어, 새로운 파일을 만들어 lpm_ex_abc.sym 심볼을 불러들여 보자. 이 파일은 d:\tutorial에 저장되어 있다.

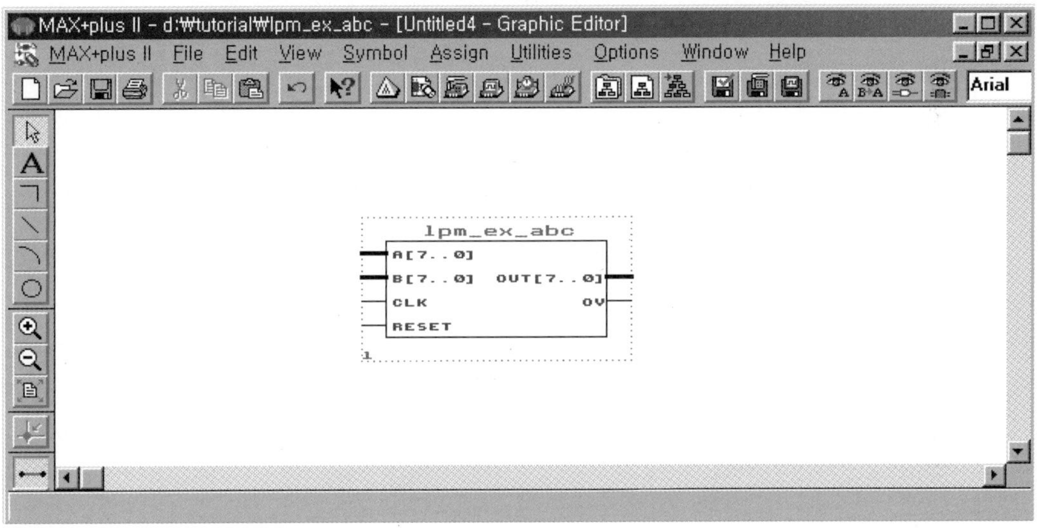

입력과 출력 포트를 연결해 주면 같은 결과를 얻게 된다.

3. ROM

(1) 소개

ROM(Read Only Memory)은 읽기 위한 소자로 어드레스와 데이터로 구성되어 있어 어느 번지수에 해당하는 데이터를 출력하도록 되어 있다. 여기에서는 ROM에 데이터를 입력하고 다시 출력하는 방법을 알아보도록 하겠다.

(2) ROM 데이터 파일 만들기

먼저 ROM을 구성하기 위해 필요한 어드레스와 데이터를 저장하는 파일을 만든다. Text Editor를 사용하여 만든다. 만든 파일의 extension은 '.mif'가 되도록 한다. 아래 그림은 16개의 번지에 8비트 데이터가 저장되어 있는 hex 수를 7-segment에 나타내기 위한 코딩데이터다. 따라서 ROM의 크기는 $2^4 \times 8$이 된다. 여기서 $2^4=16$은 DEPTH 수가 되고, 8은 WIDTH 값이 된다.

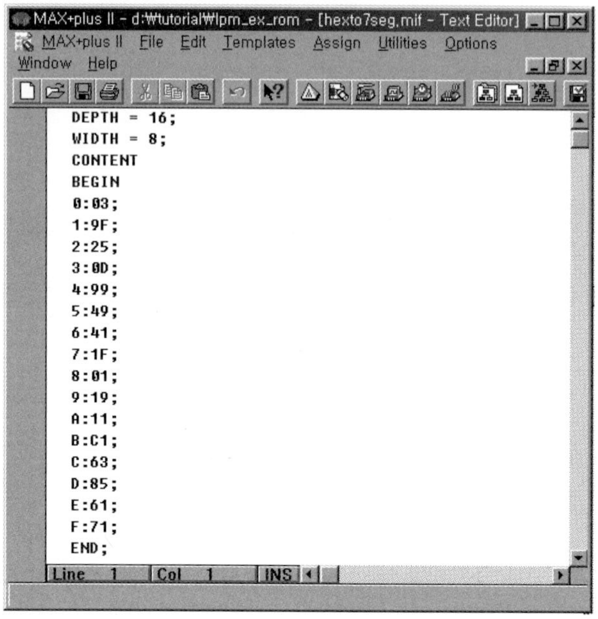

(3) LPM_ROM 사용하기

- 먼저 Graphic Editor에서 lpm 라이브러리로부터 lpm_ rom을 가져온다.

  Graphic Editor → Symbol → Enter Symbol → mega_lpm 라이브러리 → lpm_rom → OK

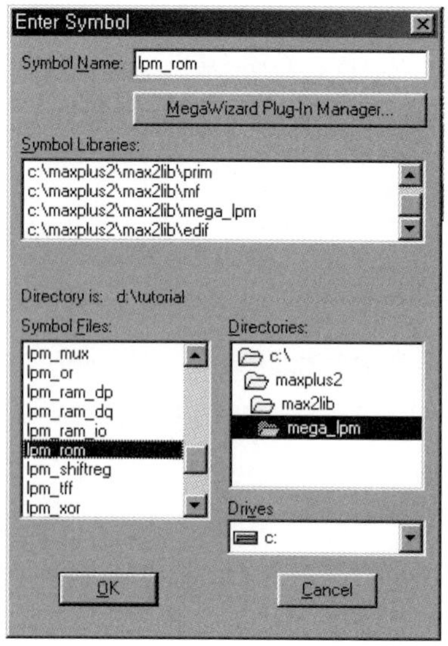

■ **변수 설정** 아래와 같은 창이 생기는데 lpm 창을 설정하는 창이다. 먼저 Name 부분에서 사용하고자 하는 포트를 설정하는데, 입력인 address[]와 출력인 q[]를 used로 선택한다. 선택하는 방법은 마우스로 먼저 선택하고자 하는 부분을 클릭하여 활성화한 다음, 바로 위에 있는 used를 클릭하여 선택하면 된다.

address[LPM_WIDTHAD-1..0]	used	none
⋮		
q[LPM_WIDTH-1..0]	used	none

변수 설정은 다음과 같이 한다.

LPM_ADDRESS_CONTROL = "UNREGISTERED"
LPM_FILE = "hexto7seg.mif"
LPM_OUTDATA = "UNREGISTERED"
LPM_WIDTH = 8
LPM_WIDTHAD = 4

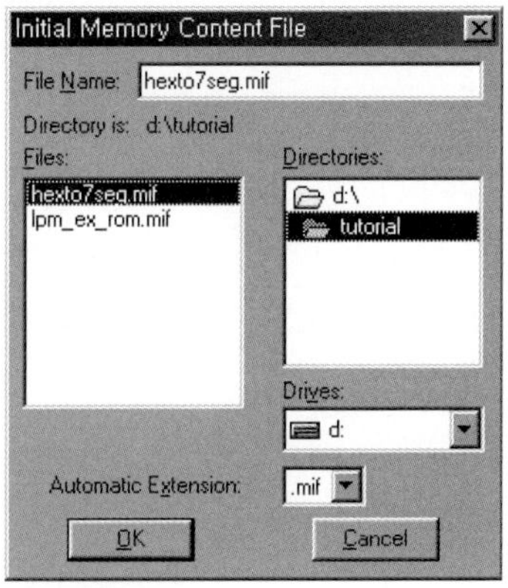

여기서 주의할 것은 '.mif'를 선택할 때 Browse를 사용해야 경로를 인식한다는 것이다. 아래는 "hexto7seg. mif"를 선택한 예를 보여준다.

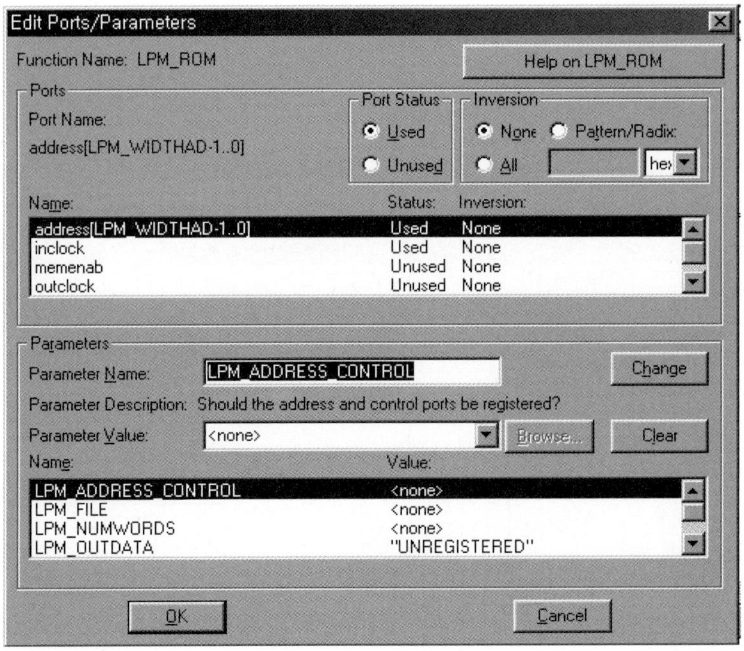

앞에서 예시한 것처럼 변수들을 선택하면 다음과 같이 ROM이 정의된다.

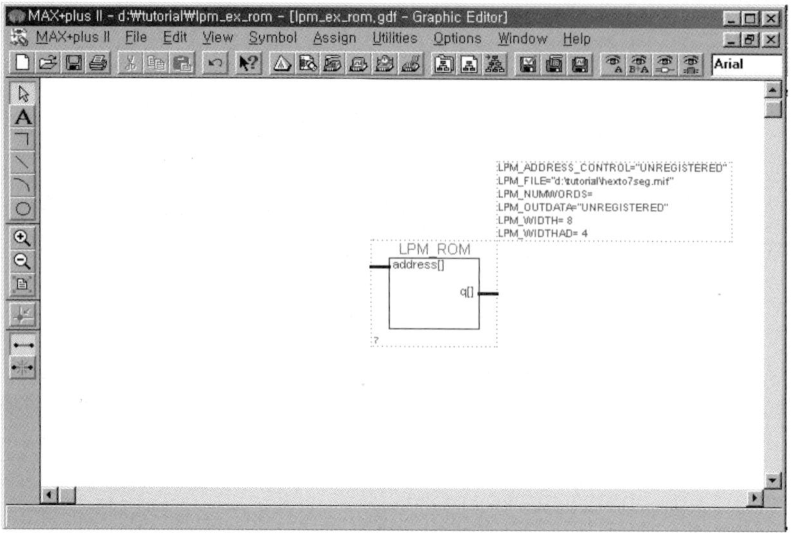

마찬가지로 LPM_COUNTER를 가져와서 아래와 같이 clock과 q[]의 이름과 변수를 설정한다.

clock	used	none
⋮	unused	none
q[LPM_WIDTH-1..0]	used	none

변수 설정은 다음과 같이 한다.

LPM_DIRECTION = "UP"

LPM_WIDTH = 4

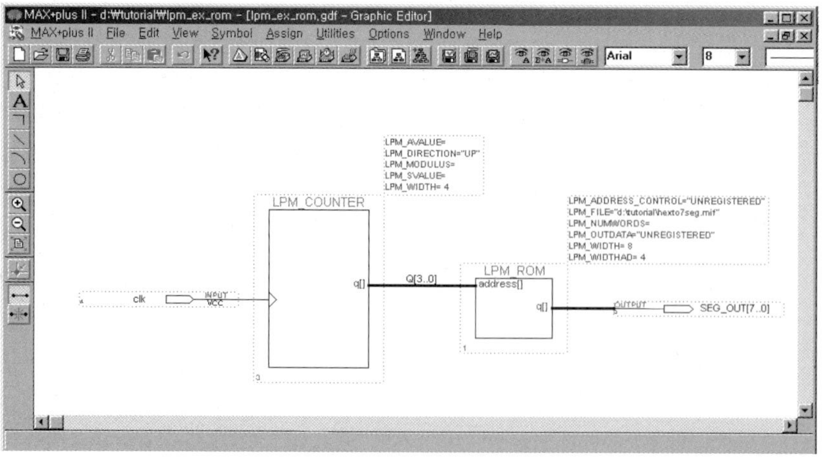

만약 lpm을 다시 설정하고 싶으면 마우스로 해당 LPM을 클릭하여 활성화한 다음 Symbol → Edit Ports/Parameters를 클릭한다.

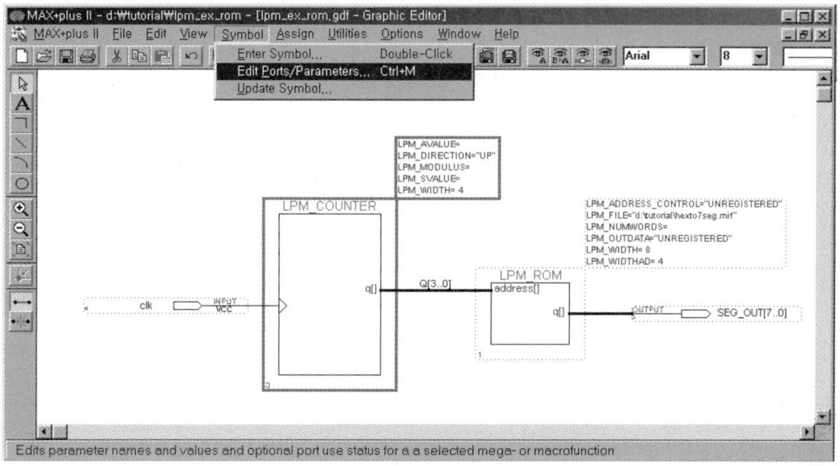

저장한 뒤에 컴파일하고 에러가 없으면 Waveform Editor로 입력 파형을 그린다.

프로그램을 실행시키면 아래와 같은 출력을 얻게 된다. 클록이 증가하면서 ROM의 번지수도 하나씩 증가되어 그 번지에 저장되어 있는 데이터가 출력되고 있다.

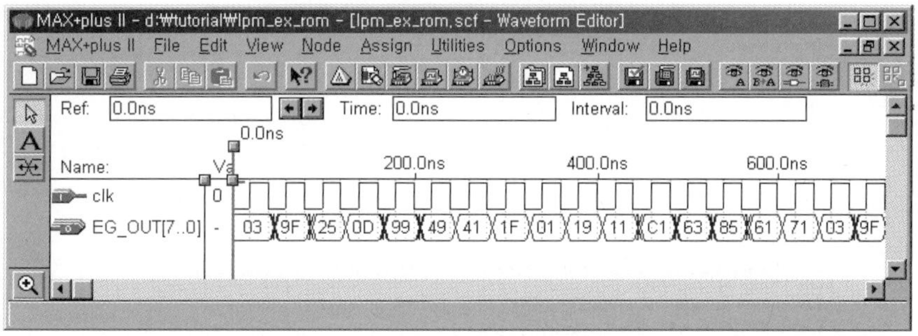

04 VHDL 설계

1. 소개

디지털 회로를 설계하는 방법에는 앞에서 다룬 그래픽을 사용하는 방법과 VHDL을 사용해서 설계하는 방법이 있다. VHDL을 사용하려면 먼저 회로설계언어를 알아야 한다. 여기서는 간단히 앞장에서 설계한 회로를 VHDL로 설계하고 시뮬레이션하는 과정을 소개하고자 한다. VHDL에 대한 자세한 내용은 다음 장에서 다루기로 한다.

2. VHDL 실행 순서

(1) 프로젝트 이름 선택

앞장에서 Project 이름을 exercise1이라 하였으므로 여기서도 같은 이름을 취하면 다음과 같다.

File ⇒ Project ⇒ Name

앞장에서 미리 그래픽 파일을 설정하였으므로 파일이 존재한다.

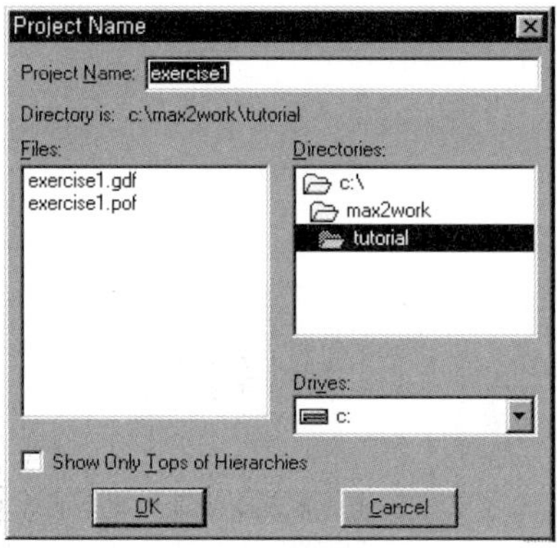

부록그림 4.1 Project Name

(2) Text 편집창 만들기

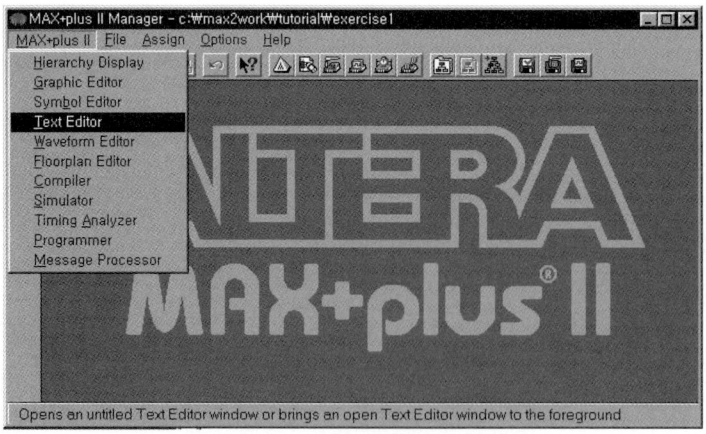

부록그림 4.2 Text Editor 창 만들기

아래와 같은 편집창이 뜬다.

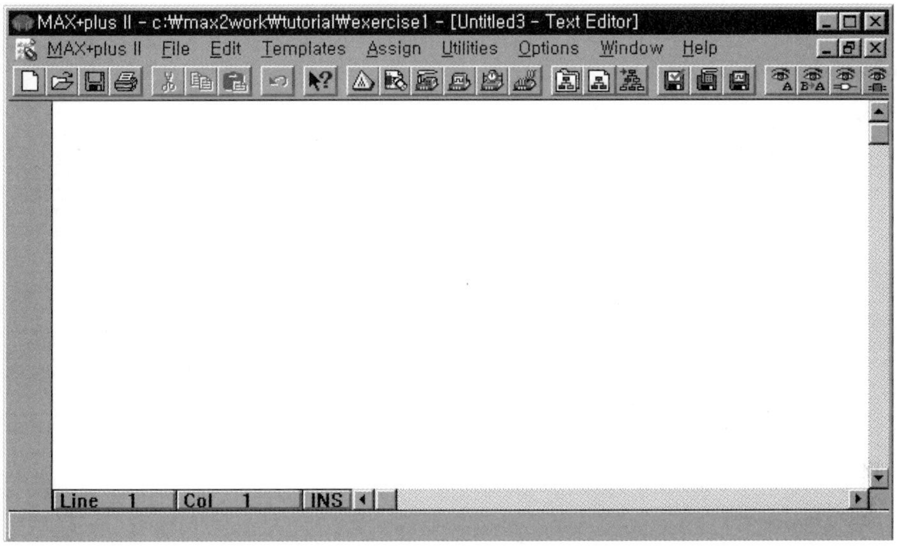

부록그림 4.3 Text Editor 창

(3) 프로그램 입력

프로그램을 쉽게 하기 위해서는 편집창의 메뉴인 Templates를 사용하면 된다. 이 Templates에는 다양한 VHDL 프로그램 구조가 있어 필요한 Template를 사용하여 내용을 간단히 바꾸어 프로그램 한다.

예를 들어, Entity를 선언문을 사용하려면 편집창에서 다음을 입력하면 아래와 같은 창이 뜬다.

Templates ⇒ VHDL Template ⇒ Entity Declaration

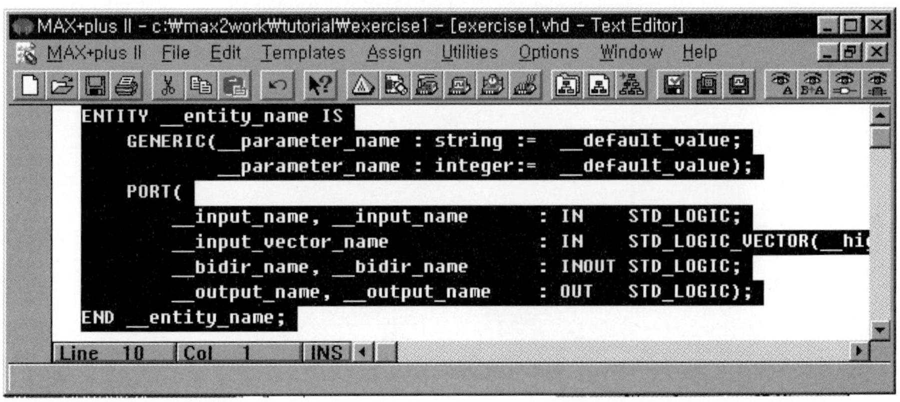

부록그림 4.4 VHDL 전체 구조

대문자는 VHDL에서 요구하는 용어이므로 소문자로 되어 있는 부분을 원하는 목적에 맞도록 설계하면 된다. 다른 문장도 마찬가지로 하면 된다.

아래와 같이 VHDL 언어를 입력한다. 입력은 x_1, x_2 두 개의 비트이고, 출력은 y_1, y_2 두 개의 비트이다.

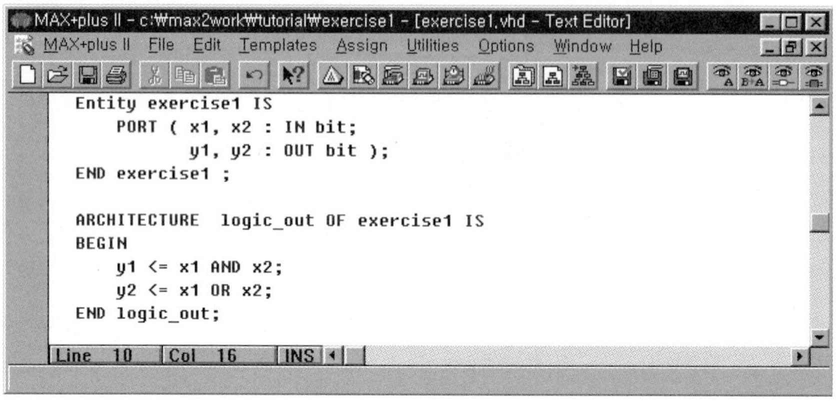

부록그림 4.5 VHDL의 예

VHDL 명령어를 다른 색으로 나타내려면 Options에서 Syntax Coloring을 선택하면 된다.

(4) 프로그램 저장

자동적으로 파일의 extension은 '.tcf'로 설정되므로 VHDL 파일인 '.vhd'로 바꾸어야 한다.

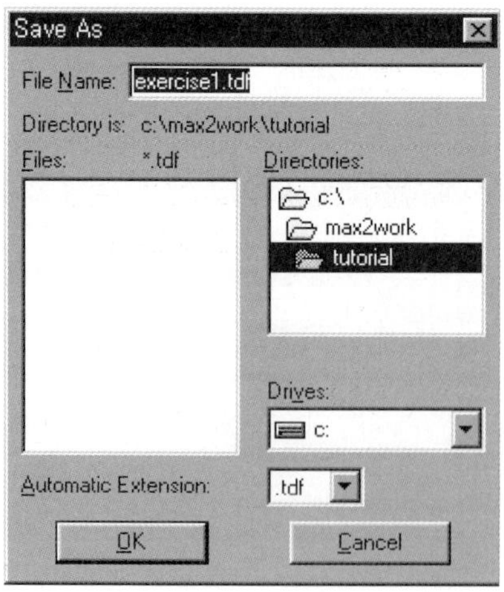

부록그림 4.6 파일 저장

(5) 컴파일

■ **Functional SNF** VHDL로 프로그램한 뒤에는 컴파일을 해야 한다. 컴파일하는 방법은 크게 두 가지가 있는데, 하나는 Functional SNF Extractor이고 다른 하나는 Timing SNF Extractor이다. 먼저 Functional SNF Extractor를 사용하여 컴파일하는 방법을 살펴보자.

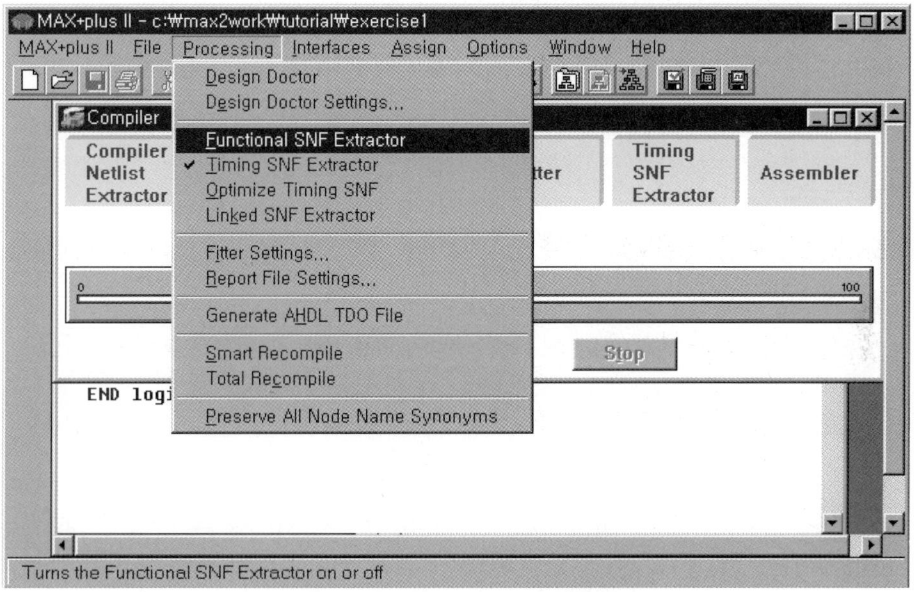

부록그림 4.7 VHDL 파일의 컴파일

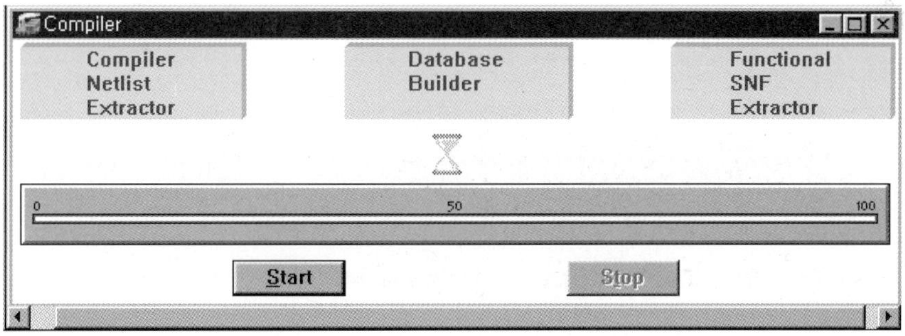

부록그림 4.8 컴파일러 창

컴파일러 창에서 Start 버튼을 누르면 컴파일이 된다. 컴파일된 후에는 실행시켜야 하는데 Simulator를 클릭한 뒤에 나타나는 Simulator:Timing Simulation 창에서 End Time을 160 ns로 입력하고 Start 버튼을 누르면 실행된다. Timing 선도를 보기 위해서는 Simulator:Timing Simulation 창의 Open SCF 버튼을 클릭하면 아래와 같이 출력된다. 아래 출력은 그래픽 편집기로 설계한 회로의 출력과 같음을 알 수 있다.

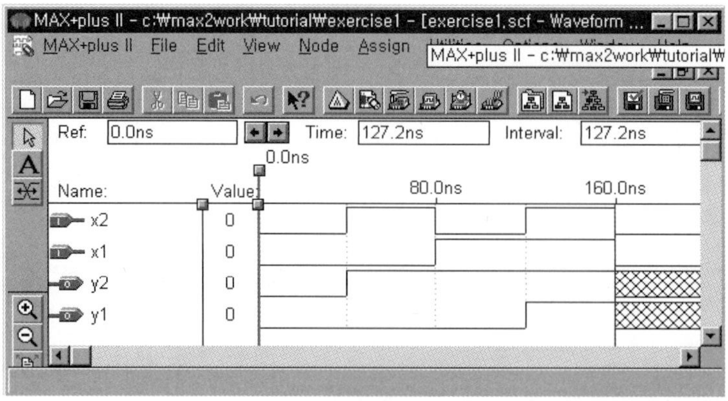

부록그림 4.9 출력된 파형

■ Timing SNF 위에서 Functional SNF를 선택하는 대신에 Timing SNF를 선택한다.

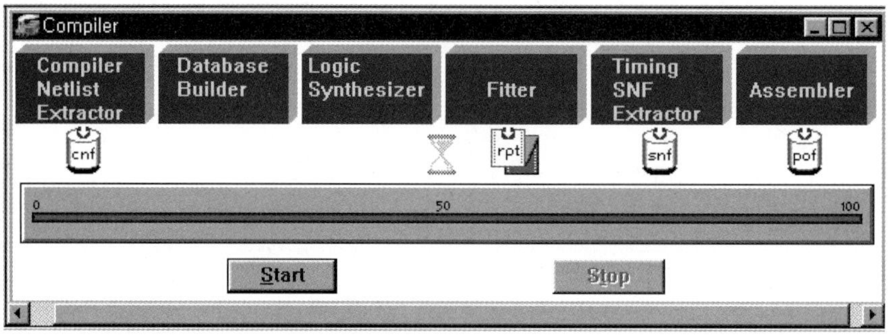

부록그림 4.10 Timing SNF

이후의 과정은 같으므로 실행하면 결과는 다음과 같다.

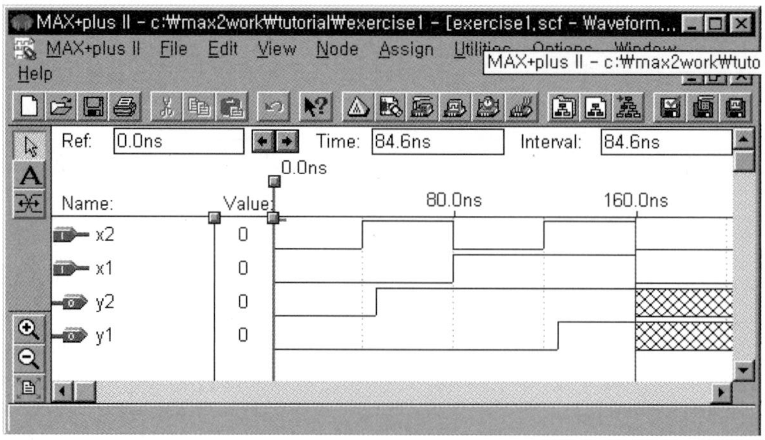

부록그림 4.11 출력된 파형

05 VHDL 프로그램

1. 소개

VHDL(Very High Speed Integrated Circuit Hardware Description Language)은 산업체에서 표준으로 사용하는 PLD를 사용한 디지털 설계를 프로그램 가능하도록 해주는 프로그램 언어이다. VHDL은 Altera사의 PLD 종류의 Max 계열과 FPGA(Field Programmable Gate Array)의 Flex 계열의 PLD 칩을 사용하도록 되어 있고, FPGA 형태의 XC4000을 사용하는 Xilinx사의 프로그램 mycad와 비슷한 종류의 프로그램이다. PLD는 ASIC(Application specific integrated circuits)의 기본이 된다.

부록표 1.1 FPGA 제품과 생산 회사

생산회사	FPGA 제품
Actel	Act 1, 2 and 3, MX, SX
Altera	Flex 6000, 8000, and 10 K, APEX 20 K
Atmel	AT6000, AT40K
Lucent	ORCA 1, 2 and 3
QuickLogic	pAsic 1, 2 and 3
Vantis	VF1
Xilinx	XC3000, XC4000, XC5200, Virtex

MAX + Plus II로 VHDL을 프로그램하기 위해서는

MAX + Plus II ⇒ Text Editor

를 클릭하면 된다.

VHDL 프로그램은 지정된 구조 및 용어를 사용하므로 같은 용어를 매번 입력할 필요 없이 쉽게 프로그램 구조를 미리 알려주는 도구가 있다. Text Editor에서 VHDL Templates를 클릭하면 다음과 같은 다양한 프로그램 구조가 나타난다.

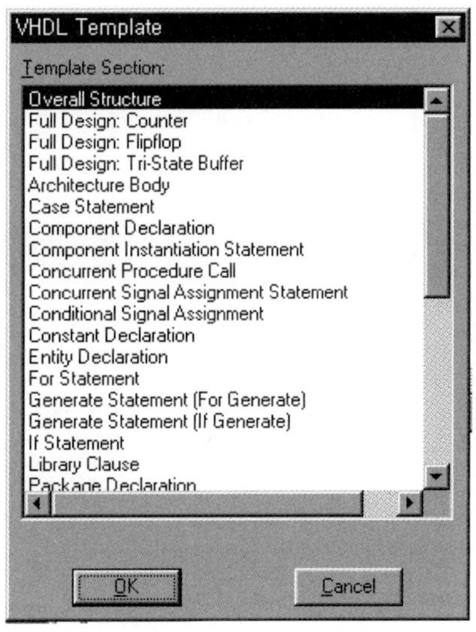

부록그림 5.1 VHDL Templates

2. 전체 구조

VHDL 프로그램을 구성하는 전체 구조(overall structure)는 다음과 같다. 크게 Context Clauses와 Library Units로 나뉜다.

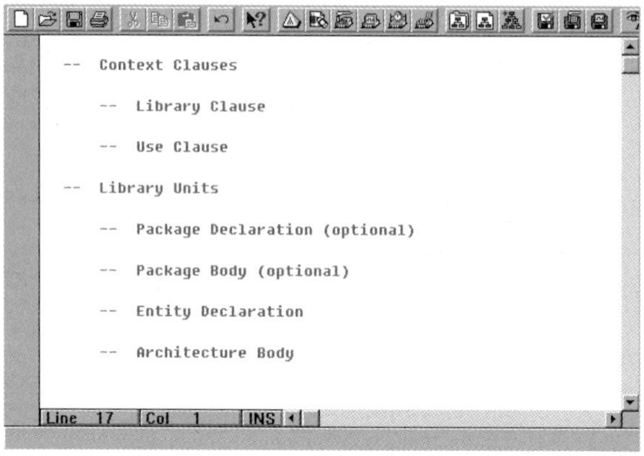

부록그림 5.2 프로그램 전체 구조

(1) Library Clause

Context Clause의 Library Clause에서 라이브러리 함수를 선언한다. VHDL Templates에서 Library Clause를 클릭하면 다음과 같은 문장이 편집창에 나타난다.

LIBRARY __library_name;

일반적으로 라이브러리는 IEEE 또는 사용자가 정의하는 work 라이브러리가 주로 쓰인다. 프로그램에서 지원하는 라이브러리는 IEEE를 주로 사용하므로 다음과 같이 정의하면 된다.

LIBRARY IEEE;

각 라이브러리에 저장된 패키지를 정리하면 다음과 같다.

Library	Packages	비고
ieee	std_logic_1164	STD_LOGIC과 STD_LOGIC_VECTOR로 나타낼 수 있는 다양한 형태의 VHDL 모델
	std_logic_arith	signed와 unsigned 형태의 연산함수
	std_logic_signed	signed 형태의 STD_LOGIC_VECTOR를 사용하는 함수
	std_logic_unsigned	unsigned 형태의 STD_LOGIC_VECTOR를 사용하는 함수
lpm	lpm_components	LPM 함수들
altera	maxplus2	primitives, megafunctions and macrofunctions
	megacore	MegaCore megafunctions

(2) Use Clause

VHDL Templates에서 Use Clause를 클릭하면 다음과 같은 문장이 편집창에 나타난다.

```
USE __library_name.__package_name.ALL;
```

IEEE 라이브러리에는 다양한 용도의 라이브러리 패키지와 사용자가 정의한 패키지가 있을 수 있다. 기존 패키지 중에서 주로 사용하는 것은 다음과 같다.

```
USE        IEEE.std_logic_1164.ALL
USE        IEEE.std_logic_arith.ALL
USE        IEEE.std_logic_unsigned.ALL
USE        IEEE.std_logic_signed.ALL
```

IEEE.std_logic_1164.ALL는 STD_LOGIC과 STD_LOGIC_VECTOR와 같은 변수로 나타낼 수 있는 다양한 형태의 VHDL 연결을 나타내는 표준이다. IEEE.std_logic_unsigned.ALL는 unsigned 형태의 STD_LOGIC과 STD_LOGIC_VECTOR를 사용하는 함수들을 내장하고, IEEE.std_logic_signed.ALL는 signed 형태의 STD_LOGIC과 STD_LOGIC_VECTOR를 사용하는 함수들을 내장하고 있다. 주의할 것은 BIT와 STD_LOGIC 형태를 함께 쓰는 것을 배제하고 있다는 것이다. IEEE.std_logic_arith.ALL는 signed와 unsigned 변수들을 모두 사용할 수 있는 라이브러리로 signed와 unsigned 변수 간의 변환이 필요하게 된다. 왜냐하면 signed 변수의 MSB는 사인을 나타내므로 unsigned 변수의 비트 수가 signed 변수와 같지 않으면 같은 비트 수를 맞추어 계산해야 한다. 이때 필요한 함수들이 아래와 같은 변환함수들이다.

CONV_INTEGER	다른 형태의 변수들을 integer로 바꾼다.
CONV_UNSIGNED	다른 형태의 변수들을 unsigned로 바꾼다.
CONV_SIGNED	다른 형태의 변수들을 signed로 바꾼다.
CONV_STD_LOGIC_VECTOR	다른 형태의 변수들을 STD_LOGIC_VECTOR로 바꾼다.

예를 들어, 변수 a와 b는 unsigned 형태의 7비트 입력이고, 출력 sum은 integer라 정의했으면 두 변수의 값을 더할 경우 형태 변환을 해 주어야 한다는 것이다.

```
sum <= CONV_INTEGER( a + b );
```

만약 사용자가 정의한 패키지를 사용하고 싶으면 패키지가 있는 라이브러리를 정의하고 USE를 사용해서 파일을 지정하면 된다. 예를 들어, Work 라이브러리에 test란 패키지를 사용하고 싶으면 다음과 같이 정의한다.

```
LIBRARY Work;
```

USE Work.test.all;

참고로 대문자와 소문자 구별 없이 사용한다.

(3) Entity Declaration

한 소자를 정의하기 위해서는 Entity를 선언해야 한다. 그 소자의 이름이 무엇인지 그리고 입력이 무엇이며 출력이 무엇인지 정의하는 것이 Entity 선언이다. VHDL Templates에 클릭한 Entity Declaration의 Entity 선언문 구조는 다음과 같다.

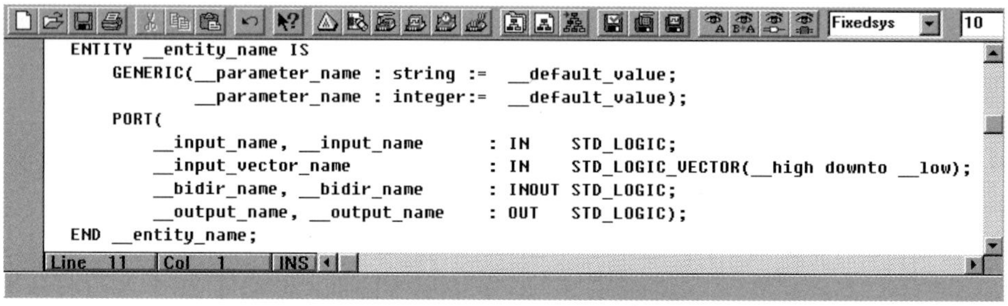

부록그림 5.3 Entity Declaration

- **ENTITY entity_name IS** Entity 문의 헤드로 시작을 나타내며 END로 종식한다. entity_ name에는 설계하고자 하는 회로의 이름을 설정한다.
- **GENERIC** Generic은 변수의 성격을 정의하는 부분으로 변수를 범용으로 사용하여 편리하게 바꿀 수 있도록 해 준다. 예를 들어, 카운터를 설계할 경우에 4비트 또는 8비트 그 이상의 설계가 가능하다. 이런 경우에 Generic 문에 비트 수를 N이란 매개변수로 설정하여 프로그램하면 프로그램을 안에 사용되는 비트 수를 모두 바꿀 필요 없이 Generic 선언문의 N에 상응하는 숫자만 바꾸면 된다.

  GENERIC (N: integer :=8);

- **PORT** Port는 회로의 entity_name 회로의 입력과 출력을 정의한다. 입력 변수의 이름, 출력 변수의 이름 그리고 입출력 변수의 이름을 정의한다. 아래는 Port에서 사용하는 입출력 변수들의 특성을 나타내어 보았다.

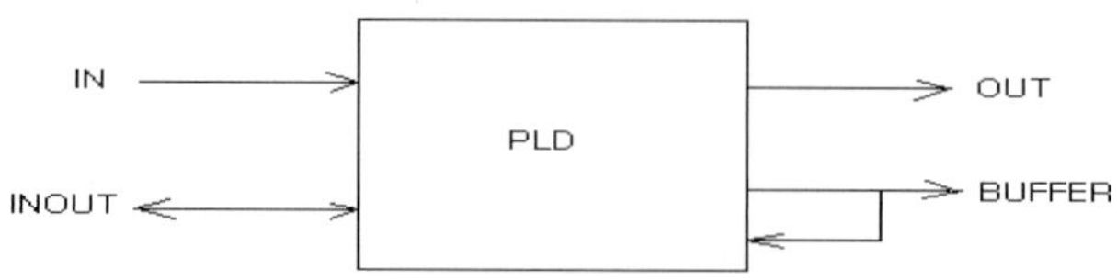

부록그림 5.4 Port 설정의 개념도

IN은 입력 변수를 나타내고 OUT은 출력 변수를 나타낸다. INOUT은 양방향으로 입력과 출력이 될 수 있는 변수를 나타낸다. BUFFER는 출력값이 귀환되어 사용되는 변수를 설정할 때 사용한다. 예를 들어, 입력 변수가 x, y의 비트이고, 출력 변수가 z인 소자를 정의하면 다음과 같다.

```
PORT(x, y  : IN bit;
       z   : OUT bit);
PORT(x, y  : IN    STD_LOGIC;
       z   : OUT   STD_LOGIC);
```

x, y, z가 8비트의 데이터면 다음과 같이 정의한다.

```
PORT(x, y : IN bit_vector(N-1 downto 0);
       z  : OUT bit_vector(N-1 downto 0));
PORT(x, y : IN     STD_LOGIC_VECTOR (N-1 downto 0);
       z  : OUT    STD_LOGIC_VECTOR (N-1 downto 0));
```

VHDL에서는 다음과 같은 데이터 형태를 정의한다.

형태		예
BIT	0 또는 1	'0', '1'
STD_LOGIC	x, z, w, 0, 1	'x', 'z', '0'
INTEGER	정수	10, −7
BIT_VECTOR	비트로 된 벡터	"10010001"
STD_LOGIC_VECTOR	STD_LOGIC으로 된 벡터	"0011" "xxzz" "01x1x0zz"

STD_LOGIC으로 정의하는 변수는 다음과 같은 것들이 포함된다.

U : Uninitialized
X : Forcing Unknown
0 : Forcing 0
1 : Forcing 1
Z : High Impedance
W : Weak Unknown
L : Weak 0

H : Weak 1

－ : Don't care

Forcing은 게이트 출력과 같은 수준이고, Weak는 회로의 pull-up/down resistor에 의해 정의됨을 의미한다.

(4) ARCHITECTURE

Architecture 부분은 entity에서 정의한 회로 역할을 기술한다. 어떤 식으로 입출력의 관계가 연결되며, 동작은 어떻게 되는지를 프로그램으로 설명하는 부분이므로 회로 설계의 주된 부분이라 할 수 있다.

VHDL Templates에서 Architecture Body를 클릭하면 다음과 같은 구조의 프로그램이 나타난다. 헤딩은 다음과 같이 시작한다.

```
ARCHITECTURE a OF __entity_name IS
```

entity_name에는 entity에서 설정한 이름을 그대로 사용한다.

Architecture 문의 종식은 END로 한다.

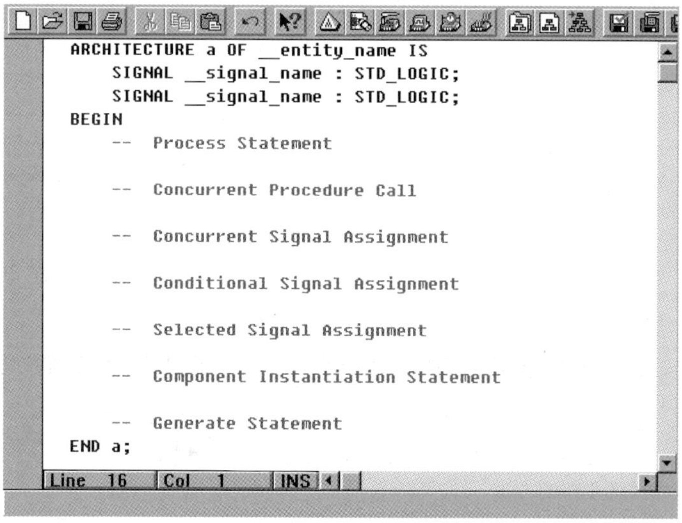

```
ARCHITECTURE a OF __entity_name IS
    SIGNAL __signal_name : STD_LOGIC;
    SIGNAL __signal_name : STD_LOGIC;
BEGIN
    -- Process Statement

    -- Concurrent Procedure Call

    -- Concurrent Signal Assignment

    -- Conditional Signal Assignment

    -- Selected Signal Assignment

    -- Component Instantiation Statement

    -- Generate Statement
END a;
```


부록그림 5.5 a의 Architecture

- **변수의 선언** VHDL에서 어떤 한 변수에 데이터를 입력하기 위해서는 먼저 그 변수에 맞는 형태를 선언해야 한다. 변수 형태를 선언하기 위해서는 type을 사용한다. 예를 들어, tri_state의 형태를 나타내면

```
TYPE tri_state IS ('0', '1', 'Z');
```

그 다음에 변수 a, b, c의 형태를 tri_state로 선언한다.

```
signal a, b, c        : tri_state;
```

변수 형태를 선언하는 방법은 크게 세 가지로 구분한다.

• signal

일반적으로 많이 사용하는 선언 형태로 실제로 하드웨어에서 선으로 연결되는 변수들을 나타낸다. Signal로 선언된 변수에 데이터를 저장할 때는 '<=' 기호를 사용한다.

앞에서 사용한 Port는 한 시스템의 입력과 출력 변수를 선언하는 데 사용하였다면 signal은 입력과 출력 변수가 아닌 중간에 발생하는 변수들을 지정하는 데 사용한다.

```
signal          a, b : bit;
                a <= b;
```

• variable

Variable은 PROCESS 문이나 FUNCTION 문 안에서만 효력이 있는 내적 변수이며, variable로 설정된 변수에 데이터를 저장하기 위해서는 즉시 입력하라는 뜻의 ':='를 사용한다.

```
variable    temp : bit;
variable    seg : std_logic_vector (6 downto 0);
                temp := '0';
```

• constant

초기에 설정한 상수값이 같은 값을 유지하도록 해준다. Costant로 선언된 변수에 데이터를 입력하기 위해서는 ':='를 사용한다.

```
constant    nbit : integer := 8;
```

구분	특성	사용 예
signal	'<=' 사용 회로를 연결하는 실제 wire를 나타냄	signal a, b, x : bit; x <= a or b;
variable	':=' 사용 PROCESS문에서만 효력이 있으며 계산용으로 사용	variable temp : bit; temp : = '1';
constant	':=' 사용	constant N: integer := 256;

3. 연산자

(1) 논리 연산자

논리 연산자에는 and, or, nor, nand, xor, xnor 등이 있다.

```
y <= a and b;
y <= a or b;
y <= a nor b;
y <= a nand b;
y <= a xor b;
y <= a xnor b;
```

(2) 관계 연산자

관계 연산자는 =(같음), /=(같지 않음), >(큼), <(작음) 등이 있다.

(3) 덧셈 연산자

더하는 +, 빼는 −, 비트를 첨가하는 &가 있다.

```
BCD <= BCD + 1;
z <= ('0' & x) + y;
```

(4) 곱셈 연산자

곱하는 *, 나누는 /가 있다.

(5) 기타 연산자

abs, not, mod 등이 있다.

정리하면 다음과 같다.

종류	연산자
논리 연산자	AND, OR, NAND, NOR, XOR, XNOR
관계 연산자	=, /=, <, <=, >, >=
덧셈 연산자	+, −, &
뺄셈 연사자	−
곱셈 연산자	*, /, MOD, REM
기타	ABS, NOT

4. IF 문

IF 문에는 세 가지 종류가 있는데 다음과 같다.

(1)

```
IF 조건 THEN
        문장1;
ELSE
        문장2;
END IF;
```

(2)

```
IF 조건1 THEN
        문장1;
ELSIF 조건2 THEN
        문장2;
         ⋮
ELSE
        문자n;
END IF;
```

5.1 부록예제

Priority 엔코더를 나타내면 다음과 같다.

```
IF        D(3)   = '1' THEN
          A <= "11";
ELSIF D(2) = '1' THEN
          A <= "10";
ELSIF D(1) = '1' THEN
          A <= "10";
ELSE
          A <= "00";
END IF;
```

(3)

```
IF 조건 THEN
        문장;
END IF;
```

5.2 부록예제

PGT의 클록을 나타내 보자.

```
IF Clock'EVENT and Clock = '1' THEN
        Q <= Q + 1;
END IF;
```

5. CASE 문

```
CASE 변수 IS
        when 조건1 =>
                문장1;
        when 조건2 =>
                문장2;
                  ⋮
        when others =>
                문장n;
END CASE;
```

5.3 부록예제

4×1 MUX를 CASE 문으로 설계해 보자.

```
CASE select_var IS
        when "00" =>
                y <= d(0);
        when "01" =>
                y <= d(1);
        when "10" =>
                y <= d(2);
```

```
        when others =>
                y <= d(3);
    END CASE;
```

5.4 부록예제

ALU를 CASE 문으로 설계해 보자.

```
    CASE select_var IS
        when "000" =>
                F <= "0000";
        when "001" =>
                F <= B - A;
        when "010" =>
                F <= A - B;
        when "011" =>
                F <= A + B;
        when "100" =>
                F <= A XOR B;
        when "101" =>
                F <= A OR B;
        when "110" =>
                F <= A AND B;
        when others =>
                F <= "1111";
    END CASE;
```

6. FOR 문

변수를 설정해서 변수가 하나씩 증가하면서 반복되면 다음과 같다.

```
FOR 변수 IN  숫자 to 숫자 LOOP
        문장;
END LOOP;
```

반대로 감소하면서 반복하면

```
FOR 변수 IN  숫자 downto 숫자 LOOP
        문장;
END LOOP;
```

5.5 부록예제

한 벡터에서 1의 비트 수를 세는 PROCESS 프로그램을 구성하면 다음과 같다.

먼저 각 비트를 나타내는 인덱스를 i로 하고, no_bit을 1의 수라 하면 다음과 같이 나타낼 수 있다.

```
PROCESS (D)
BEGIN
        no_bit <= 0;
        FOR i IN  1 to 8 LOOP
                IF D(i) = '1' THEN
                        no_bit <= no_bit + 1;
                END IF;
        END LOOP;
END PROCESS;
```

7. WHILE 문

```
WHILE 조건 LOOP
        문장 ;
END LOOP;
```

8. LOOP 문

무한으로 반복하기 위해서는 다음과 같이 loop을 사용한다.

```
LOOP
        문장;
END LOOP;
```

9. WITH ... SELECT 문

```
WITH 변수 SELECT
          신호이름 <= 신호1 when 조건1,
                   <= 신호1 when 조건2,
                   <= 신호1 when 조건3,
                              ⋮
                   <= 신호1 when others;
```

5.6 부록예제

2×4 디코더를 WITH 문으로 설계해 보자.

```
WITH × SELECT
        y <= "0001" when "00",
             "0010" when "01"
             "0100" when "10"
             "1000" when others;
```

10. WHEN ... ELSE 문

실행문 WHEN 조건문 ELSE 실행문

5.7 부록예제

[Three state buffer] 예를 들어 three state buffer를 나타내는 경우를 살펴보자.

```
Library ieee;
Use isee.std_logic_1164.all;
Entity three_state_buffer Is
        PORT (a, enable : IN STD_LOGIC;
              Z : OUT   STD_LOGIC);
END ENTITY;
ARCHITECTURE  output OF three_state_buffer IS
        BEGIN
              Z <=a WHEN enable = '1' ELSE 'Z';
        END ARCHITECTURE output;
```

11. FUNCTION과 PROCEDURE 문

FUNCTION 문이나 PROCEDURE 문은 C언어에서 사용되는 용도와 같다. FUNCTION 문을 사용하면 변수만 다르고 목적이 같은 프로그램을 반복적으로 사용해야 하는 경우에 요긴하게 사용할 수 있다. 예를 들면, 디지털 시계를 설계하는 경우 초나 분은 0에서 59를 나타낸다. 이 경우 7-segment로 출력하려면 초와 분의 변수가 다르므로 네 가지 디코딩 프로그램이 필요하게 된다. FUNCTION 문을 사용하면 두 개로 줄일 수 있다. 또 프로그램을 잘 짜면 시간까지 모든 디코딩로직을 하나의 FUNCTION 문으로 나타낼 수 있다. 결과적으로 FUNCTION 문을 잘 사용하면 프로그램 크기를 현저하게 줄이는 효과를 얻게 된다.

FUNCTION 문과 PROCEDURE 문의 근본적인 차이점은 FUNCTION 문에서는 하나의 변수값만 return하지만 PROCEDURE 문에서는 여러 변수의 값을 return할 수 있다.

FUNCTION 문의 형태는 다음과 같다.

```
function function_name(변수, 변수 : 변수 형태1) return 변수 형태2 is
```

변수 형태 1은 입력 변수에 대한 것이고 변수 형태 2는 출력 변수에 대한 것이다.

아래는 초와 분의 1의 자리값의 변수 BCD를 입력으로 받아 1의 자리 segment에 출력하는 디코딩 회로에서 출력 seg1을 return하는 FUNCTION 문을 나타낸다.

```
FUNCTION bcd_to_seg(bcd : std_logic_vector (3 downto 0)) RETURN std_logic_vector IS
    variable seg1 : std_logic_vector (6 downto 0);
BEGIN
    CASE bcd IS
        when "0000" => seg1 := "0000001";
        when "0010" => seg1 := "0010010";
        when "0011" => seg1 := "0000110";
        when "0100" => seg1 := "1001100";
        when "0101" => seg1 := "0100100";
        when "0110" => seg1 := "0100000";
        when "0111" => seg1 := "0001111";
        when "1000" => seg1 := "0000000";
        when "1001" => seg1 := "0001100";
        when others => seg1 := "1111111";
    END CASE;
RETURN seg1;
END bcd_to_seg;
```

▶ **점검문제 5.1** 0에서 5까지의 수를 7-segment로 나타내는 디코딩로직의 FUNCTION 문을 작성하시오. 입력을 bcd10으로 하고 출력을 seg10으로 하시오.

12. 디지털 소자의 VHDL

(1) NOT

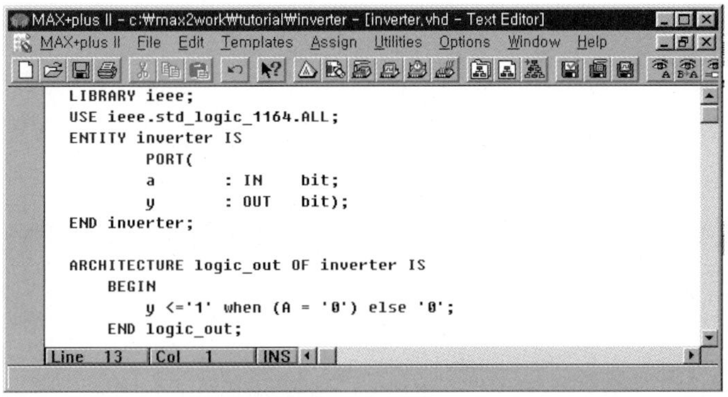

부록그림 5.6 NOT의 VHDL

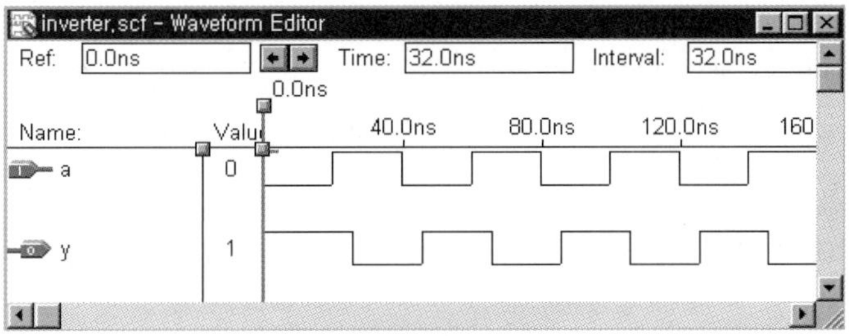

부록그림 5.7 NOT의 응답

(2) AND

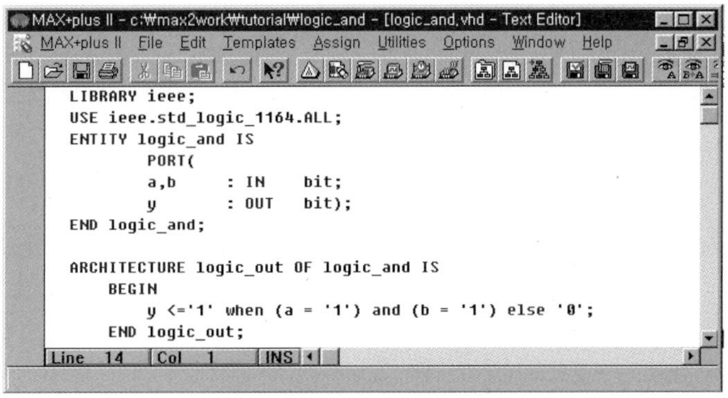

부록그림 5.8 AND의 VHDL

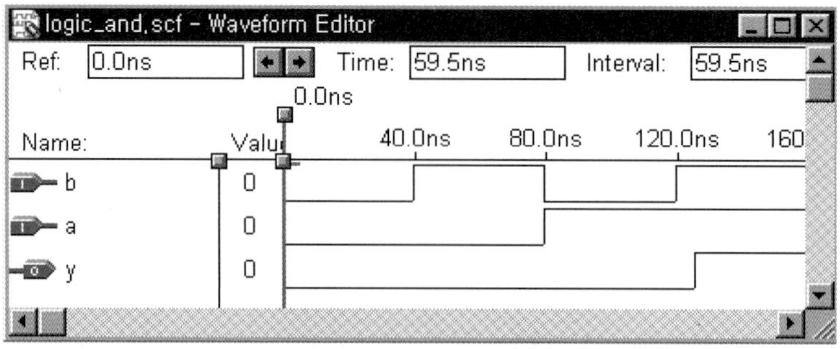

부록그림 5.9 AND의 응답

(3) OR

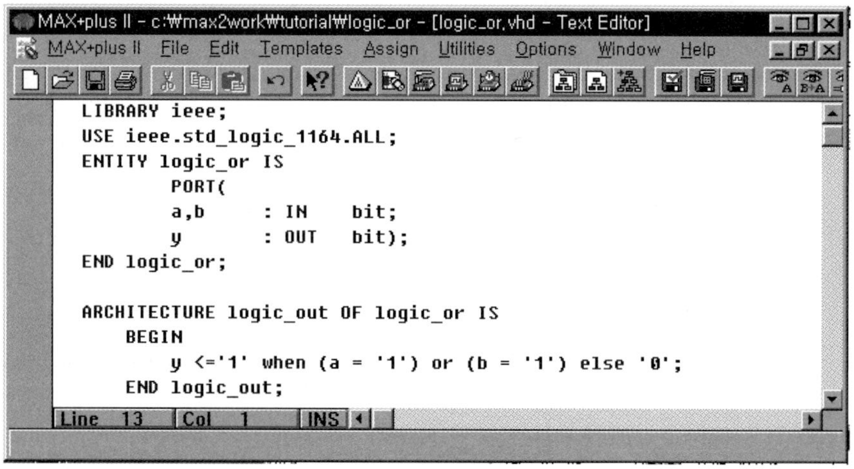

부록그림 5.10 OR의 VHDL

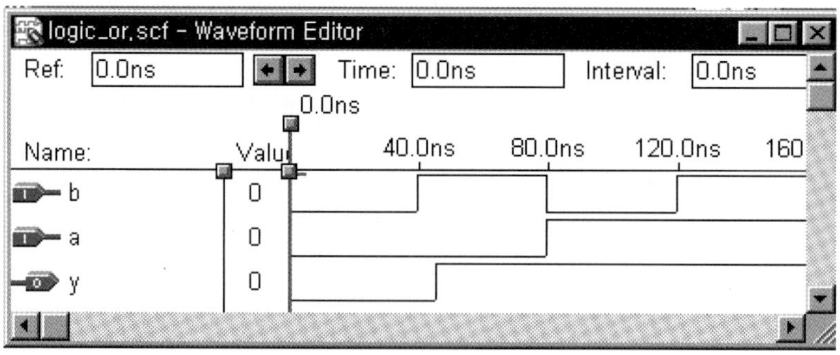

부록그림 5.11 OR의 응답

06 PLD 및 응용

1. 소개

PLD(Porgrammable Logic Device)는 논리 회로를 프로그램할 수 있는 칩을 말한다. PLD는 디지털 논리를 나타낼 수 있는 많은 게이트를 내장하고 있다. 따라서 PLD는 논리 회로와 프로그램할 수 있는 스위치를 가진 블랙박스로 볼 수 있다. PLD 종류에는 다양한 종류가 있고, 각각 구조가 다르며, 그에 따른 용도가 다르다. PLA(Programmable Logic Array)는 ROM과 같이 프로그램할 수 있는 AND array와 프로그램할 수 있는 OR array로 구성되어 있다. ROM과의 차이점은 ROM의 경우에는 모든 minterm을 만들었으나 PLA의 경우에는 필요한 minterm만 만들어 출력하게 된다. PLA와 같은 역할의 PLD로 PAL(Programmable Array Logic)이 있다. PAL은 고정된 OR 게이트와 프로그램할 수 있는 AND 게이트로 구성되어 있다. 일반적으로 PAL이 실용적이므로 많이 사용된다. 따라서 출력은 입력의 SOP 형태로 나타난다. 비슷한 디바이스로 GAL(Generic Array Logic)이 있으며 구조는 비슷하다. 그림 6.1은 PROM(Programmable ROM) 구조를 나타낸다.

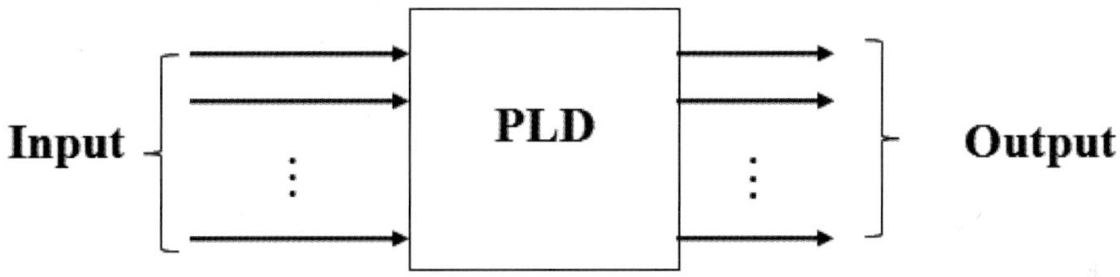

부록그림 6.1 PLD 블록 다이어그램

부록그림 6.2는 PROM의 구조를 나타낸다. ●는 hard wired 되어서 선이 연결된 상태로 고정되어 있는 것을 나타내고, ×는 fuse가 그대로 연결되어 있는 상태(intact fuse)를 나타낸다. 다시 말하면 ×표시가 없는 부분은 fuse가 타서 연결이 끊어진 상태를 나타낸다. 프로그램을 다운로드하기 전에는 모두 ×로 되어 있다.

그림에서 보면 PROM은 AND array에서 모든 minterm을 만든 뒤에 OR array에서 선택적으로 출력을 취하는 것을 알 수 있다.

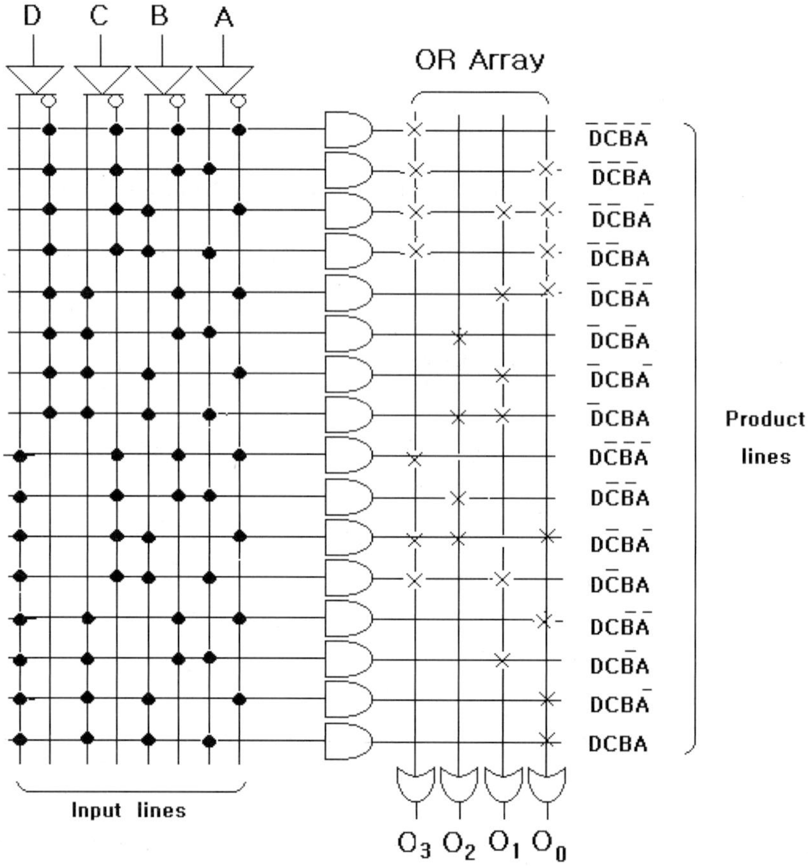

부록그림 6.2 PROM 구조 예

부록그림 6.2의 출력을 살펴보면

$$O_0 = \overline{D}\,\overline{C}\,\overline{B}A + \overline{D}\,\overline{C}B\overline{A} + \overline{D}\,\overline{C}BA + \overline{D}C\overline{B}\,\overline{A} + D\overline{C}B\overline{A} + DC\overline{B}\,\overline{A} + DCB\overline{A} + DCBA$$

$$O_1 = \overline{D}CB\overline{A} + \overline{D}CBA + D\overline{C}BA + DC\overline{B}A$$

$$O_2 = \overline{D}C\overline{B}A + \overline{D}CBA + D\overline{C}\,\overline{B}A + D\overline{C}B\overline{A}$$

$$O_3 = \overline{D}\,\overline{C}\,\overline{B}\,\overline{A} + \overline{D}\,\overline{C}\,\overline{B}A + \overline{D}\,\overline{C}B\overline{A} + \overline{D}\,\overline{C}BA + DC\overline{B}\,\overline{A} + D\overline{C}B\overline{A} + D\overline{C}BA$$

PLA는 ROM과 비슷하지만 모든 minterm을 만들지 않고 필요한 부분의 minterm만 만든다는 점에서 다르다. 부록그림 6.3은 PLA의 블록 다이어그램을 나타낸다. 입력 부분의 array에서 AND로 프로그램하여 원하는 minterm을 선택한 뒤에 OR array에서 다시 프로그램하여 출력을 내보낸다.

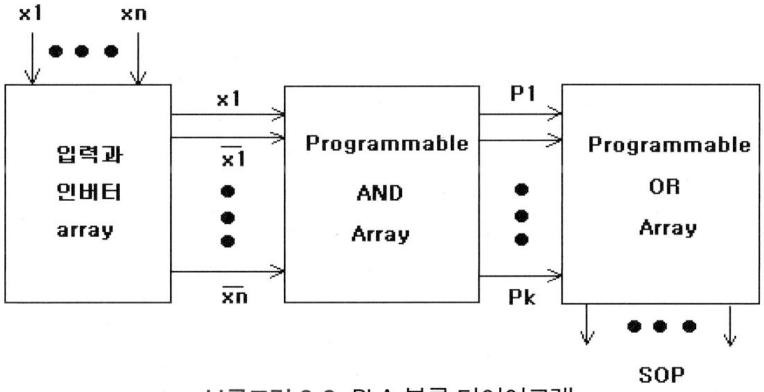

부록그림 6.3 PLA 블록 다이어그램

2. PAL

PAL은 구조상 크게 세 부분으로 나뉜다. 입력으로 구성된 input line과 programmable한 AND array 부분 그리고 Hard-wired OR array 부분으로 나뉜다. 입력은 inverter와 함께 input line을 구성하고 수정이 가능한 AND array에서는 이들 입력을 선택적으로 사용하여 minterm 형태인 product를 만들어 product line을 구성하고 OR array는 고정되어 있으므로 수정이 불가능하다. 출력은 OR array를 통해 SOP 형태로 나타난다.

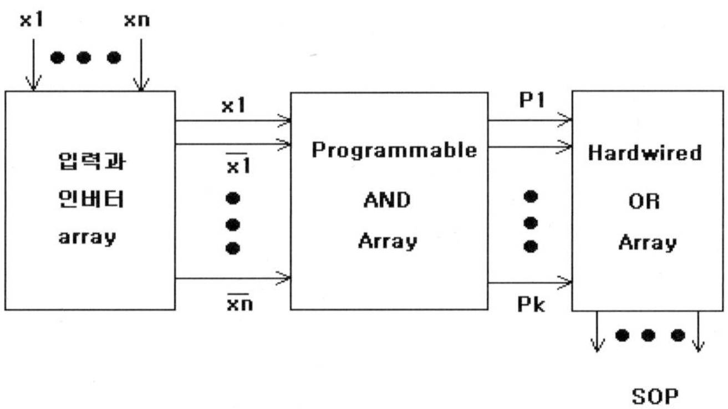

부록그림 6.4 PAL 구조 블록 다이어그램

PAL IC의 번호는 다음과 같은 의미가 있다. 예를 들어,

$PAL\ 16\ R8$

은 입력이 16비트이고 출력이 8비트인 PAL을 나타내며 출력 형태가 D 플립플롭 형태가 됨을 말한다. 여기서 알파벳은 다양한 출력 형태를 나타내는데 다음과 같이 여러 종류의 출력이 있다.

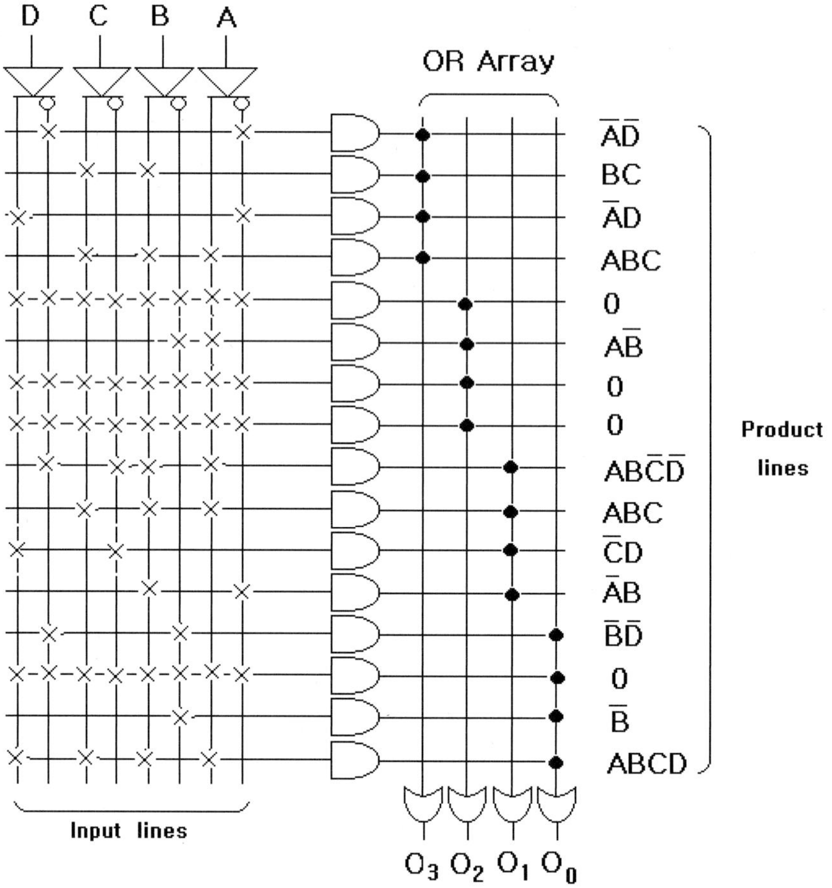

부록그림 6.5 PAL 예

H : Active high

L : Active low

P : Programmable polarity(Either active high or active low)

R : Registered D flip flop

X : Registered XOR

C : Complementary

V : Variable(다양한 형태의 출력 가능)

PAL의 출력은 경우에 따라서 tri-state로 나타내는데 tri-state란 high, low 외에 high impedance가 있다. High impedance란 출력이 끊어진 상태로 open circuit 상태로 고려된다. 따라서 제어 입력이 high이면 출력은 그대로 출력되지만 low일 경우에는 high impedance 상태가 된다. 부록그림 6.6은 active low 출력을 나타낸다.

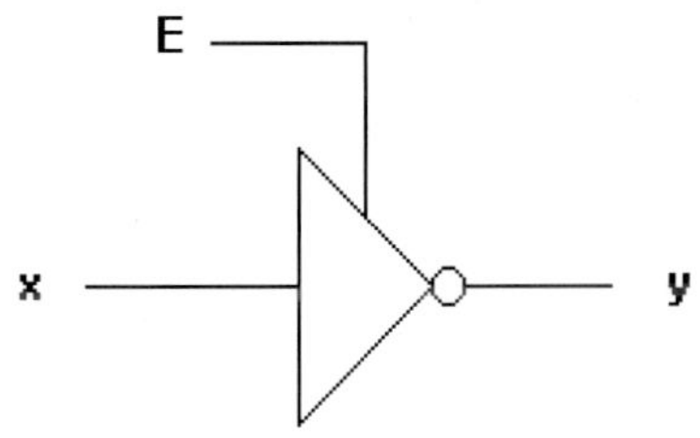

부록그림 6.6 Tri-state inverter

부록표 6.1 Tri-state 동작

E	x	y
0	0	High Impedance
0	1	High Impedance
1	0	1
1	1	0

출력을 구해 보면 다음과 같다.

$$O_3 = A\overline{D} + BC + \overline{A}D + ABC$$

$$O_2 = A\overline{B}$$

$$O_1 = AB\overline{C}\overline{D} + ABC + \overline{C}D + \overline{A}B$$

$$O_0 = \overline{B}\overline{D} + \overline{B} + ABCD$$

3. GAL

GAL(generic Array Logic)은 PLD의 일종으로 PAL과 매우 비슷한 구조를 가지고 있다. 그 차이는 출력 부분에서 XOR 게이트가 하나 더 추가되었다는 것이다. OR 게이트와 tri-state 버퍼 사이에 XOR 게이트가 추가된 것은 하나의 입력이 다른 하나의 입력에 따라 출력을 invert할 수 있도록 해 준다. XOR의 두 입력 중에 하나, x는 fuse에 연결된 접지에 연결되어 있어 fuse가 intact되어 있으면 (입력이 0인 경우) 다른 한 입력 y를 그대로 출력한다. 반대로 fuse가 타서 연결이 끊어진 경우(1인 경우)에는 다른 한 입력 y가 invert되어 출력된다. 이처럼 출력을 바꿀 수 있도록 해 주는 것은 디지털 회로 설계에 있어서 매우 중요하다.

부록표 6.2 XOR 동작

x	y	z	비고
0	0	0	입력 y가 그대로 출력
0	1	1	
1	0	1	입력 y가 반대로 출력
1	1	0	

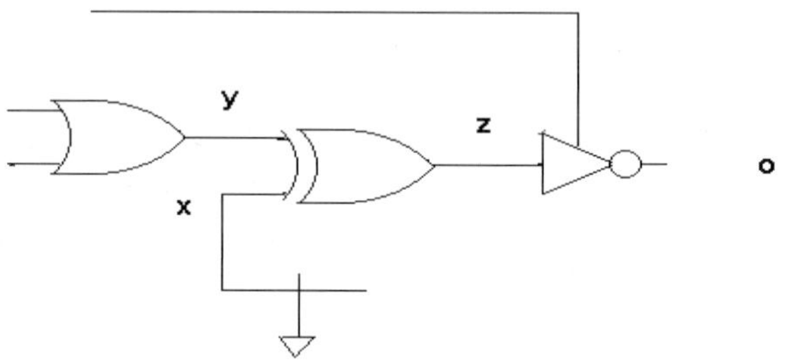

부록그림 6.7 GAL 출력

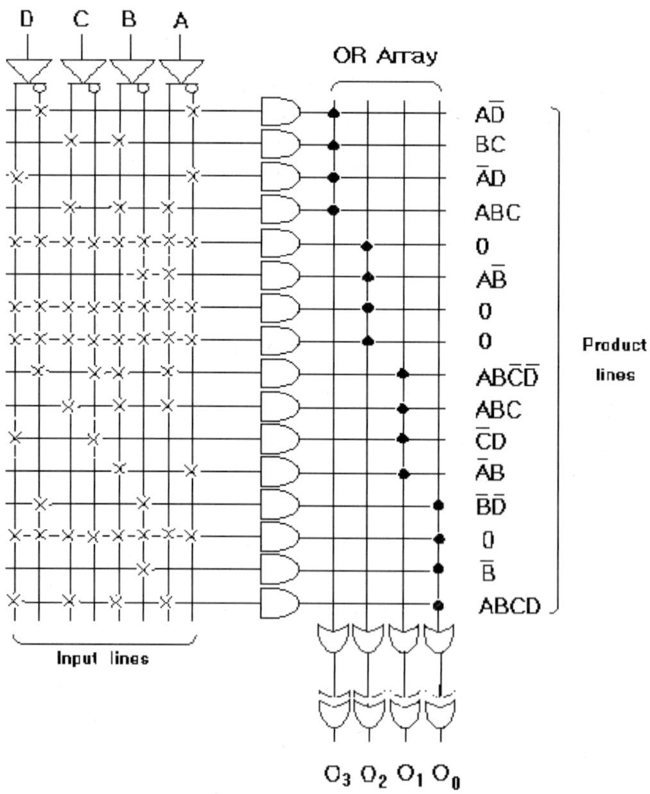

부록그림 6.8 GAL 예

앞의 PAL 16L8과 비슷한 것으로 GAL 16V8C가 있다.

4. MAX 7000S CPLD

CPLD(Complex PLD)로 실제로 많이 사용되는 PLD이다. 구조적인 블록 다이어그램은 다음과 같이 몇 개의 프로그램할 수 있는 블록으로 연결되어 있다. 각 셀을 LAB(logic array block)이라 한다. 각 셀은 I/O를 제어하는 I/O 블록과 연결되어 있으며, 내부의 버스 역할을 하는 PIA(Programmable Interconnect Array)와 연결되어 있다.

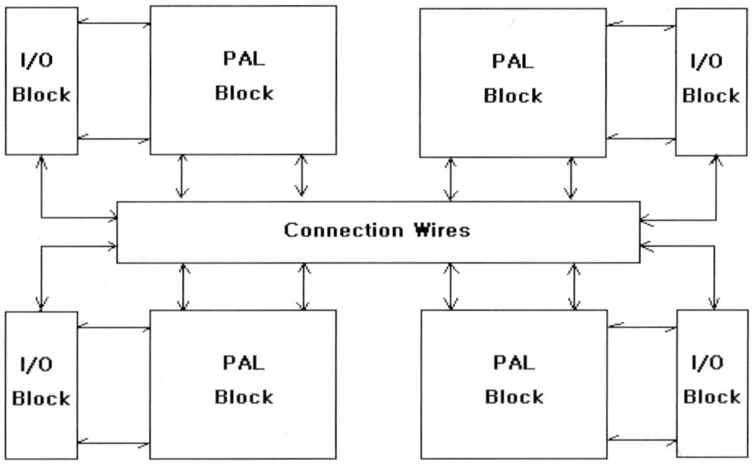

부록그림 6.7 CPLD 블록 다이어그램

찾아보기

디지털 회로설계

2015년 8월 25일 제1판 1쇄 인쇄
2015년 8월 30일 제1판 1쇄 펴냄

지은이 정슬
펴낸이 류원식
펴낸곳 **청문각 출판**

주소 413-120 경기도 파주시 문발로 116(문발동 536-2)
전화 1644-0965(대표)
팩스 070-8650-0965
등록 2015. 01. 08. 제406-2015-000005호
홈페이지 www.cmgpg.co.kr
E-mail cmg@cmgpg.co.kr

ISBN 978-89-6364-245-1 (93560)
값
정가 22,000원